· 视频讲解 ·

机械制图与识图

从入门到精通

李　辉　李　楠◎主编

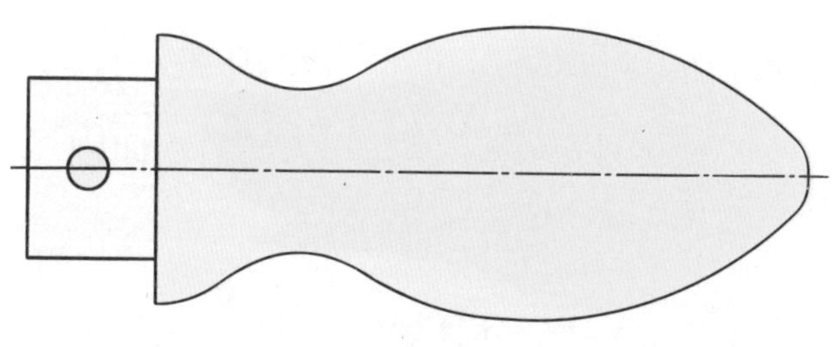

中国商业出版社

图书在版编目（CIP）数据

机械制图与识图从入门到精通 / 李辉，李楠主编
. -- 北京：中国商业出版社，2022.1
（零基础学技能从入门到精通丛书）
ISBN 978-7-5208-1894-0

Ⅰ.①机… Ⅱ.①李… ②李… Ⅲ.①机械制图②机械图—识图 Ⅳ.①TH126

中国版本图书馆CIP数据核字(2021)第230309号

责任编辑：管明林

中国商业出版社出版发行

（www.zgsycb.com　100053　北京广安门内报国寺1号）

总编室：010-63180647　　编辑室：010-83114579

发行部：010-83120835/8286

新华书店经销

三河市冀华印务有限公司印刷

*

710毫米×1000毫米　16开　17.5印张　414千字

2022年1月第1版　2022年1月第1次印刷

定价：88.00元

* * * *

（如有印装质量问题可更换）

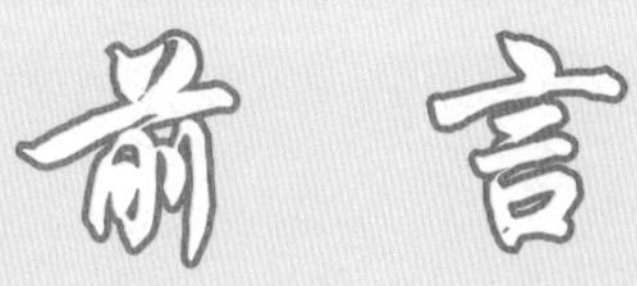

前言

随着国民经济和现代科学技术的迅猛发展，特别是近期将中国制造提升为国家战略后，机械制造业得到了前所未有的发展机遇，对生产一线人员的素质提出了更高的要求。因此，熟练识读机械图成了机械行业技术工人必须掌握的基本技能。为满足广大技术工人的需要，本书按国家标准的有关规定，详细地介绍了如何识读机械图的知识。

本书在内容上，突出实用性和针对性，便于阅读，使读者尽可能通过阅读此书来独立解决工作中所出现的各种问题。同时通过大量的看图举例，使读者了解和掌握看机械图的方法与技巧。在具体编写过程中，我们力求通过一体化教学活动，培养读者终身学习的探索乐趣、良好的思维习惯、严谨的标准意识，为后续学习奠定良好的基础。同时，编者认真总结长期的课程教学和生产实践经验，广泛吸取同类图书的优点，本书具有以下特点：

1. 全书采用最新的《机械制图》和《技术制图》国家标准，养成国家标准意识，所选图例兼顾典型性、通用性，使教学与生产一线在制图规范与识图能力方面零距离，积累机械常识，培养制图读图学习兴趣。

2. 在内容编排上，改变了以知识能力点为体系的框架，以实践活动为主线组织编排。在每一个章节中，紧紧围绕知识活动，引出实践操作，提出解题思路和提供完成任务所需的信息资源，为读者完成实践操作提供了必要技术支持和帮助。实践操作后，增加了知识测评环节，这样的编排有利于读者对于知识点进行回顾总结。

3. 在呈现形式上，除了在层次上注意逻辑清晰之外，还考虑了一般机械工人的认知特点，采用全彩印刷，对重难点内容以图表、彩色文字或引线标注进行凸显区分。

4. 以方便学习为方向，注重数字化资源建设。以融合出版理念，运用互联网+形式，通过二维码嵌入高清微视频，与纸质教材无缝对接，易学易懂。

本书既可供技术工人和工程技术人员使用，也可供职业院校和技工院校的相关专业师生参考。

本书由长期从事机械制图的教师和生产一线高级工程师合作编写。

目录

第一章　制图的基本规定

本章着重介绍《技术制图》和《机械制图》国家标准中有关制图的基本规定，并简要介绍了制图工具的使用以及平面图形的绘制。

第一节　制图的国家标准和一般规定认知

机械图样是表达工程技术人员设计意图、进行技术交流以及制造生产的重要工具。为了便于管理和交流，国家发布了《技术制图》和《机械制图》等一系列国家标准。《技术制图》是一项基础技术标准，具有通用性和一般性，而《机械制图》是针对机械行业的标准。

我国国家标准(简称国标)的代号是“GB”(“GB/T”为“推荐性标准”，无“T”字时为“强制性标准”)，它是由“国标”两个字的汉语拼音的第一个字母“G”和“B”组成的。例如《GB/T 4457.4—2002 机械制图　图样画法　图线》表示制图标准中图线的画法，发布的标准顺序编号为4457.4（.4表示第四部分），发布的年号是2002年。

一、图纸幅面和格式(GB/T 14689—2008)

1. 图纸幅面

图纸宽度与长度组成的图面称为图纸幅面。图纸的基本幅面共有5种，详见表1-1。幅面的代号分别为A0、A1、A2、A3、A4。其中A0幅面最大，A4幅面最小，相邻幅面的尺寸为对折关系，详见图1-1所示。

注意：必要时，可以按规定加长图纸幅面，加长幅面的尺寸由基本幅面的短边乘整数倍后得出。

表1-1　图纸幅面及周边尺寸

<table>
<tr><th rowspan="2">幅面代号</th><th rowspan="2">尺寸 $B \times L$</th><th colspan="3">周边尺寸</th></tr>
<tr><th>a</th><th>c</th><th>e</th></tr>
<tr><td>A0</td><td>841×1189</td><td rowspan="5">25</td><td rowspan="3">10</td><td rowspan="2">20</td></tr>
<tr><td>A1</td><td>594×841</td></tr>
<tr><td>A2</td><td>420×594</td><td rowspan="3">10</td></tr>
<tr><td>A3</td><td>297×420</td><td rowspan="2">5</td></tr>
<tr><td>A4</td><td>210×297</td></tr>
</table>

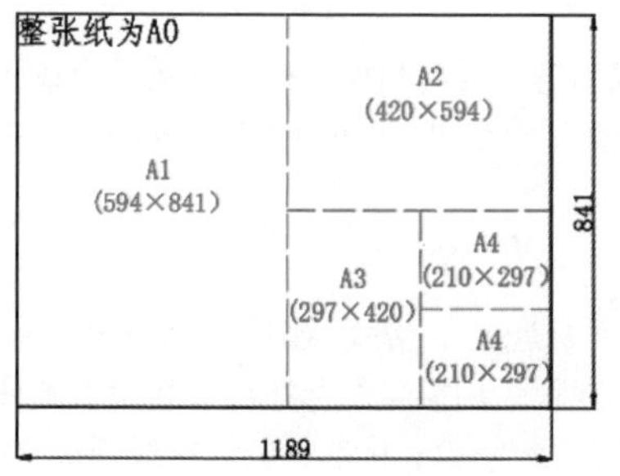

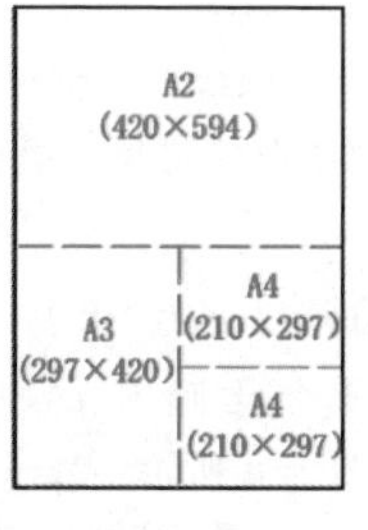

图1-1　图纸幅面的相应关系

2. 图框格式

图框是图纸上限制绘图区域的线框，必须用粗实线画出，其格式有两种，分别是留有装订边和不留装订边，如图 1-2 和图 1-3 所示。装订边宽度 *a* 和周边宽度 *c*、*e* 可以由表 1-1 中查出。

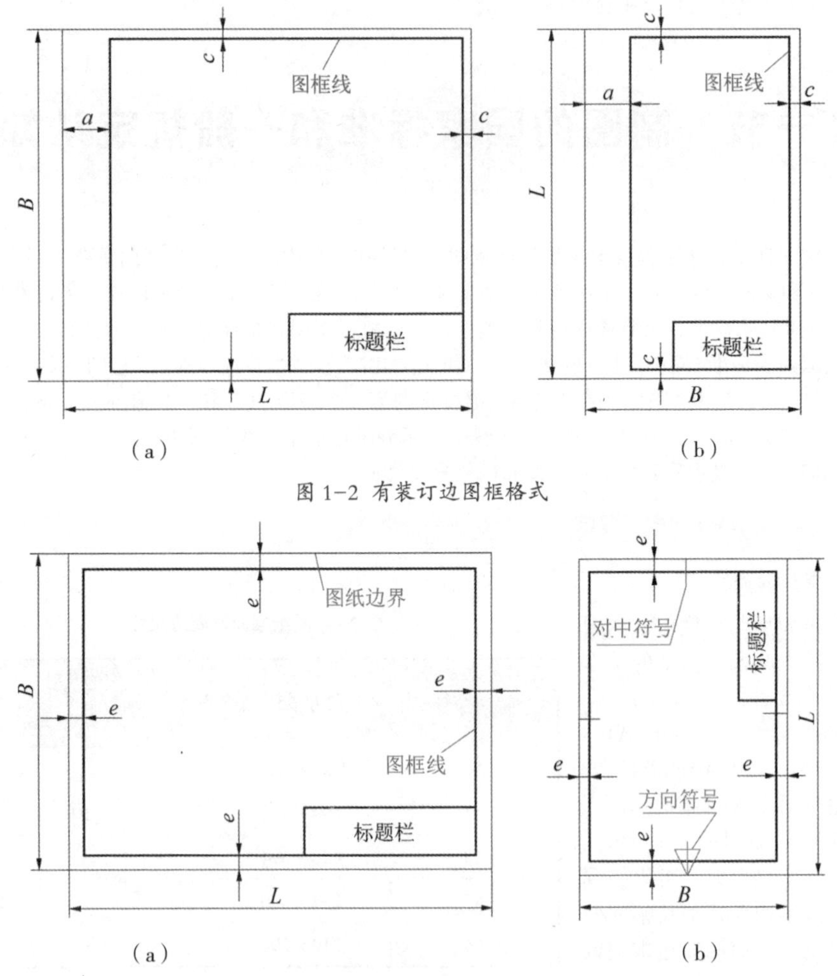

图 1-2 有装订边图框格式

图 1-3 无装订边图框格式及对中、方向符号

注意：同一产品的图样应采用统一图框格式。为了复制和缩微投影方便，应在图纸各边长的中点处绘制对中符号［对中符号是从图纸边界开始至伸入图框内约 5mm 的一段粗实线，如图 1-3（b）所示］。

3. 标题栏（GB/T 10609.1—2008）

在每一张技术图样上，均需要画出标题栏。标题栏的格式，国家标准 GB/T 10609.1—2008 已作出了统一规定，如图 1-4 所示，教学中建议采用简化的标题栏，如图 1-5 所示。标题栏的外框线一律用粗实线绘制，右边和底边与图框线重合；标题栏的分格线用细实线绘制。

标题栏位于图框的右下角，标题栏中的文字方向为看图方向。

二、比例（GB/T 14690—1993）

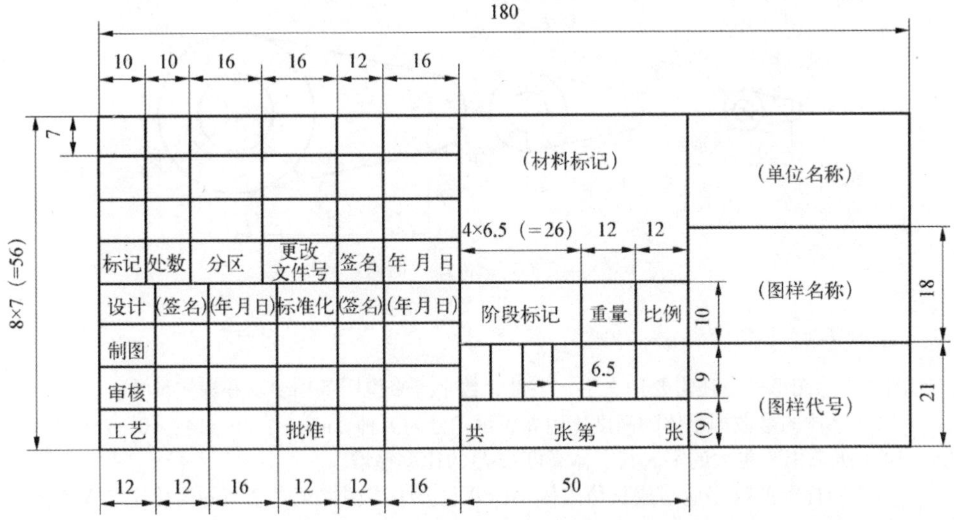

图 1-4　标题栏格式

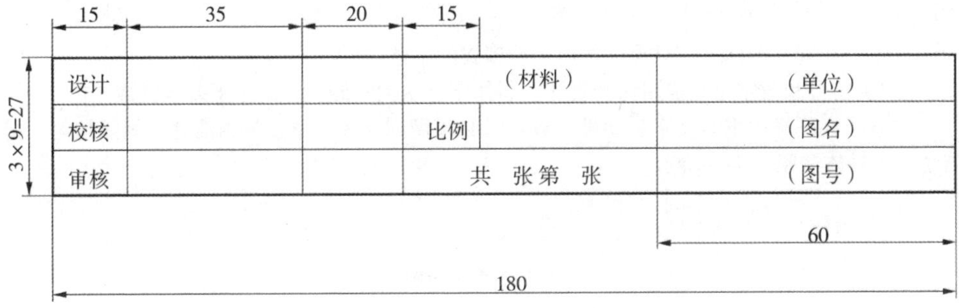

图 1-5　简化标题栏格式

比例是指图样中图形与其实物相应要素的线性尺寸之比。当需要按比例绘制图样时，应该从表 1-2 中优先选取。

注意：不论采用何种比例，图上所注尺寸数值均为机件的实际尺寸，如图 1-6 所示。

表 1-2　绘图比例

原值比例	1:1					
放大比例	2:1 （2.5:1）	5:1 （4:1）	1×10^n:1 （2.5×10^n:1）	2×10^n:1 （4×10^n:1）	5×10^n:1	
缩小比例	1:2 （1:1.5） （1:1.5×10^n）	1:5 （1:2.5） （1:2.5×10^n）	1:10	1:1×10^n （1:3） （1:3×10^n）	1:2×10^n （1:4） （1:4×10^n）	1:5×10^n （1:6） （1:6×10^n）

注：n 为整数。

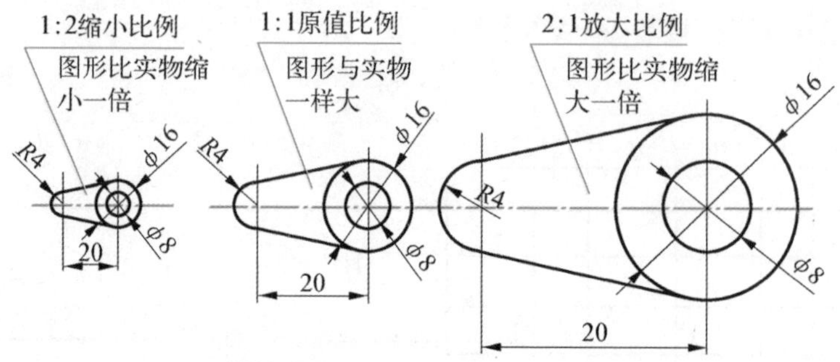

图 1-6 采用不同比例绘制的同一图形

三、字体（GB/T 14691—1993）

图样中除图形外，还需要用文字、字母、数字等来说明各项要求和标注尺寸。

（1）字体的号数即字体的高度（用 h 表示）分为 8 种（mm）：20、14、10、7、5、3.5、2.5、1.8。如需书写更大的字，其字体高度按$\sqrt{2}$的比率递增。

（2）图样上的汉字应写成长仿宋体字，并且要采用国家正式公布的简化字。汉字的高度不应小于 3.5mm，宽度为 $h/\sqrt{2}$。

（3）字母和数字分为 A 型和 B 型。A 型字体的笔画宽度 $d=h/14$，B 型字体的笔画宽度 $d=h/10$。

注意：在同一图样上，只允许选用一种型式的字体。

（4）字母和数字可写成斜体和直体。斜体字字头向右倾斜，与水平基准线成 75°。

注意：在图样中书写文字、字母、数字时必须做到字体工整、笔画清楚、间隔均匀、排列整齐，具体参照表 1-3 所示。

四、图线（GB/T 4457.4—2002）

表 1-3 字体示例

字体		示例
长仿宋体	5 号	字体工整笔画清楚
	3.5 号	字体工整笔画清楚
拉丁字母	大写直体	ABCDEFGHIJKLMNOPQRSTUVWXYZ
	大写斜体	*ABCDEFGHIJKLMNOPQRSTUVWXYZ*
	小写直体	abcdefghijklmnopqrstuvwxyz
	小写斜体	*abcdefghijklmnopqrstuvwxyz*
阿拉伯数字	直体	0123456789
	斜体	*0123456789*
罗马数字	直体	Ⅰ Ⅱ Ⅲ Ⅳ Ⅴ Ⅵ Ⅶ Ⅷ Ⅸ Ⅹ Ⅺ Ⅻ
	斜体	*Ⅰ Ⅱ Ⅲ Ⅳ Ⅴ Ⅵ Ⅶ Ⅷ Ⅸ Ⅹ Ⅺ Ⅻ*

1. 图线的线型及应用

绘图时，应采用国家标准中规定的图线。国家标准（GB/T 4457.4—2002）《机械图样 图样画法 图线》规定了在机械图样中使用的九种图线，其名称、线型、线宽及应用见表 1–4 及图 1–7 所示。

注意：在机械图样中采用粗细两种线宽，它们之间的比例为 2:1，粗线宽度 d 一般采用 0.5mm、0.7mm。

表 1–4 线型及应用（GB/T 4457.4—2002）

名称	线型	线宽	一般应用
细实线	————————	$d/2$	尺寸线、尺寸界线、剖面线、重合断面的轮廓线、过渡线
粗实线	━━━━━━━━	d	可见轮廓线
细虚线	– – – – – – – –	$d/2$	不可见轮廓线
粗虚线	━ ━ ━ ━ ━ ━	d	允许表面处理的标示线
细点画线	—·—·—·—·—	$d/2$	轴线、对称中心线
粗点画线	━·━·━·━·━	d	限定范围表示线
细双点画线	—··—··—··—	$d/2$	相邻辅助零件的轮廓线、可动零件的极限位置的轮廓线
波浪线	～～～	$d/2$	断裂处的边界线、视图与剖视图的分界线
双折线	—\/——\/—	$d/2$	同波浪线

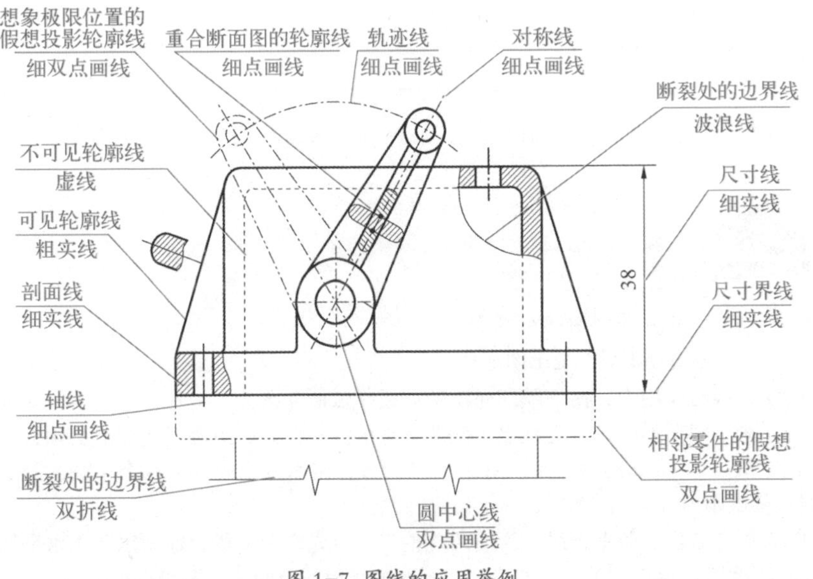

图 1–7 图线的应用举例

2. 画图线时的注意事项（图 1–8）

（1）点画线和双点画线的首末两端应为“画”而不应为“点”。它们中的点是极短的一画（长约 1mm），不能画成圆点，且应点、线一起画。

（2）绘制圆的对称中心线时，圆心应为线段的交点，首末两端应为长画且超过轮廓线 2 ~ 5mm。

（3）虚线、点画线或双点画线和实线相交或它们自身相交时，应以“画”相交，而不应为“点”或“间隔”。

（4）在较小的图样上绘制细点画线和细双点画线有困难时，可用细实线代替。

（5）同一图样中，同类型图线的宽度应一致，虚线、点画线及双点画线的线段长度和间隔应各自大致相等，且虚线、点画线或双点画线为实线的延长线时，不得与实线相连。

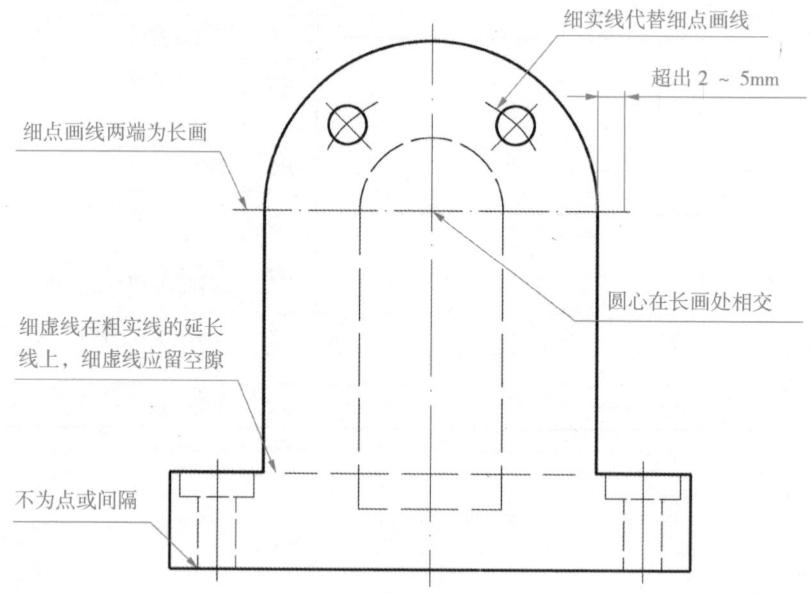

图 1–8 绘制图线的注意事项

要求：在 A4 图纸上抄画下列图形。

提示：（1）在 A4 纸上画出图框线。

（2）画线时要用力，使细线细而清晰，粗线黑而光滑。

（3）画中间图形时，应先画出正交两条点画线，注意：点画线的交点必须在长画上；依次画出同心圆，注意先小后大；用 30° 三角板，定出点画线圆上六个小圆的圆心，画出中心线；依次画出各小圆。

（4）画左右各 6 条垂直线。为使两端整齐，可先在两端极轻地画出两条水平线，作为边界线，再按图示画出各条线，虚线、点画线的线段长及间隔，要合乎规定。

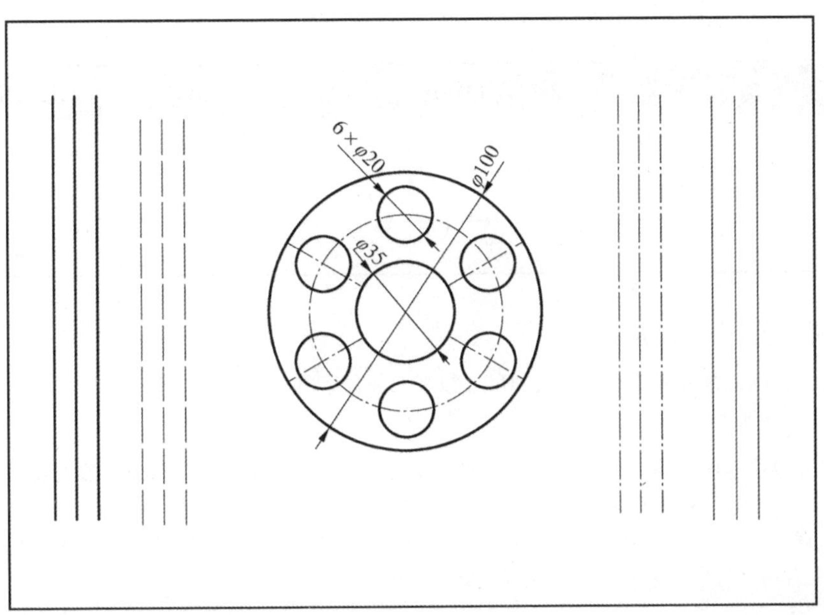

第二节 尺寸标注

图样中的图形只能表达机件的结构形状，若要表达机件的大小，则需在图形上标注尺寸。按照《机械制图 尺寸注法》（GB/T 4458.4—2003），尺寸的标注要符合一定的规范。

一、标注尺寸的基本规则

（1）机件的真实大小应以图样上所注的尺寸数值为依据，与图形的大小及绘图的准确度无关。

（2）图样中的尺寸以毫米为单位时，不需要标注单位符号（或名称），如采用其他单位，则应注明相应的单位符号。

（3）图样中所注的尺寸为该图样所示机件的最后完工尺寸，否则应另加说明。

（4）机件的每一尺寸，一般只标注一次，并应该标注在反映结构最清晰的图形上。

（5）标注尺寸时，应尽可能使用符号或缩写词，常用符号及缩写词详见表 1-5 所示。

表 1-5 标注常用符号及缩写词

序号	含义	符号或缩写词	序号	含义	符号或缩写词
1	直径	ϕ	7	45° 倒角	C
2	半径	R	8	正方形	□
3	球直径	$S\phi$	9	弧长	⌒

续表

序号	含义	符号或缩写词	序号	含义	符号或缩写词
4	球半径	*SR*	10	斜度	∠
5	厚度	*t*	11	锥度	◁
6	均布	EQS	12	深度	↧

二、尺寸标注的组成

尺寸标注由尺寸界线、尺寸线和尺寸数字三部分组成，如图 1–9 所示。

1. 尺寸界线

尺寸界线表明所注尺寸的范围，用细实线绘制，并应由图形的轮廓线、轴线或对称中心线处引出。也可以利用轮廓线、轴线或对称中心线作尺寸界线，如图 1–9 所示。

注意：（1）尺寸界线一般应与尺寸线垂直，必要时才允许倾斜，如图 1–10 所示。

（2）尺寸界线一般情况下超出尺寸线约 2mm。

2. 尺寸线

尺寸线表明度量尺寸的方向，必须用细实线单独绘制，不能用图中的任何图线来替代，也不得画在其他图线的延长线上。

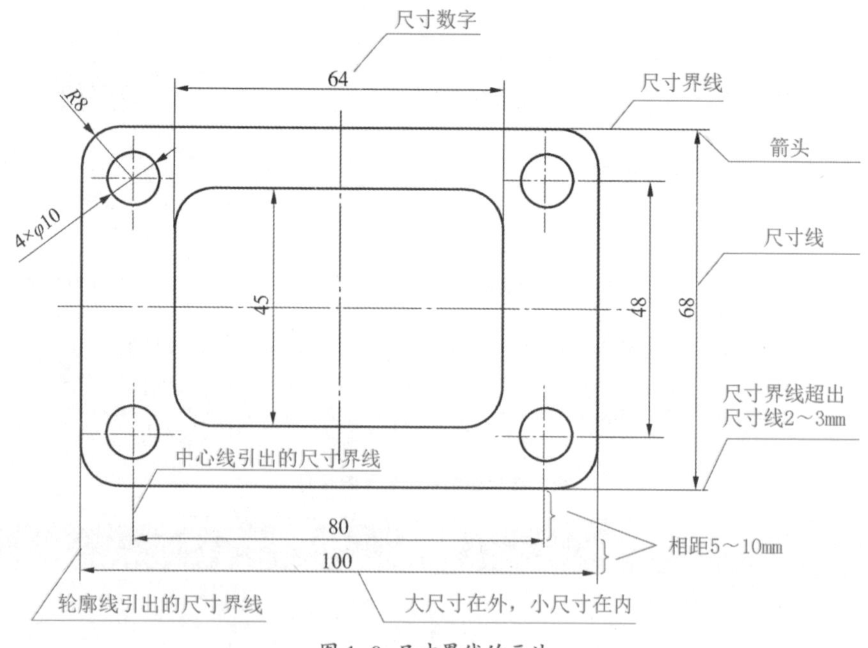

图 1–9 尺寸界线的画法

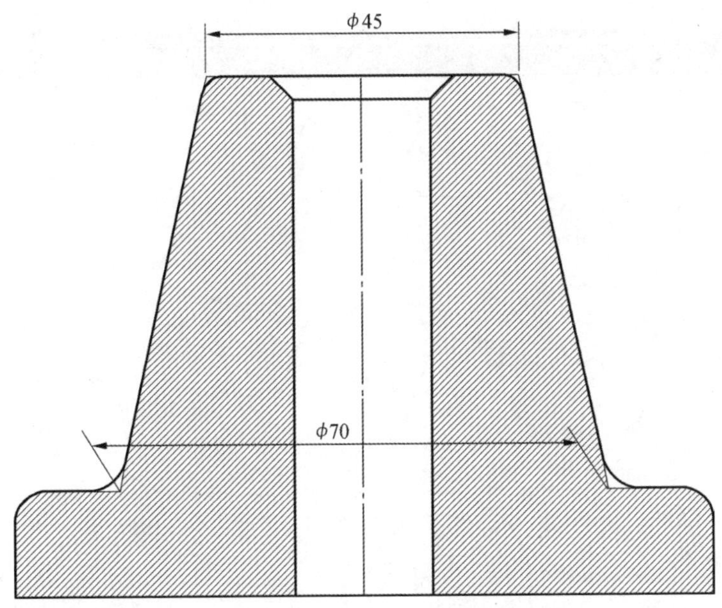

图 1-10 尺寸界线与尺寸线斜交的注法

尺寸线的终端有两种形式：

（1）箭头：箭头的形式如图 1-11 所示，适用于各种类型的图样。

（2）斜线：斜线用细实线绘制，其方法和画法如图 1-12 所示。当尺寸线的终端采用斜线形式时，尺寸线与尺寸界线应相互垂直。

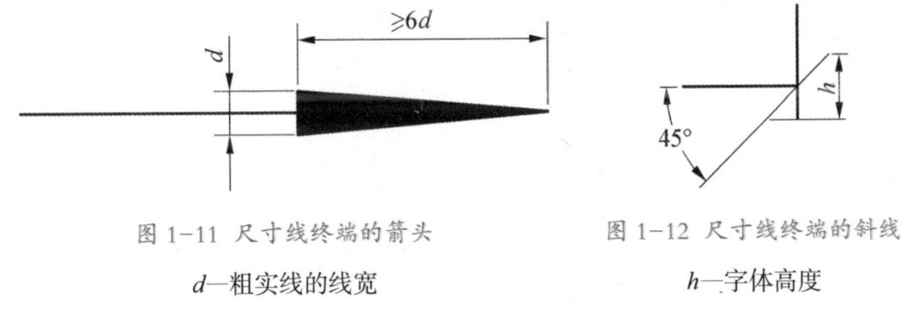

图 1-11 尺寸线终端的箭头

d—粗实线的线宽

图 1-12 尺寸线终端的斜线

h—字体高度

3. 尺寸数字

尺寸数字表示机件的实际大小，一般应注写在尺寸线的上方或左方，也允许写在尺寸线的中断处。注写尺寸数字时，应注意以下几点：

（1）尺寸线为水平方向时，尺寸数字规定由左向右书写，字头朝上。

（2）尺寸线为竖直方向时，尺寸数字由下向上书写，字头朝左。

（3）在倾斜的尺寸线上注写尺寸数字时，必须使字头方向有向上的趋势。

三、常用的尺寸注法

根据国标标准的相关规定，表 1-6 列举了一些常见的尺寸注法示例。

表 1-6 尺寸注法示例

项目	示例	说明
尺寸数字方向	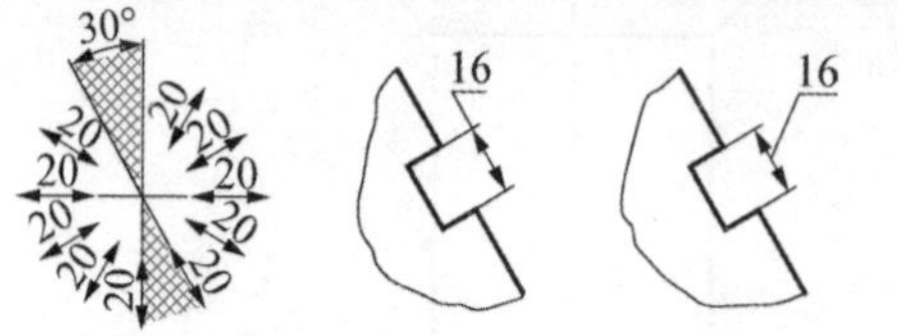 30° 20 20 20 20 20 20 20 20 20 20 16 16	尽可能避免在 30° 范围内标注尺寸，当无法避免时，可采用右边的形式标注
角度或弧长标注	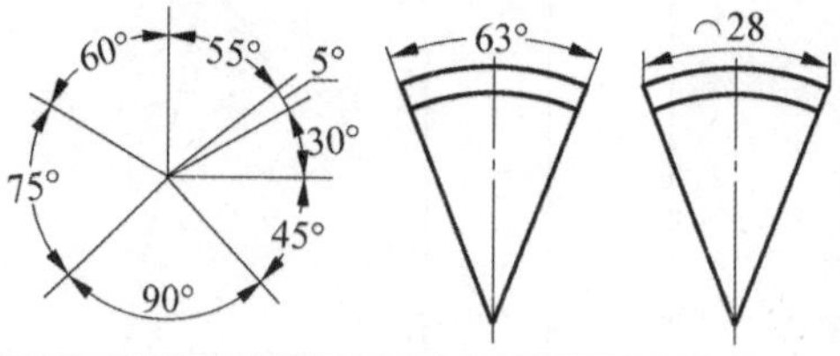 60° 55° 5° 30° 75° 45° 90° 63° ⌒28	角度的数字一律写成水平方向，一般注写在尺寸线的中断处，必要时也可写在尺寸线的上方、外面或引出标注。标注弧长时，应在尺寸数字左方加注符号“⌒”，如左图所示的“⌒28”
圆的尺寸标注	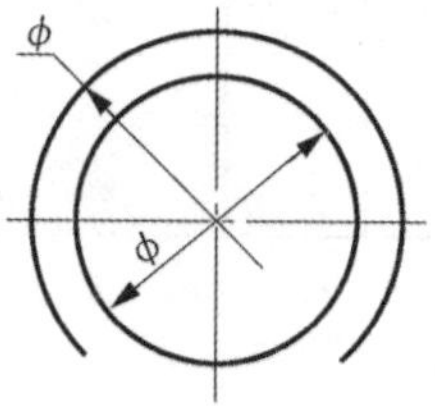 ϕ ϕ	标注整圆的直径尺寸时，应以圆周为尺寸界线，尺寸线过圆心，并在尺寸数字前加直径符号“ϕ”。标注大于半圆的圆弧直径尺寸时，其尺寸线应略超过圆心，只在尺寸线一端画箭头指向圆弧
圆弧的尺寸标注	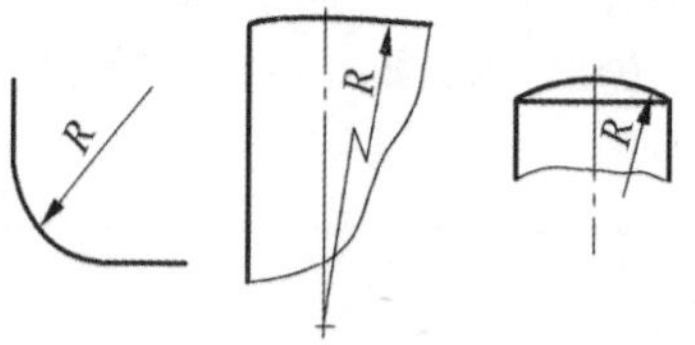 R R R	标注小于或等于半圆的圆弧半径尺寸时，尺寸线应从圆心出发引向圆弧，只画一个箭头，并在尺寸数字前加半径符号“R”。 当圆弧的半径过大或在图纸范围内无法标注圆心时，可用折线形式表示尺寸线。若无需表示圆心位置时，可将尺寸线中断
小尺寸标注	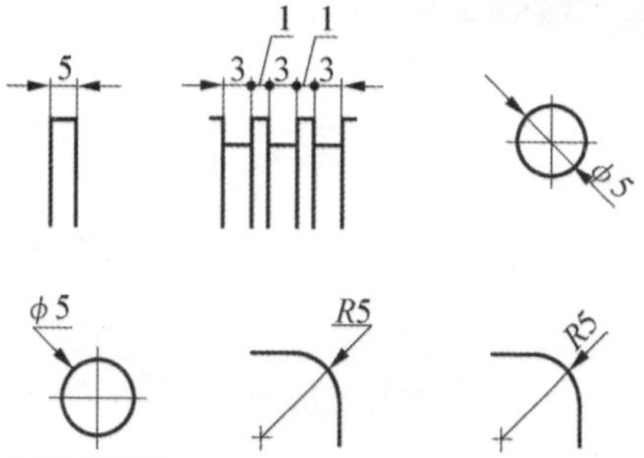 5 1 1 3 3 3 ϕ5 ϕ5 R5 R5	在尺寸界线之间没有足够的位置画箭头或注写尺寸数字的小尺寸，可用左边所示的方式进行标注。标注连续尺寸时，可用小圆点代替箭头
对称机件标注	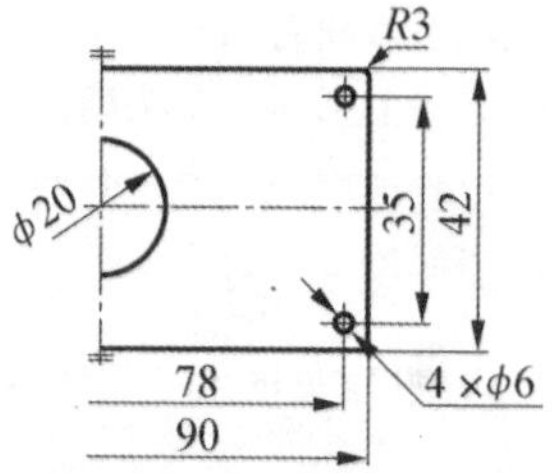 R3 ϕ20 35 42 78 90 4×ϕ6	当对称机件的图形只画出一半或略大于一半时，尺寸线应略超过对称中心线或断裂处的边界线，且只在有尺寸界线的一端画出箭头

下图中尺寸标注存在错误，请选择正确的图幅画出下图并正确标注。

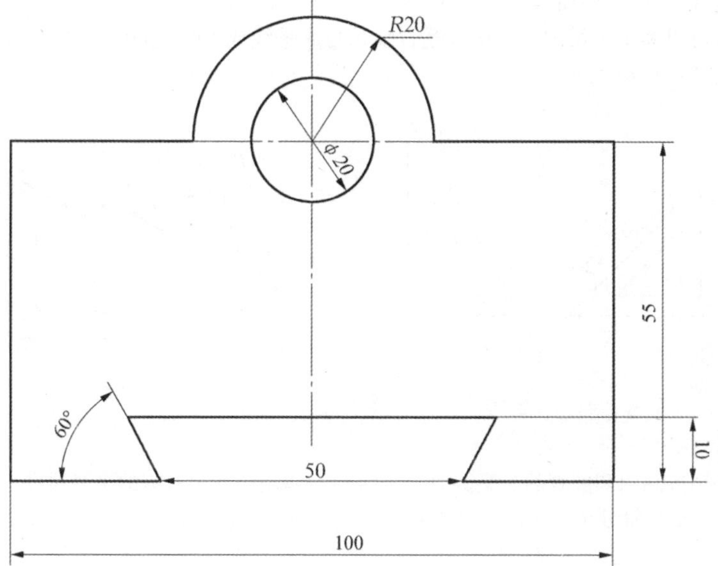

第三节 几何作图

一、绘图工具及使用

正确使用绘图工具，是提高手工绘图质量和绘图速度的关键因素。这里主要介绍几种常用的绘图工具的使用方法。

1. 图板

图板是绘图时用来铺垫用的，一般要求表面光滑平整。图板的左侧为丁字尺的导边，要求必须平滑，图纸用胶带或图钉固定在图板上，如图 1–13 所示。

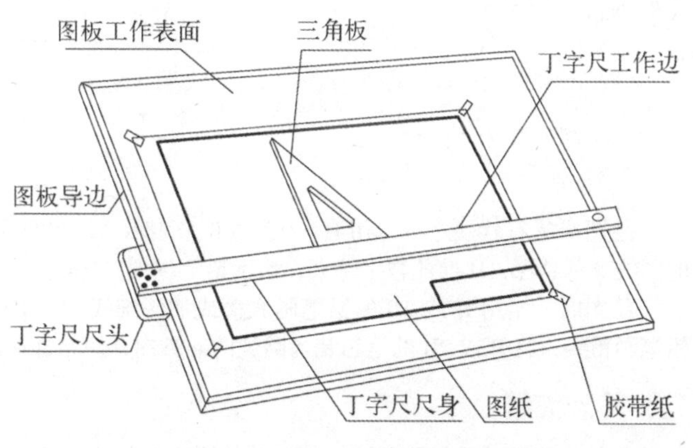

图 1–13 图板、丁字尺、三角板及图纸的固定

2. 丁字尺

丁字尺由尺头和尺身构成，主要用来绘制水平线。使用丁字尺时，尺头必须紧靠图板的左侧，用左手推动丁字尺上下移动，然后沿尺身画出水平线。

3. 三角板

三角板有两块，分别是 45° 和 30° （60° ）。

三角板可以和丁字尺配合使用画垂直线，与水平线成 45° 、60° 、30° 、75° 和 15° 的斜线等，如图 1–14 所示。

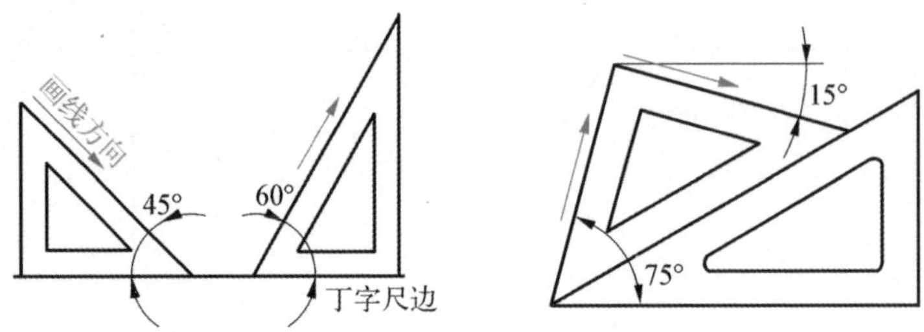

图 1–14 用三角板绘制常用角度斜线

4. 圆规和分规

圆规是用来画圆和圆弧的。画圆时，先将圆规两腿分开至所需的半径尺寸，钢针对准圆心并扎入图板至台阶处（防止圆心孔眼扩大），沿画线方向，保持适当倾斜做等速运动，如图 1–15 所示。

分规是用来量取尺寸、截取线段、等分线段的工具。分规两端有钢针，并拢时两针尖应对齐，如图 1–16 所示。

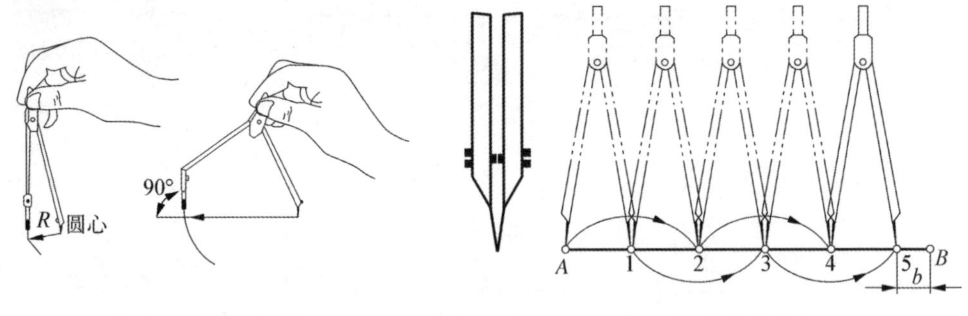

图 1–15 圆规的使用

图 1–16 分规的使用

5. 铅笔

绘图铅笔有软硬之分，用 H、HB 和 B 来表示。B 前的数字越大，表示铅笔越软，绘出的图线颜色越深；H 前的数字越大，表示铅笔越硬；HB 表示铅笔软硬适中。

绘图时，常用 H 或 2H 的铅笔画底稿或加深细线；用 HB 或 H 的铅笔写字；用 B 或 HB 铅笔画粗线；将 B 或 2B 的笔芯装入圆规的插脚内，用来加深圆或圆弧。

二、尺规作图

零件的轮廓形状多种多样，但基本上都是由直线、圆弧、圆以及其他曲线组合而成，因此，熟练掌握尺规绘图的基本方法是绘制图样的基础。

1. 等分线段（三等分）

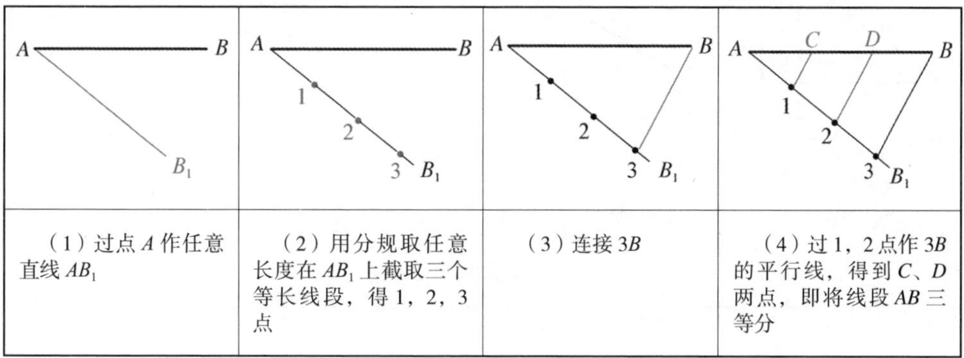

（1）过点 A 作任意直线 AB_1	（2）用分规取任意长度在 AB_1 上截取三个等长线段，得 1，2，3 点	（3）连接 $3B$	（4）过 1，2 点作 $3B$ 的平行线，得到 C、D 两点，即将线段 AB 三等分

2. 五等分圆周（作内接正五边形）

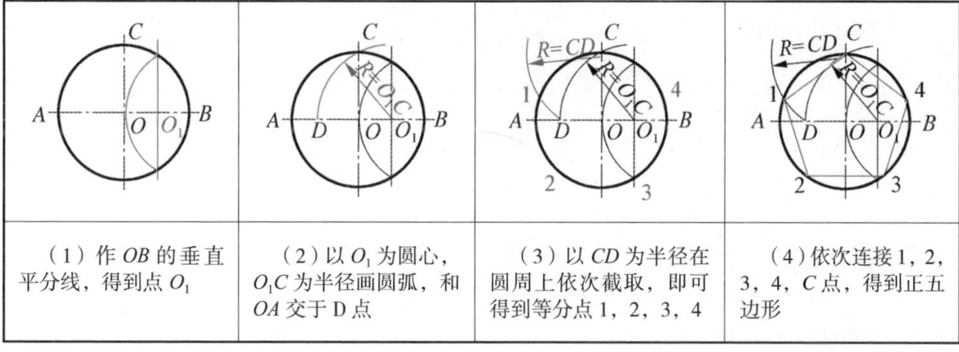

（1）作 OB 的垂直平分线，得到点 O_1	（2）以 O_1 为圆心，O_1C 为半径画圆弧，和 OA 交于 D 点	（3）以 CD 为半径在圆周上依次截取，即可得到等分点 1，2，3，4	（4）依次连接 1，2，3，4，C 点，得到正五边形

3. 六等分圆周（作内接正六边形）

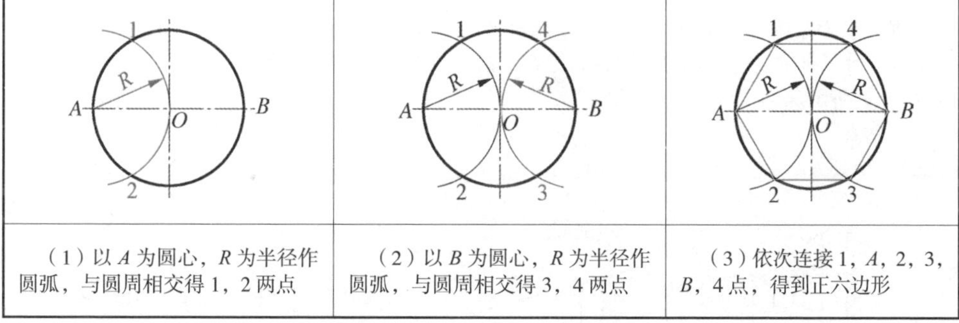

（1）以 A 为圆心，R 为半径作圆弧，与圆周相交得 1，2 两点	（2）以 B 为圆心，R 为半径作圆弧，与圆周相交得 3，4 两点	（3）依次连接 1，A，2，3，B，4 点，得到正六边形

4. 斜度

斜度是指一直线对另一直线或一平面对另一平面的倾斜程度，大小以夹角的正切来表示，在图形上通常简化为 1∶n 的形式，即 $\tan\alpha=H:L=1:n$，详见图 1–17（a）所示，斜度符号的画法如图 1–17（b）所示。

【例 1–1】画出图 1–18 所示的图形。

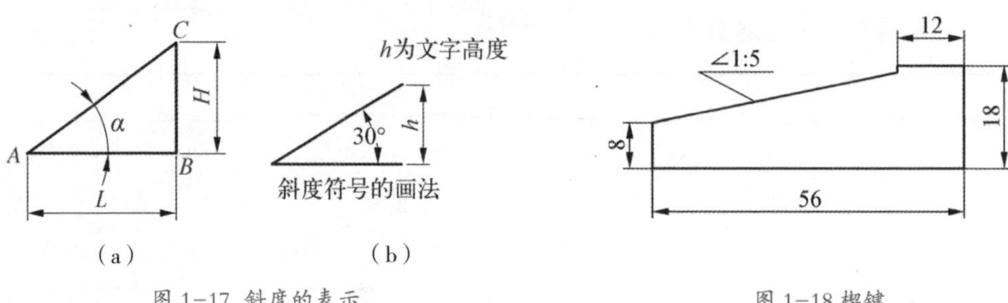

图 1-17 斜度的表示　　图 1-18 楔键

表 1-7 楔键的绘图步骤

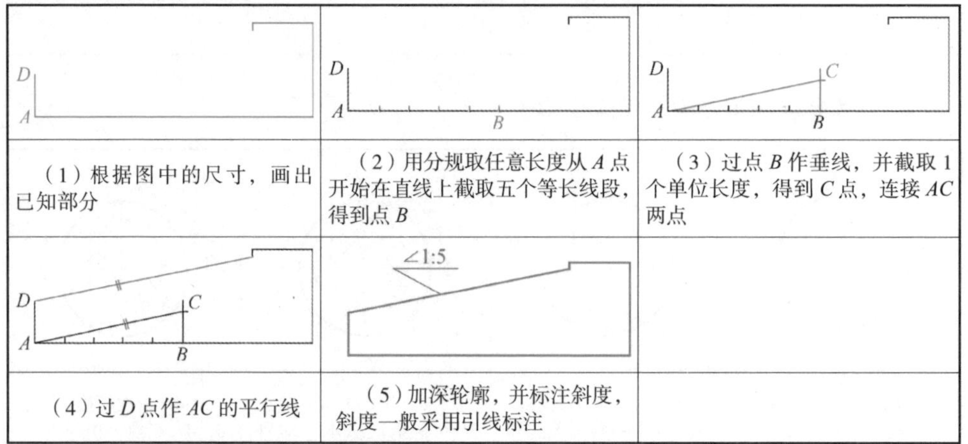

D, A	D, A, B	D, C, A, B
（1）根据图中的尺寸，画出已知部分	（2）用分规取任意长度从 *A* 点开始在直线上截取五个等长线段，得到点 *B*	（3）过点 *B* 作垂线，并截取 1 个单位长度，得到 *C* 点，连接 *AC* 两点
D, C, A, B	∠1:5	
（4）过 *D* 点作 *AC* 的平行线	（5）加深轮廓，并标注斜度，斜度一般采用引线标注	

绘图步骤见表 1-7 所示。

注意：标注斜度时，一般采用引线标注，符号的倾斜方向应与斜度的方向一致。

5. 锥度

锥度是指正圆锥体的底圆直径与正圆锥体的高度之比（如果是圆锥台，则是上下两圆直径差与锥台高度之比），以 1：*n* 的形式表示，详见图 1-19（a）所示，锥度符号的画法如图 1-19（b）所示。

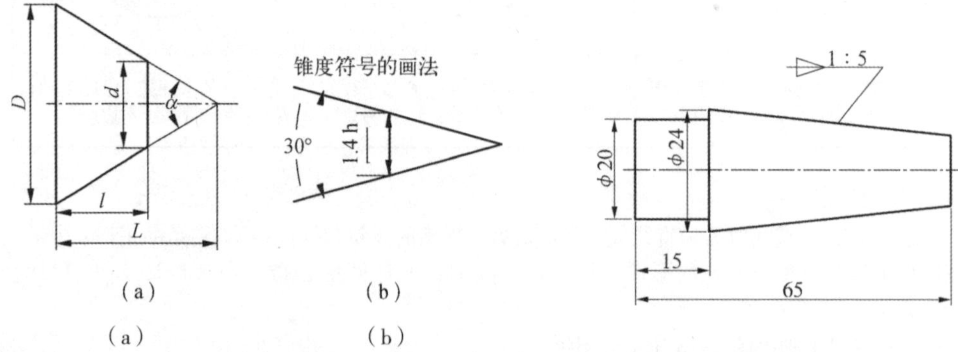

（a）　（b）

图 1-19 锥度的表示　　图 1-20 具有 1:5 锥度的图形

【例 1-2】画出图 1-20 所示具有 1 ∶ 5 锥度的图形。

绘图步骤见表 1-8 所示。

表 1-8 锥度的绘图步骤

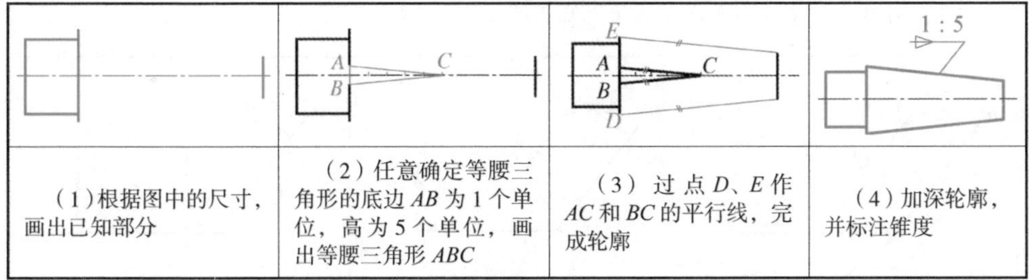

（1）根据图中的尺寸，画出已知部分	（2）任意确定等腰三角形的底边 *AB* 为 1 个单位，高为 5 个单位，画出等腰三角形 *ABC*	（3）过点 *D*、*E* 作 *AC* 和 *BC* 的平行线，完成轮廓	（4）加深轮廓，并标注锥度

注意：标注锥度时，一般采用引线标注，符号的方向应与锥度方向一致。

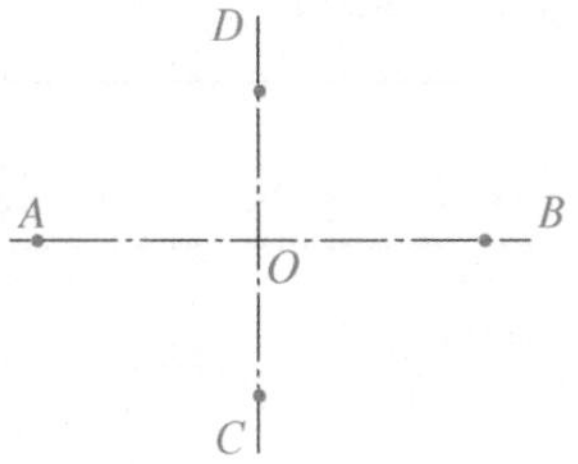 （1）作出椭圆的长轴 *AB* 和短轴 *CD*	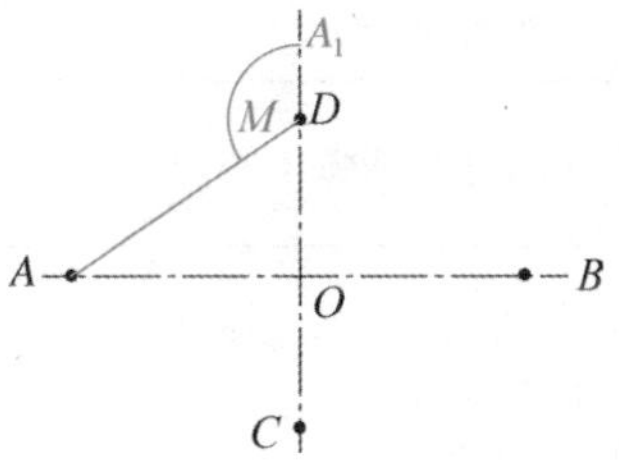 （2）连接 *AD*，在 *AD* 上取点 *M*，*DM*=*OA*–*OD*，以 *D* 点为圆心，*DM* 为半径作弧，和 *OD* 的延长线相交于 A_1 点	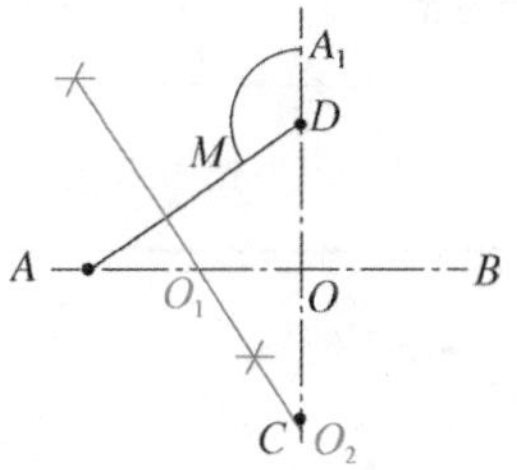 （3）作 *AM* 的垂直平分线，并延长，和 *OA*、*OC* 交于 O_1 和 O_2 两点
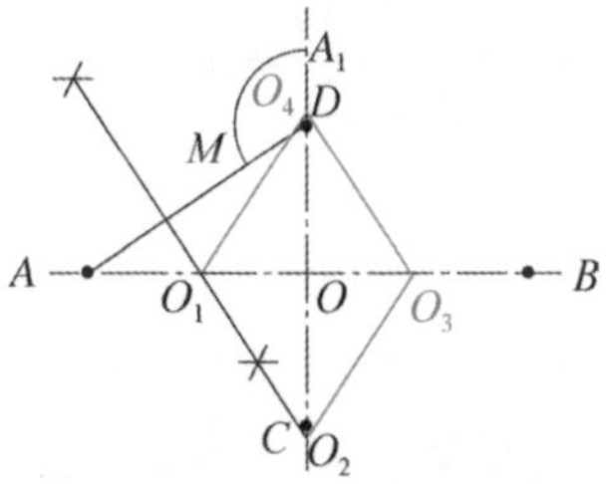 （4）作 O_1 和 O_2 的对称点 O_3 和 O_4。连接 O_2O_3、O_3O_4、O_4O_1	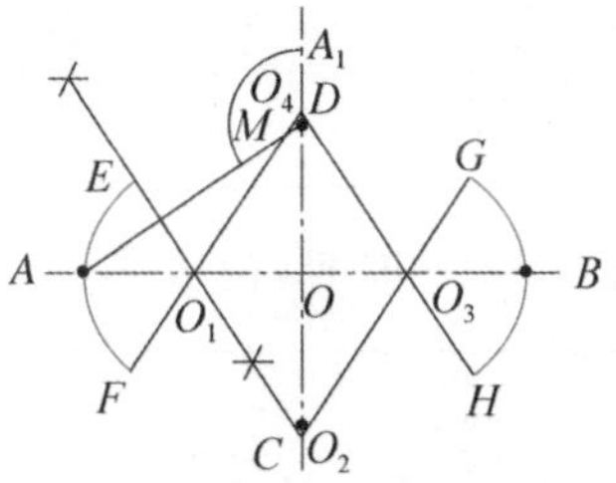 （5）以 O_1、O_3 为圆心，以 O_1A、O_3B 为半径作圆弧，与 O_1O_2、O_2O_3、O_3O_4、O_4O_1 分别交于 *E*、*G*、*F*、*H*	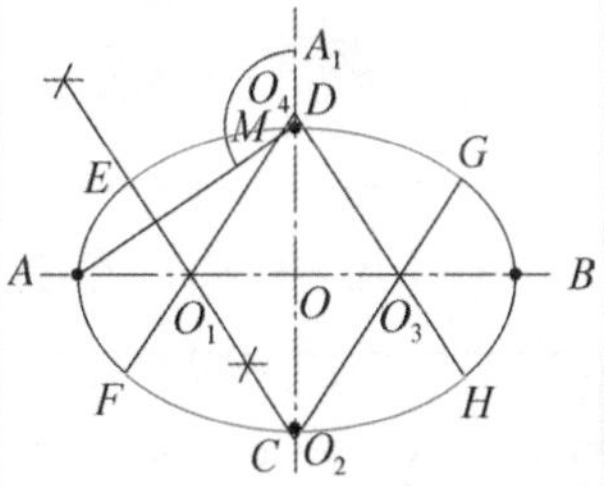 （6）以 O_2、O_4 为圆心，以 O_2D、O_4C 为半径作圆弧，与之前的圆弧相连
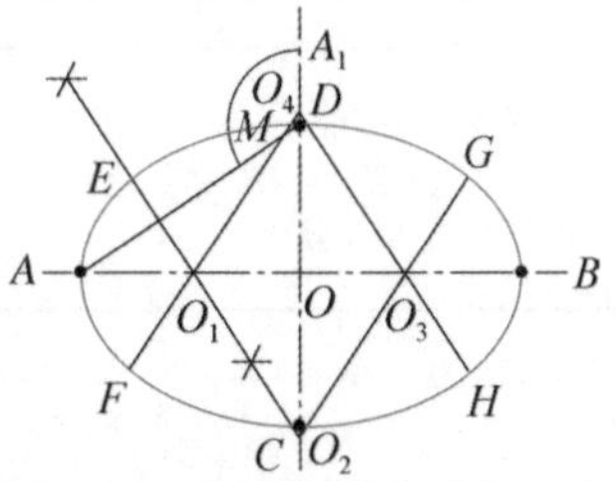 （7）轮廓加深描粗		

6. 椭圆（四圆心法画椭圆）

7. 圆弧连接

用一段圆弧光滑连接两线段（直线或圆弧）的作图方法称为圆弧连接。

（1）用半径为 R 的圆弧连接两条已知直线。

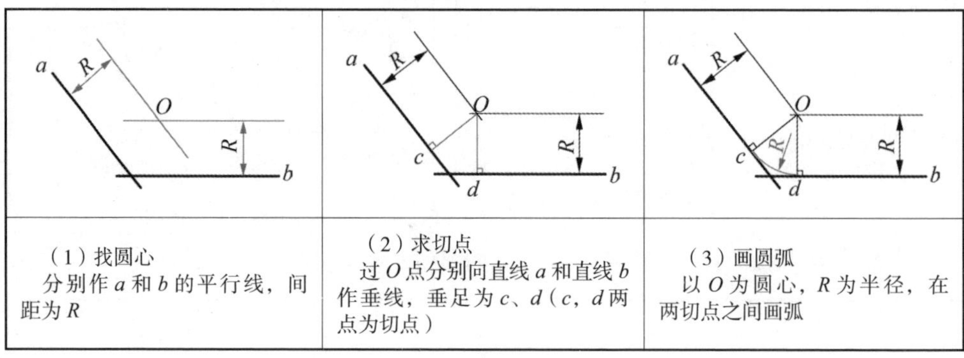

（1）找圆心	（2）求切点	（3）画圆弧
分别作 a 和 b 的平行线，间距为 R	过 O 点分别向直线 a 和直线 b 作垂线，垂足为 c、d（c，d 两点为切点）	以 O 为圆心，R 为半径，在两切点之间画弧

（2）用半径为 R 的圆弧连接两已知圆弧（外切）。

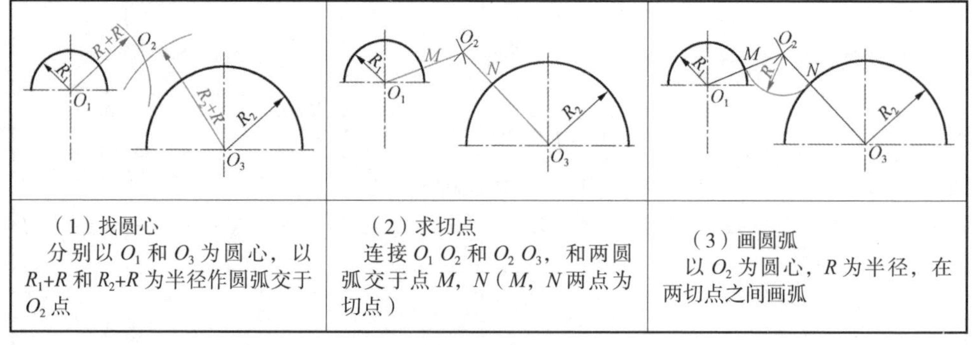

（1）找圆心	（2）求切点	（3）画圆弧
分别以 O_1 和 O_3 为圆心，以 R_1+R 和 R_2+R 为半径作圆弧交于 O_2 点	连接 O_1O_2 和 O_2O_3，和两圆弧交于点 M，N（M，N 两点为切点）	以 O_2 为圆心，R 为半径，在两切点之间画弧

（3）用半径为 R 的圆弧连接两已知圆弧（内切）。

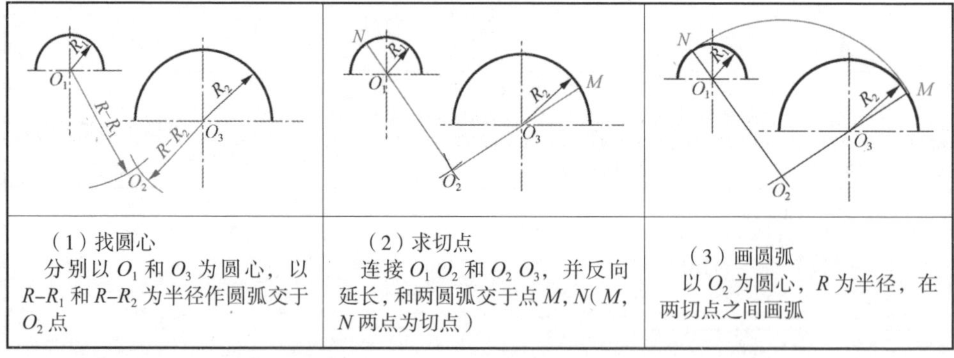

（1）找圆心	（2）求切点	（3）画圆弧
分别以 O_1 和 O_3 为圆心，以 $R-R_1$ 和 $R-R_2$ 为半径作圆弧交于 O_2 点	连接 O_1O_2 和 O_2O_3，并反向延长，和两圆弧交于点 M，N（M，N 两点为切点）	以 O_2 为圆心，R 为半径，在两切点之间画弧

圆弧连接要点：

根据已知条件准确定出连接圆弧 R 的圆心及切点。

分别用 $R20$ 和 $R25$ 的圆弧作已知圆的外切圆弧（保留作图轨迹）。

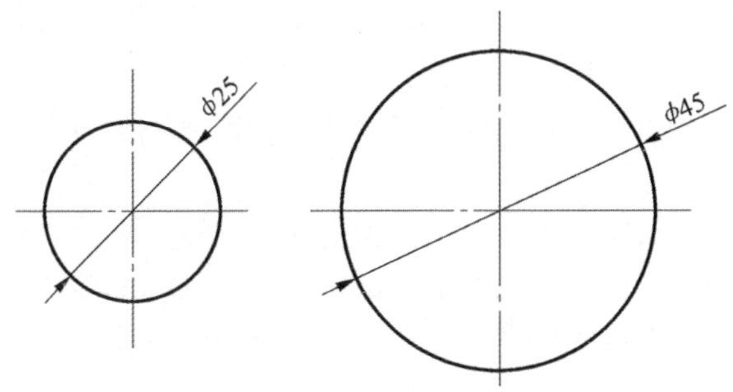

第四节 平面图形分析及作图

平面图形是由若干直线和曲线连接而成，这些直线和曲线之间的相对位置和连接关系是靠给定的尺寸来确定的。画平面图形时，只有通过分析尺寸，确定线段性质，明确作图顺序，才能正确地画出图形。

一、尺寸分析

平面图形中的尺寸可根据作用不同，分为定形尺寸和定位尺寸两类。

1. 定形尺寸

用来表示平面图形中各个几何图形的形状和大小的尺寸称为定形尺寸，如直线段的长度、圆及圆弧的直径或半径、角度的大小等。图 1- 21 中的 ϕ20、ϕ5、15、*R*15、*R*50、*R*10、ϕ32 等，均为定形尺寸。

2. 定位尺寸

用来表示各个几何图形间的相对位置的尺寸称为定位尺寸。图 1–21 中的 8 为 ϕ5 小孔的定位尺寸。

注意：有时某些尺寸既是定形尺寸，又是定位尺寸，如图 1–21 中的 75。

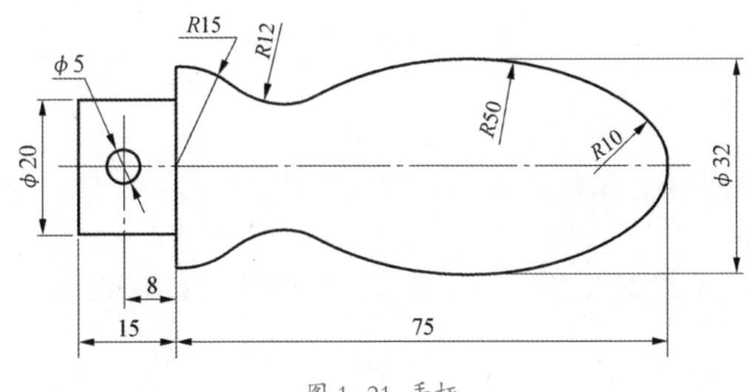

图 1–21 手柄

二、线段分析

在平面图形中，有些线段具有完整的定形和定位尺寸，绘图时，可以直接绘出，而有些线段的定位尺寸并未全部给出，这时要利用线段连接关系找出潜在的条件才能画出。因此，按照线段的尺寸是否标注齐全，将线段分为已知线段、中间线段和连接线段三类。

1. 已知线段

凡是定形尺寸和定位尺寸均齐全的线段称为已知线段，如图 1–21 中的 ϕ5、R15、R10。

2. 中间线段

有定形尺寸，并给出一个定位尺寸的线段称为中间线段，如图 1–21 中的 R50，其圆心的上下位置可以根据 ϕ32 来确定，但左右位置无法确定。画图时，要根据 R50 与 ϕ32 外切、R50 与 R10 内切的几何条件，找出圆心位置，才能画出 R50 的圆弧。

3. 连接线段

只有定形尺寸，而无定位尺寸的线段称为连接线段，如图 1–21 中的 R12。画图时，必须根据 R12 与 R15 和 R50 两圆弧同时外切的几何条件分别画弧，找出 R12 的圆心位置，才能画出 R12 的圆弧。

三、平面图形的绘图方法和步骤

下面以图 1–21 手柄为例，介绍平面图形的绘图步骤。

1. 准备工作

（1）准备好制图工具和仪器。

（2）分析平面图形的尺寸及线段，拟定制图步骤→确定比例→选择图幅→固定图纸→画出图框和标题栏，如图 1– 22 所示。

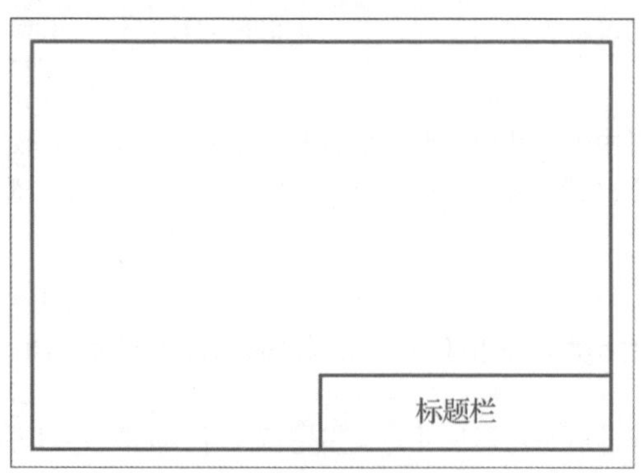

图 1–22 画图框和标题栏

2. 绘制底稿

一般用 H 或 2H 铅笔画出底稿，具体绘图步骤见表 1–9 所示 。

注意：绘制底稿时，布图要合理均匀，图线要尽量清淡、准确，保持图面整洁。

3. 加深描粗

底稿完成后要仔细核对，校正错误，擦去多余的图线，然后按照要求的线宽进行加深，画出尺寸线和尺寸界线。

描粗时注意以下几点：

（1）先粗后细。先用 B 或 2B 铅笔加深全部粗实线，然后用 HB 铅笔加深细实线、细点画线及细虚线等。

（2）先曲后直。先加深圆或圆弧，再从图的左上方开始，顺次向下描深所有水平方向的线，再从图的左上方开始，顺次向右描深所有垂直方向的线。

表 1-9　手柄的绘图步骤

画出作图基准线	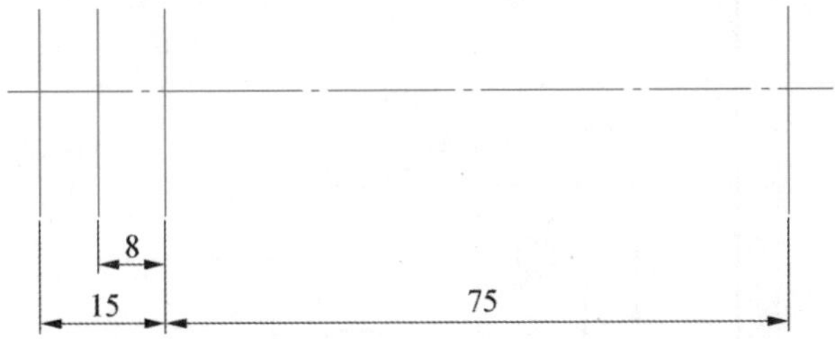 8　15　75
画出已知线段	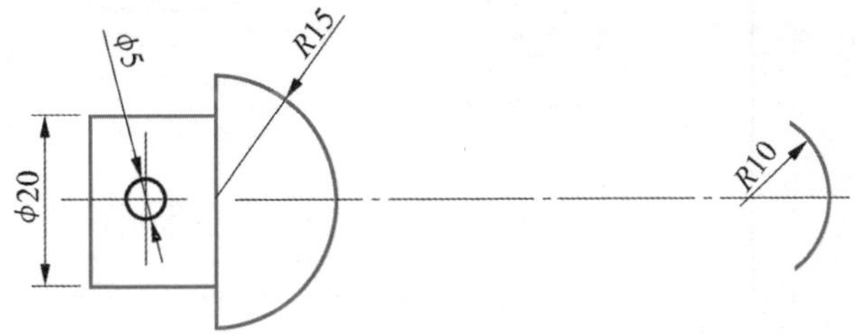 $\phi5$　$R15$　$\phi20$　$R10$
画出中间线段	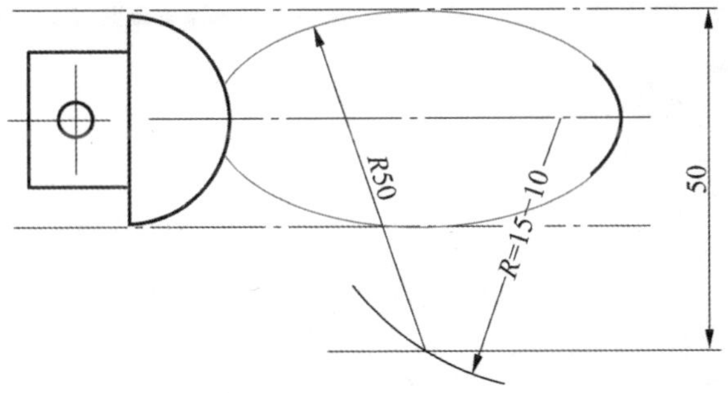 $R50$　R=15−10　50
画出连接线段	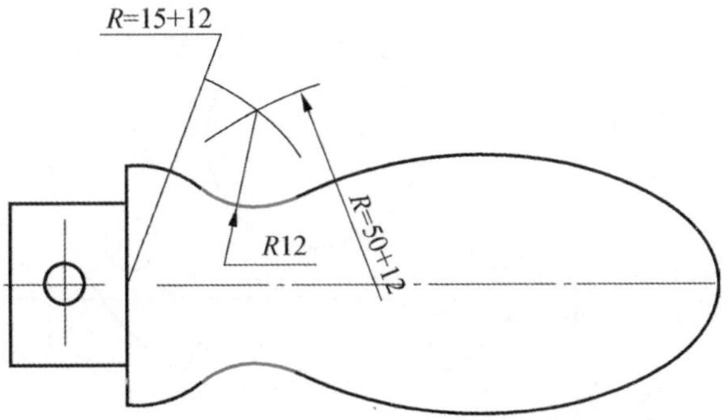 R=15+12　$R12$　R=50+12

4. 标注尺寸，填写标题栏

绘成的手柄平面图形如图 1–23 所示。

绘制下列平面图形。

提示：三个 ϕ10 孔的径向定位尺寸为 ϕ80，当一个孔定位在垂直中心线上方后，其余两孔沿 ϕ80 圆周均匀分布，省去了角向定位尺寸 120°；三个槽的定位尺寸 30 兼作槽的定形尺寸。

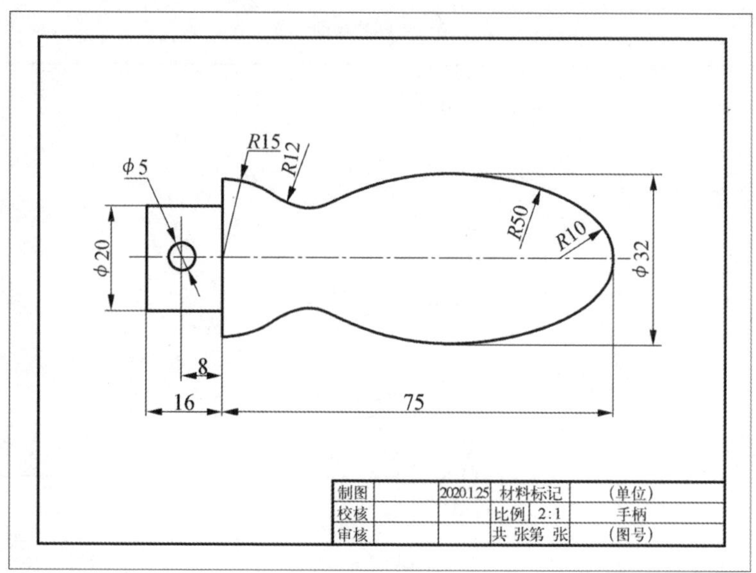

图 1–23 手柄平面图形

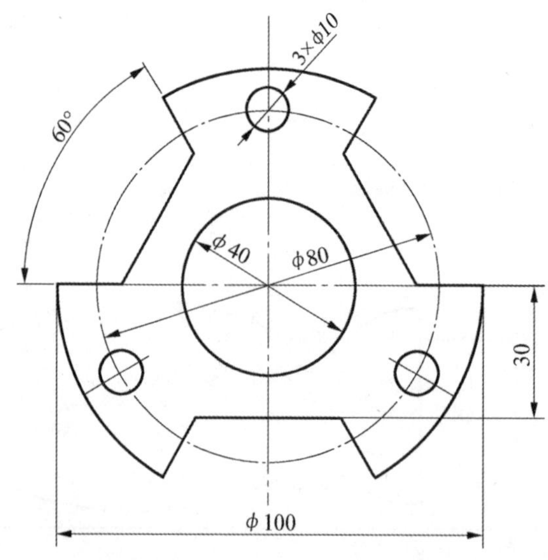

第二章　正投影作图基础

本章着重介绍正投影的投影规律和作图方法，并通过立体表面上点、直线、平面的投影分析以及两个机件相交形成的表面交线的分析，初步培养学生的空间思维和想象能力，为学好本课程打下基础。

第一节　正投影法基本知识认知

在日常生活中，常常见到物体被灯光或太阳照射后，会在地面或墙壁上留下一个影子，这就是投影现象。人们通过对这种自然现象进行研究探索，总结其中的规律，创造了投影法。

一、投影法的分类

投射线通过物体向选定的面投射，并在该面上得到图形的方法称为投影法，如图 2–1 所示。

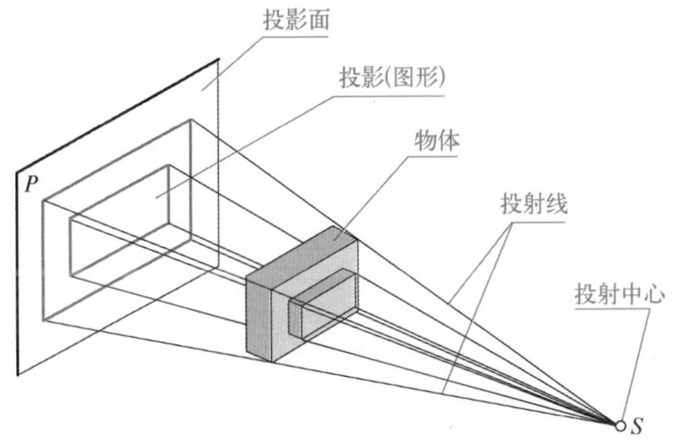

图 2–1 投影法的形成

根据光源、投射线和投影面三要素的相对位置，投影法可分为中心投影法和平行投影法两类。

1. 中心投影法

投射线交汇于一点的投影法称为中心投影法，如图 2–2 所示，S 为投射中心，选定的 H 为投影面，光线 SA 等为投射线，投射线与投影面的交点 a 称为点 A 在 H 上的投影，$\triangle abc$ 为 $\triangle ABC$ 在平面 H 上的投影。

2. 平行投影法

投射线互相平行的投影方法称为平行投影法。根据投射线与投影平面倾斜或垂直，平行投影法又分为斜投影法和正投影法两类。

（1）正投影法。

投射线与投影平面垂直的平行投影法，如图 2–3（a）图所示。

由于正投影法的投射线互相平行且垂直于投影平面，因此在其投影面上能完整而真实地表达机件的形状和大小，因此正投影原理是工程制图的基础。本书将正投影简称为“投影”。在工程图样中，根据有关标准绘制的多面正投影图也称为“视图”。

（2）斜投影法。

投射线与投影平面倾斜的平行投影法，如图 2–3（b）所示。

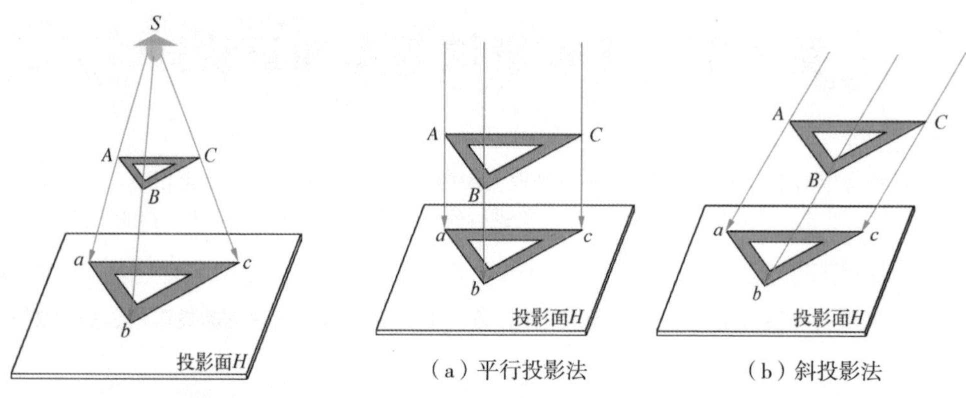

（a）平行投影法　　（b）斜投影法

图 2–2　中心投影法　　图 2–3　正投影法

二、正投影法的基本性质

利用正投影法对直线、平面进行投影时，直线或平面对投影面摆放位置的不同，其投影具有不同的性质，详见表 2–1 所示。

表 2–1　正投影法的基本性质

特性	示例
真实性	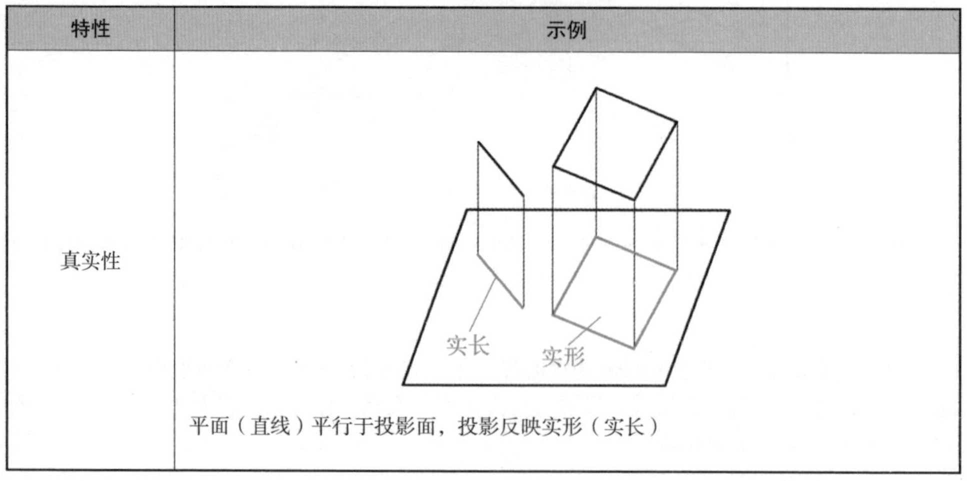 平面（直线）平行于投影面，投影反映实形（实长）

续表

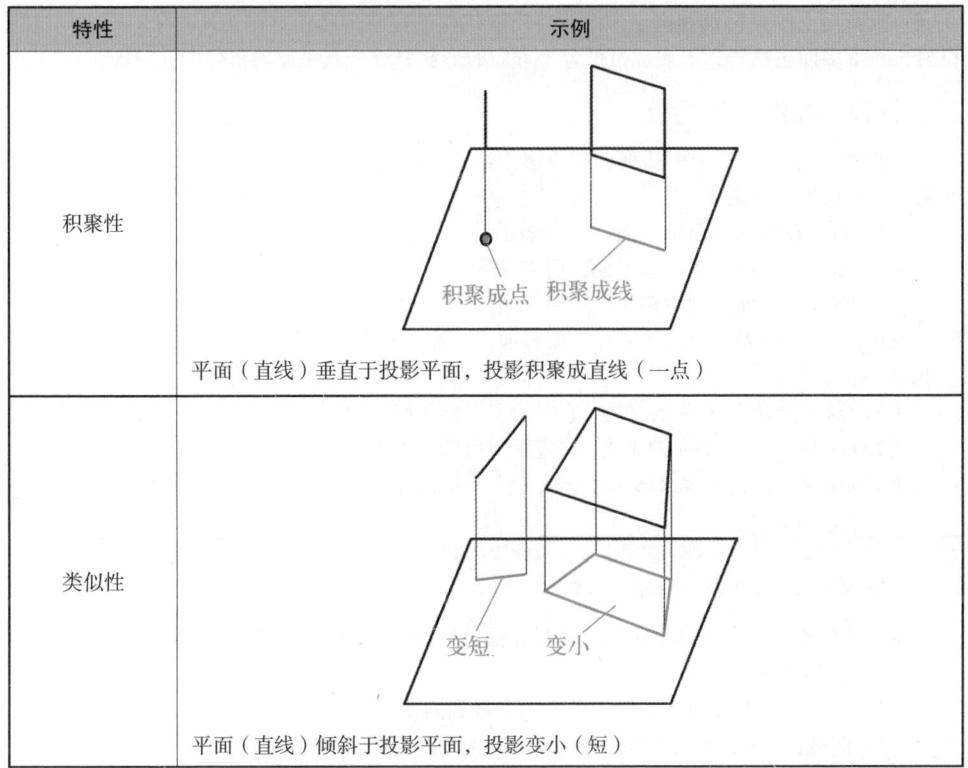

特性	示例
积聚性	平面（直线）垂直于投影平面，投影积聚成直线（一点）
类似性	平面（直线）倾斜于投影平面，投影变小（短）

第二节　三视图的形成与投影规律

一、视图的基本概念

在机械制图中，将机件用正投影法向投影面投射得到的投影称为视图，如图 2-4 所示。

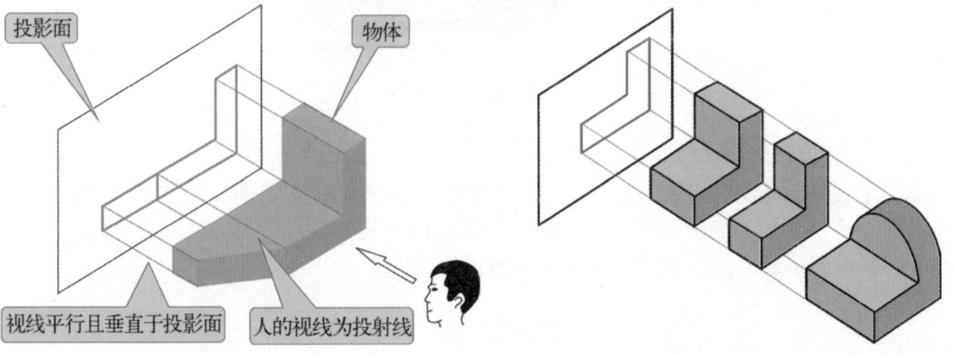

图 2-4　视图的概念

图 2-5　一个视图不能确定机件的形状和大小

一般情况下，一个视图不能完整地表达机件的形状。如图 2-5 所示，几个不同的机件，在同一投影面上的投影都相同。因此，要反映机件的完整形状，常需要从几个不同方向进行投射，获得多面正投影，以表示机件各个方向的形状，综合起来反映机件的完整形状。

二、三投影面体系的建立

三投影面体系由三个相互垂直的投影面组成，如图 2-6 所示。三个投影面分别是：

（1）正立投影面，简称正面，用 *V* 表示。

（2）水平投影面，简称水平面，用 *H* 表示。

（3）侧立投影面，简称侧面，用 *W* 表示。

投影面的交线 *OX*、*OY*、*OZ* 称为投影轴，三投影轴交于一点 *O*，称为原点。

（1）*OX* 是 *V* 面与 *H* 面的交线，它表示左右即长度方向。

（2）*OY* 是 *H* 面与 *W* 面的交线，它表示前后即宽度方向。

（3）*OZ* 是 *V* 面与 *W* 面的交线，它表示上下即高度方向。

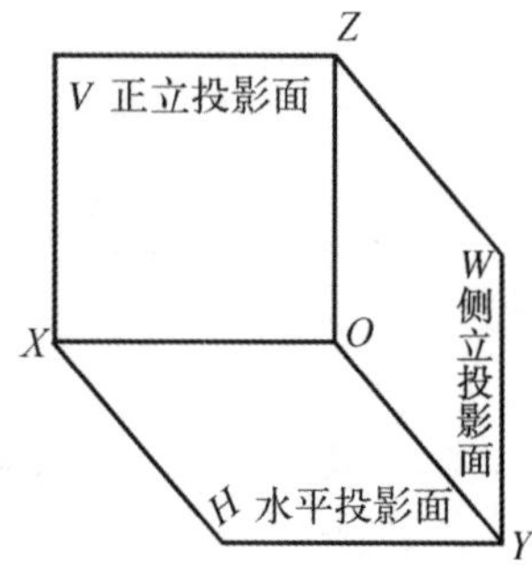

图 2-6　三投影面体系

三、三视图的形成

1. 物体在三投影体系中的投影

将物体放在三投影面体系中，按正投影法分别向三个投影面投射，得到三个视图，如图 2-7 所示，它们分别是：

（1）主视图：由前向后投射，在 *V* 面上得到的视图。

（2）俯视图：由上向下投射，在 *H* 面上得到的视图。

（3）左视图：由左向右投射，在 *W* 面上得到的视图。

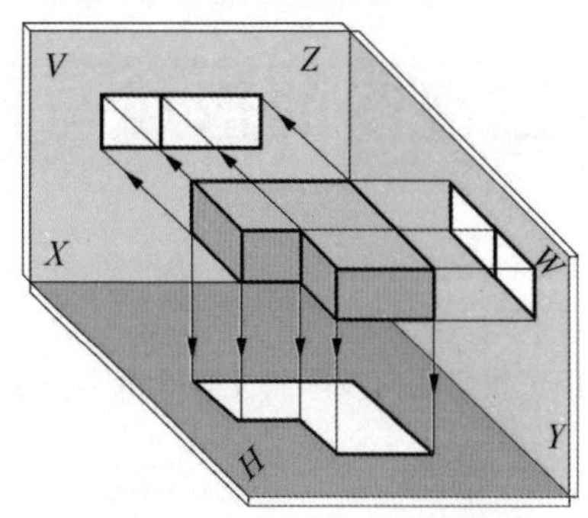

图 2-7　三视图的形成

2. 三投影面的展开

为了读图和画图方便，需要将三个互相垂直的平面展开在同一个平面上，展开方法如图 2-8 所示，*V* 面保持不动，*H* 面绕 *OX* 轴向下旋转 90°，*W* 面绕 *OZ* 轴向右旋转 90°，就得到了展开的三视图，如图 2-9 所示。

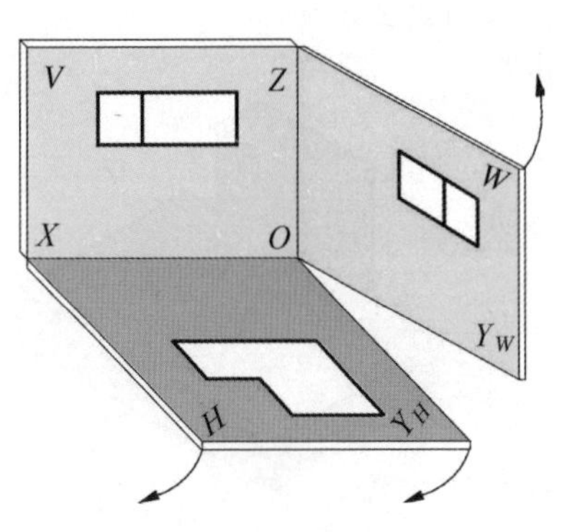

图 2-8　三视图展开方法

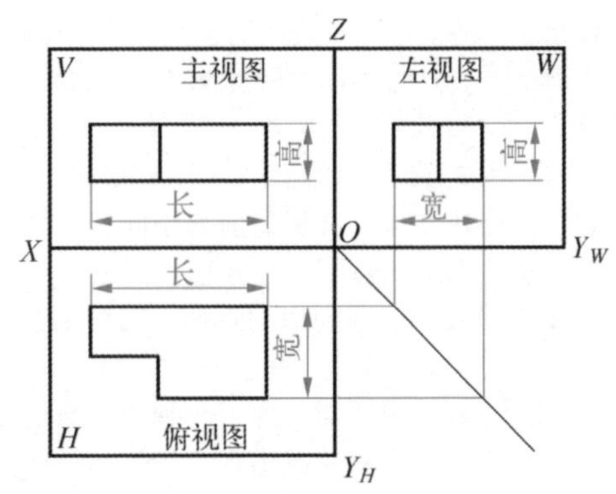

图 2-9　展开后的三视图

四、三视图的投影对应关系及投影规律

1. 位置关系

在三视图中，以主视图为基准，俯视图在主视图的正下方，左视图在主视图的正右方。画三视图时，应按照这种位置关系配置视图，不需要另外标注视图名称。此外，视图主要用来表达物体的形状，而没有必要表达物体与投影面之间的距离，因此绘图时不需画出投影轴和投影间的连线，如图 2-10 所示。

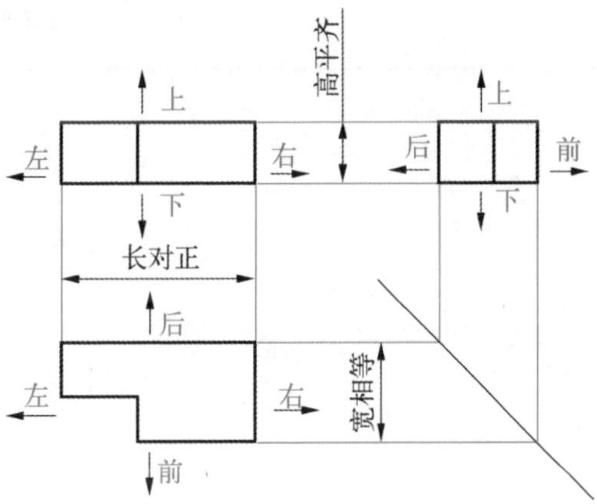

图 2-10　三视图

2. 方位关系

物体具有上下左右前后六个方位，理解清楚这六个方位的关系，对画图和看图是十分有利的。从图 2-10 中我们可以发现：

主视图：反映物体的上下、左右关系。

俯视图：反映物体的前后、左右关系。

左视图：反映物体的上下、前后关系。

注意：画图与看图时一定要注意俯、左视图远离主视图的一边表示物体的前面，靠近主视图的一边表示物体的后面，俯、左视图不仅要保证宽相等，还要保证前后对应关系。

3. 投影规律

物体有长、宽、高三个方向的尺寸，对应了 X 方向、Y 方向和 Z 方向。

如图 2-9 所示，每个视图反映了物体两个方向的大小，即：

主视图：反映了物体的长和高。

俯视图：反映了物体的长和宽。

左视图：反映了物体的宽和高。

由于三视图反映的是同一个物体，根据三视图的位置关系，从而可以得出三视图的投影规律为：主、俯**长对正**，主、左**高平齐**，俯、左**宽相等**，简称“三等”规律。

注意：三等规律是三视图的重要特性，也是画图与读图的依据。

【例 2–1】根据物体的轴测图（图 2–11），画出其三视图。

分析：图 2–11 所示的支座，下方为一长方形底板，底板的后面有块立板，立板的前方中间有一块三角形肋板。根据支座的形状特征，使支座的后面与 V 面平行，底面与 H 面平行，由前向后的观察方向为主视图投影方向。

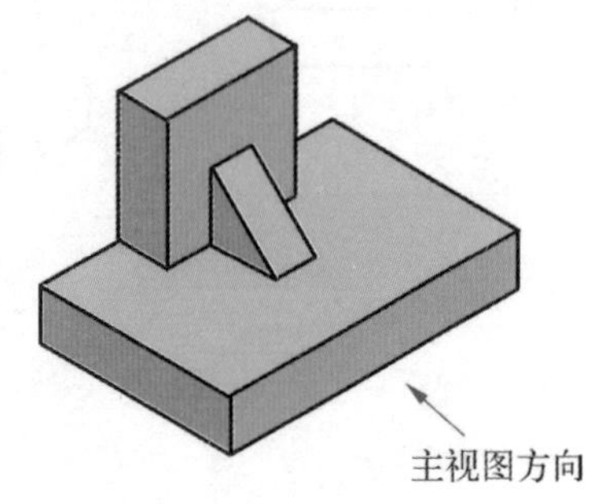

图 2–11　支座

解题：绘制三视图时，要三个视图配合着画，这样可以避免漏线或多线的情况出现，具体的绘图步骤见表 2–2 所示。

参照立体图，补画三视图中漏画的图线，在主视图上标出 A、B、C 三个平面，并填空。

表 2–2　支座三视图绘图步骤

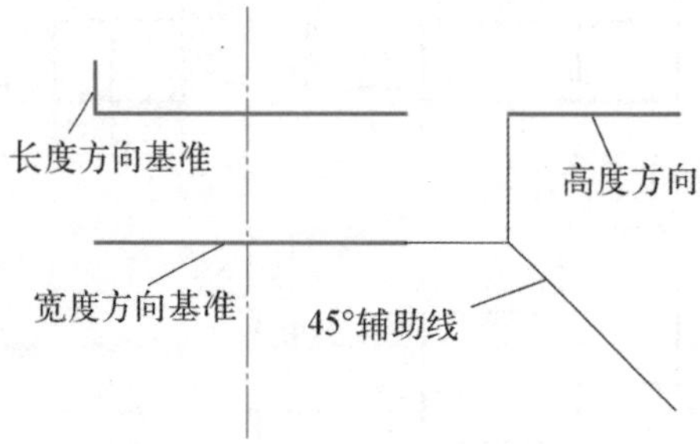 长度方向基准 高度方向基准 宽度方向基准 45°辅助线	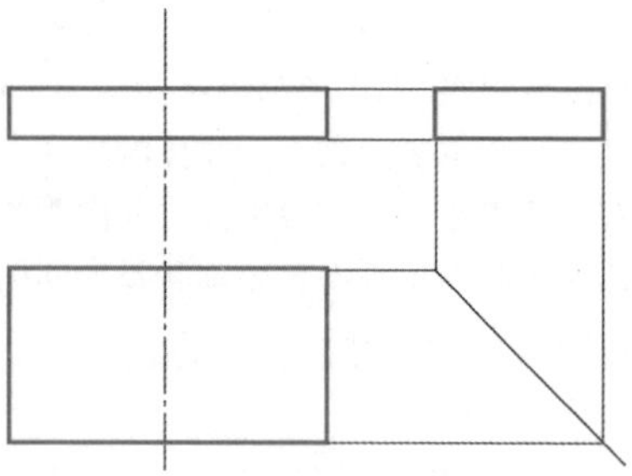
（1）画出对称中心线、基准线、作图辅助线	（2）画出底板
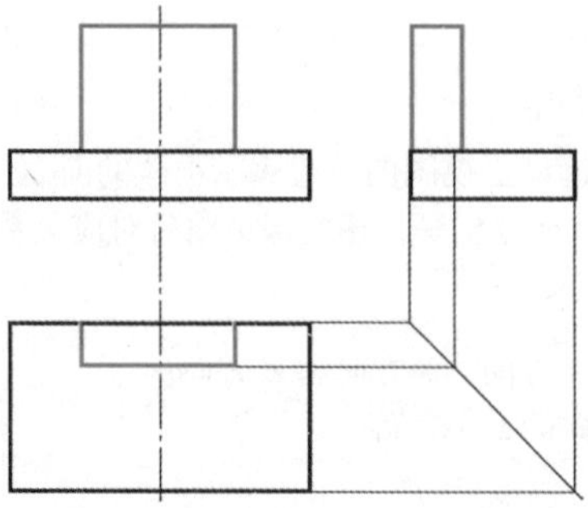	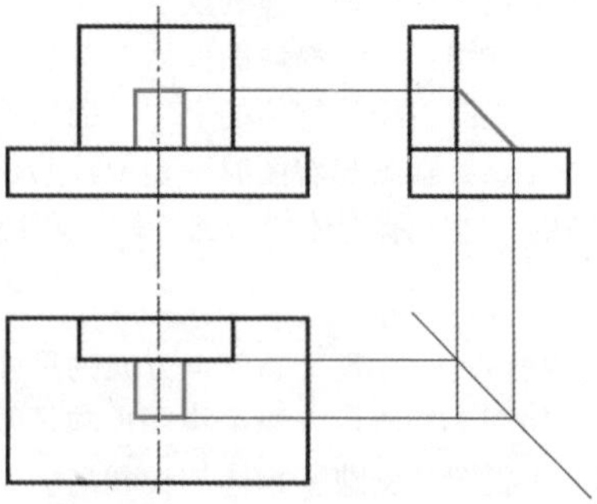
（3）画出竖板	（4）画出肋板

续表

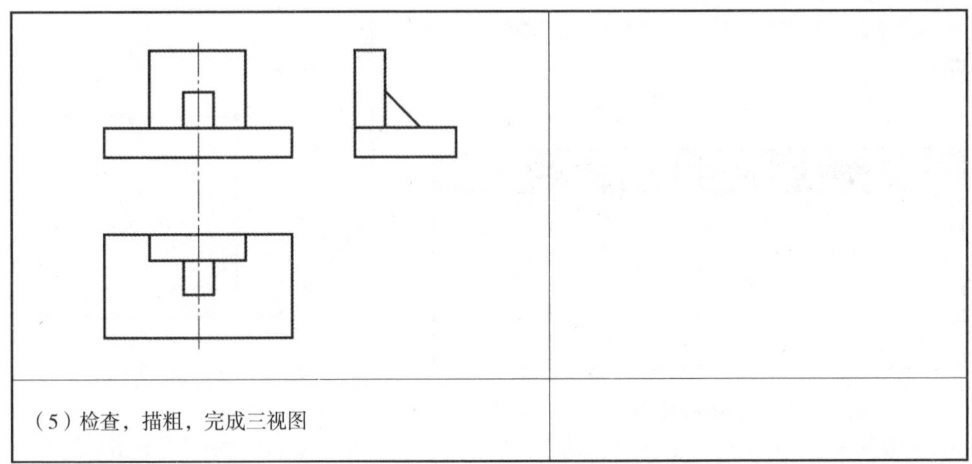	
（5）检查，描粗，完成三视图	

实践操作

比较 *A*、*B*、*C* 三个平面的前后位置：

A 面在 *B* 面之__________；

C 面在 *B* 面之__________。

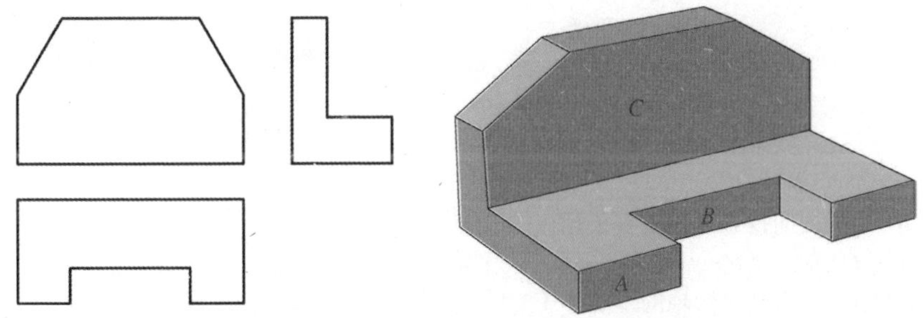

第三节　点、直线、平面的投影

点、直线、平面是组成物体表面的基本几何元素。研究清楚这些点、直线、平面的投影规律，可以快速、准确地画出物体的三视图。

一、点的投影

1. 点的投影规律

如图 2–12 所示，将空间点 *A* 放在三面投影体系中，分别向 *V* 面、*H* 面、*W* 面作垂直投射线，

得到点 A 的正面投影 a'、水平投影 a、侧面投影 a''。

注意：空间点及点的三面投影标注，详见表 2-3 所示。

表 2-3　点的标注

点的位置	标注示例
空间点	A，B，C…
点的水平面投影	a，b，c…
点的正立面投影	a'，b'，c'…
点的侧立面投影	a''，b''，c''…

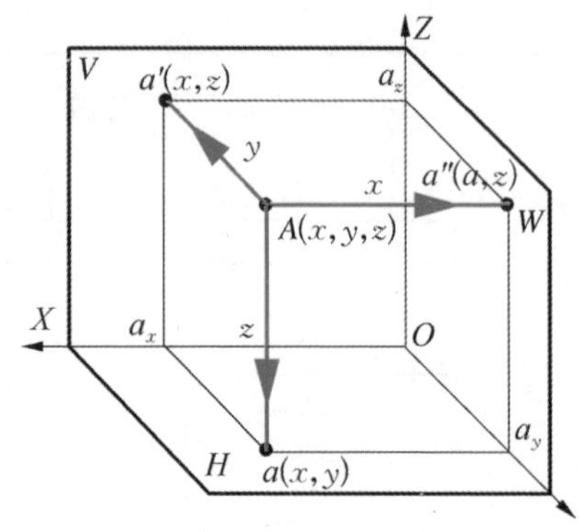

图 2-12　点的投影立体图

投影面展开后，去掉投影面边框，得到图 2-13 所示的投影图。图中 a_X、a_Y、a_Z 为点的投影连线与投影轴的交点。从图中可以看出点的投影具有以下规律：

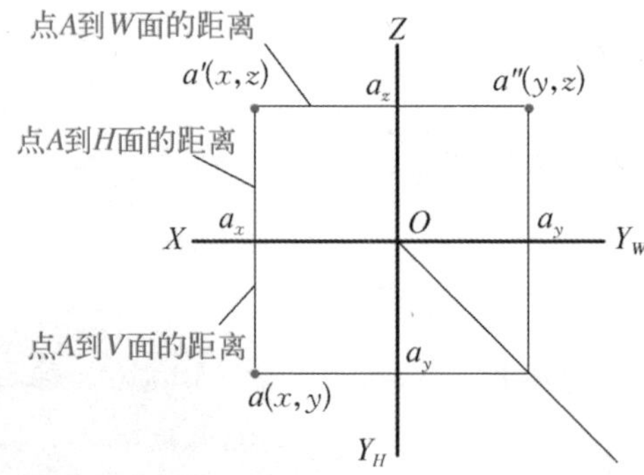

图 2-13　点的投影平面图

（1）点的两面投影连线垂直于相应的投影轴，即

$a'a \perp OX$ 轴，$a'a'' \perp OZ$ 轴，$aa_y \perp OY$ 轴，$a''a_y \perp OY$ 轴。

（2）点的投影到投影轴的距离等于空间点到相应投影面的距离，即

A 点到 V 面的距离：$Aa' = aa_X = a''a_Z = a_y0 = Y$ 坐标

A 点到 H 面的距离：$Aa = a'a_X = a''a_Y = a_Z0 = Z$ 坐标

A 点到 W 面的距离：$Aa'' = aa_Y = a'a_Z = a_X0 = X$ 坐标

空间点 A 的位置由该点的坐标（x，y，z）确定，点 A 三面投影坐标为 a（x，y）、a'（x，z）、a''（y，z）。

由此可知，点的三面投影，依然符合三视图的“三等规律”，并且只要知道其中任意两面投影，即可求出第三面投影（简称“知二求三”）。

2．各种位置点的投影

点的位置有在空间、在投影面上、在投影轴上以及在原点上，每种情况都有不同的特征，详见表 2-4 所示。

表 2-4　各种位置点的投影

位置	图例	投影图	特征
在空间	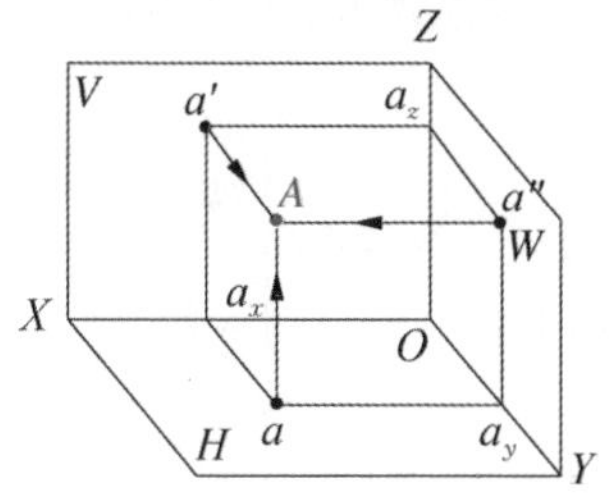	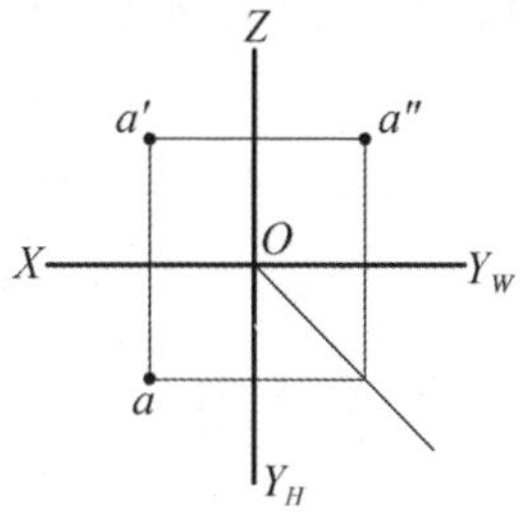	点的三个坐标值均不为零，点的三个投影都在投影面上
在投影面上	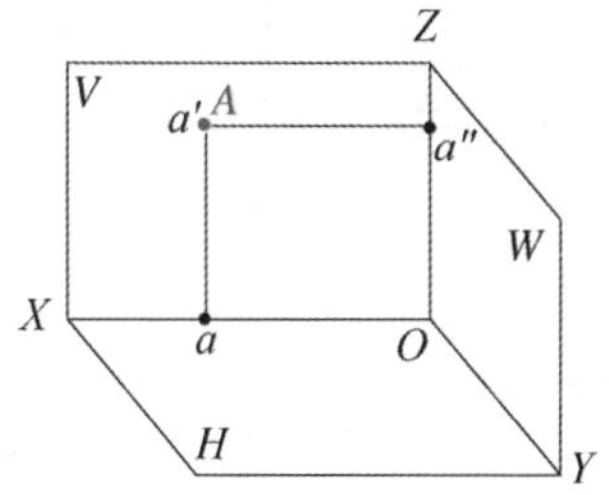	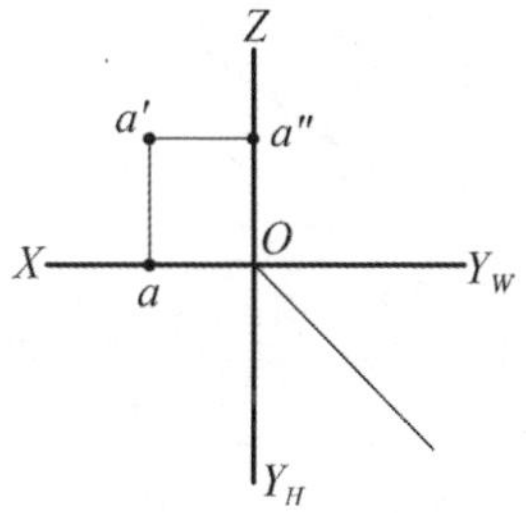	由于点在投影面上，点对该投影面的距离为零。所以，点在该投影面上的投影与空间点重合，另两投影在该投影面的两根投影轴上
在投影轴上	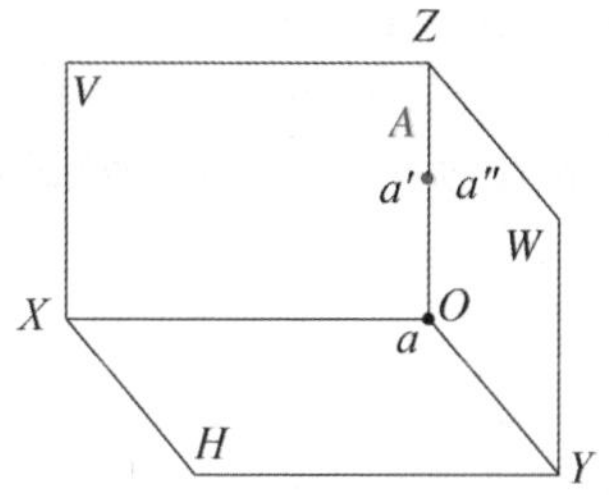	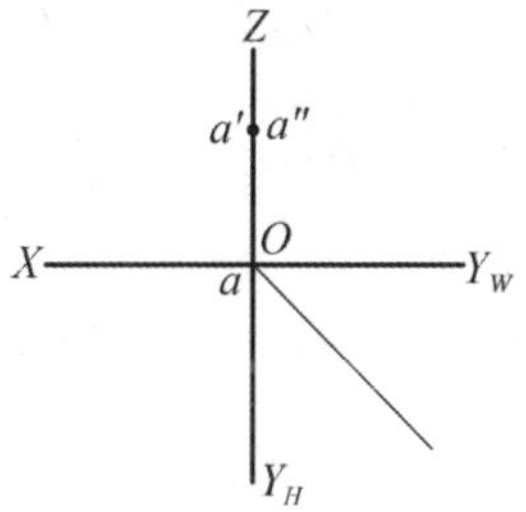	点的两个坐标值为零。点的两个投影在坐标轴上，另外一个投影与原点重合
在原点上	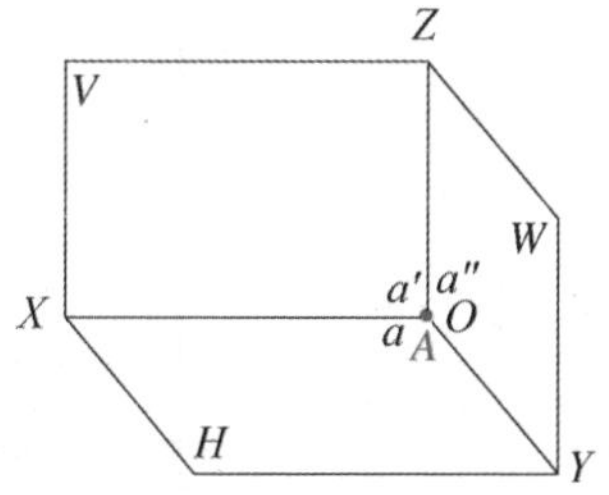	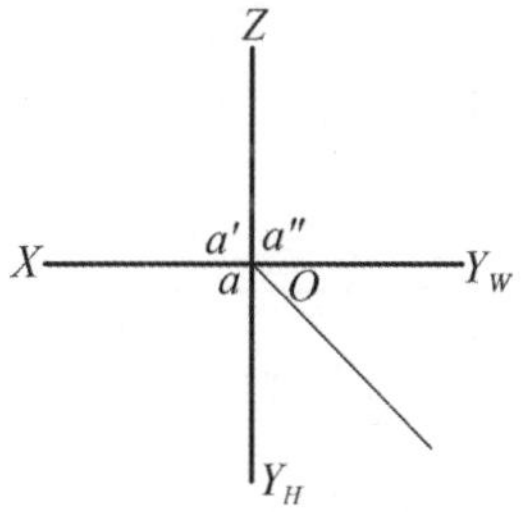	在原点上的点三个坐标值均为零。点的三个投影与空间点都重合在原点

3. 两点的相对位置

如图 2-14 所示，已知空间点 A（x_A、y_A、z_A）和 B（x_B、y_B、z_B），要判断它们的相对位置，只需通过两点的坐标来确定。

两点的左、右相对位置由坐标 X 确定，X 坐标值大者在左。

两点的前、后相对位置由坐标 Y 确定，Y 坐标值大者在前。

两点的上、下相对位置由坐标 Z 确定，Z 坐标值大者在上。

如图 2–14（b）所示的 A、B 两点，$X_A > X_B$，所以 A 点在 B 点的左边；$Y_A < Y_B$，所以 A 点在 B 点的后边；$Z_A < Z_B$，所以 A 点在 B 点的下边。即 A 点在 B 点的左、后、下方。

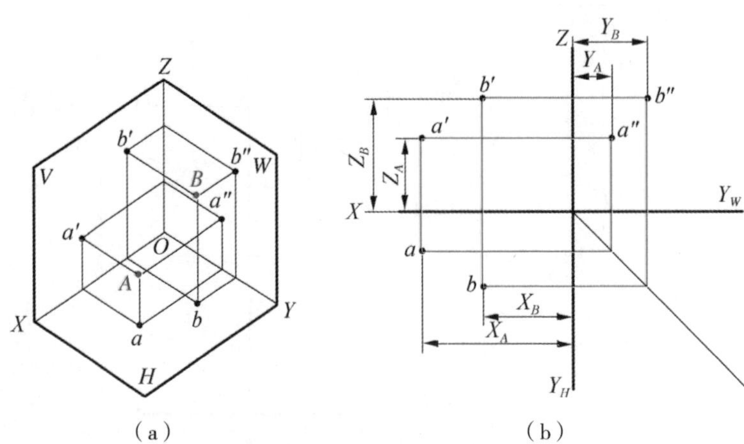

图 2–14　两点的相对位置

【例 2–2】已知 A 点坐标为（15,0,25），B 点坐标为（30,18,0），作出 A、B 两点的三面投影，并判断两点在空间的相对位置。

分析：点 A 的 y=0，说明 A 点在正立面上，点 A 的水平投影 a 在 OX 轴上，侧面投影在 a'' 在 OZ 轴上；点 B 的 z=0，说明 B 点在 H 面上，点 B 的正面投影 b' 在 OX 轴上，侧面投影在 b'' 在 OY 轴上。作图步骤见表 2–5 所示。A、B 两点的相对位置可以根据各坐标的大小来进行判断。

表 2–5　根据点坐标作出点的三面投影

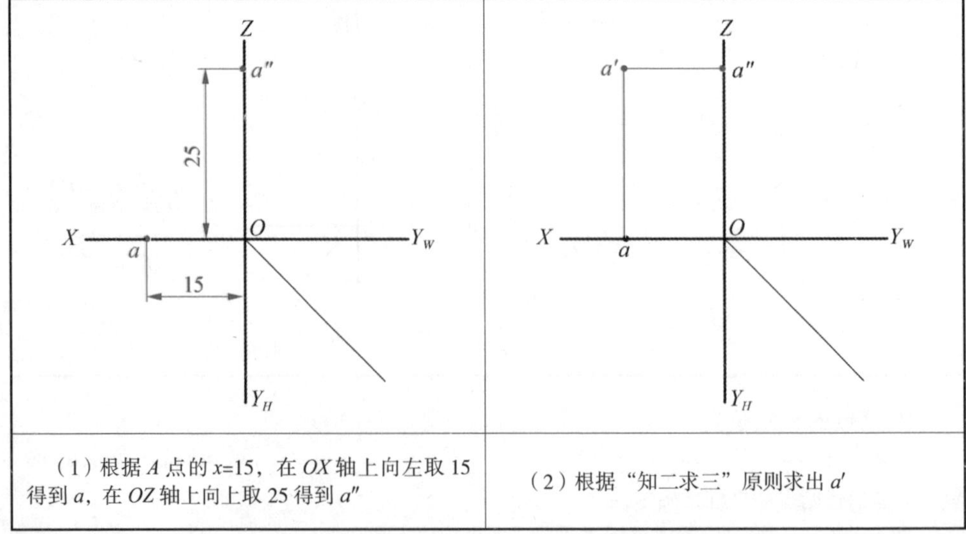

（1）根据 A 点的 x=15，在 OX 轴上向左取 15 得到 a，在 OZ 轴上向上取 25 得到 a''	（2）根据“知二求三”原则求出 a'

续表

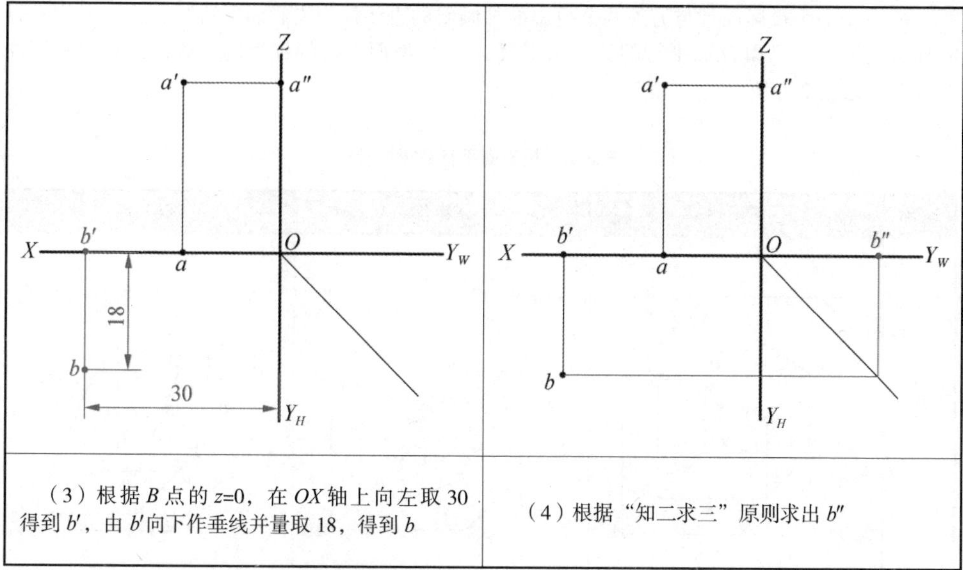

（3）根据 B 点的 $z=0$，在 OX 轴上向左取 30 得到 b'，由 b' 向下作垂线并量取 18，得到 b	（4）根据“知二求三”原则求出 b''

判断 A、B 两点在空间的相对位置：

$x_B > x_A$，故 B 点在 A 点的左方；

$y_B > y_A$，故 B 点在 A 点的前方；

$z_A > z_B$，故 B 点在 A 点的下方。即 B 点在 A 点的左、前、下方。

二、直线投影

两点确定一条直线，将点的同面投影相连接就是直线的投影，如图 2–15 所示。

空间直线相对于投影面的位置有平行、垂直和倾斜。根据三种位置不同，可将空间直线分为投影面平行线、投影面垂直线和一般位置直线，其中，投影面平行线和投影面垂直线又称为特殊位置直线。直线与投影面所夹的角如直线对投影面的倾角，直线对 H、V、W 面的倾角分别如 α、β、γ。

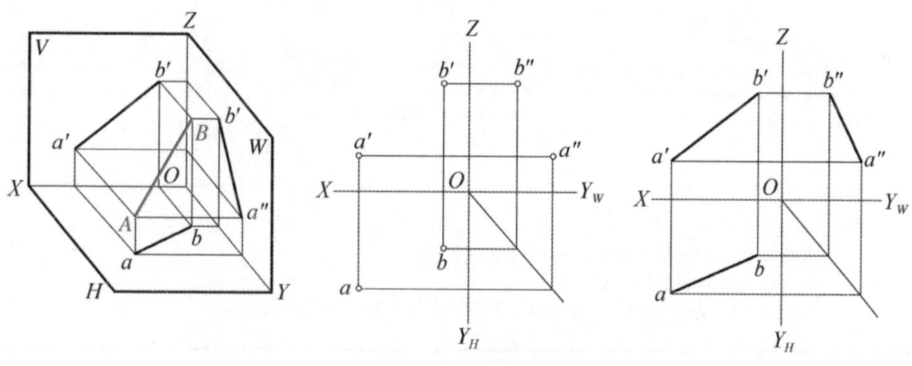

图 2–15　直线的三面投影

1. 投影面平行线

平行于一个投影面且与另外两个投影面都倾斜的直线称为投影面平行线。只和 V 面平行的称为正平线，只和 H 面平行的称为水平线，只和 W 面平行的称为侧平线，这三种平行线的特性详见表 2-6 所示。

表 2-6　投影面平行线投影特性

名称	正平线	水平线	侧平线
立体图	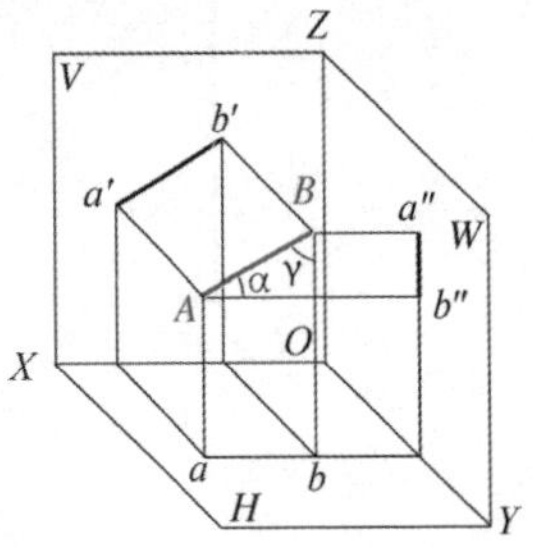	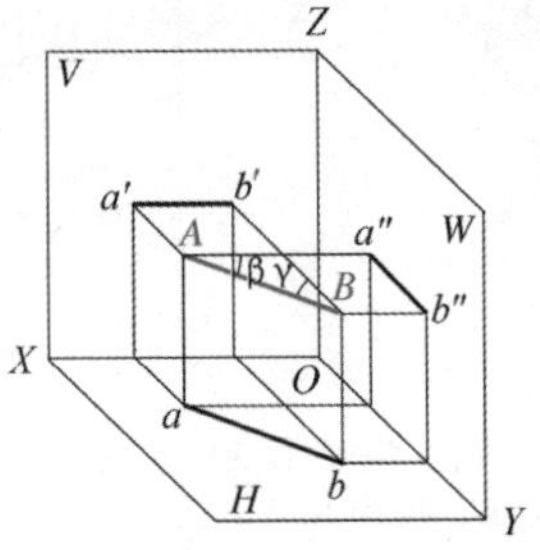	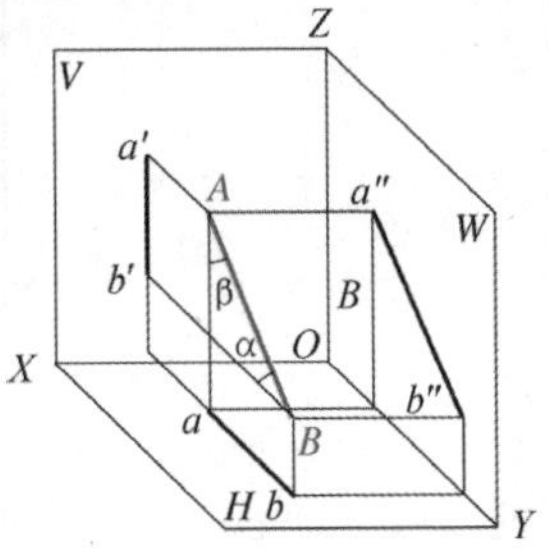
投影图	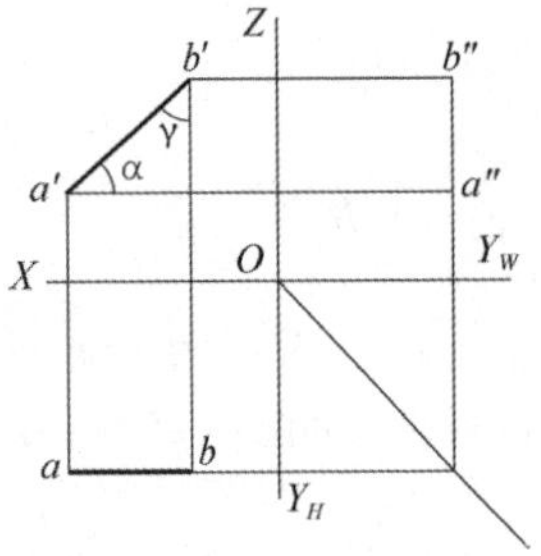	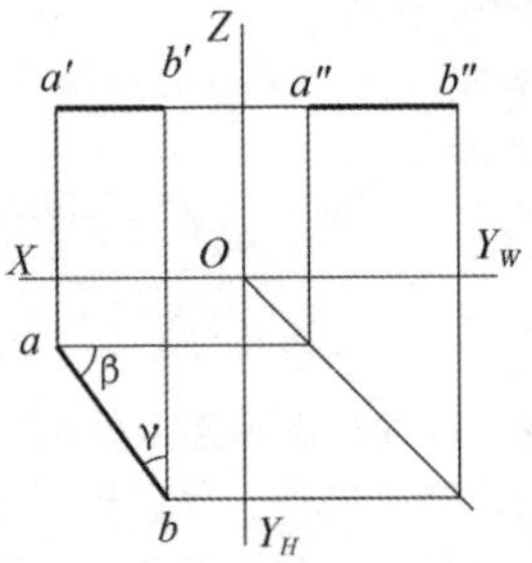	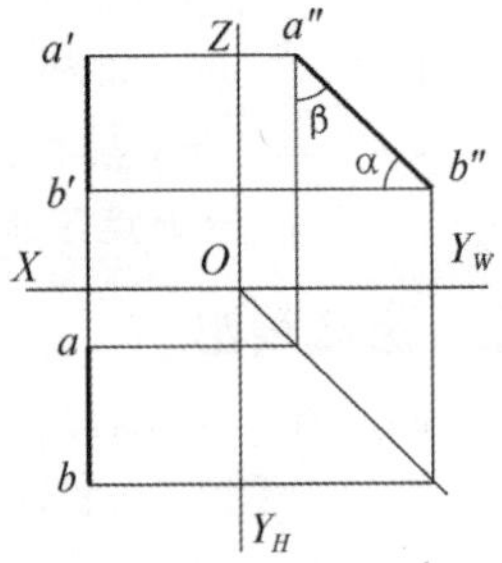
特性	（1）正面投影 $a'b'=AB$ （2）$ab \parallel OX$；$a''b'' \parallel OZ$ （3）反映 α、γ 角的真实大小，α、γ 角分别反映空间直线 AB 与水平面及侧立面的夹角大小	（1）水平投影 $ab=AB$ （2）$a'b' \parallel OX$；$a''b'' \parallel OY_W$ （3）反映 β、γ 角的真实大小，β、γ 角分别反映空间直线 AB 与正立面及侧立面的夹角大小	（1）侧面投影 $a''b''=AB$ （2）$a'b' \parallel OZ$；$ab \parallel OY_H$ （3）反映 α、β 角的真实大小，α、β 角分别反映空间直线 AB 与水平面及正立面的夹角大小
总结	一斜二平： 直线在所平行的投影面上的投影均反映实长 直线在其他两面的投影平行于相应的投影轴 反映实长的投影与投影轴的夹角等于空间直线对相应投影面的倾角		

2. 投影面垂直线

垂直于一个投影面，与另外两个投影面平行的直线称为投影面垂直线。和 V 面垂直的称为正垂线，和 H 面垂直的称为铅垂线，和 W 面垂直的称为侧垂线，这三种垂直线的特性详见表 2–7 所示。

表 2–7　投影面垂直线投影特性

名称	正垂线	铅垂线	侧垂线
立体图	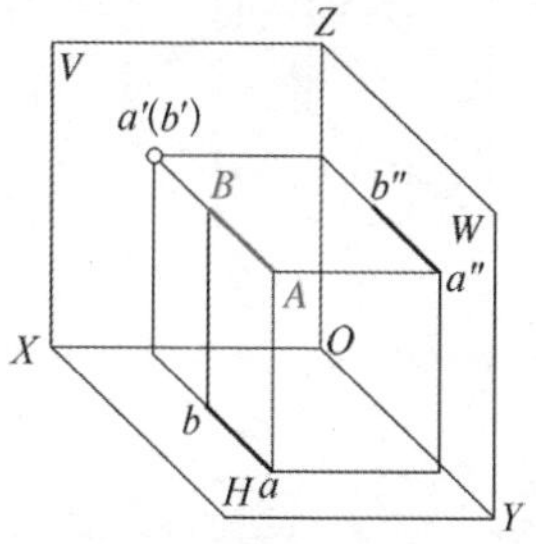	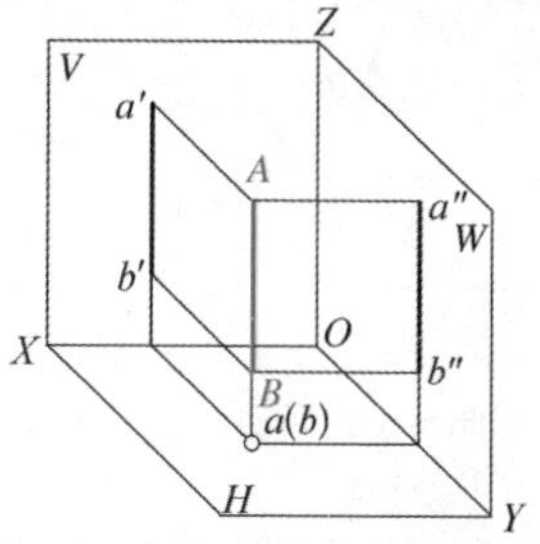	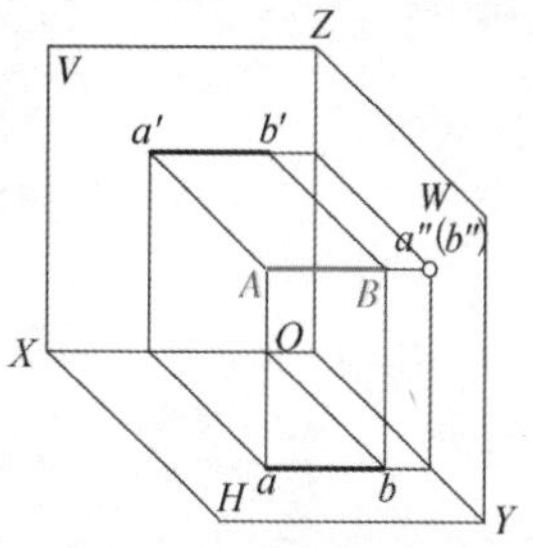
投影图	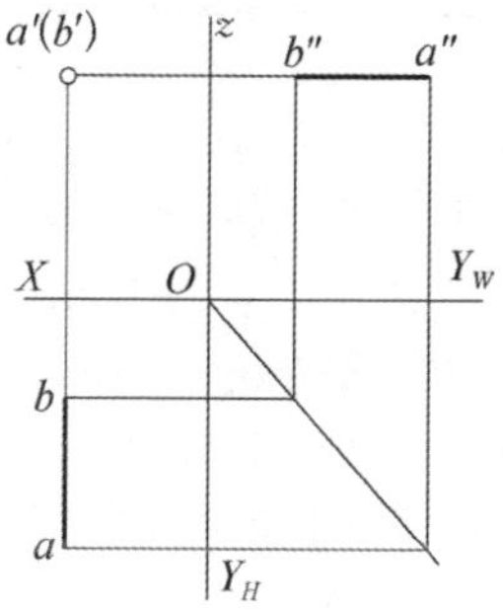	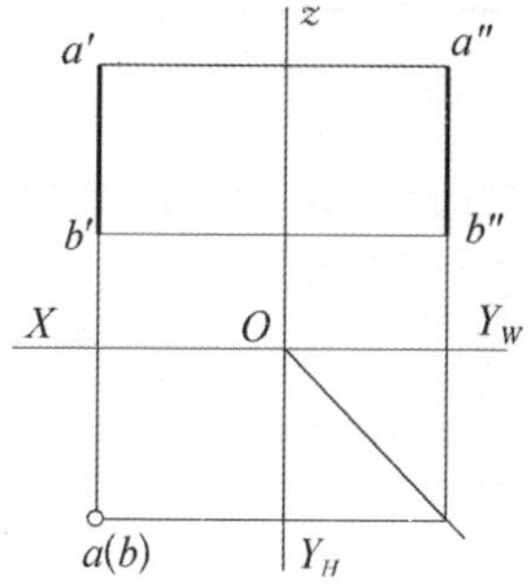	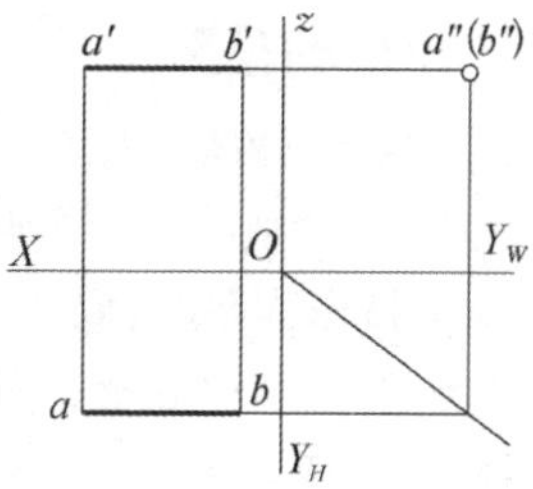
特性	（1）$a'(b')$ 积聚成一点 （2）$ab \perp OX$；$a''b'' \perp OZ$ （3）$ab = a''b'' = AB$	（1）$a(b)$ 积聚成一点 （2）$a'b' \perp OX$；$a''b'' \perp OY$ （3）$a'b' = a''b'' = AB$	（1）$a''(b'')$ 积聚成一点 （2）$ab \perp OY$；$a'b' \perp OZ$ （3）$ab = a'b' = AB$
总结	一点两垂： 1. 直线在所垂直的投影面上的投影积聚为一点 2. 直线在其他两面的投影垂直于相应的投影轴，并反映该直线的实长		

3. 一般位置直线

与三个投影面均倾斜的直线称为一般位置直线，其投影特性见表 2–8 所示。

表 2-8　一般位置直线的投影特性

名称	立体图	投影图
一般位置直线	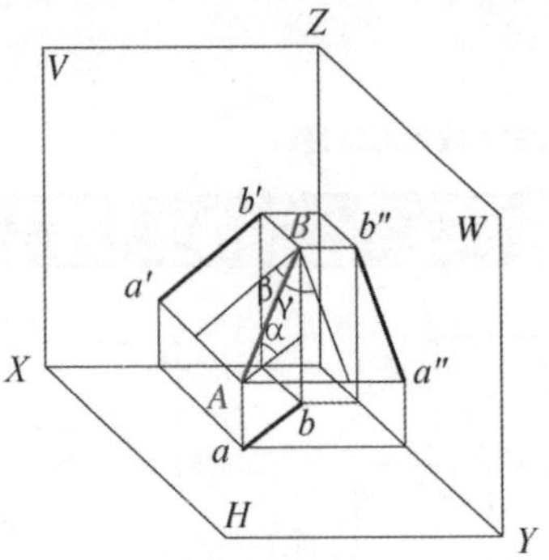	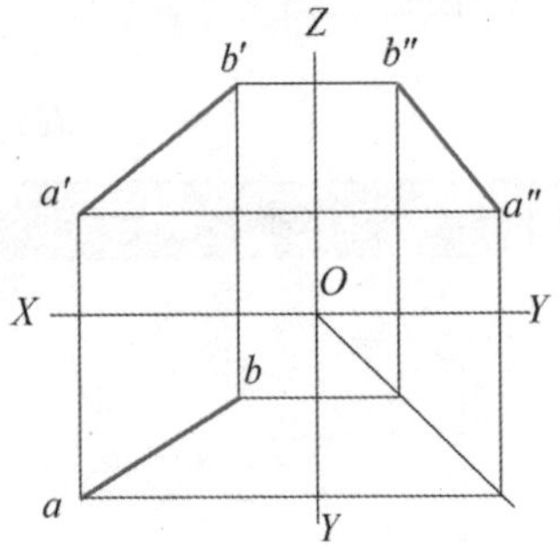
特性	（1）直线的三面投影都倾斜于投影轴 （2）投影的长度均小于直线的实长	
总结	三斜三短	

三、平面的投影

根据平面相对于投影面位置的不同，平面可分为投影面平行面、投影面垂直面和一般位置平面，其中前两种统称为特殊位置平面。

1. 投影面平行面

平行于一个投影面，同时与其他两个投影面垂直的平面称为投影面平行面。平行于 *V* 面的称为正平面，平行于 *H* 面的称为水平面，平行于 *W* 面的称为侧平面，其投影特性见表 2-9 所示。

2. 投影面垂直面

垂直于一个投影面，且与另外两个投影面倾斜的平面称为投影面垂直面。和 *V* 面垂直的称为正垂面，和 *H* 面垂直的称为铅垂面，和 *W* 面垂直的称为侧垂面，这三种垂直面的特性详见表 2-10 所示。

表 2-9　投影面平行面投影特性

名称	正平面	水平面	侧平面
立体图	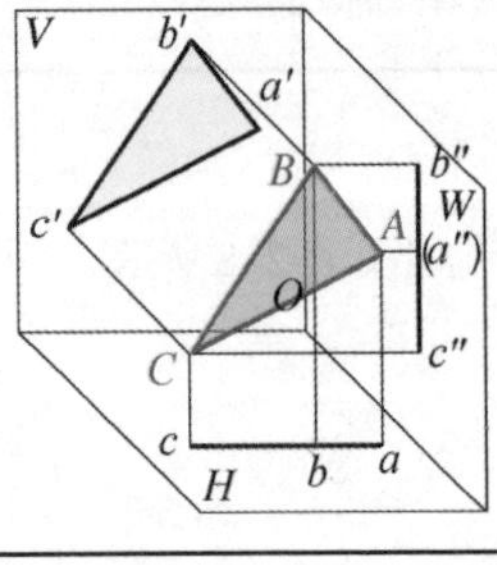	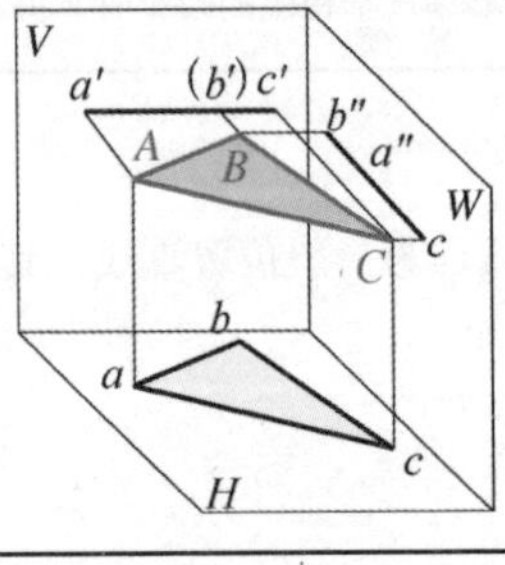	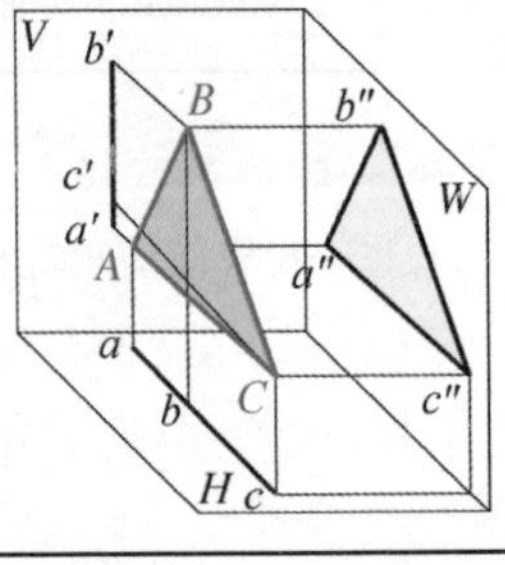

续表

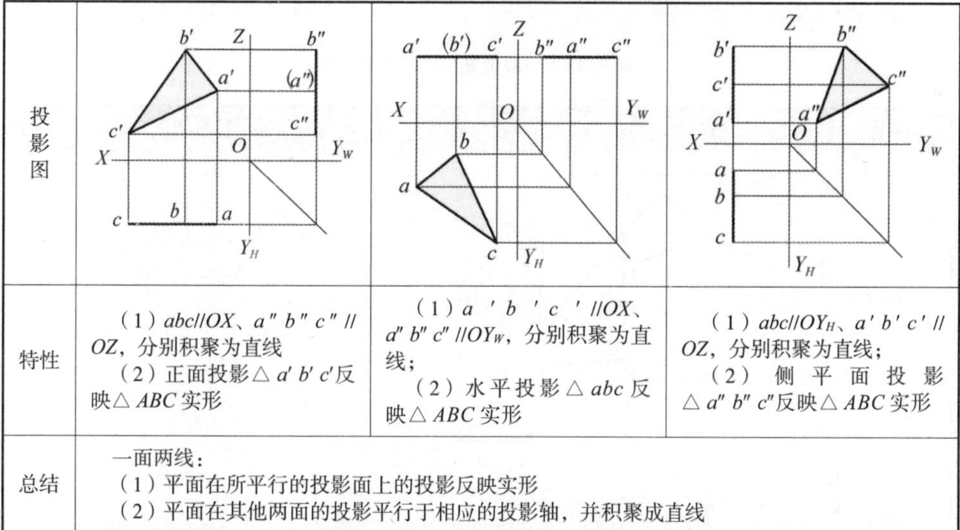

投影图			
特性	（1）$abc//OX$、$a''b''c''//OZ$，分别积聚为直线 （2）正面投影△$a'b'c'$反映△ABC实形	（1）$a'b'c'//OX$、$a''b''c''//OY_W$，分别积聚为直线； （2）水平投影△abc反映△ABC实形	（1）$abc//OY_H$、$a'b'c'//OZ$，分别积聚为直线； （2）侧平面投影△$a''b''c''$反映△ABC实形
总结	一面两线： （1）平面在所平行的投影面上的投影反映实形 （2）平面在其他两面的投影平行于相应的投影轴，并积聚成直线		

表 2-10　投影面垂直面投影特性

名称	正垂面	铅垂面	侧垂面
立体图			
投影图			
特性	（1）$a'b'c'$积聚为一条线 （2）△abc，△$a''b''c''$为△ABC的类似形	（1）abc积聚为一条线 （2）△$a'b'c'$，△$a''b''c''$为△ABC的类似形	（1）$a''b''c''$积聚为一条线 （2）△abc、△$a'b'c'$为△ABC的类似形
总结	一线两面： （1）平面在所垂直的投影面上的投影积聚为一条直线 （2）平面在其他两面的投影均为原形的类似形		

3. 一般位置平面

对三个投影面都倾斜的平面称为一般位置平面，其投影特性见表 2–11 所示。

表 2–11　一般位置平面的投影特性

名称	立体图	投影图
一般位置平面		
特性	（1）平面的三面投影均不反映实形 （2）三面投影均为实形的类似形	
总结	三个平面	

在三视图中标出 *A*，*B*，*C*，*D* 四点及 *P*，*Q* 两平面的三面投影，并填空。

BD 是____________线　*P* 面是____________面

CD 是____________线　*Q* 面是____________面

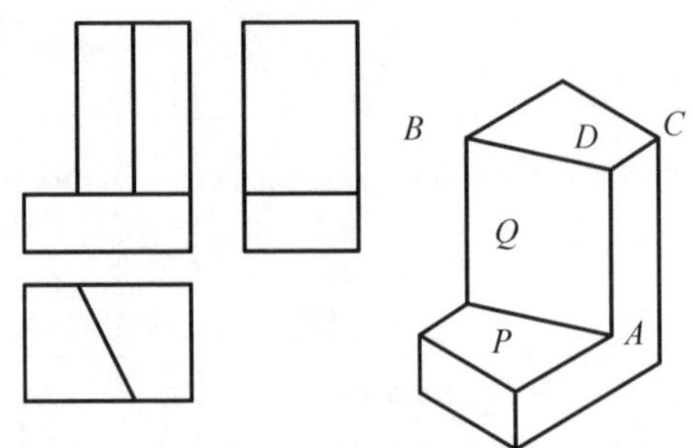

第四节　基本体的投影

基本体是任何物体的组成部分。基本体分为平面体和曲面体两类。平面体的每个表面都是平面，如棱柱、棱锥等。曲面体的至少一个表面是曲面，如圆柱、圆锥、圆球等。下面介绍这几种常见基本体的画法及标注。

一、棱柱

1. 棱柱的三视图

棱柱的棱线互相平行，常见的有三棱柱、四棱柱、五棱柱和六棱柱等。下面以图 2–16 所示的五棱柱为例，分析其投影特征和作图方法。

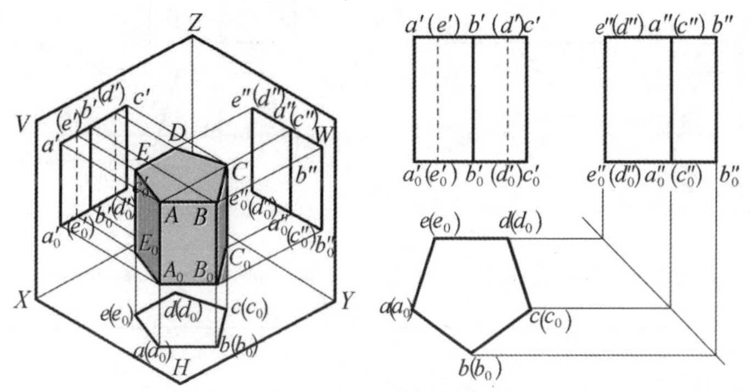

图 2–16　正五棱柱投影

分析：五棱柱的上平面 $ABCDE$ 和下平面 $A_0B_0C_0D_0E_0$ 平行于水平面，后棱面 EDD_0E_0 平行于正立面，其余棱面垂直于水平面。

五棱柱的投影特性为：$ABCDE$ 和 $A_0B_0C_0D_0E_0$ 为水平面，水平投影重合并反映出五棱柱的实形——五边形，五个棱面在水平面内的投影积聚成五边形的五条边。五棱柱在其余两个面的投影为矩形，并包含若干个小矩形。

解题：绘图时，先画出顶面和底面的投影，再根据投影规律作出其他两面投影，最后判别可见性，具体步骤见表 2–12 所示。

2. 棱柱表面上的点

求立体表面上点的投影，应该依据在平面上取点的方法作图，但是需要判别点的可见性。如果点所在平面的投影可见，则点的投影可见；反之为不可见。

注意：不可见点的投影，需加圆括号表示。

【例 2–3】已知如图 2–17（a）所示的五棱柱表面上点 M 的侧面投影 m''，要求作出其水平面投影 m 和正面投影 m'。

分析：由于 m'' 点是可见的，所以点应该在左、前侧面上，由于该侧面为铅垂面，其水平面投影积聚成一条斜直线，因而 M 点在水平面的投影就在该斜直线上，根据宽相等的原则就可以准确求出 M 点水平投影 m，再根据“知二求三”原则，求出 m'。

表 2-12 正五棱柱投影作图步骤

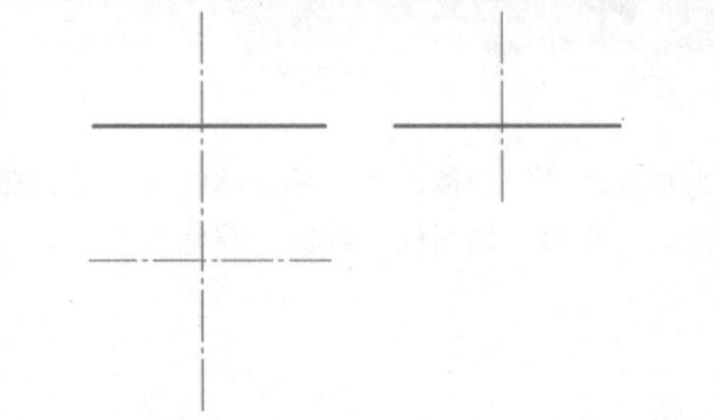 （1）作出正五棱柱的对称中心线和底面基线，确定视图的位置	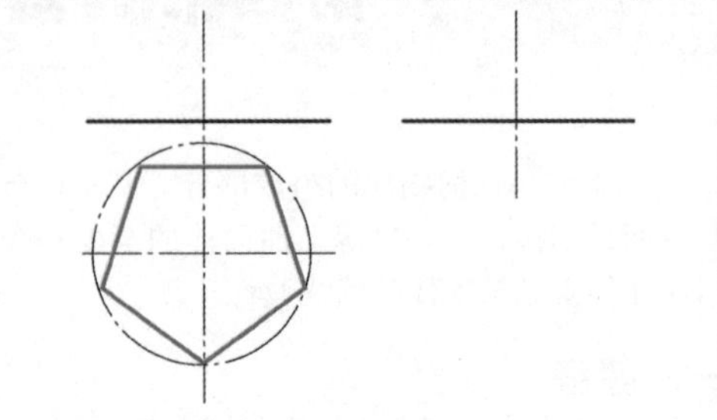 （2）画出反映主要形状特征的视图，即俯视图的正五边形
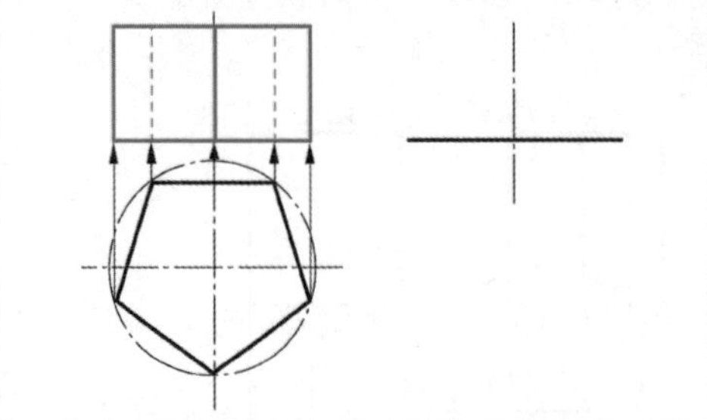 （3）按照长对正的投影关系及正五棱柱的高度，画出主视图	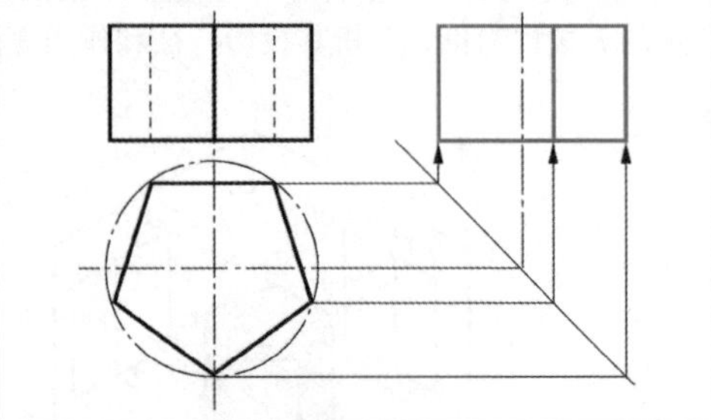 （4）按照高平齐、宽相等的投影关系作出左视图

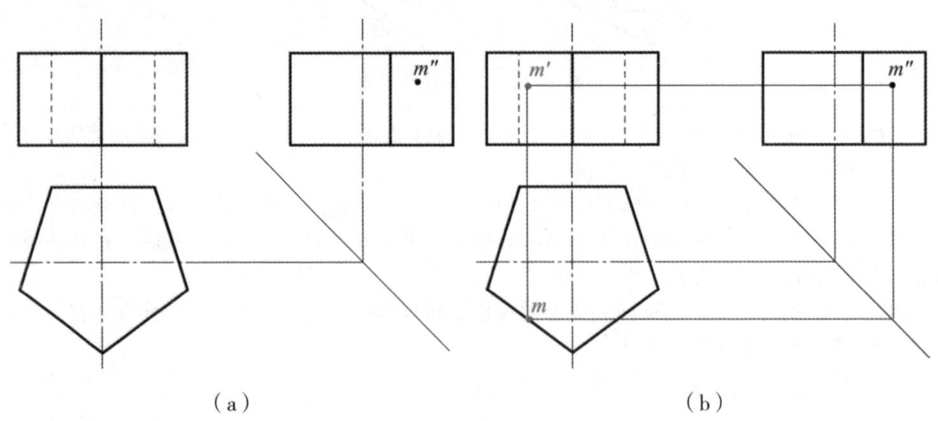

图 2-17 五棱柱表面上点的投影

解题：如图 2-17（b）所示。

注意：一定要判别点的可见性。

二、棱锥

1. 棱锥的三视图

棱锥的棱线交于一点，常见的有三棱锥、四棱锥、五棱锥等。下面以图 2-18 所示的三棱锥为例，分析其投影特征和作图方法。

分析：三棱锥由底面△ *ABC* 和三个棱面△ *SAB*、△ *SAC*、△ *SBC* 组成。△ *ABC* 平行于水平面，三个棱面和投影面倾斜。

三棱锥的投影特性为：△ *ABC* 为水平面，投影反映出三棱锥底面的实形—三角形，三个棱面在水平面内的投影积聚成三角形的三条边。三棱锥在其余两个面的投影为三角形。

解题：绘图时，先画出底面的投影，再根据投影规律作出其他两面投影，最后判别可见性，具体步骤见表 2-13 所示。

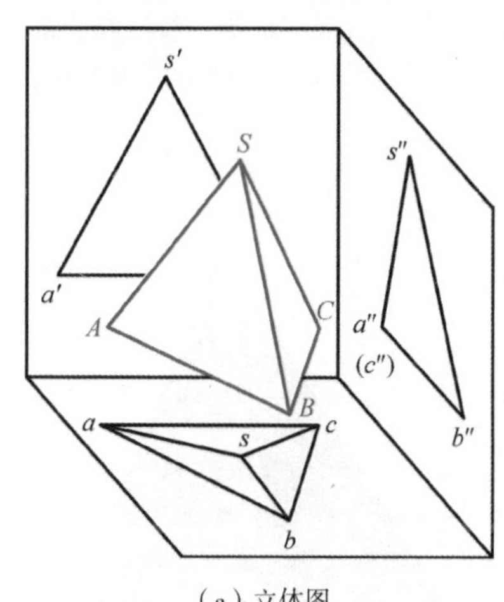

（a）立体图

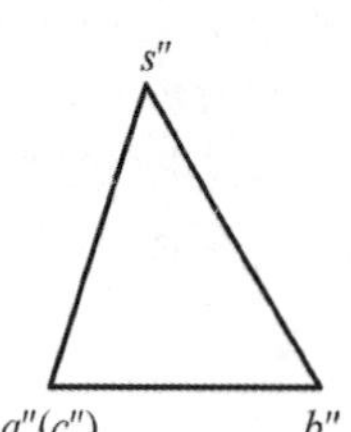

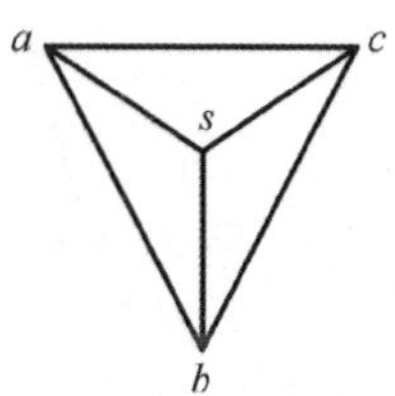

（b）立体图

图 2-18　三棱柱的投影

表 2-13　三棱锥投影作图步骤

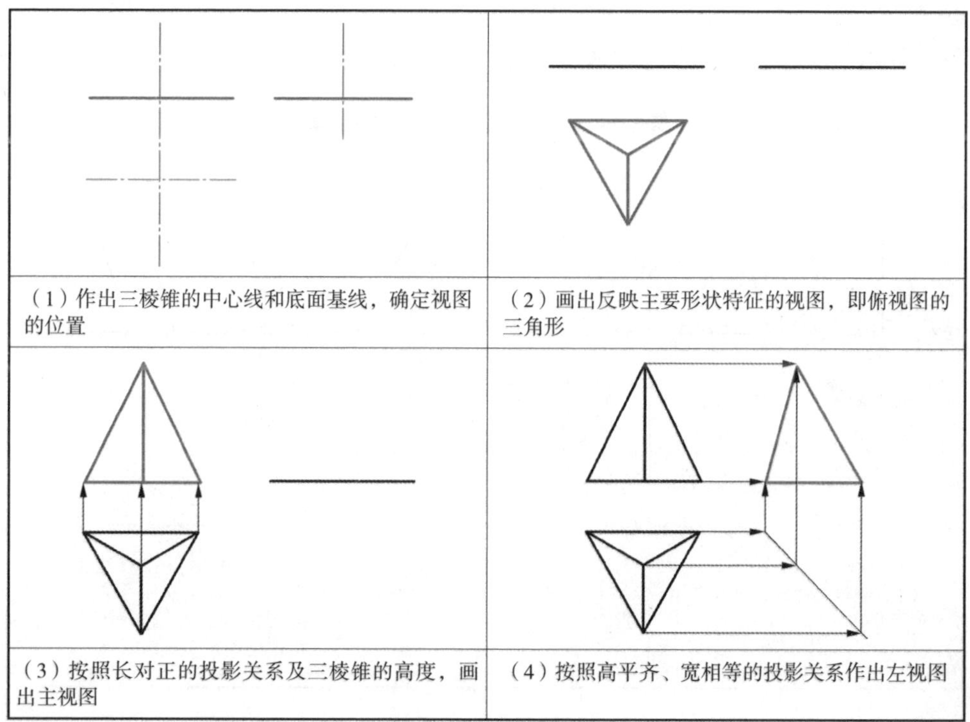

（1）作出三棱锥的中心线和底面基线，确定视图的位置	（2）画出反映主要形状特征的视图，即俯视图的三角形
（3）按照长对正的投影关系及三棱锥的高度，画出主视图	（4）按照高平齐、宽相等的投影关系作出左视图

2. 棱锥表面上的点

三棱锥表面有特殊位置面，也有一般位置平面。属于特殊位置平面上点的投影可以通过特殊位置平面投影的积聚性直接求得，一般位置平面上点的投影，则要通过在该平面上作辅助线的方法求得。

【例 2-4】已知如图 2-19 所示的三棱锥表面上点 N 的正面投影 n'，要求作出其水平面投影 n 和侧面投影 n''。

分析：由于 n' 点是可见的，点应该在左棱面△ SAB 上，由于该平面为一般位置平面，其三面投影均为类似形，所以无法通过积聚性直接求得 n 和 n''，因而必须通过辅助线作图。

解题：辅助线作图求点的投影，具体见表 2-14 所示。

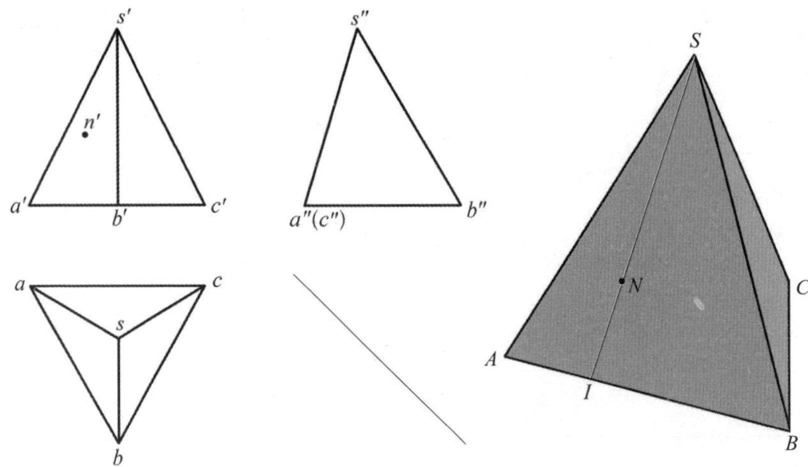

图 2-19 三棱锥表面上点的投影

表 2-14 三棱锥表面点的投影作图步骤

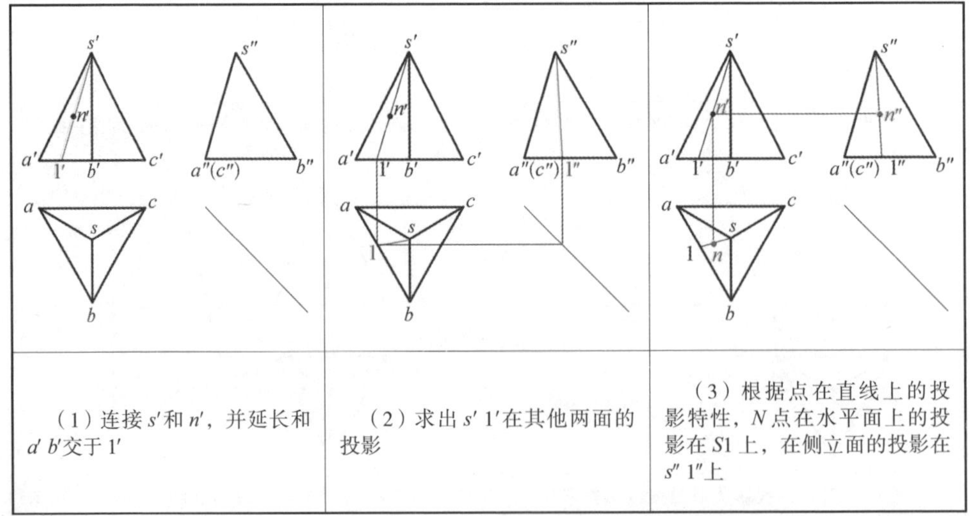

（1）连接 s' 和 n'，并延长和 a' b' 交于 1′	（2）求出 s' 1′在其他两面的投影	（3）根据点在直线上的投影特性，N 点在水平面上的投影在 $S1$ 上，在侧立面的投影在 s'' 1″上

三、圆柱

1. 圆柱的三视图

圆柱体由圆柱面和上下两个端面组成。圆柱面可以看成一条直线 AB 绕与它平行的轴线 OO_1 回转而成。OO_1 是回转轴，AB 是母线，母线转至任一位置时称为素线，如图 2–20 所示。素线在最左最右最前最后分别称为特殊位置素线。

分析：如图 2–21 所示，圆柱体的顶面和底面为水平面，其水平投影反映实形，并且上下底面的投影重合。圆柱轴线是铅垂线，圆柱面上的所有素线都是铅垂线，因此圆柱面是铅垂面，它的水平投影积聚成一个圆。

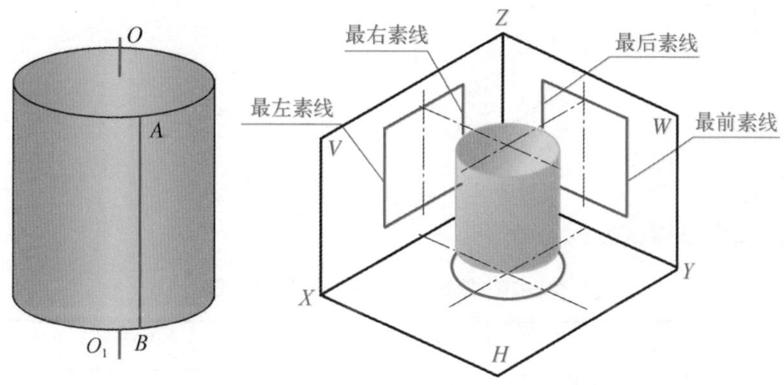

图 2–20 圆柱体的形成　　　　图 2–21 圆柱体的投影

解题：一般先画投影具有积聚性的圆，再根据投影规律和圆柱的高度完成其他两个视图，如表 2–15 所示。

表 2–15 圆柱体投影作图步骤

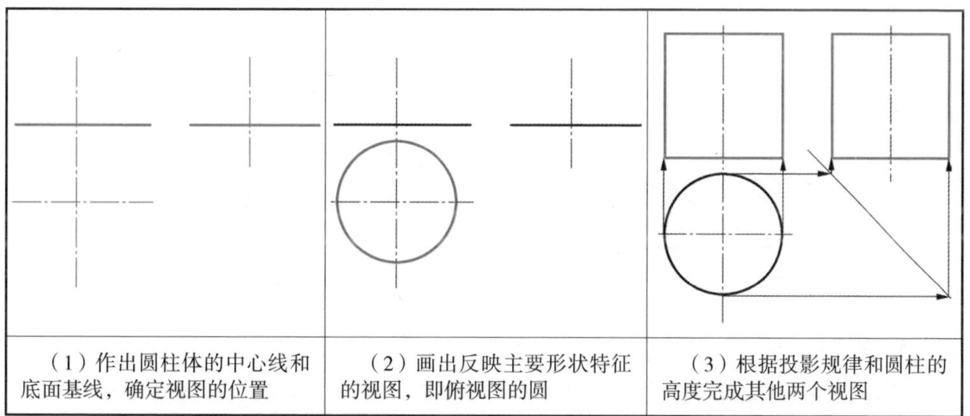

（1）作出圆柱体的中心线和底面基线，确定视图的位置	（2）画出反映主要形状特征的视图，即俯视图的圆	（3）根据投影规律和圆柱的高度完成其他两个视图

2. 圆柱表面上的点

圆柱表面上的点的投影，可以利用圆柱面投影的积聚性来求。

【例 2–5】如图 2–22 所示，已知圆柱表面上 M 点的水平投影 m、N 点的正面投影 n'，求 M 点和 N 点在其他两面的投影。

分析：根据给定的 m 的位置，可判断 M 点在圆柱的顶面上，可以直接求出 M 点的其他两面投影；由于圆柱体的水平投影具有积聚性，所以点 N 的水平投影应该在圆柱体的水平投影上，再根据知二求三原则，求出 N 点的第三面投影。

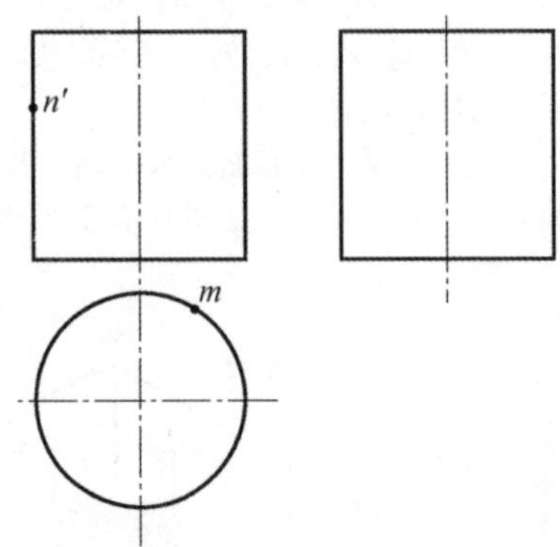

图 2-22　圆柱表面上点的投影

解题：解题步骤详见表 2-16 所示。

表 2-16　圆柱表面上点的投影作图步骤

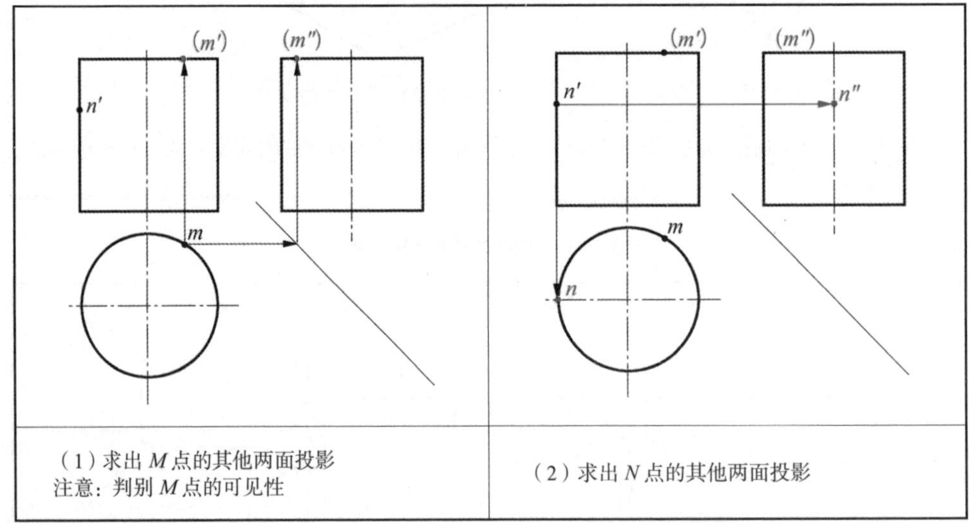

（1）求出 M 点的其他两面投影 注意：判别 M 点的可见性	（2）求出 N 点的其他两面投影

四、圆锥

1. 圆锥的三视图

圆锥是由圆锥面和底圆平面所组成。圆锥面是由一条母线 SA 绕与它相交的轴线 OO_1 回转而成，如图 2-23 所示。

分析：如图 2-24 放置的圆锥，底面圆为水平面，水平投影反映实形为一圆线框，正面投影和侧面投影积聚成一直线段，

解题：画圆锥体三视图时，先画出圆锥底面的投影，再画出圆锥顶点的投影，接着画出特殊位置素线的投影，从而完成圆锥体的三视图，详见表 2-17 所示。

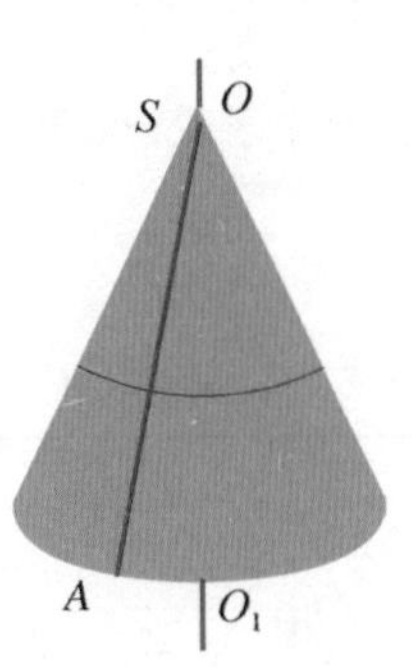

图 2-23 圆锥的形成

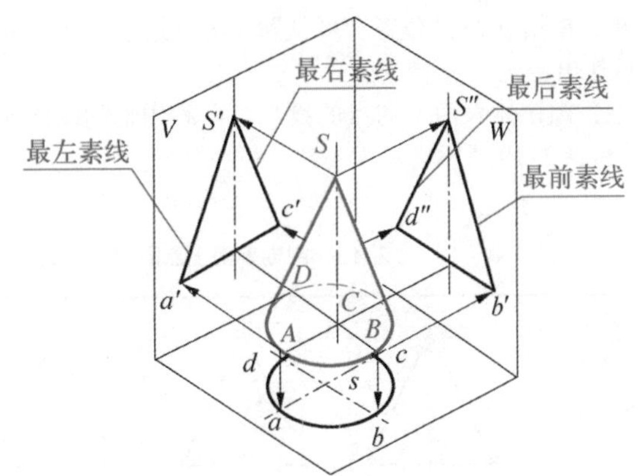

图 2-24 圆锥的三视图

表 2-17 圆锥体三视图作图步骤

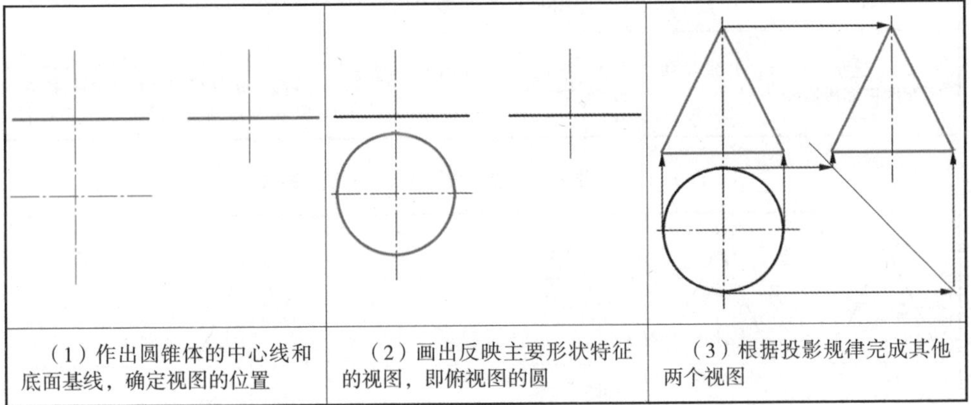

（1）作出圆锥体的中心线和底面基线，确定视图的位置	（2）画出反映主要形状特征的视图，即俯视图的圆	（3）根据投影规律完成其他两个视图

2. 圆锥体表面上点的投影

当点位于底圆平面或特殊位置素线上时，可以根据投影关系求出，表面上其余的点的投影必须利用辅助线法或辅助圆法来求取。

【例 2-6】如图 2-25 所示，已知圆锥面上的点 M 的正面投影 m'，求 m 和 m''。

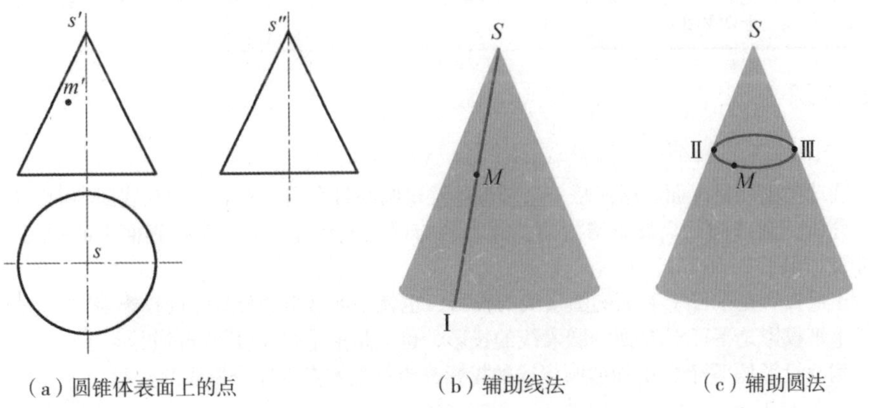

（a）圆锥体表面上的点 （b）辅助线法 （c）辅助圆法

图 2-25 圆锥表面上点的投影

分析：根据点 M 的位置和可见性，可以判定 M 点在前、左圆锥面上，因此 M 点的三面投影均可作出。

解题：圆锥体表面上的点的投影可以利用辅助线法或辅助圆法来求取，解题步骤详见表 2-18 和表 2-19 所示。

表 2-18　圆锥表面上点的投影作图——辅助线法

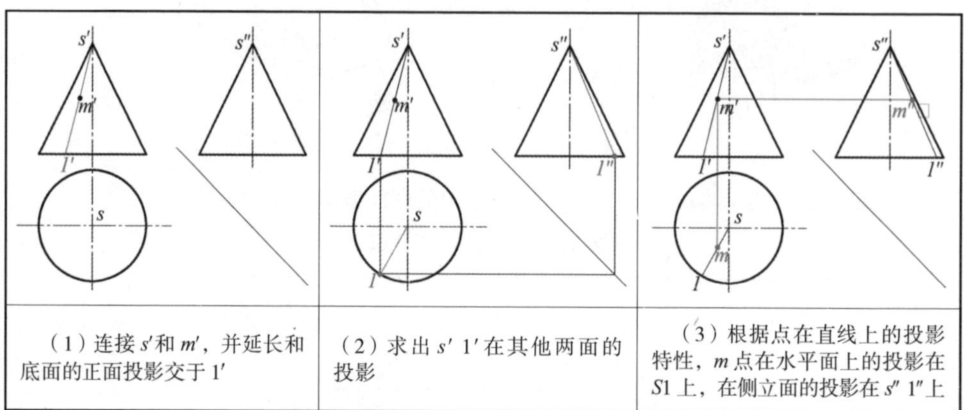

（1）连接 s' 和 m'，并延长和底面的正面投影交于 1′	（2）求出 s' 1′ 在其他两面的投影	（3）根据点在直线上的投影特性，m 点在水平面上的投影在 S1 上，在侧立面的投影在 s'' 1″ 上

表 2-19　圆锥表面上点的投影作图——辅助圆法

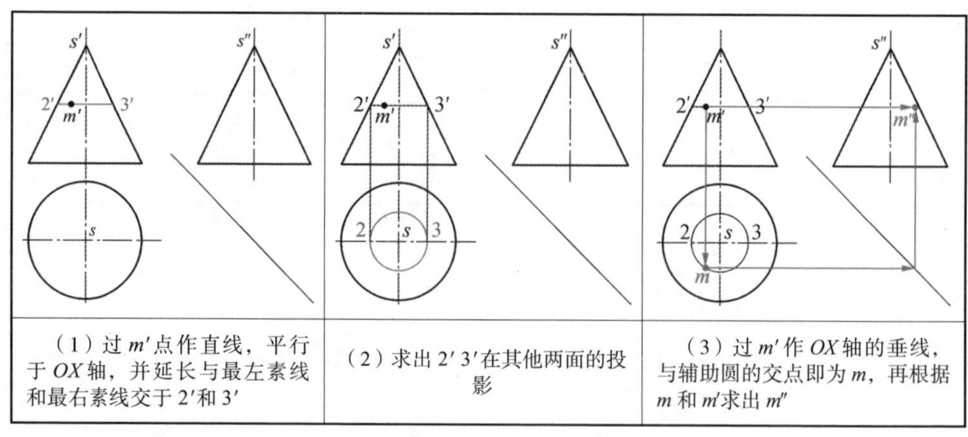

（1）过 m' 点作直线，平行于 OX 轴，并延长与最左素线和最右素线交于 2′ 和 3′	（2）求出 2′ 3′ 在其他两面的投影	（3）过 m' 作 OX 轴的垂线，与辅助圆的交点即为 m，再根据 m 和 m' 求出 m''

五、圆球

1. 圆球的三视图

圆球的表面是球面。球面是一个圆母线绕过圆心且在同一平面上的轴线回转而形成的。

分析：圆球的三个投影均为圆，其直径与球直径相等，但三个投影面上的圆的意义是不同的，如图 2-26（a）所示。

正面投影是平行于 V 面的圆素线的投影，也就是前后半球分界线的投影。

水平投影是平行于 H 面的圆素线的投影，也就是上下半球分界线的投影。

侧面投影是平行于 W 面的圆素线的投影，也就是左右半球分界线的投影。

解题：绘图时，先确定球心的三面投影，用细点画线画出中心线，再作出三个与球直径相等的圆，如图 2–26（b）所示。

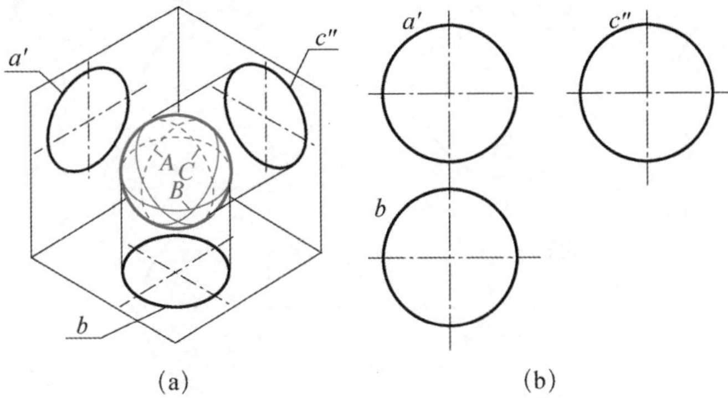

图 2–26　圆球的三视图

2. 圆球表面上点的投影

如图 2–27 所示，已知圆球面上点 M 的水平投影 m 和点 N 的正面投影 n'，求其他两面投影。

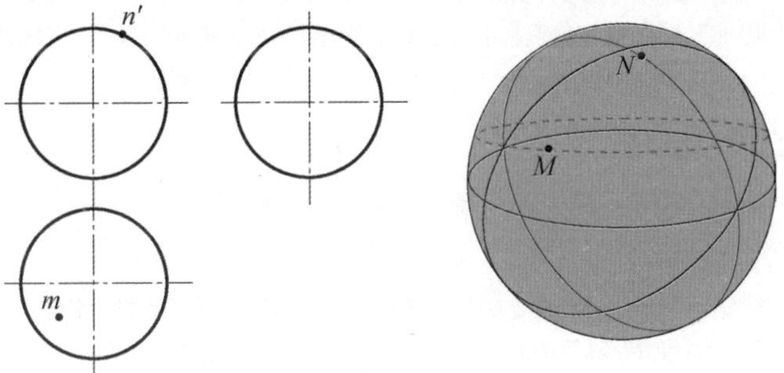

图 2–27　圆球表面点的投影

表 2–20 圆球表面上点的投影作图——辅助圆法

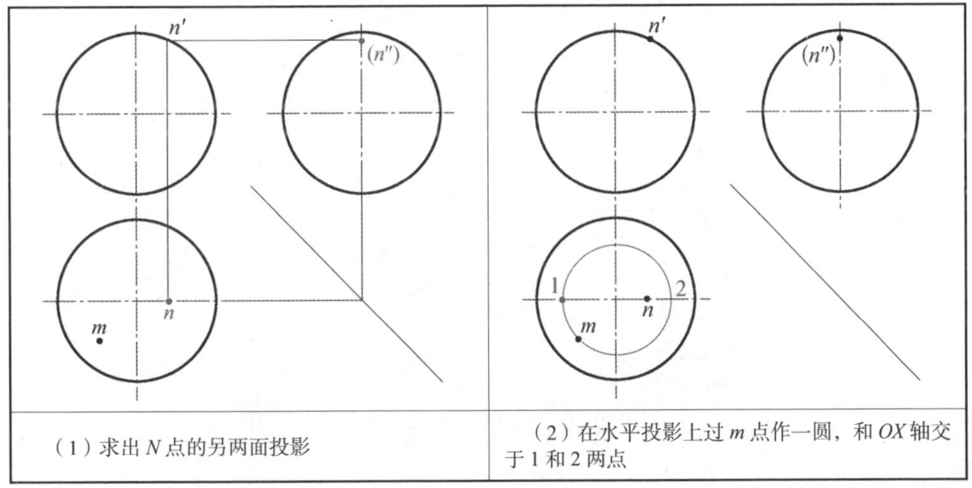

（1）求出 N 点的另两面投影	（2）在水平投影上过 m 点作一圆，和 OX 轴交于 1 和 2 两点

续表

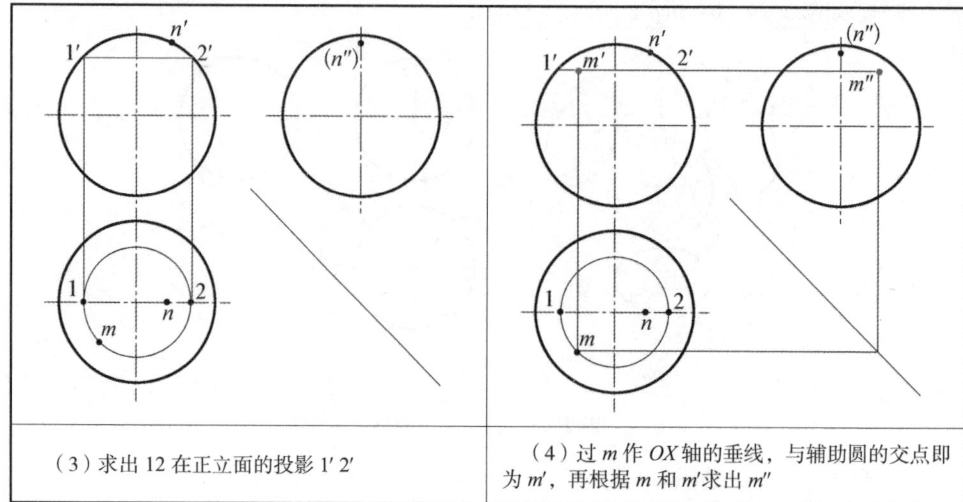

（3）求出 12 在正立面的投影 1′ 2′

（4）过 m 作 OX 轴的垂线，与辅助圆的交点即为 m'，再根据 m 和 m'求出 m''

分析：点 N 在前后两半球的分界线上，n 和 n''可以直接求出。由于点 N 在右半球，所以侧面投影 n''不可见；点 M在前、左、上半球，需采用辅助圆法求 m'和 m''。解题步骤详见表 2-20 所示。

六、基本体的尺寸标注

基本体的大小通常由长、宽、高三个方向的尺寸来确定。

1. 平面体的尺寸标注

对于棱柱、棱锥、棱台，除了要确定其底面和顶面形状大小的尺寸外，还要标注高度尺寸。为了便于看图，确定底面和顶面形状大小的尺寸应标注在反映其实形的视图上，如图 2-28 所示。

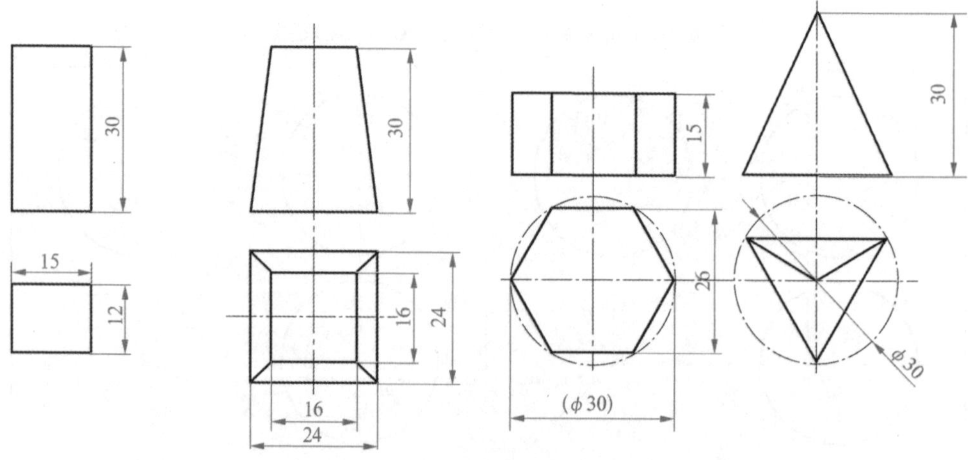

图 2-28　平面立体的尺寸标注

2. 回转体的尺寸标注

对于圆柱、圆锥、圆台，应标注底圆直径和高度尺寸，并且要在标注数字前加“ϕ”；标注圆球或半圆球时，在尺寸数字前加球直径符号“Sϕ”或球半径符号“*SR*”，如图 2–29 所示。

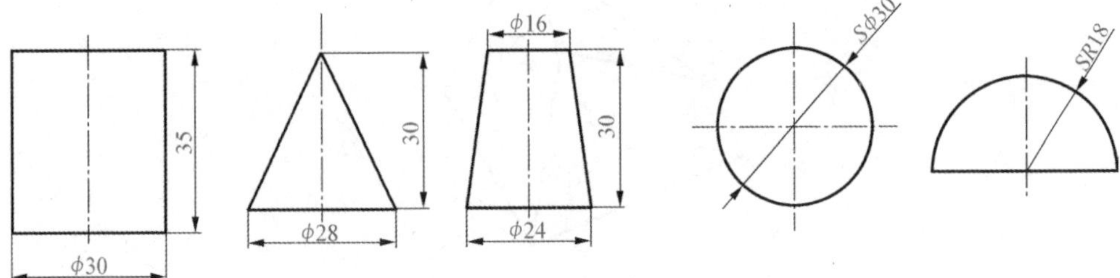

图 2–29 回转体的尺寸标注

已知圆台表面上 *A* 点的正面投影和 *B* 点的水平投影，作出 *A* 点的水平投影和 *B* 点的正面投影。

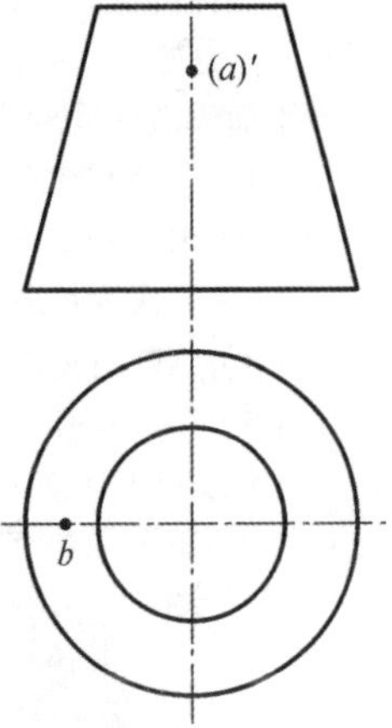

第五节 截交线的投影作图

在机器零件上常有一些立体被一个或几个平面截去一部分的情况。当立体被平面截断成两部分时，其中任何一部分都称为截断体，用来截切立体的平面称为截平面，截平面与立体表面的交线称为截交线，如图 2–30 所示。

截交线有以下两个基本性质：

（1）共有性。截交线是截平面与立体表面共有的线。

（2）封闭性。由于任何立体都有一定的范围，所以截交线一定是封闭的平面图形。

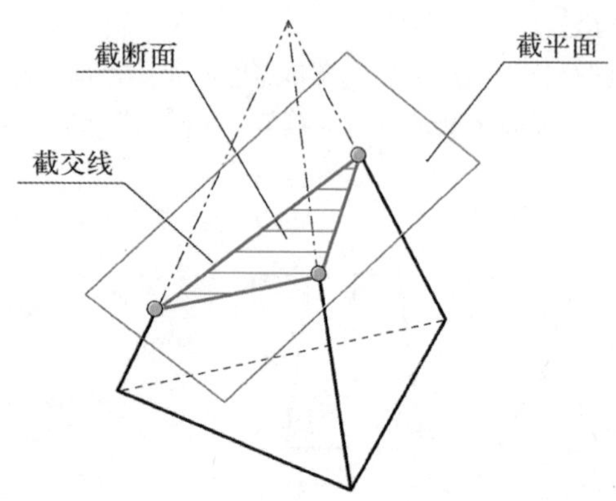

图 2-30　截交线与截断面

一、平面切割平面体

平面体的截交线是一个平面多边形，此多边形的各个顶点就是截平面与平面体的棱线的交点，多边形的每一条边就是截平面与平面体的交线。

平面体截交线的作图步骤一般为：

（1）求截交线上的所有特殊点，一般为截平面与棱柱棱线的交点。

（2）求出若干个中间点，中间点的数量和位置由作图需要决定。

（3）顺次连接各点。

（4）判断可见性。

（5）整理轮廓线。

【例 2-7】如图 2-31 所示，求正五棱柱被截切后的左视图。

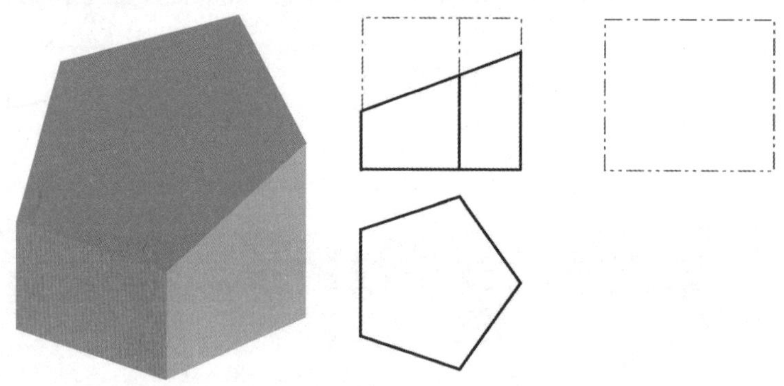

图 2-31　截切后的正五棱柱

分析：如图 2-31 所示，正五棱柱被正垂面截切，截交线是五边形，五个顶点分别是截平面与五条棱线的交点。因为截平面正面投影具有积聚性，故截交线正面投影积聚为一条斜线；由于截平面与侧面倾斜，故截交线的侧面投影是类似形（五边形）。求平面立体的截交线，实质上就是求截平面与各条棱线的交点。

解题：详细解题步骤见表 2-21 所示。

表 2-21　五棱柱截交线绘图步骤

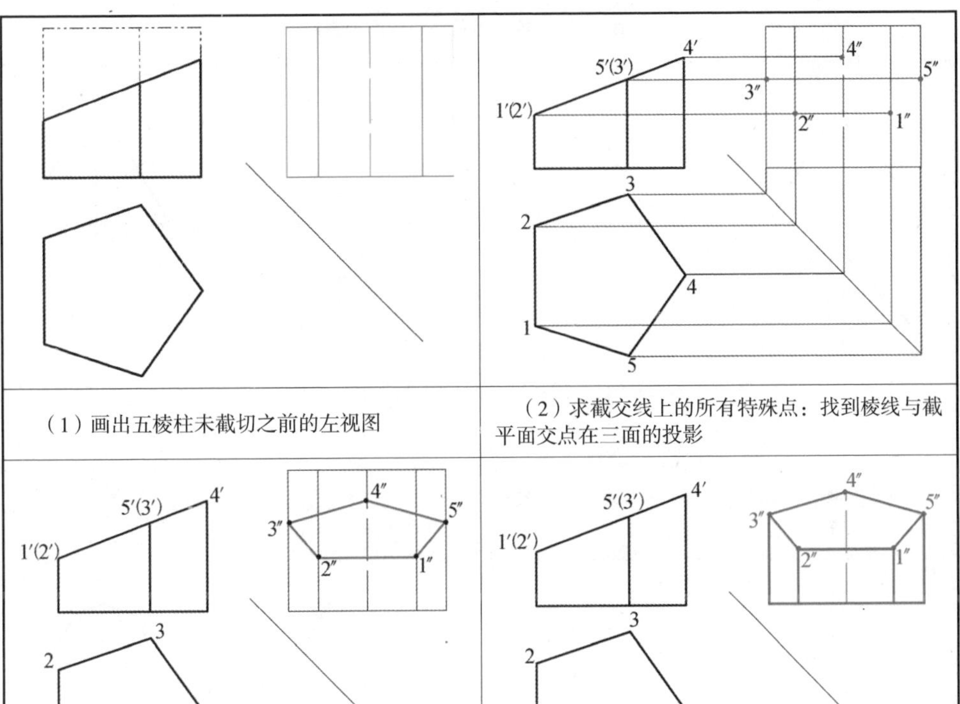

（1）画出五棱柱未截切之前的左视图	（2）求截交线上的所有特殊点：找到棱线与截平面交点在三面的投影
（3）顺次连接各点	（4）判别可见性，检查、整理、描深轮廓

【例 2-8】求四棱锥被截切后的俯视图和左视图。

分析：如图 2-32 所示，四棱锥被正垂面截切，截交线是四边形，四个顶点分别是截平面与四条棱线的交点。因为截平面正面投影具有积聚性，故截交线正面投影积聚为一条斜线；由于截平面与侧面倾斜，故截交线的侧面投影是类似形（四边形）。求平面立体的截交线，实质上就是求截平面与各条棱线的交点。

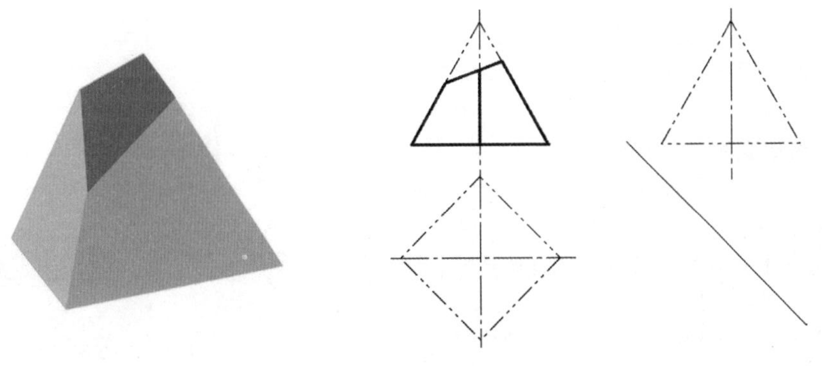

图 2-32　截切后的四棱锥

解题：详细解题步骤见表 2-22 所示。

表 2-22　四棱锥截交线绘图步骤

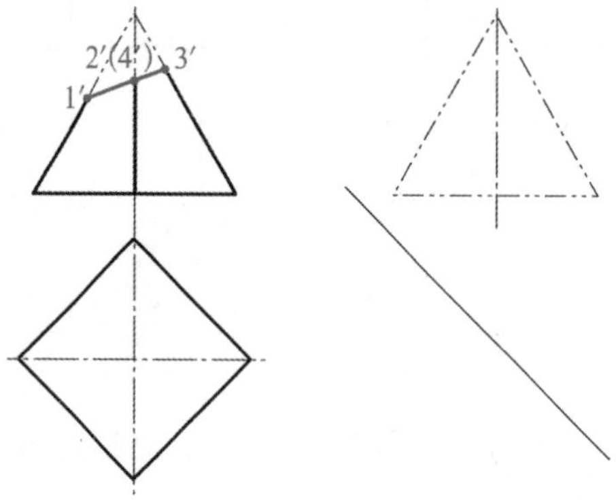 （1）根据截平面的积聚性投影，找出截交线各顶点的正面投影	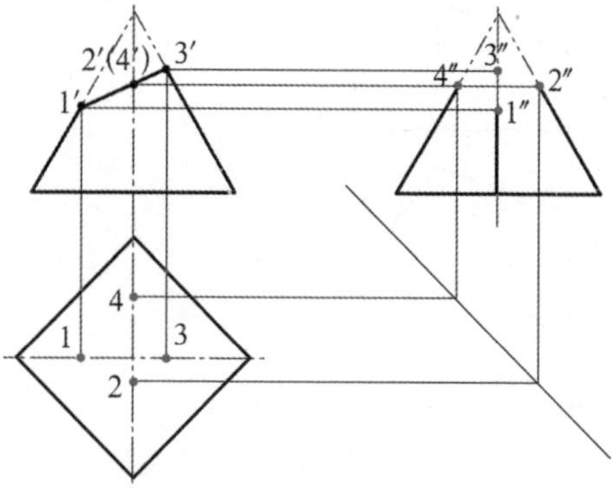 （2）依据直线上点的投影特性，依次求出各顶点在其他两面的投影
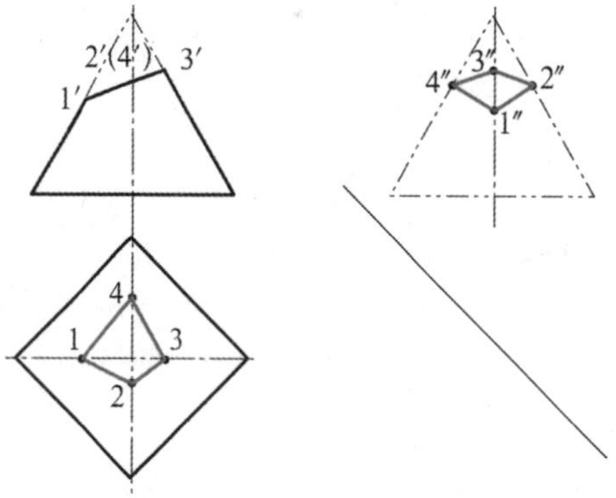	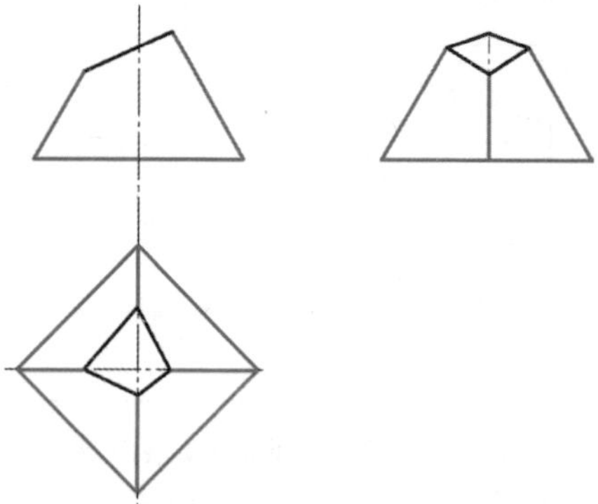
（3）顺次连接各点	（4）判别可见性，检查、整理、描深轮廓

二、平面切割回转体

平面与回转体相交时，其截交线一般为封闭的平面曲线或平面曲线和直线围成的封闭的平面图形。

1. 平面切割圆柱体

根据截平面与圆柱轴线相对位置的不同，圆柱的截交线有以下三种情况，详见表 2-23 所示。

【例 2-9】如图 2-33 所示，圆柱体被正垂面截切，求作圆柱体的第三视图。

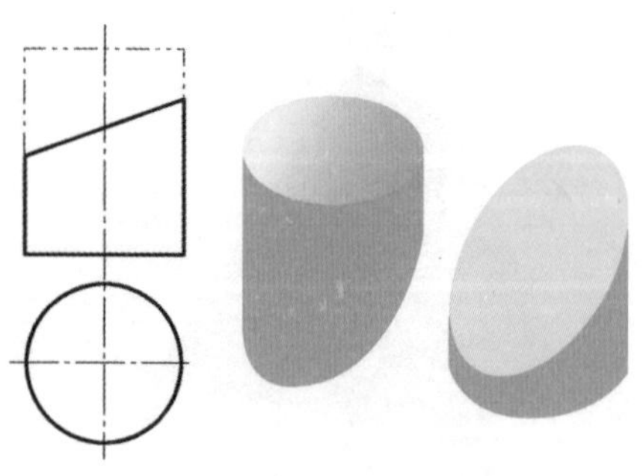

图 2-33　正垂面斜截圆柱

分析：由表 2-23 所知，当圆柱被斜截时，其截交线为椭圆。由于截切面是正垂面，所以截交线在正立面的投影积聚成一条斜线；由于圆柱面的水平投影具有积聚性，所以截交线的水平投影积聚在圆周上；而截交线的侧面投影一般情况下仍为椭圆。

解题：圆柱体截交线的画法可参照平面体截交线的作图步骤，详见表 2–24 所示。

表 2–23　圆柱体截交线

截平面位置	截交线形状	轴测图	投影图
与轴线平行	矩形	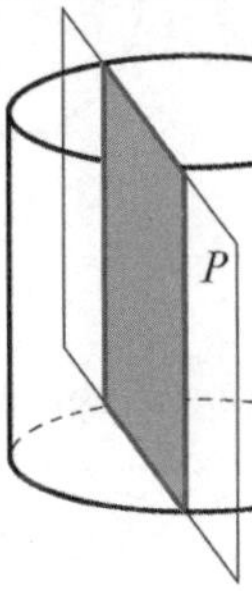 P	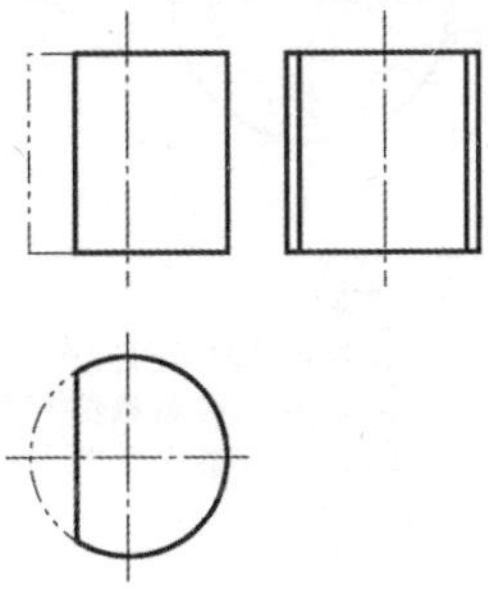
与轴线垂直	圆	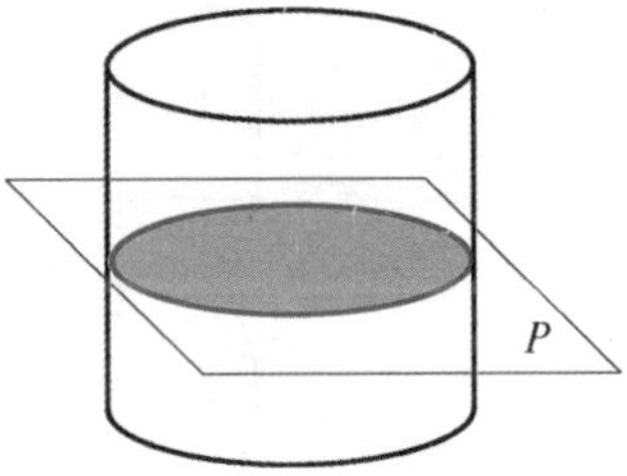 P	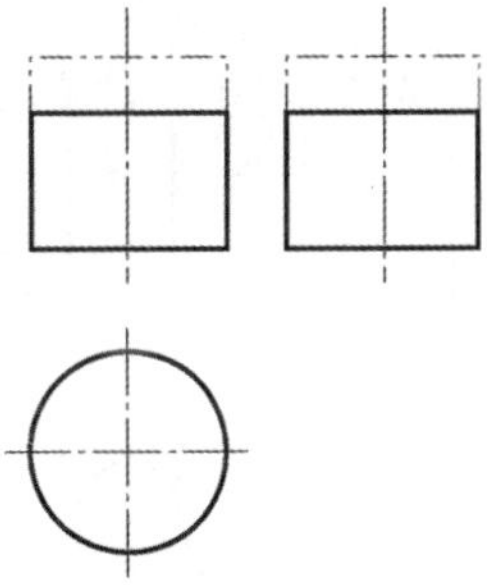
与轴线倾斜	椭圆	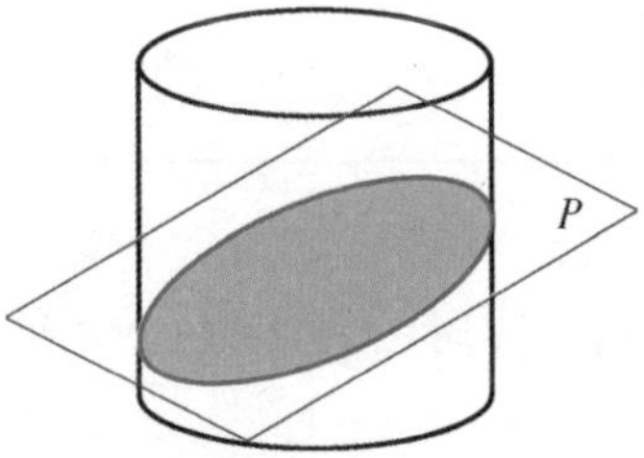 P	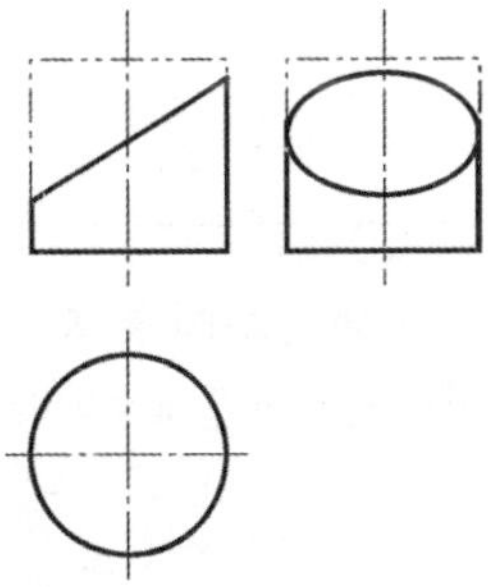

表 2–24　正垂面斜截圆柱绘图步骤

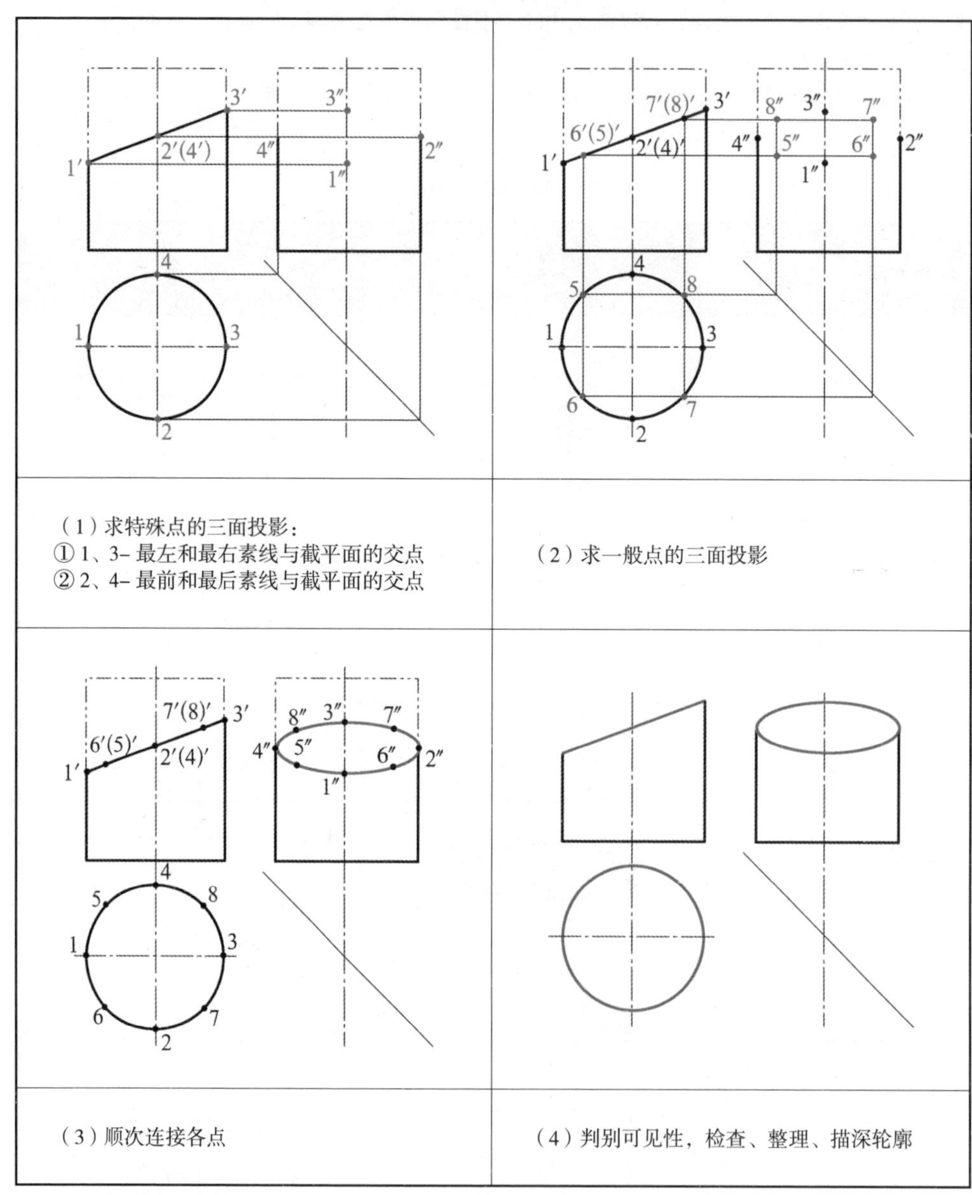

2. 平面切割圆锥体

根据截平面与圆锥轴线相对位置的不同，圆锥的截交线有以下几种情况，详见表 2–25 所示。

表 2-25 圆锥体截交线

截平面位置	截交线形状	轴测图	投影图
与轴线平行	双曲线	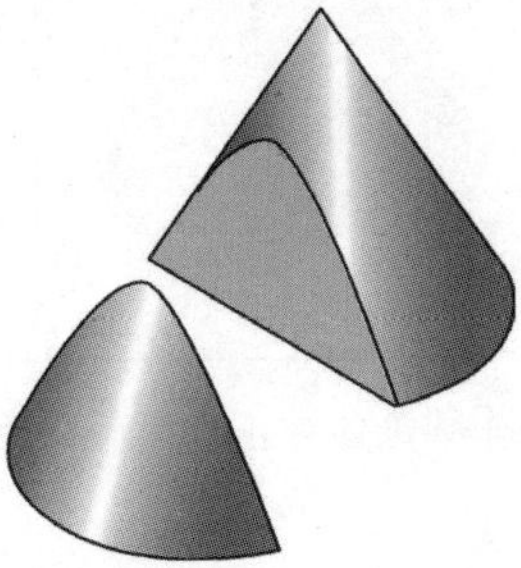	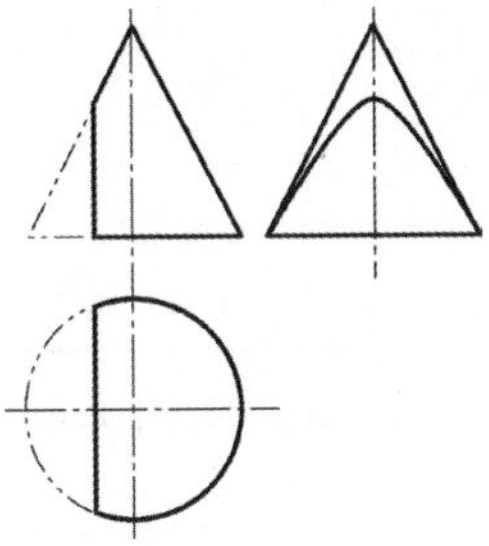
与轴线垂直	圆	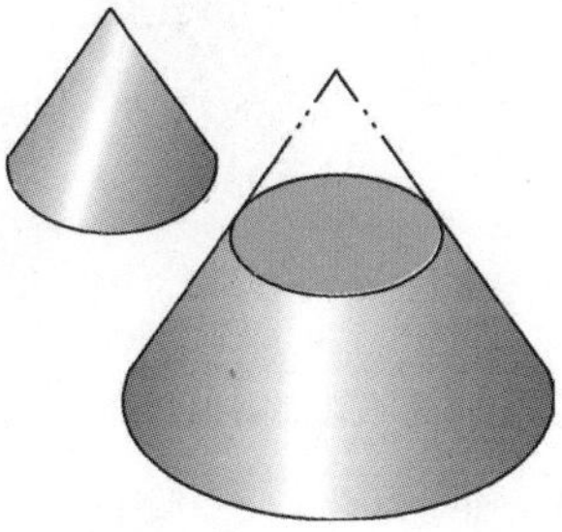	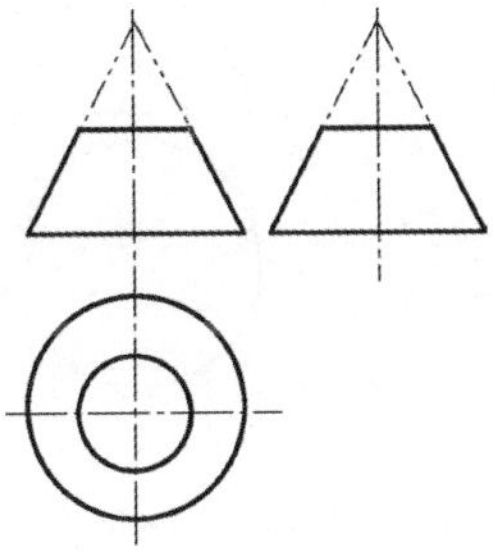
与轴线倾斜	椭圆	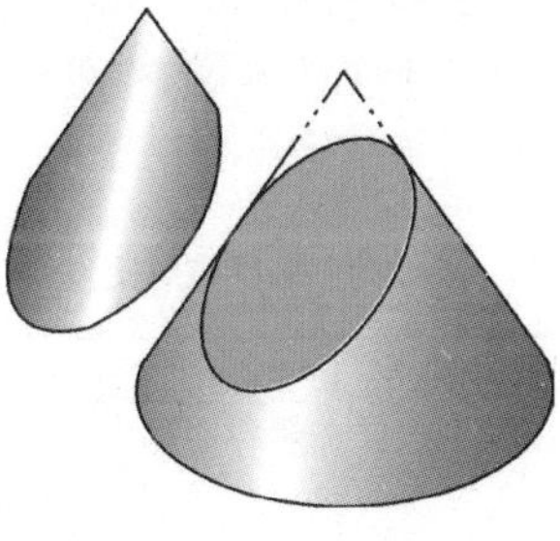	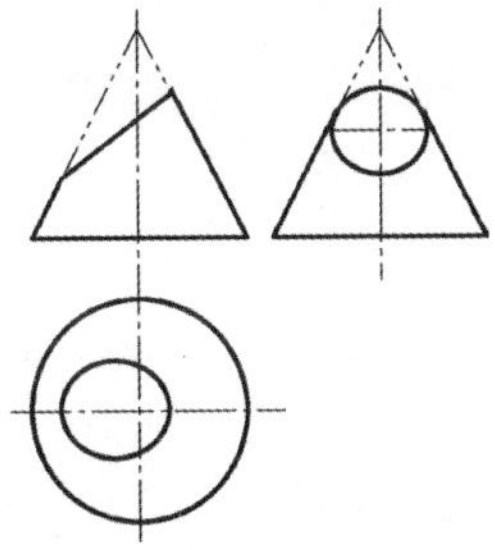
过圆锥顶点	等腰三角形	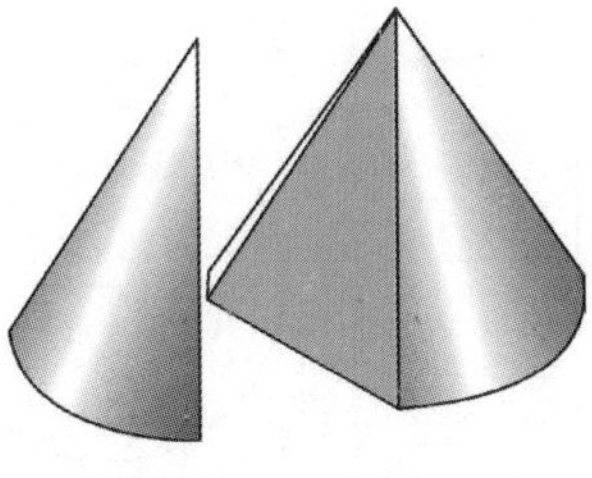	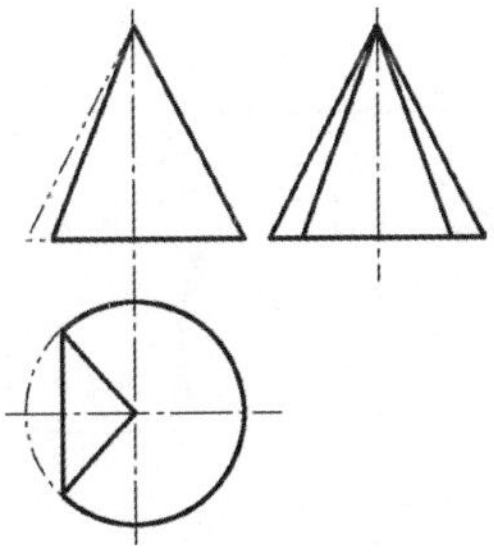

续表

平行于任一素线	抛物线	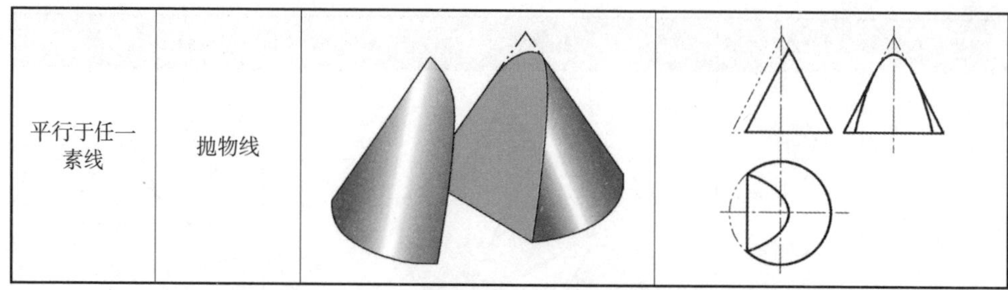	

【例 2-10】如图 2-34 所示，求作圆锥体被正垂面截切后的视图。

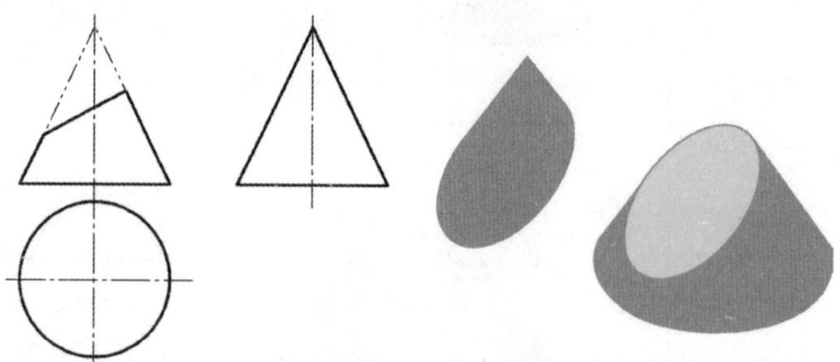

图 2-34　正垂面斜截圆锥

分析：由表 2-25 所知，由于圆锥轴线为铅垂线，截平面为正垂面并且倾斜于圆锥轴线，圆锥素线与圆锥轴线的夹角小于截平面与圆锥轴线的夹角，所以截交线为椭圆。截交线的正面投影积聚成一条斜直线，其水平投影和侧面投影均为椭圆。

解题：圆锥体截交线的画法依然可参照平面体截交线的作图步骤，详见表 2-26 所示。

表 2-26　正垂面斜截圆锥绘图步骤

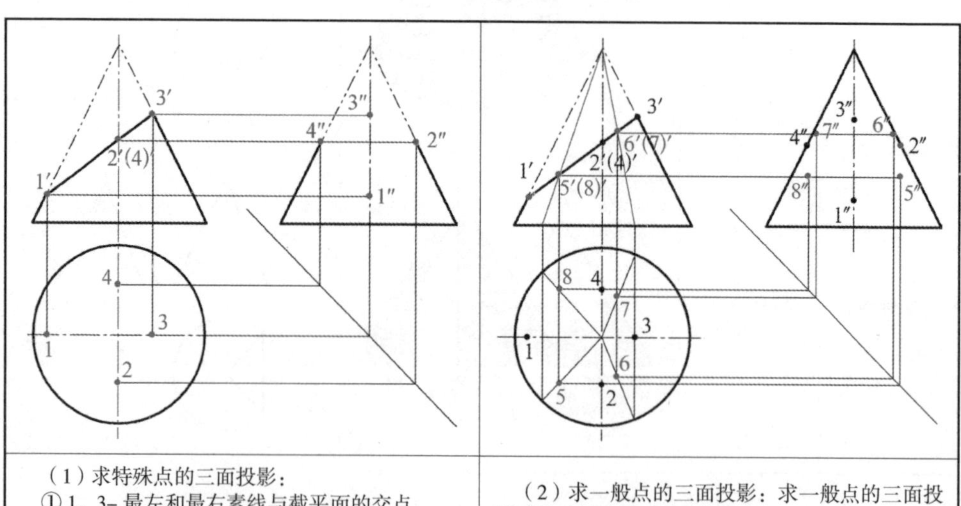

（1）求特殊点的三面投影： ① 1、3- 最左和最右素线与截平面的交点 ② 2、4- 最前和最后素线与截平面的交点	（2）求一般点的三面投影：求一般点的三面投影需借助辅助线或辅助圆画法

续表

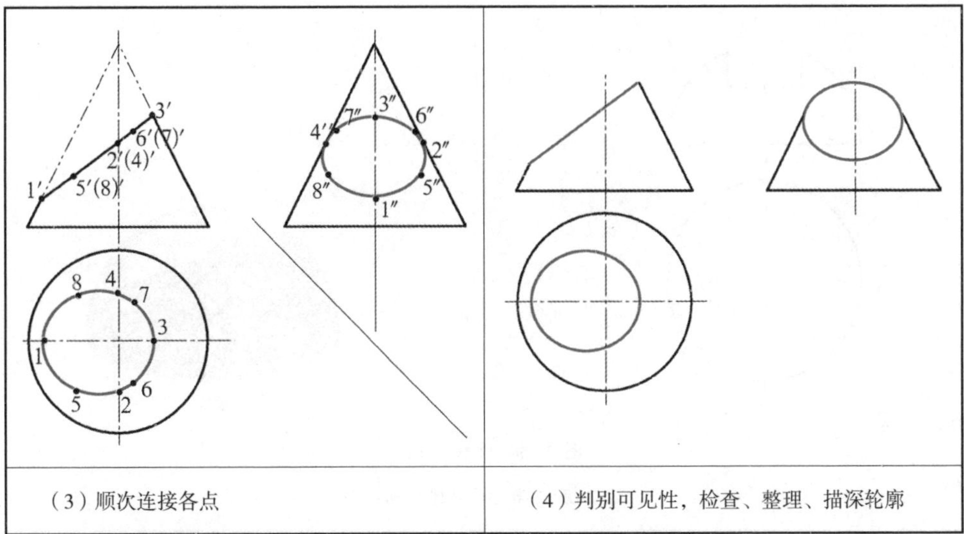

（3）顺次连接各点	（4）判别可见性，检查、整理、描深轮廓

3. 平面切割圆球

球体被任何位置的平面截切，其截交线都是圆。当截平面和投影面平行时，在该投影面上的投影为圆，其余两面投影积聚成一条直线。图 2–35 所示为圆球被水平面和侧平面切割后的三面投影。

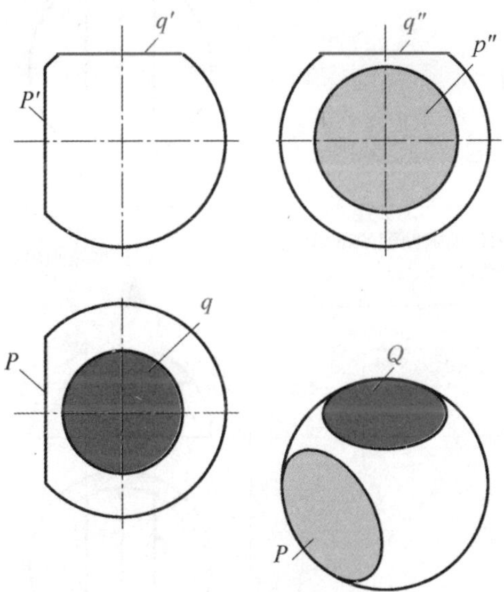

图 2–35　平面切割圆球

【例 2–11】完成如图 2–36 所示开槽半圆球的水平投影和侧面投影。

分析：由于半圆球被两个对称的侧平面和水平面截切，因此两个侧平面和球面的截交线为平行于侧面的圆弧，水平面和球面的截交线为水平圆弧。

解题：作图步骤详见表 2–27 所示。

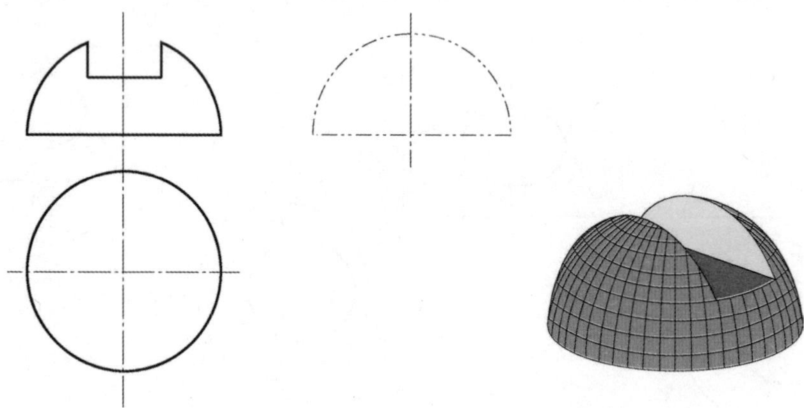

图 2–36 开槽半圆球

表 2–27 半圆球开槽绘图步骤

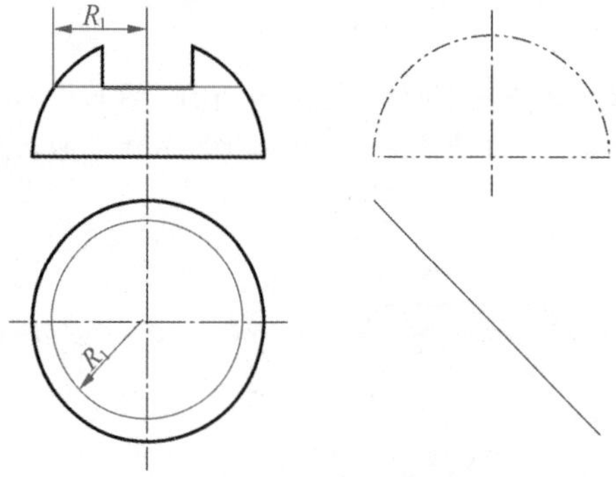 （1）过槽底在正平面内作出辅助圆的投影线，并画出辅助圆在水平面的投影	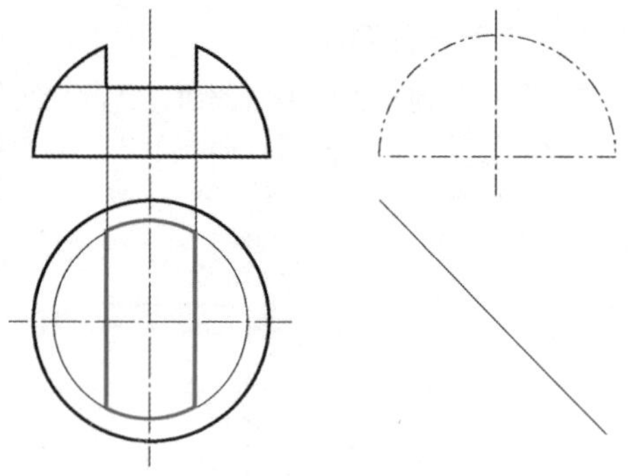 （2）根据槽宽画出截平面在水平面内的投影
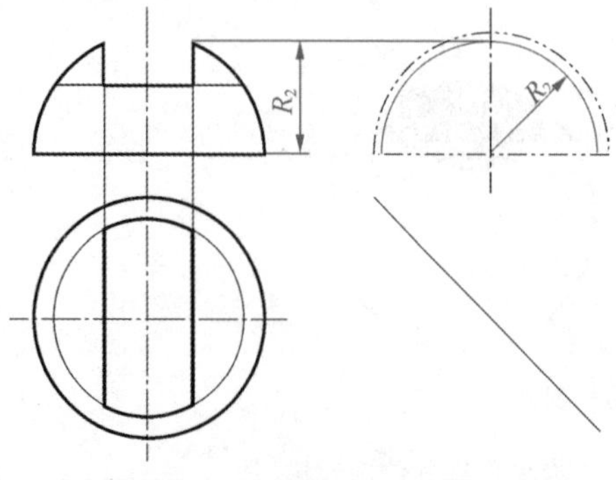 （3）沿侧壁作出辅助圆在正平面内的投影线，并作出该辅助圆在侧平面的投影	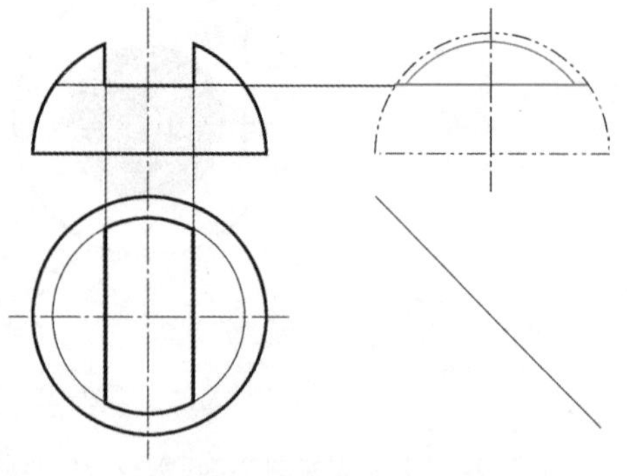 （4）根据槽底的位置画出截平面在侧立面的投影

续表

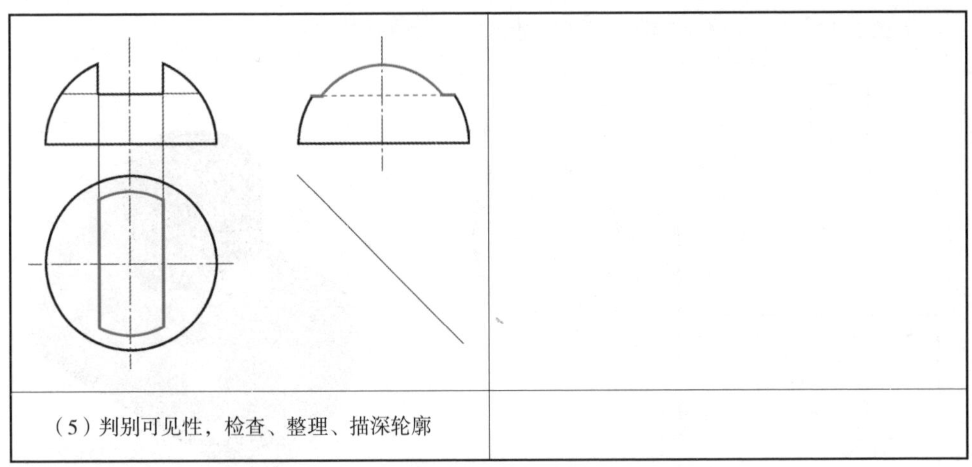	
（5）判别可见性，检查、整理、描深轮廓	

求圆柱被截切后的 *W* 面投影。

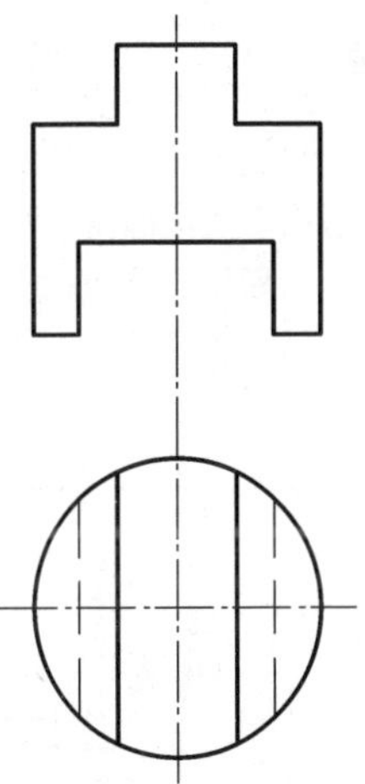

第六节 相贯线的投影作图

两立体表面相交时产生的交线称为相贯线。相贯线具有以下基本性质：

（1）共有性。相贯线是两立体表面的共有线，也是两立体表面的分界线。

（2）封闭性。一般情况下，相贯线是封闭的空间曲线，特殊情况下是平面曲线或直线。

由于两相交立体的形状、位置、大小的不同会形成形态各异的相贯线，因此本节以常见的两回转体（圆柱与圆柱、圆柱与圆锥）正交为例，介绍求两回转体相贯线的一般画法。

一、圆柱与圆柱正交

【例 2–12】两直径不同的圆柱正交，求作相贯线的投影

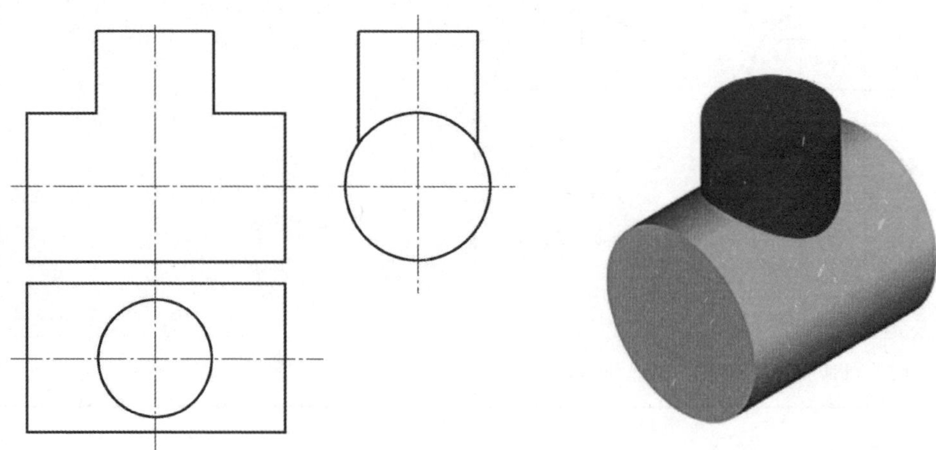

图 2–37　两直径不同的圆柱正交

分析：如图 2–37 所示，两圆柱垂直相交，小圆柱的轴线垂直于水平面，相贯线的水平投影为圆（和小圆柱的水平投影重合），大圆柱的轴线和侧面垂直，相贯线的侧面投影为一段圆弧（和大圆柱的侧面投影部分重合）。由于相贯线的水平和侧面投影均已知，因此可利用积聚性求得相贯线的正面投影。

解题：详细解题步骤见表 2–28 所示。

表 2–28　两直径不同的圆柱正交相贯线绘图步骤

（1）求特殊点的三面投影： ① 1、3– 小圆柱的最左和最右素线与大圆柱最高素线的交点； ② 2、4– 小圆柱的最前和最后素线与大圆柱的交点	（2）求一般点的三面投影

续表

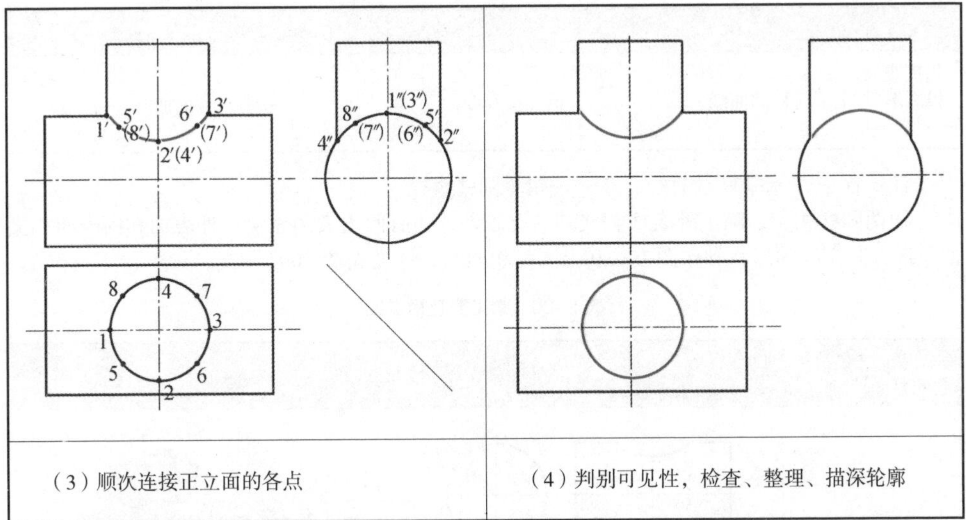

（3）顺次连接正立面的各点

（4）判别可见性，检查、整理、描深轮廓

当正交两圆柱的相对位置不变，但相对大小发生变化时，相贯线的形状和位置也相应发生变化，如表 2–29 所示。

表 2–29　两圆柱正交时相贯线的变化

形式	$\phi<\phi_1$	$\phi=\phi_1$	$\phi>\phi_1$
轴测图	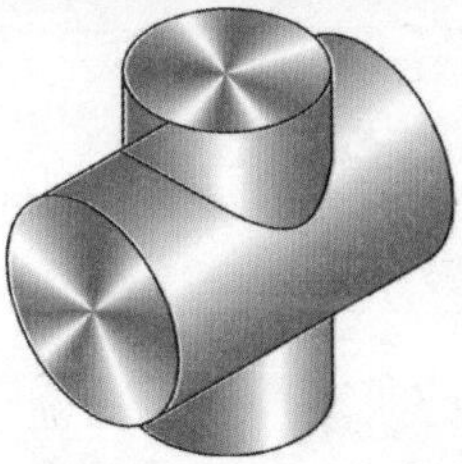	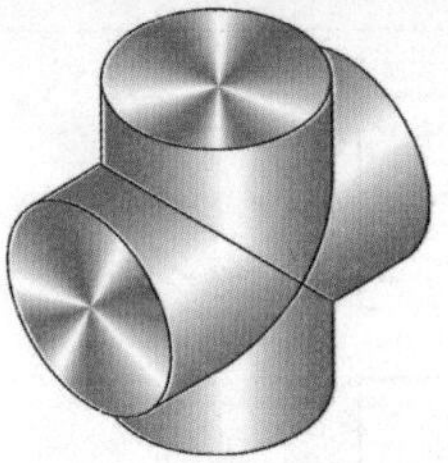	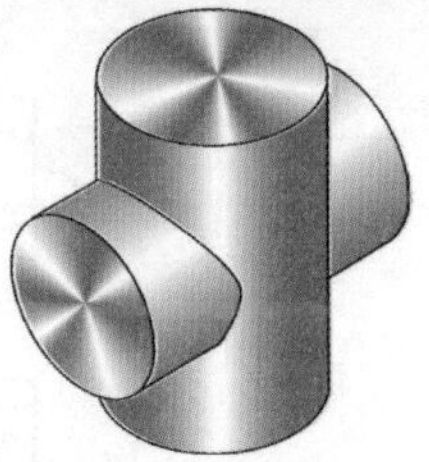
投影图	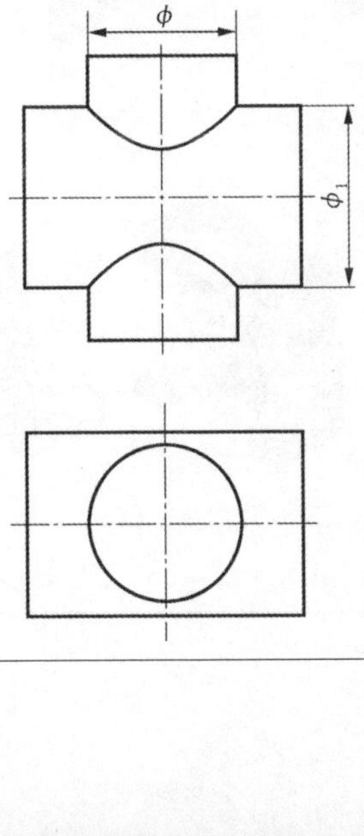 ϕ ϕ_1	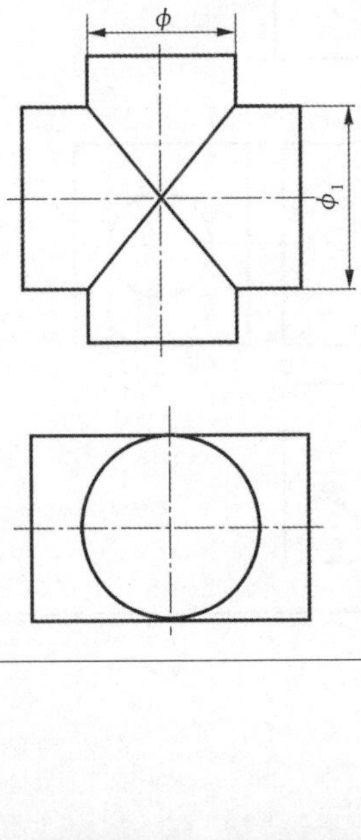 ϕ ϕ_1	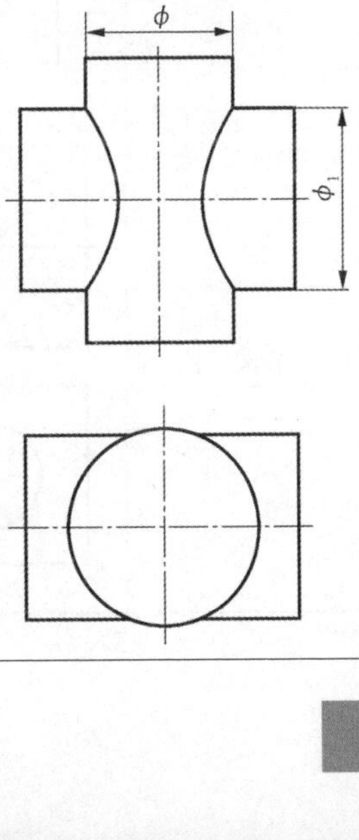 ϕ ϕ_1

续表

形式	$\phi<\phi_1$	$\phi=\phi_1$	$\phi>\phi_1$
相贯线投影形状	上下对称的曲线	两相交直线	左右对称的曲线

注：ϕ_1——水平圆柱直径；ϕ——铅垂圆柱直径。

而两圆柱相交，除了外表面相交的情况之外，还有两内表面相交、外表面和内表面相交的情况，其交线的形状和作图方法和上图是相同的，详见表 2-30 所示。

表 2-30　常见穿孔相贯线

形式	投影图
轴上圆柱孔	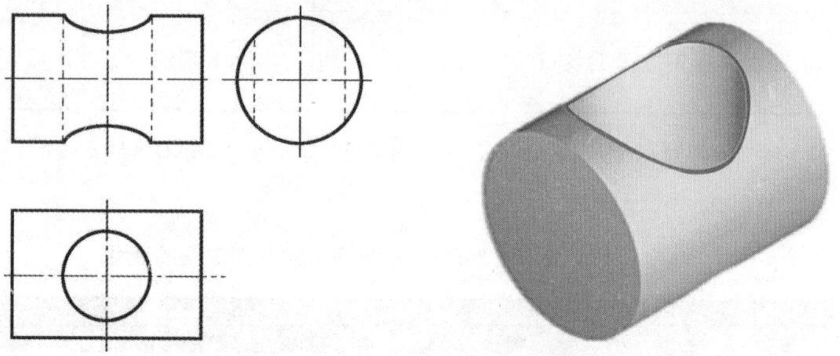
不等直径圆柱孔	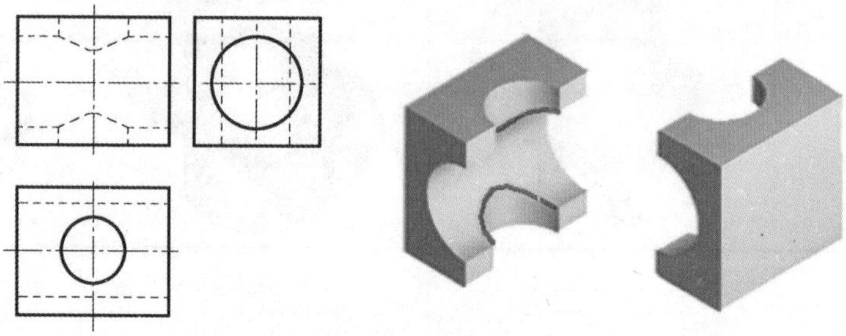
等径圆柱孔	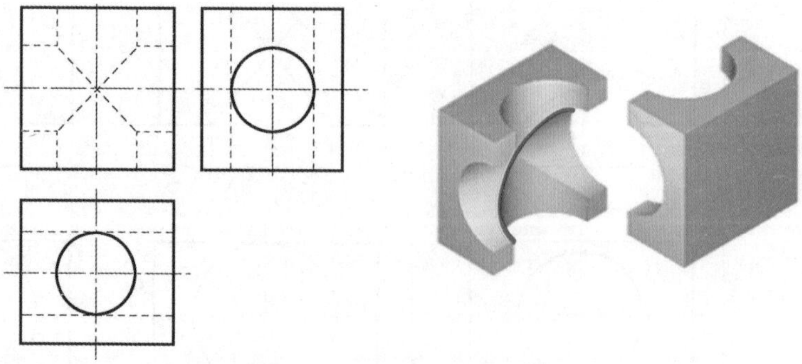

二、相贯线的特殊情况

两回转体相交，其相贯线一般是封闭的空间曲线，但在某些特殊情况下，它们的相贯线是平面曲线或直线。

1. 相贯线为平面曲线

（1）两个回转体具有公共轴线时，其表面的相贯线为垂直轴线的圆，详见表 2–31 所示。

表 2–31　公共轴线回转体的相贯线—圆

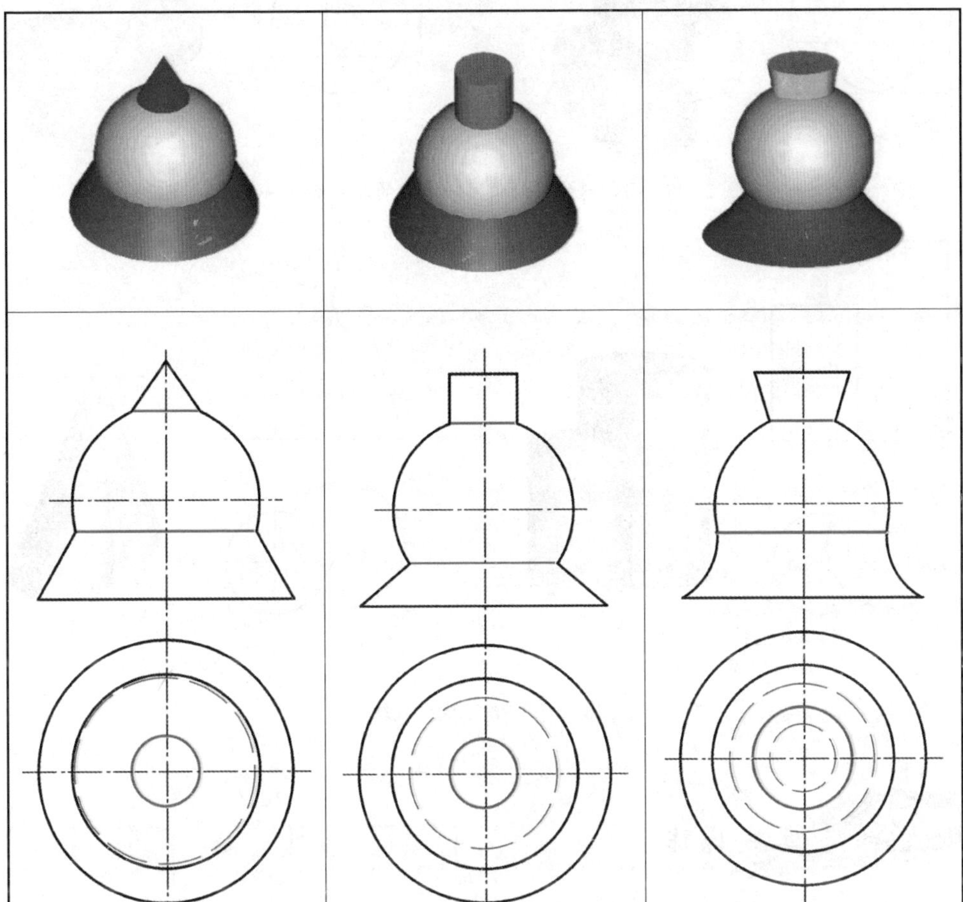

（2）当轴线相交的两圆柱（圆柱与圆锥）公切于同一球面时，相贯线一定是平面曲线即两个相交的椭圆，如图 2–38 所示。

2. 相贯线为直线

当相交两圆柱的轴线平行时，相贯线为直线；当两圆锥共顶时，相贯线也为直线，如图 2–39 所示。

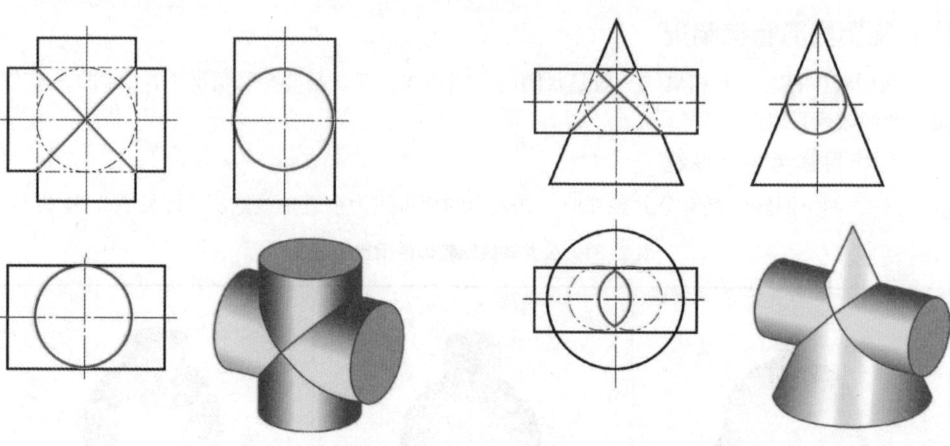

图 2-38　两回转体公切于同一球面的相贯线——椭圆

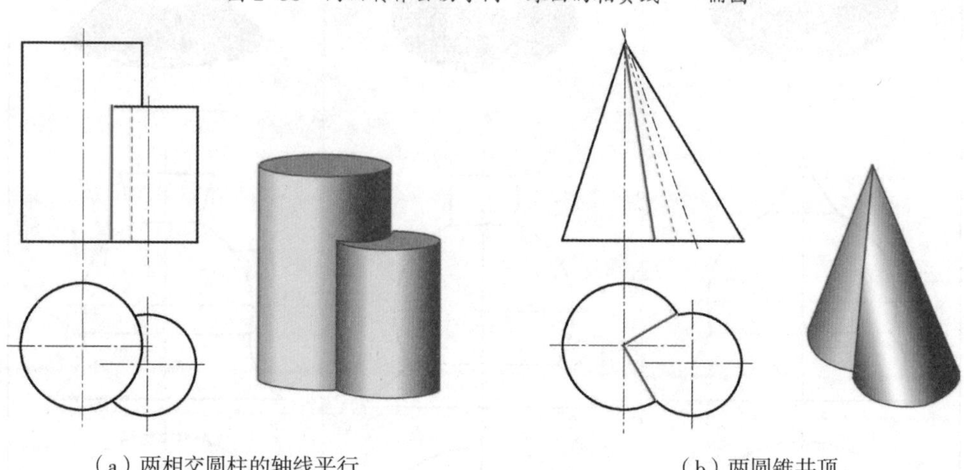

（a）两相交圆柱的轴线平行　　　　（b）两圆锥共顶

图 2-39　相贯线为直线

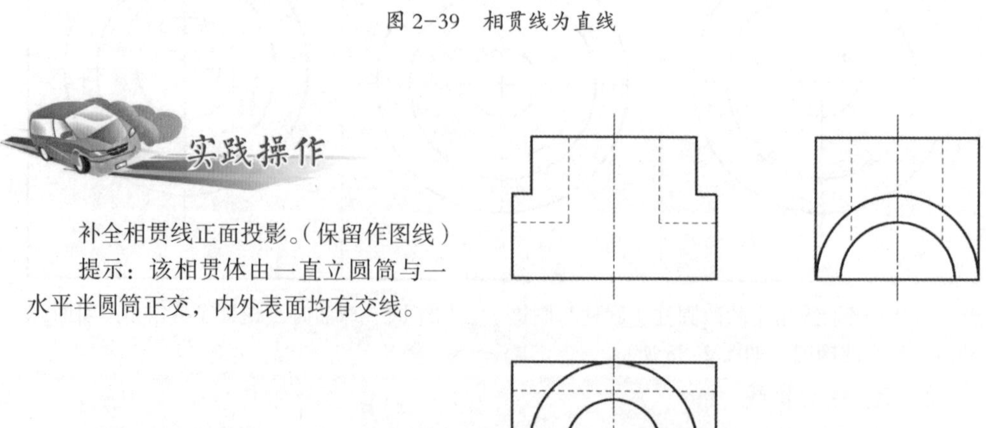

补全相贯线正面投影。（保留作图线）

提示：该相贯体由一直立圆筒与一水平半圆筒正交，内外表面均有交线。

第三章 轴测图

正投影法绘制三视图来表达物体形状，度量性较好、且绘图简便，但是缺乏立体感。为了更加直观表示物体外部形状，轴测图更接近人们的视觉习惯。轴测图又称为轴测投影图，它能同时反映物体的长、宽、高三方向的尺寸，是表达立体形状结构的一种辅助手段，广泛应用于产品几何模型的设计、产品拆装，以及工程图的设计等。在制图学习中，通过绘制轴测图，可以培养学生空间想象能力和空间构思能力。

第一节 轴测图认知

一、轴测图的基本概念

轴测图是一种单面投影图。它是将物体连同其参考直角坐标系，沿不平行于任一坐标面的方向，用平行投影法将其投射到单一投影面上所得到的图形，如图 3-1 所示。

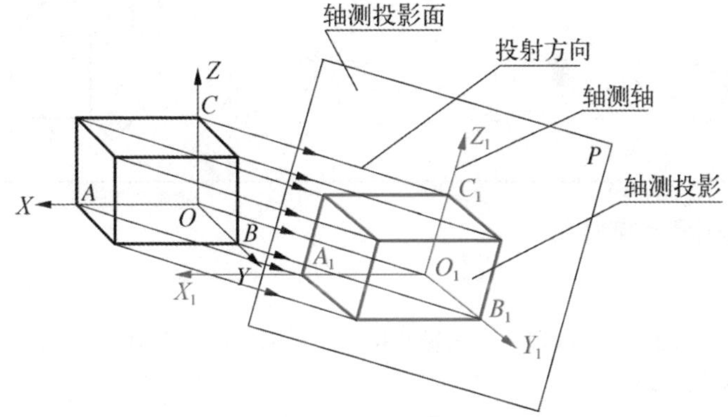

图 3-1 轴测图的形成

在轴测投影中，把物体及其空间位置的直角坐标系一起投射到的投影面 P 称为轴测投影面；把空间直角坐标轴 OX、OY、OZ 在轴测投影面上的投影 O_1X_1、O_1Y_1、O_1Z_1 称为轴测轴；把两轴测轴之间的夹角 $\angle X_1O_1Y_1$、$\angle Y_1O_1Z_1$、$\angle X_1O_1Z_1$ 称为轴间角；轴测轴上的单位长度与空间直角坐标轴上对应单位长度的比值，称为轴向伸缩系数。OX、OY、OZ 的轴向伸缩系数分别用 p_1、q_1、r_1 表示。例如，在图 3-1 中，$p_1= O_1A_1/OA$，$q_1 =O_1B_1/OB$，$r_1 =O_1C_1/OC$。

注意：轴间角与轴向伸缩系数是绘制轴测图的两个主要参数。

按照投影方向与轴测投影面的夹角的不同，轴测图可以分为两类：正轴测图和斜轴测图。正轴测图是轴测投影方向（投影线）与轴测投影面垂直时投影所得到的轴测图；斜轴测图是轴测投影方向（投影线）与轴测投影面倾斜时投影所得到的轴测图。

按照轴间角与轴向伸缩系数的不同，可将正（斜）轴测图分为等测、二等测和不等测三种。

如表 3-1 所示，在 GB/T 4458.3—2013 中规定了三种常用的轴测图：正等测、正二测和斜二测。

表 3-1　常用轴测图的分类（GB/T 4458.3—2013）

类型	特性	轴测类型	应用举例		
			轴测轴的位置	图例	伸缩系数
正轴测投影	投影线与轴测投影面垂直	正等轴测图（正等测）	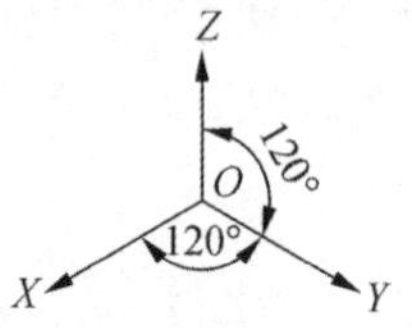 Z, O, X, Y, 120°, 120°	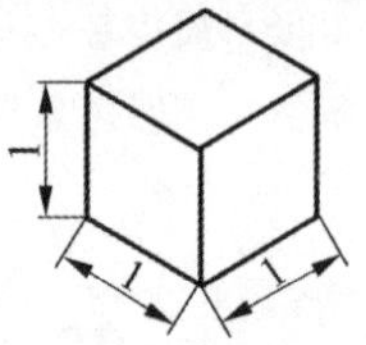 1, 1, 1	$p=q=r=1$
		正二等轴测图（正二测）	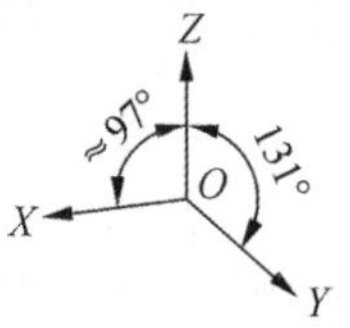 Z, O, X, Y, ≈97°, 131°	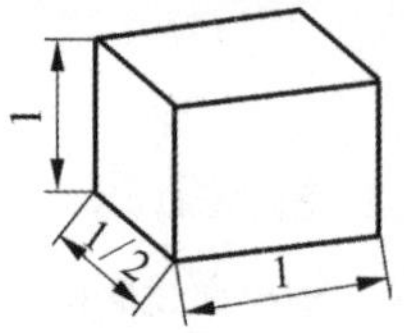 1, 1/2, 1	$p=r=1$ $q=1/2$
斜轴测投影	投影线与轴测投影面倾斜	斜二等轴测图（斜二测）	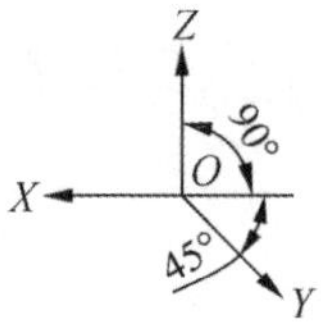 Z, O, X, Y, 90°, 45°	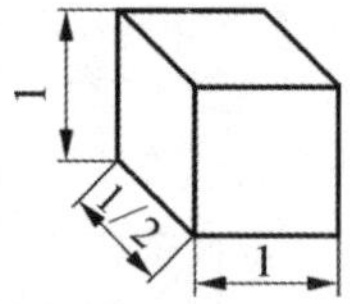 1, 1/2, 1	$p=r=1$ $q=1/2$

二、轴测投影的基本性质

1. 平行性

物体上与坐标轴平行的线段，它的轴测投影必与相应的轴测轴平行，且同一轴向所有线段的轴向伸缩系数相同。

2. 度量性

物体上的与坐标轴平行的线段的尺寸可在轴向上直接量取，这就是所谓的“轴测”，而不平行于轴测轴的图线不能直接从轴测图中量取尺寸。物体上不平行于轴测投影面的平面图形，在轴测图上变成原形的类似形。如长方形的轴测投影为平行四边形，圆形的轴测投影为椭圆等。

常用轴测图种类较多，本书仅介绍最常用的正等轴测图和斜二轴测图的画法。

【例 3-1】根据轴测投影的性质，绘制正等测与斜二测的坐标系。

分析：参考表 3-1 所示的轴间角和轴向伸缩系数，正等测的轴间角∠ XOY= ∠ YOZ= ∠ XOZ=120°，轴向伸缩系数 p=q=r=1；斜二测的轴间角∠ XOY= ∠ YOZ=135°、∠ XOZ=90°，轴向伸缩系数 p=r=1、q=1/2。

解题：绘制轴测轴时，要用 30°（60°）和 45° 三角板配合画出。这样可以提高作图效率，详见表 3-2 所示。

表 3-2 正等测与斜二测的坐标系

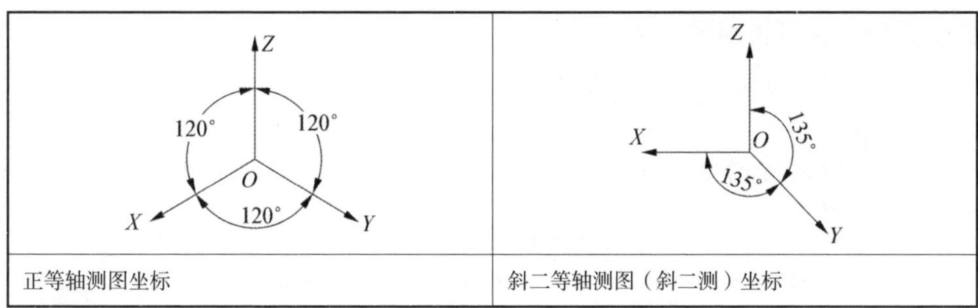

正等轴测图坐标	斜二等轴测图（斜二测）坐标

要求在 A4 图纸上抄画正等测与斜二测的坐标系，画线时要用力，使细线细而清晰，粗线黑而光滑。

第二节 正等轴测图绘制

一、正等轴测图的形成和轴间角

1. 正等轴测图的形成

图 3-2（a）中，设定此立方体的三条坐标轴对轴测投影面的倾斜角度相同位置放置，当投影方向垂直于轴测投影面 *P* 时，其轴测图称为正等轴测图，简称正等测。

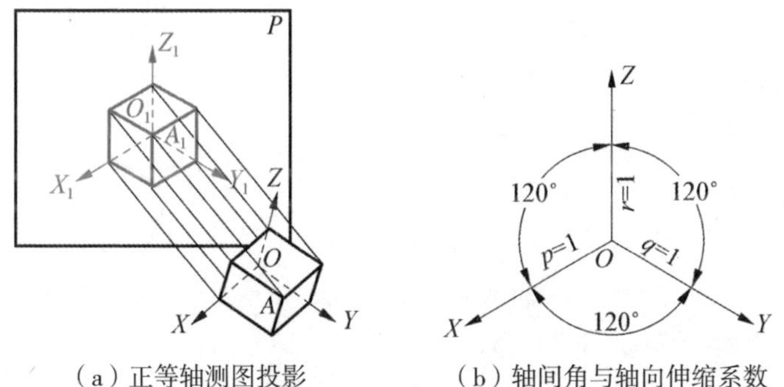

（a）正等轴测图投影　　（b）轴间角与轴向伸缩系数

图 3-2 正等轴测图的轴间角和轴向伸缩系数

2. 轴间角与轴向伸缩系数

以 *O* 为原点，空间直角坐标系中的三坐标轴为 *OX*、*OY*、*OZ* 在 *P* 面上的投影 O_1X_1、O_1Y_1、O_1Z_1，轴间角与轴向伸缩系数均相等，如图 3-2（b）轴间角∠ *XOY*= ∠ *XOZ*= ∠ *YOZ*=120°，

轴向伸缩系数 $p=q=r=0.82$，在 GB/T 4458.3—2013 中简化为 $p=q=r=1$。

二、平面体正等轴测图画法

绘制平面体正等轴测图的基本方法有坐标法、切割法和叠加法三种。

1. 坐标法

坐标法是在空间坐标系各坐标轴上测量画出各点的轴测投影，再将各投影点相连，形成平面体的轴测图。

【例 3–2】采用坐标法绘制正六棱柱的正等轴测图。

分析：正六棱柱的前后、左右对称，故设空间直角坐标系的坐标原点为顶面正六边形的中心。

解题：建立空间坐标系，用坐标法绘制比较方便，具体绘图步骤详见表 3–3 所示。

表 3–3　坐标法绘制正六棱柱的正等轴测图

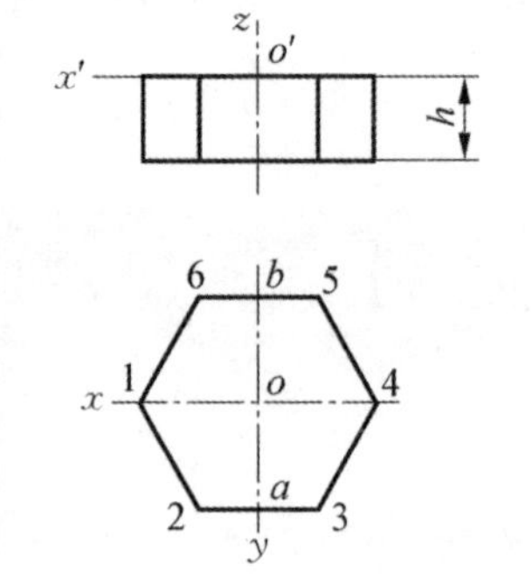	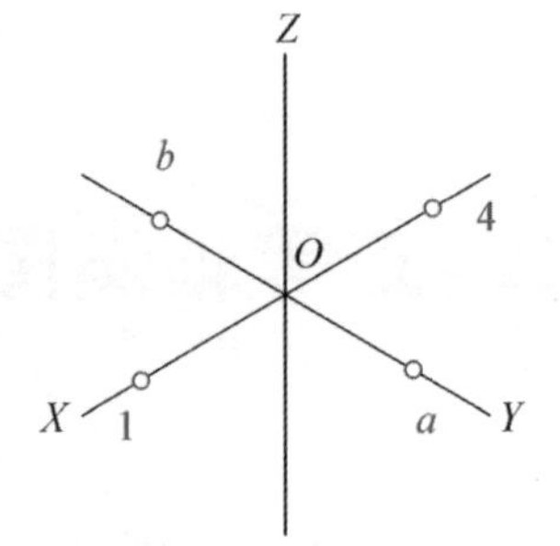	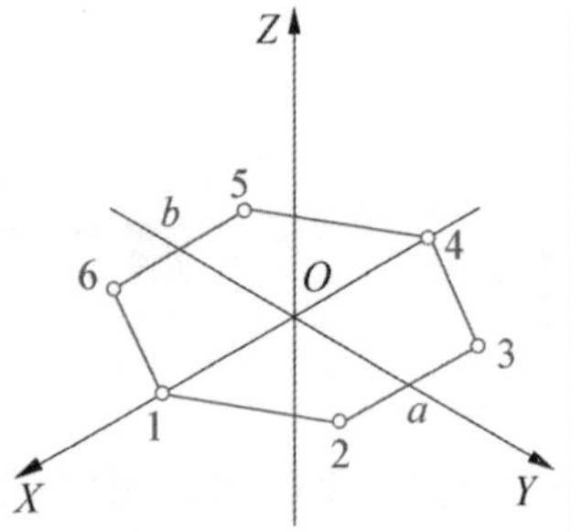
（1）分析正六棱柱视图，选定正六棱柱顶面正六边形对称中心 O 为坐标原点	（2）画出轴测轴 OX、OY、OZ，在 OX、OY 轴分别取点 1、4 、a、b	（3）过 a、b 点作平行于 OX 轴平行线，在 a、b 点的平行线上，取点 2、3、5、6，将点 2、3、5、6 依次进行相连，形成顶面正六边形的正等测图
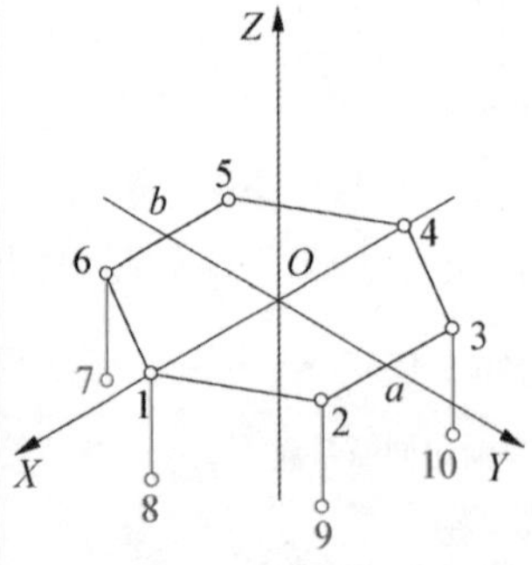	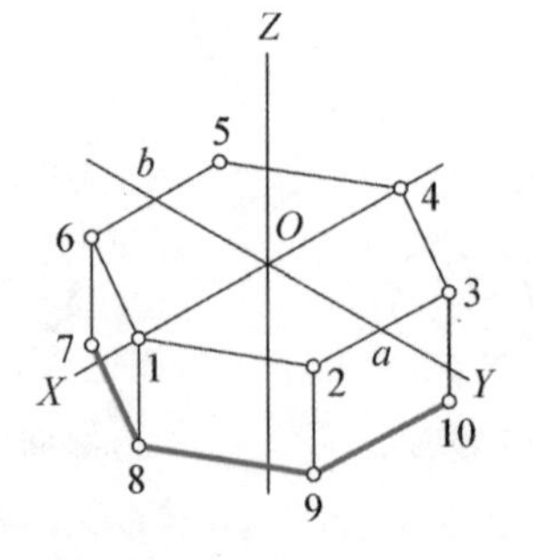	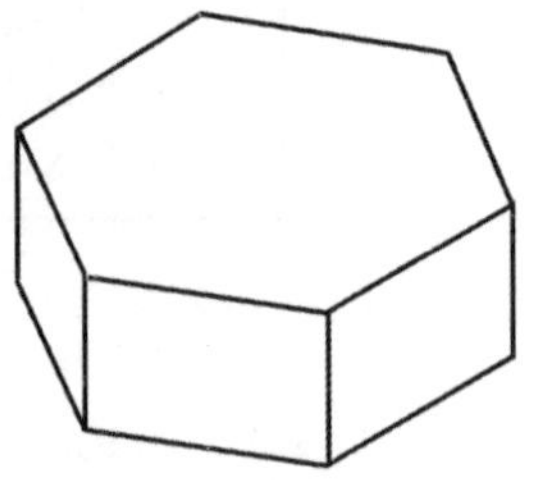
（4）如图所示，过底点 1、2、3、6 作平行于 OZ 轴的侧棱线，高度为 h，并找出对应点 7、8、9、10	（5）依次将点 7、8、9、10 相连	（6）擦除多余的作图线，并对可见轮廓线进行加粗

2. 切割法

切割法是针对于不规则的物体，先采用坐标法画出完整平面体，再用切割的方法进行除料，形成物体的轴测图。

【例 3-3】采用切割法绘制楔形块柱的正等轴测图。

分析：该楔块是由一个长方体切去左上角的三棱柱，再切去左前角三棱柱后形成的。坐标原点选在长方体的右、后、下角，用切割法绘制比较方便。

解题：绘制楔形块柱的关键在于画出切平面与被切面之间的交线，具体绘图步骤详见表 3-4 所示。

表 3-4 切割法绘制楔形块柱的正等轴测图

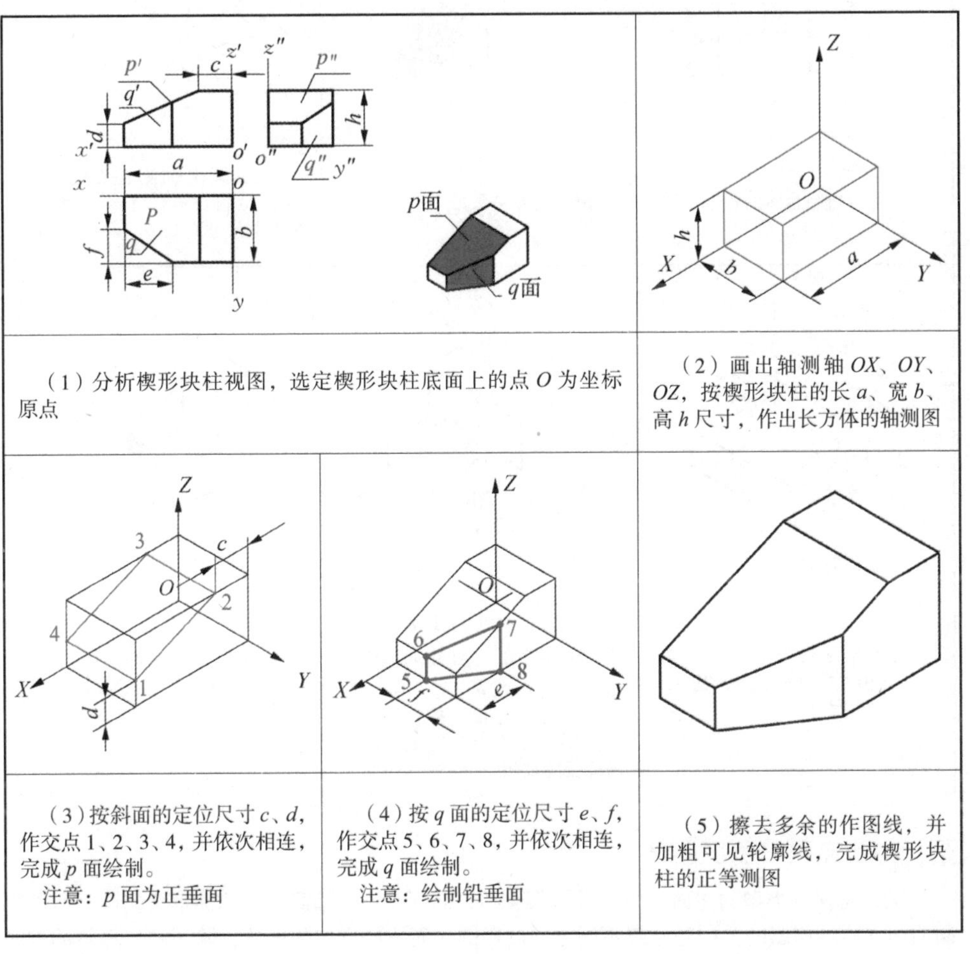

（1）分析楔形块柱视图，选定楔形块柱底面上的点 O 为坐标原点		（2）画出轴测轴 OX、OY、OZ，按楔形块柱的长 a、宽 b、高 h 尺寸，作出长方体的轴测图
（3）按斜面的定位尺寸 c、d，作交点 1、2、3、4，并依次相连，完成 p 面绘制。 注意：p 面为正垂面	（4）按 q 面的定位尺寸 e、f，作交点 5、6、7、8，并依次相连，完成 q 面绘制。 注意：绘制铅垂面	（5）擦去多余的作图线，并加粗可见轮廓线，完成楔形块柱的正等测图

3. 叠加法

绘制轴测图时，要按形体分析法画图，先画基本形体，然后由大到小，采用叠加的方法逐步完成。

【例 3-4】用叠加方式绘制组合体正轴测图。

分析：该组合体是由两个长方体和一个三棱柱组成。坐标原点选在长方体 I 的右、后、

下角 O 点，用叠加形体的方法绘制组合体比较方便。

解题：绘制组合体时，注意是截交线与坐标轴平行关系，具体绘图步骤详见表 3-5 所示。

表 3-5 组合体正轴测图

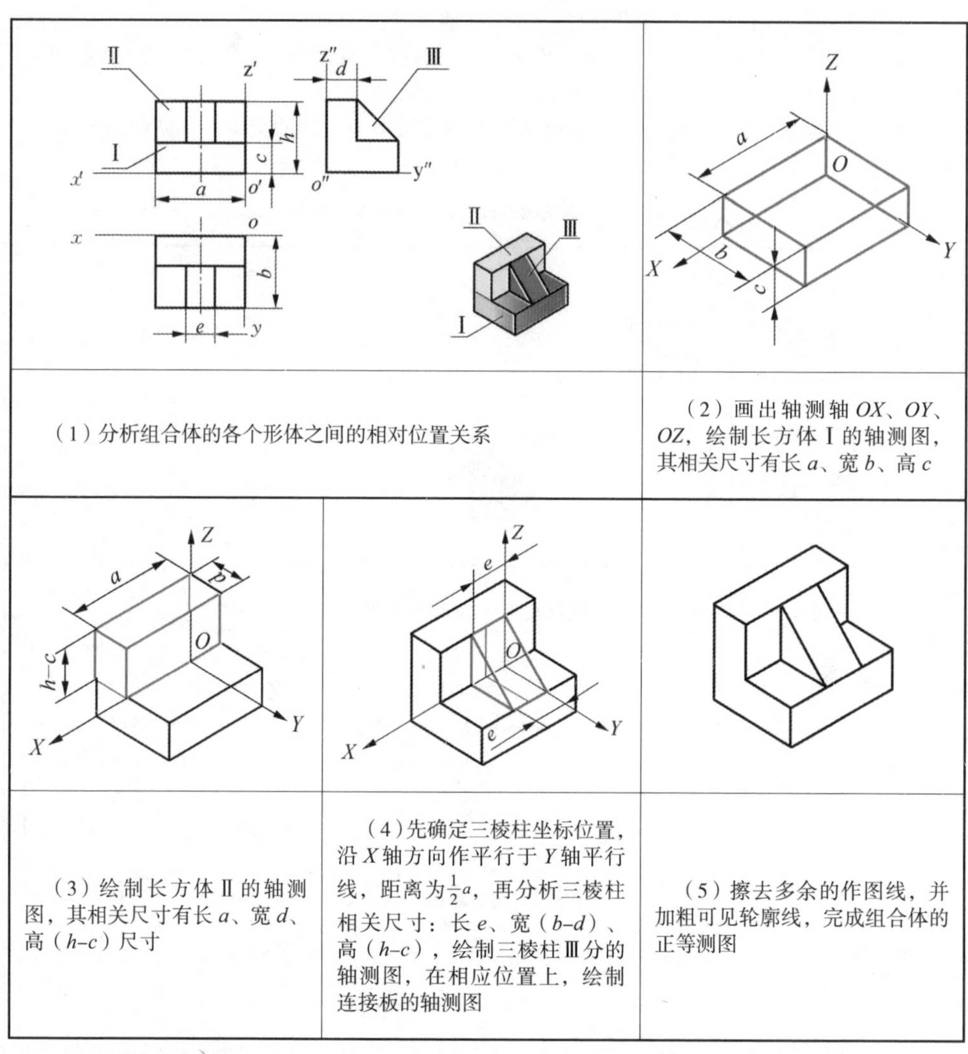

（1）分析组合体的各个形体之间的相对位置关系		（2）画出轴测轴 OX、OY、OZ，绘制长方体 I 的轴测图，其相关尺寸有长 a、宽 b、高 c
（3）绘制长方体 II 的轴测图，其相关尺寸有长 a、宽 d、高（$h-c$）尺寸	（4）先确定三棱柱坐标位置，沿 X 轴方向作平行于 Y 轴平行线，距离为 $\frac{1}{2}a$，再分析三棱柱相关尺寸：长 e、宽（$b-d$）、高（$h-c$），绘制三棱柱 III 分的轴测图，在相应位置上，绘制连接板的轴测图	（5）擦去多余的作图线，并加粗可见轮廓线，完成组合体的正等测图

三、回转体正等测图画法

无论是何种类型的曲面立体，其上都有圆，而圆在正等轴测图中的图形为椭圆，所以绘制曲面立体轴测图的关键是画好不同方向的椭圆，而不同方向的椭圆，除了长、短轴的方向不同外，画法都是相同的。

【例 3-5】采用四心法绘制圆柱的正等轴测图。

分析：圆柱的轴线垂直于水平面，顶面和底面均平行于水面，在轴测图中均为轴测椭圆。

解题：确定坐标原点位置为底面的圆心处。作图时，先作出圆柱顶面和底面圆的正等轴测图（椭圆），再作出左、右两边的竖直公切线即可，具体绘图步骤详见表 3-6 所示。

表 3-6 四心法绘制圆柱的正等轴测图

<table>
<tr><td>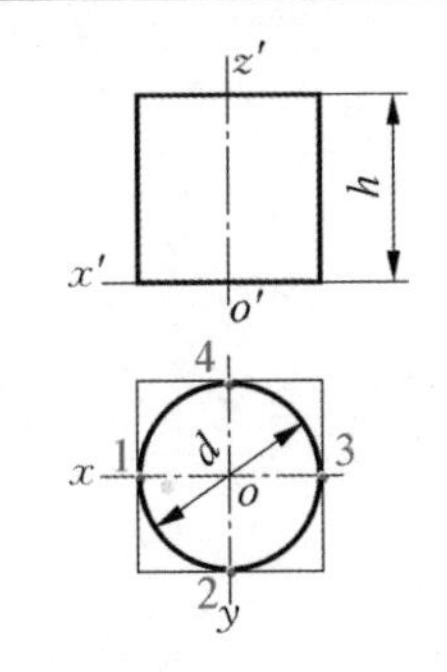
</td><td>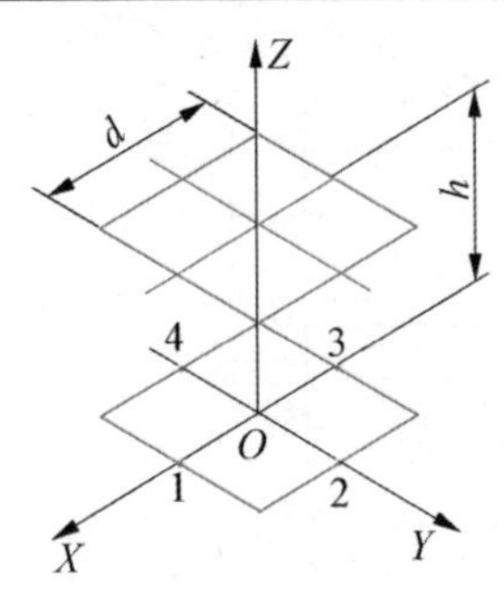
</td></tr>
<tr><td>（1）分析圆柱视图，选定圆柱底圆圆心 O 为坐标原点</td><td>（2）画出轴测轴 OX、OY、OZ。以 O 点为坐标原点，沿 X 轴向作点 1 和点 3，沿 Y 轴向作点 2 和点 4，分别到 O 点的距离为$\frac{1}{2}d$；过点 1 和点 3 作 Y 轴平行线，过点 2 和点 4 作 X 轴平行线，所得的菱形是外切底圆的正方形轴测图。再沿 Z 轴正向，平移菱形，高度为 h。
注意：作图线与轴测轴的平行关系</td></tr>
<tr><td>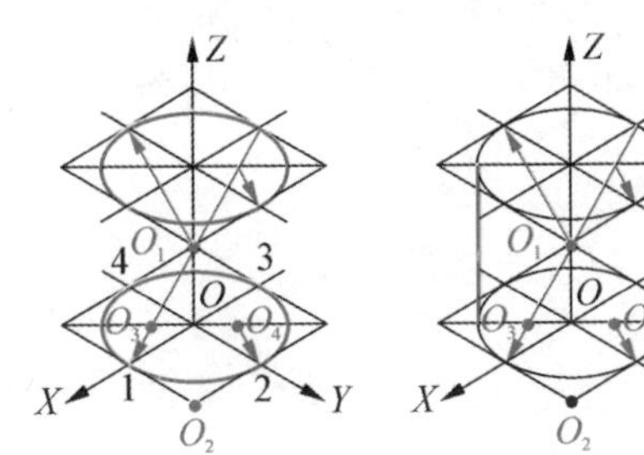
</td><td>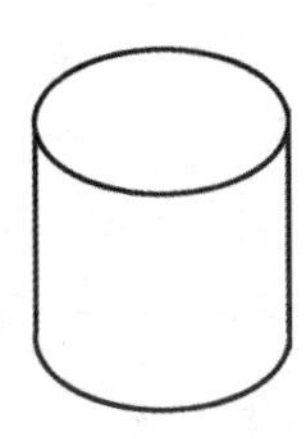</td></tr>
<tr><td>（3）采用椭圆四心法绘制圆的轴测图。以 O_1 为圆心，以 O_11（或 O_24）为半径，作圆弧$\overset{\frown}{12}$；以 O_2 为圆心，以 O_24 为半径（或 O_11），作圆弧$\overset{\frown}{34}$；以 O_11 与菱形对角线的交点 O_3 为圆心，以 O_31 为半径，作圆弧$\overset{\frown}{14}$；以与 O_3 对称的点 O_4 为圆心，O_42 为半径，作圆弧$\overset{\frown}{23}$。用相同的绘图方法，绘制圆柱体的顶圆。最后，作两椭圆的竖直公切线</td><td>（4）擦除多余的作图线，并加粗可见轮廓线，完成圆柱正等测图</td></tr>
</table>

【例 3-6】绘制带圆角的底板的正等轴测图。

分析：在平板左前、右前角位置绘制圆角，该圆角为 1/4 圆周，近似椭圆四段圆弧中的一段。

解题：采用切割法绘制带圆角的底板正等轴测图坐标原点选在长方体右、后、下角 O 点。作图时先作出长方体的正等轴测图，再切割出圆角的正等轴测图，具体绘图步骤详见表 3-7 所示。

表 3-7　绘制平板圆角的正等轴测图

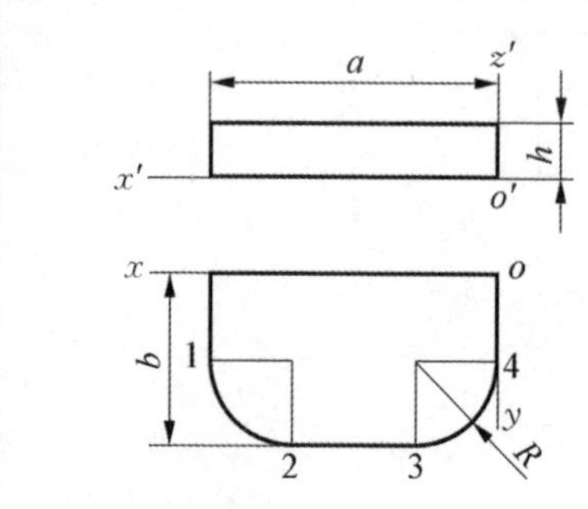	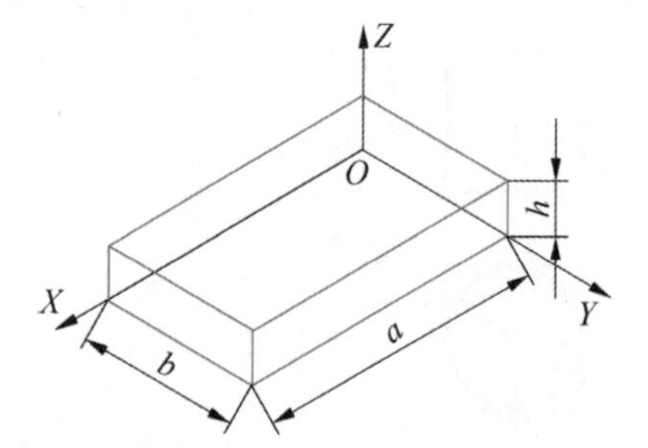
（1）分析平板视图，平板尺寸为长 a、宽 b、高 h，圆角半径 R	（2）画出轴测轴 OX、OY、OZ，按照平板尺寸，绘制平板的正等测图
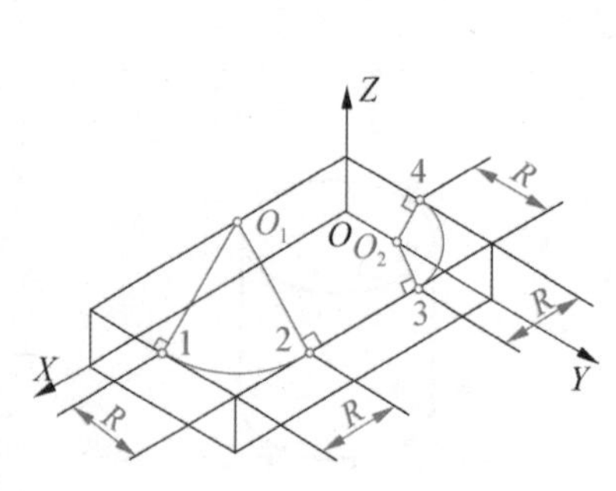	
（3）平板上表面圆角的画法： ①根据圆角半径 R，在平板顶面上相应的棱边上找出切点 1、2、3、4。 ②过切点 1、2，作相应棱线的垂线交于 O_1；过切点 3、4，作相应棱线的垂线交于 O_2。 ③过 O_1 为圆心，$O_1$1 或 $O_1$2 为半径作圆弧；过 O_2 为圆心，$O_2$3 或 $O_2$4 为半径作圆弧	（4）采用平移法，将 O_1 点、O_2 点沿 Z 轴方向向下平移高度 h，得到 O_3 点和 O_4 点；再以 O_3 为圆心，$O_1$1 或 $O_1$2 为半径，作圆弧；以 O_4 为圆心，$O_2$3 或 $O_2$4 为半径，作圆弧；在平板右侧，作上、下表面两个小圆弧的公切线。擦除多余的作图线，加粗可见轮廓线，完成平板圆角的正等测图

【例 3-7】根据支座的三视图，画出支座的正轴测图。

分析：该支座是由底板、圆筒、连接板、支撑肋组成，采用切割法绘制底板圆孔和圆角，再用叠加法将底板、圆筒、连接板、支撑肋进行组合。

解题：以底板上表面后、中间的位置作为坐标原点 O，依次按照底板、圆筒、连接板、支撑肋的顺序进行叠加绘制，具体绘图步骤见表 3-8 所示。

表 3–8　支座的正等轴测图

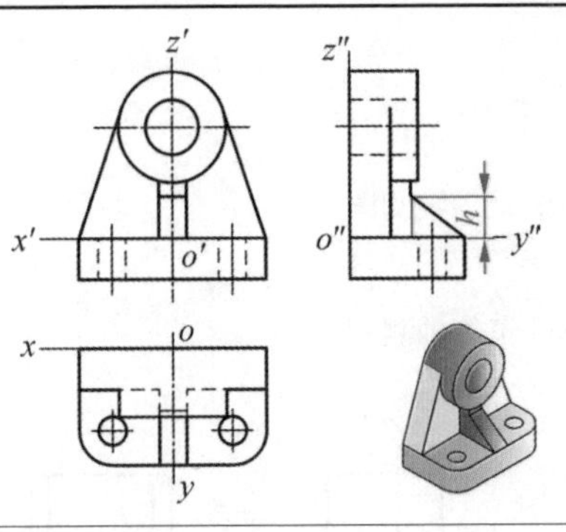	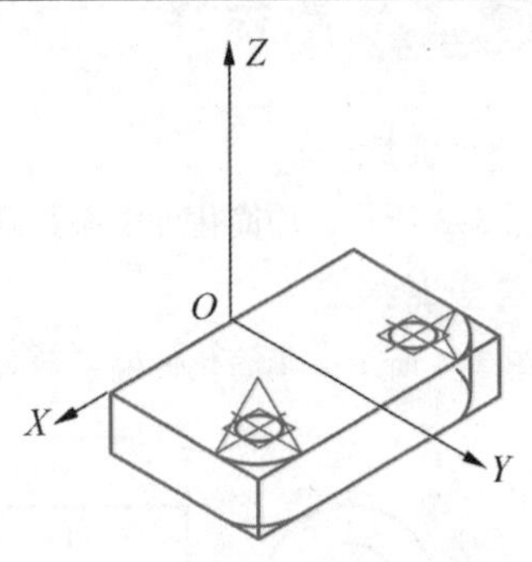
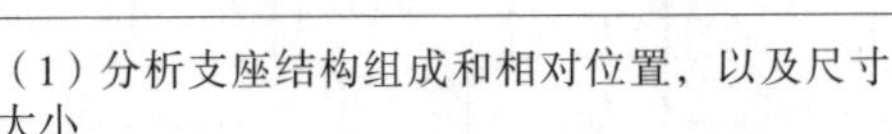（1）分析支座结构组成和相对位置，以及尺寸大小	（2）以 O 点为原点，绘制底板和底板上的圆角和圆孔
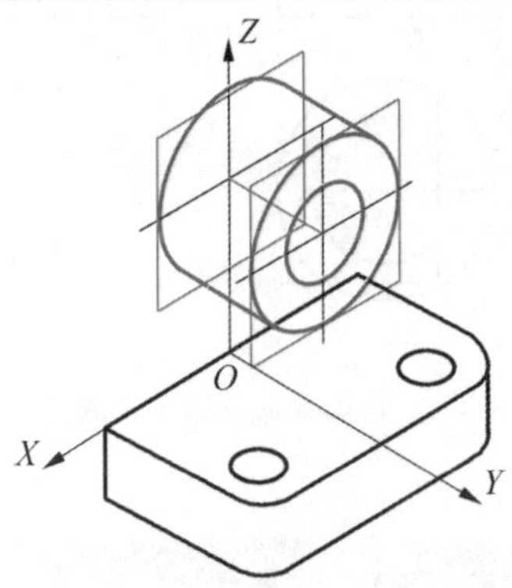	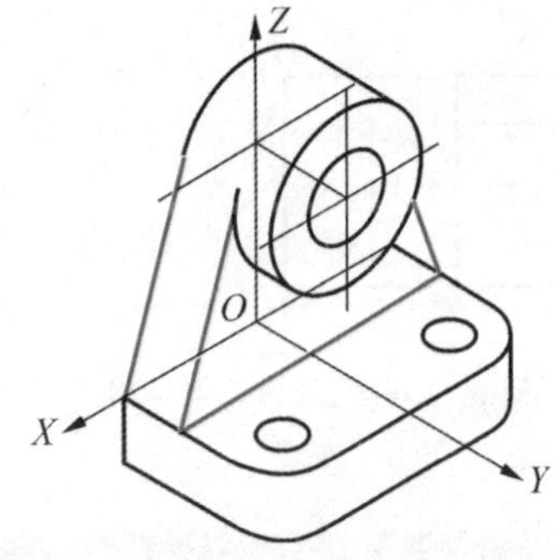
（3）沿 Z 轴正方向，确定圆筒轴线与原点 O 之间的距离，作出平行于 Y 轴的圆筒轴线，绘制圆筒前、后轴测椭圆的正等轴测图，再作出前、后椭圆的公切线即可	（4）作底板与圆筒后轴测椭圆的公切线，再沿 Y 轴正方向平移公切线，平移距离为连接板厚度，即完成连接板左、右侧轮廓线。在底板上表面，作连接板与底板的截交线，注意其与 X 轴的平行关系
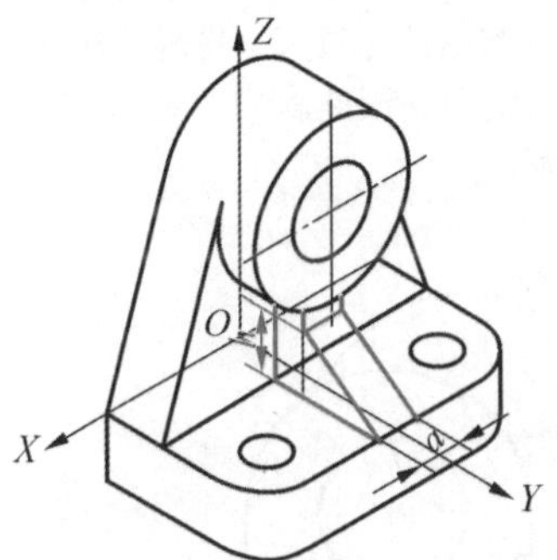	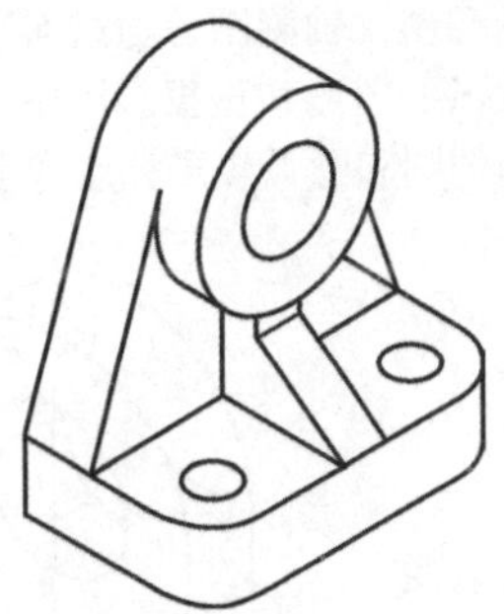
（5）以 O 点为原点，作出支撑肋与底板交线，交线与 Y 轴平行；再作出支撑肋与连接板交线，交线与 Z 轴平行；支撑肋与圆筒交线不可见，故不画；支撑肋斜面高度为 h，支撑肋厚度为 a，绘制支撑肋其他的边长	（6）检查后擦去多余的图线，加粗可见轮廓线，即完成支座的正等轴测图

1. 综合训练一

如图 3-3 所示，用简化伸缩系数画出下列物体的正等轴测图。

2. 综合训练二

如图 3-4 所示，用简化伸缩系数画出下列物体的正等轴测图。

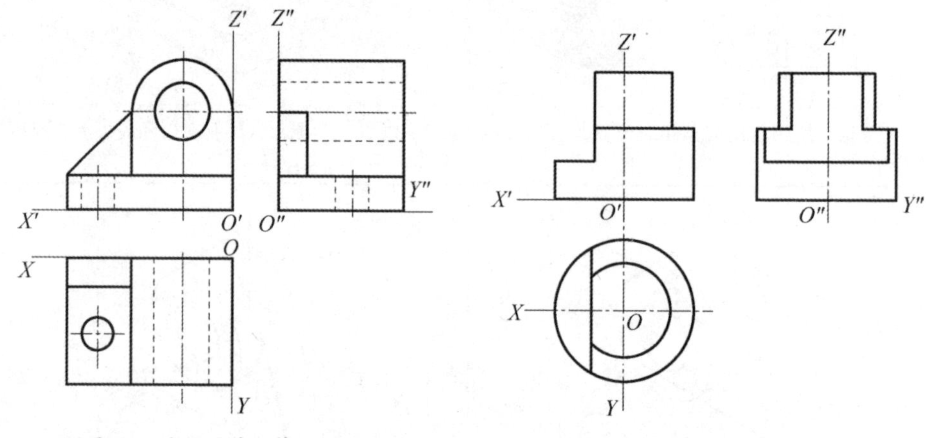

图 3-3 由视图作正等轴测图

图 3-4 由视图作正等轴测图

第三节 斜二轴测图绘制

轴测图除了正等轴测图以外，常用的还有斜二轴测图，如图 3-5 所示分别是 U 形柱体的正等轴测图和斜二轴测图。通过对正等轴测图和斜二轴测图的比较可以发现，在斜二轴测图中，圆和圆弧的图形和正投影图中完全相同，绘制方法简单，因此斜二轴测图特别适用于绘制同一轴向的圆和圆弧较多，或者形状较为复杂的物体。

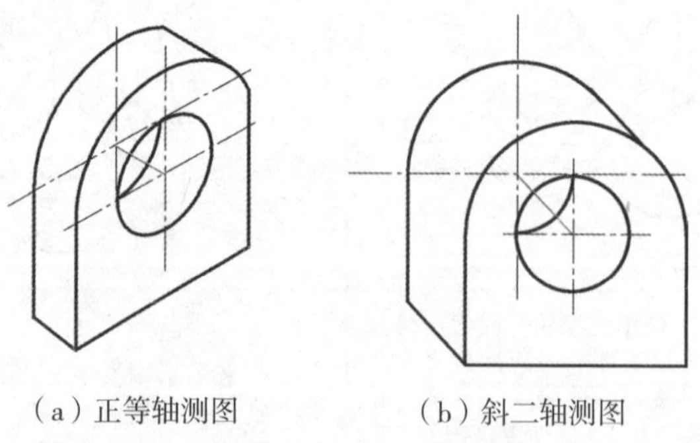

（a）正等轴测图　（b）斜二轴测图

图 3-5 正等轴测图与斜二轴测图的比较

一、斜二轴测图的形成和轴间角

1. 斜二轴测图的形成

图 3-6（a）中，将坐标轴 O_0Z_0 置于铅垂位置，并使坐标面 $X_0O_0Z_0$ 平行于轴测投影面 V，用斜投影法将物体连同其坐标轴一起投射到 V 面，得到的轴测图称为斜轴测图。斜轴测图包括斜等测、斜二测和斜三测三种，本书只介绍斜二轴测图的绘制。

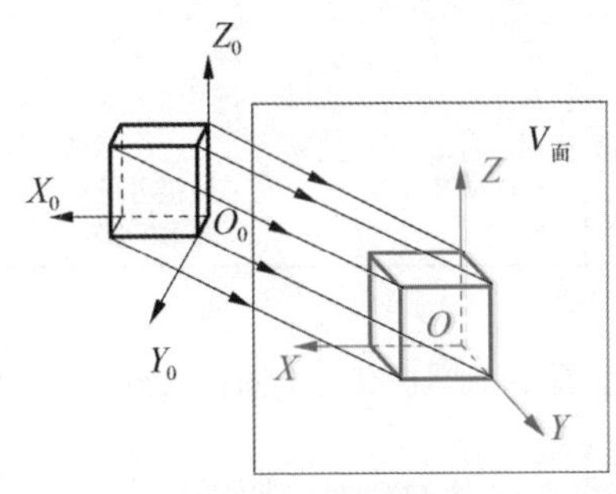

（a）斜二轴测图投影　　（b）轴间角与轴向伸缩系数

图 3-6　斜二轴测图的轴间角和轴向伸缩系数

2. 轴间角与轴向伸缩系数

轴测投影上的任意两根坐标轴在轴测投影面上的投影之间的夹角∠ XOY、∠ XOZ、∠ YOZ，称之为轴间角。图 3-6（b）中，斜二轴测图的轴间角为∠ XOZ=90°，∠ XOY=∠ YOZ=135°。在 GB/T 4458.3—2013 中，斜二轴测图的 OX、OY、OZ 轴上的轴向伸缩系数分别用 p、q、r 表示，且 $p=r=1$，$q=0.5$。

二、斜二轴测图画法

根据斜二轴测图的投影特性，三视图中正面投影在轴测图中反映实形。

【例 3-8】绘制带孔圆台的斜二轴测图。

分析：该圆台有一个同轴圆柱通孔，圆台的前、后端面及孔口都是圆，且在 XOZ 面上投影为实形。

解题：坐标原点为前端面的圆心 O 点，并使 OY 轴与圆孔的轴线重合，具体绘图步骤如表 3-9 所示。

表 3-9　通孔圆台的斜二轴测图

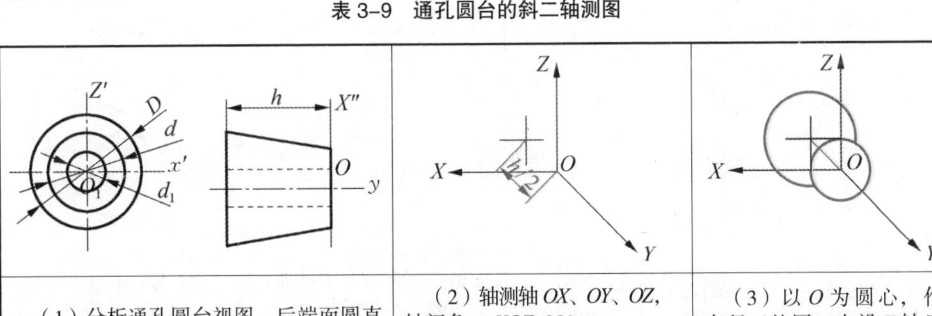

（1）分析通孔圆台视图，后端面圆直径为 D、前端面圆直径为 d、高度为 h，圆形通孔直径为 d_1	（2）轴测轴 OX、OY、OZ，轴间角∠ XOZ=90°，∠ XOY=∠ YOZ=135°，确定前后端面轴向距离为 $\frac{1}{2}h$	（3）以 O 为圆心，作直径 d 的圆；在沿 Y 轴反方向距离原点 O 的 $\frac{1}{2}h$ 处，作直径 D 的圆

续表

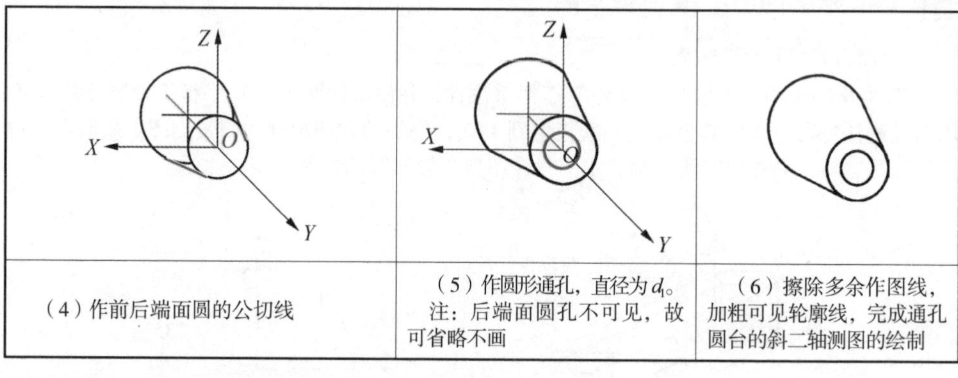

（4）作前后端面圆的公切线	（5）作圆形通孔，直径为 d_1。 注：后端面圆孔不可见，故可省略不画	（6）擦除多余作图线，加粗可见轮廓线，完成通孔圆台的斜二轴测图的绘制

【例 3-9】绘制端盖的斜二轴测图。

分析：该端盖由两个同轴圆柱组合而成，前、后圆柱有一个同轴通孔，后圆柱有四个等分的圆柱孔，且在 XOZ 面上投影为实形。

解题：坐标原点选为后圆柱前端面圆的圆心，并使 OY 轴与圆孔的轴线重合，具体绘图步骤如表 3-10 所示。

表 3-10　端盖的斜二轴测图

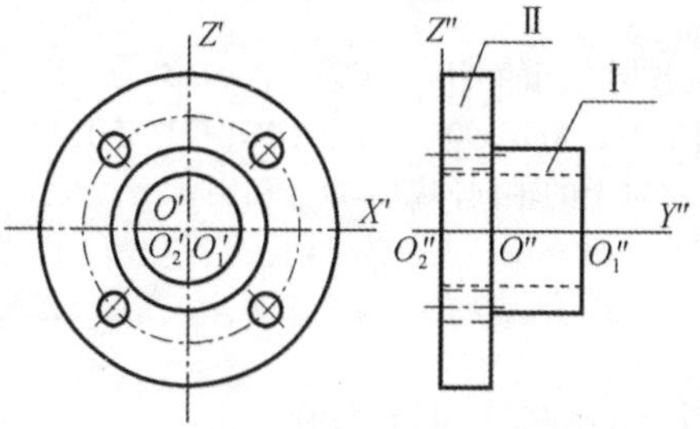 （1）分析端盖的组成及尺寸大小	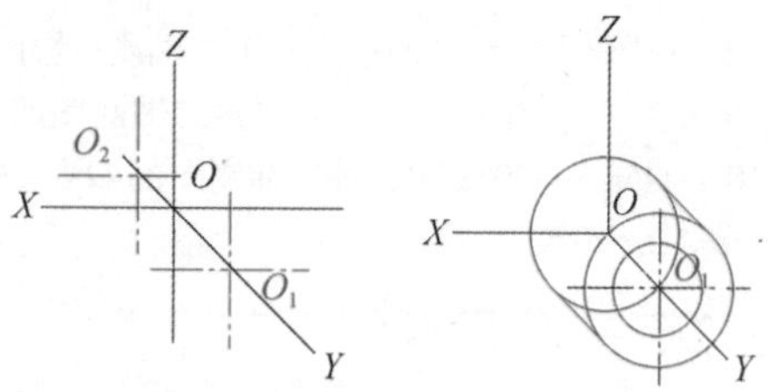 （2）绘制圆柱Ⅰ，确定坐标原点 O，在 OY 轴上，确定端盖前端面圆的圆心位置 O_1、后端面圆的圆心位置 O_2，作出端盖前、后端面圆的对称中心线。在坐标原点 O 和前端面圆心 O_1 上，绘制圆柱Ⅰ的端面圆和公切线
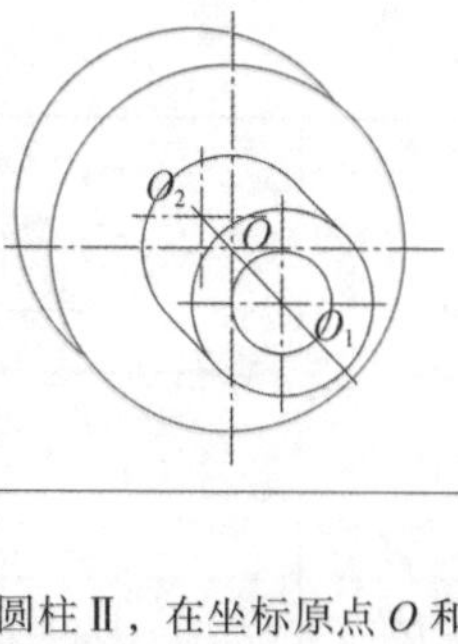 （3）绘制圆柱Ⅱ，在坐标原点 O 和端盖后端面圆心 O_2 上，绘制圆柱Ⅱ的前、后端面的圆，不可见圆省略不画	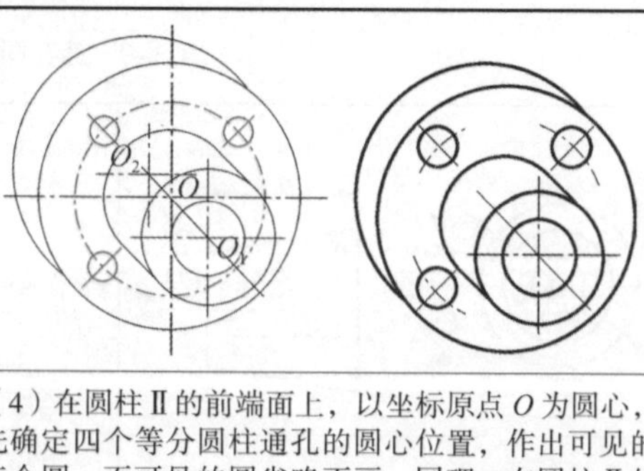 （4）在圆柱Ⅱ的前端面上，以坐标原点 O 为圆心，先确定四个等分圆柱通孔的圆心位置，作出可见的三个圆，不可见的圆省略不画；同理，在圆柱Ⅱ的后端面上，以 O_2 为圆心，确定四个小圆的圆心位置，作出可见的三个圆，不可见的圆省略不画，检查图形，并擦除多余作图线，完成端盖的斜二轴测图

如图 3-7 所示，分析支座的三视图，绘制支座的斜二轴测图。

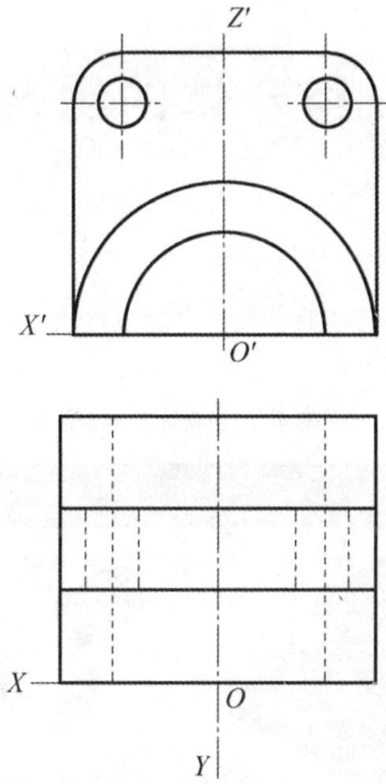

图 3-7 由视图作斜二轴测图

第四章　组合体

任何零件都是由一些基本体经过叠加、切割等方式组合而成。这种由两个或两个以上的基本体形成的整体称为组合体。本项目主要介绍组合体的组合形式、绘制步骤及读图方式。

第一节　组合体的组合方式认知

一、组合体的组合形式

由两个或两个以上的基本体组合的物体称为组合体。组合体的组合形式一般有叠加、切割和综合三种，详见表 4-1 所示。

表 4-1　组合体的组合形式

序号	组合形式	图例	图例分析
1	叠加型：一般由几个简单的立体叠合而成	主视图方向；套筒；支承板；肋板；底板	如图所示的支架由底板、支承板、圆柱筒和肋板四部分叠加而成
2	切割型：一般由一个基本形体被挖切取某些部分而形成	Ⅲ；Ⅱ；Ⅰ；Ⅴ；Ⅳ	如图所示的镶块是一圆柱体挖去圆柱体Ⅰ和Ⅱ、Ⅲ、Ⅳ、Ⅴ等块而形成的
3	综合型：组合形式往往是既有“叠加”，又有“切割”		如图所示的组合体既有叠加又有切割

二、组合体相邻表面之间的连接关系

组合体中的基本形体经过叠加、切割或穿孔后，相邻表面之间可能形成共面、不共面、相切和相交四种关系，详见表 4-2 所示。

表 4-2 组合体相邻表面之间的连接关系

序号	表面关系	图例	图例分析
1	共面	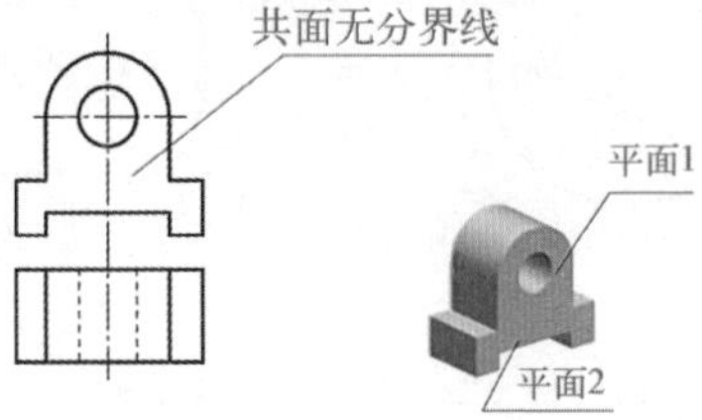 共面无分界线 平面1 平面2	当平面 1 和平面 2 共面时，它们的结合处没有分界线
2	不共面	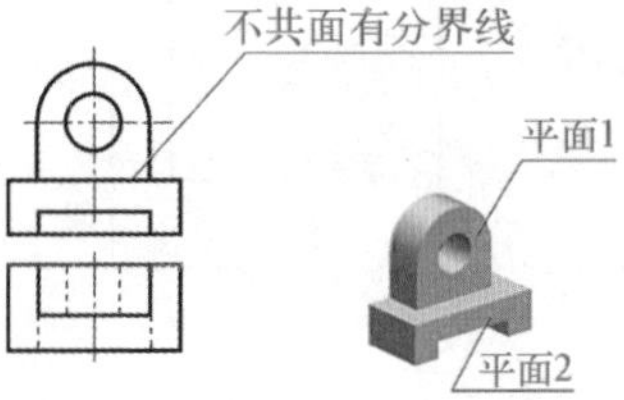 不共面有分界线 平面1 平面2	当平面 1 和平面 2 不共面时，它们的结合处有分界线
3	相切	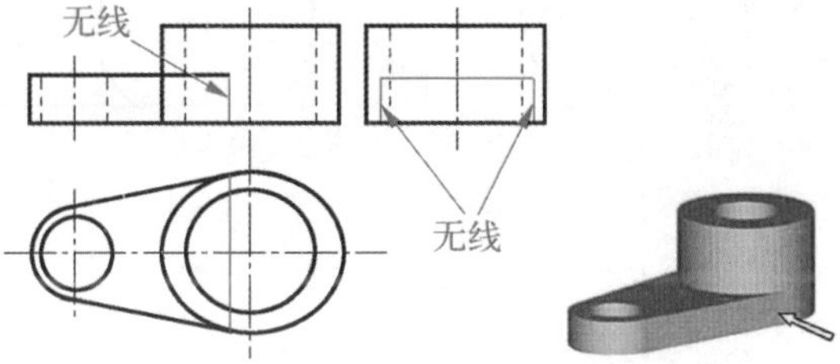 无线 无线	当相邻两形体表面相切时，其两形体表面光滑过渡，则在相切处不画切线
4	相交	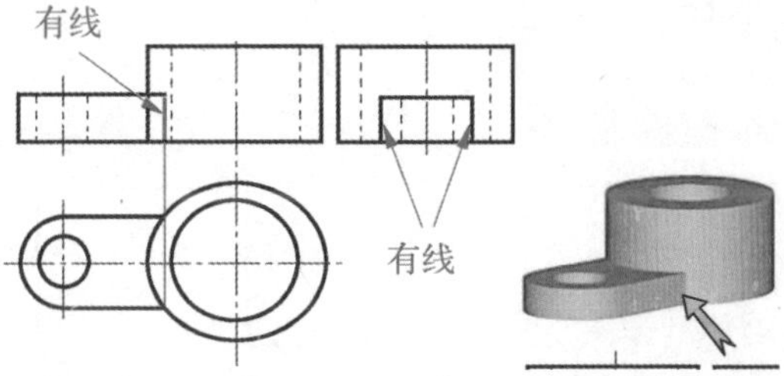 有线 有线	当相邻两形体表面相交时，相交处必须画交线

【例 4-1】补画图 4-1 所示的组合体表面的交线。

分析：图 4-1（a）所示的组合体，底板与圆柱相交，因此两表面之间存在着表面交线；图 4-1（b）所示的组合体，底板前（后）面，平行于圆柱轴线，与圆柱相交产生截交线。

解题：见图 4-2 所示。

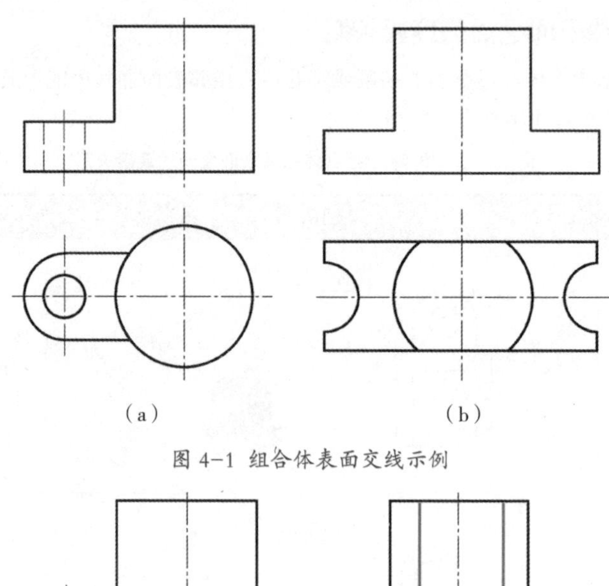

图 4-1 组合体表面交线示例

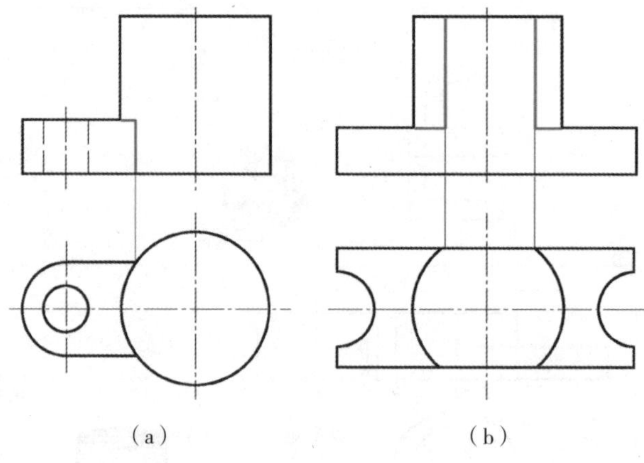

图 4-2 组合体表面交线示例解答

补画下图所示的组合体表面的交线。

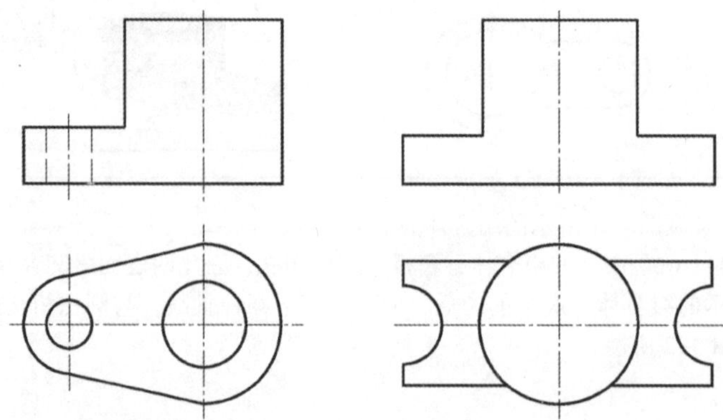

第二节 组合体的三视图绘制

一、叠加型组合体的画法

画叠加型组合体的三视图时，可采用“先分后合”的方法，也就是将组合体分解成若干个基本体，然后按照相对位置逐个画出各个基本体的投影，画图的方法和步骤如下所示：

1. 形体分析

所谓形体分析是指为了便于画图，通过分析将组合体分解成若干个基本体，并弄清它们之间的相对位置和组合形式。

画图前，首先应该对组合体进行形体分析，将组合体分解成几个组成部分，明确组合形式，掌握形状和结构，对组合体的形状特点进行了解，为画三视图做好准备。图 4-3 所示的轴承座是由底板、支承板、圆柱筒和肋板组成。底板、圆柱筒、肋板和支承板叠加在一起；支承板的左右两侧和圆柱筒相切；肋板和圆柱筒相交，交线为直线和圆弧。

2. 视图选择

为了便于看图，主视图应选择最能明显地反映物体形状的主要特征和位置关系的视图作为主视图，并且要符合组合体的自然安放位置，主要面应平行于基本投影面。图 4-3 中的轴承座从箭头方向看去所得的视图，满足了上述要求，可作为主视图。主视图选定后，再确定俯视图、左视图。

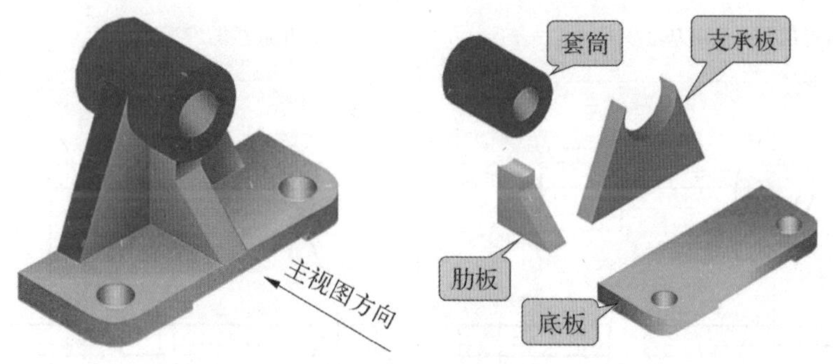

图 4-3 轴承座

注意：在选择主视图时，应尽量减少视图中的虚线。

3. 选比例，定图幅

视图确定以后，要根据组合体的尺寸大小，选择适当的图纸幅面和绘图比例。

画图比例应根据所画组合体的大小和制图标准规定的比例来确定，一般尽量选用 1 ∶ 1 的比例，必要时可选用适当的放大或缩小比例。按选定的比例，根据组合体的长、宽、高计算出三个视图所占的面积，并考虑标注尺寸以及视图之间、视图与图框线之间的间距，据此选用合适的标准图幅。

4. 布置视图

布置视图就是要根据组合体的尺寸确定各个视图在图框内的具体位置，使得三视图能够均匀分布。所以在画图时，应该先画出各个视图的基准线。常见的基准线是视图的对称中心线、回转轴线、大端面等。

5. 绘制底稿

在画出三个视图的基准线后，依次画出每一个简单形体的三视图。详见表 4-3 所示。

表 4-3　轴承座三视图作图步骤

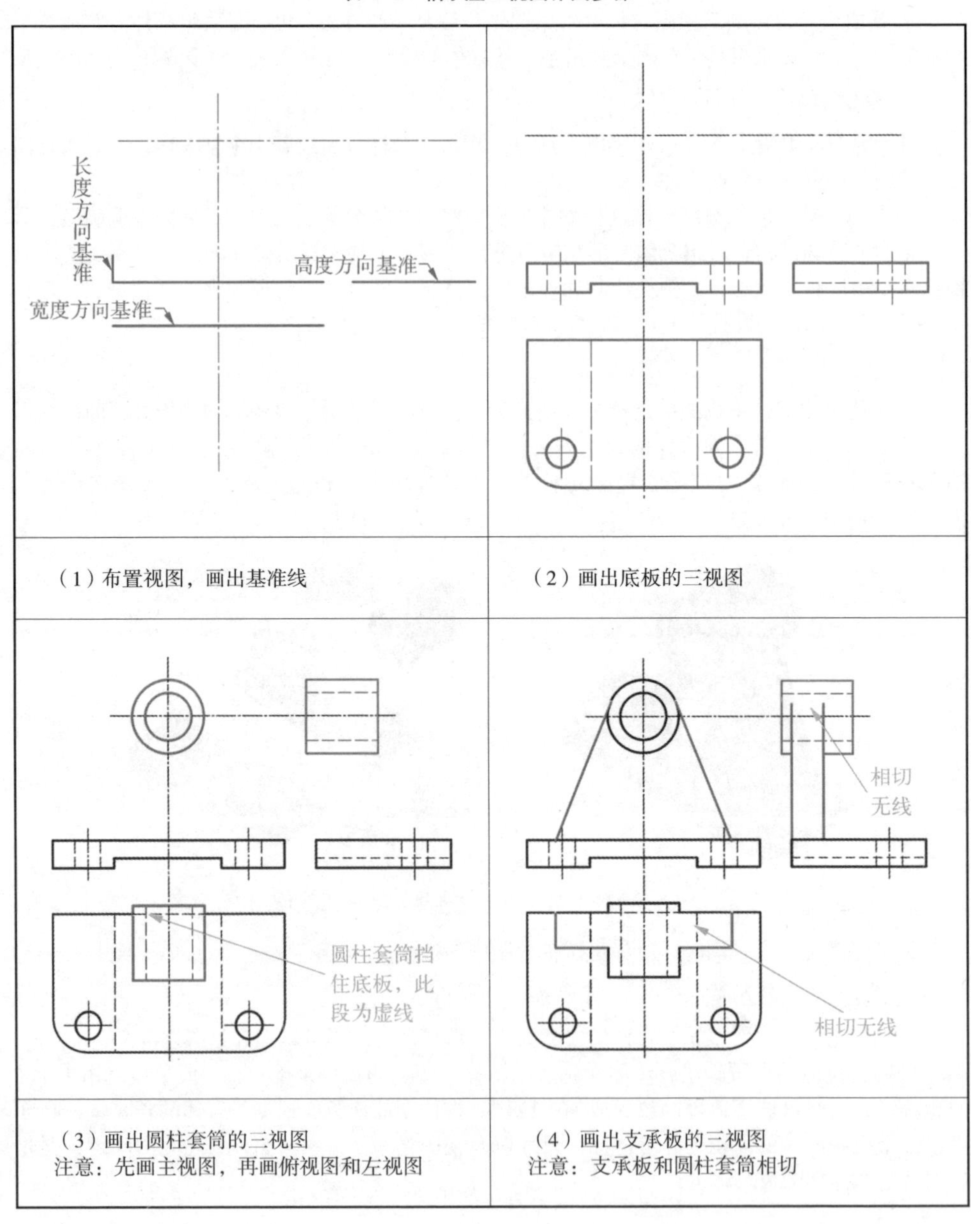

续表

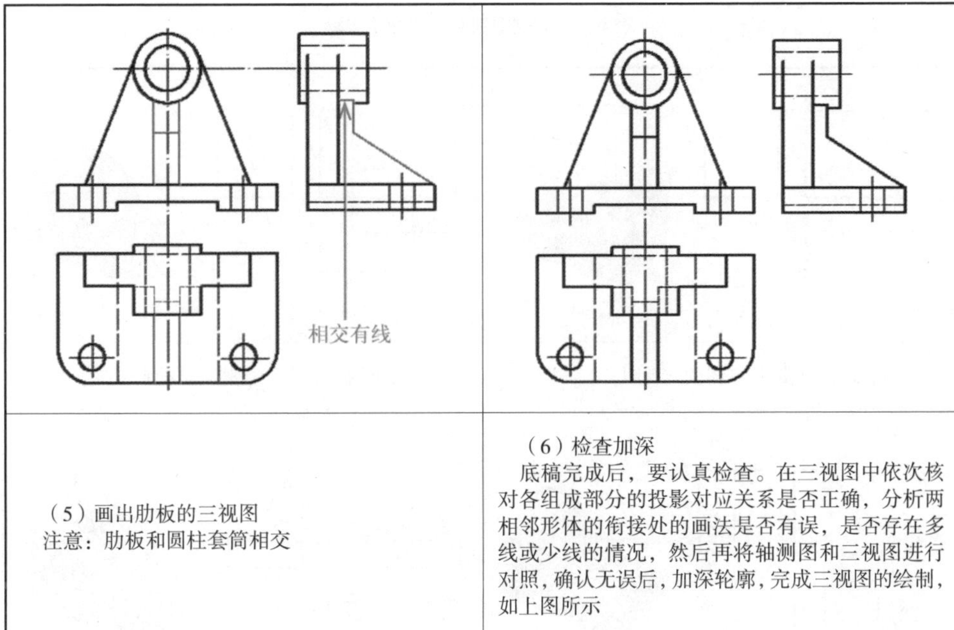

（5）画出肋板的三视图 注意：肋板和圆柱套筒相交	（6）检查加深 底稿完成后，要认真检查。在三视图中依次核对各组成部分的投影对应关系是否正确，分析两相邻形体的衔接处的画法是否有误，是否存在多线或少线的情况，然后再将轴测图和三视图进行对照，确认无误后，加深轮廓，完成三视图的绘制，如上图所示

注意：（1）画图的先后顺序。一般是从形状特征明显的视图入手，先主要部分后次要部分；先画可见部分，后画不可见部分；先画圆或圆弧，后画直线。

（2）画图时，对于组合体的组成部分，应该三视图配合着画，这样能避免少线或多线的情况。

（3）要注意各个形体之间的相对位置及各个形体表面之间的连接关系。

绘制组合体三视图的步骤可总结为：先分析后选择，先基准后轮廓，先关键后其他，三视图一起画。

二、切割型组合体的画法

绘制切割型组合体的视图时，要首先画出未切割前完整的几何体的投影，然后再画出切割后的形体。各个切割部分应该从反映形状特征的视图开始画起，然后画出其他视图。

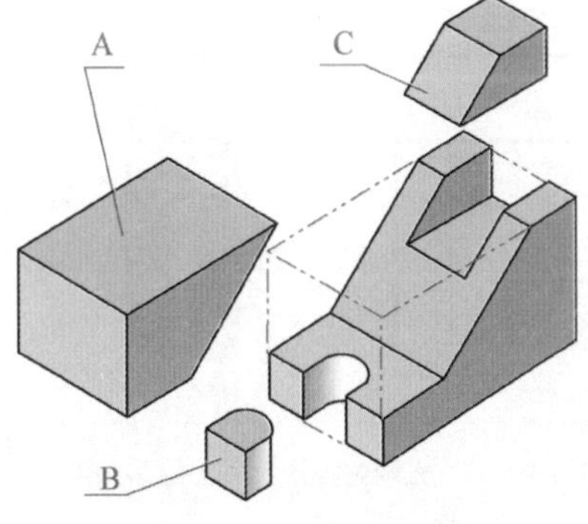

图 4-4 切割型组合体

图 4-4 所示组合体可以看成是长方体切去 A、B、C 后形成的。绘图步骤见表 4-4 所示。

注意：要注意切口界面投影的类似性，如表 4-4 中切割形体 C 时得到的平面 p。

【例 4-2】如图 4-5 所示，根据轴测图完成导向块三视图的绘制。

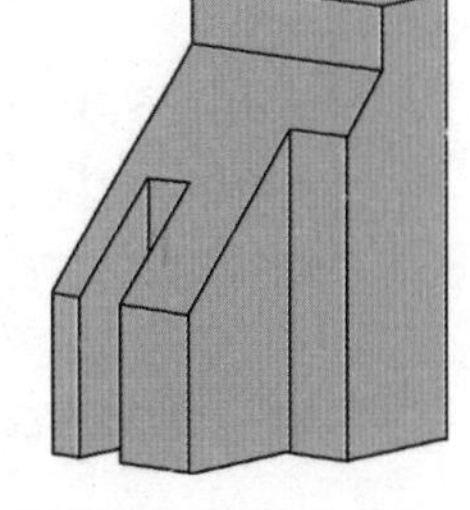

图 4-5 导向块

分析：导向块的原始形状

是长方体，经过三次切割最终成为导向块，其作图步骤见表 4–5 所示。

表 4–4　切割型组合体的画法步骤

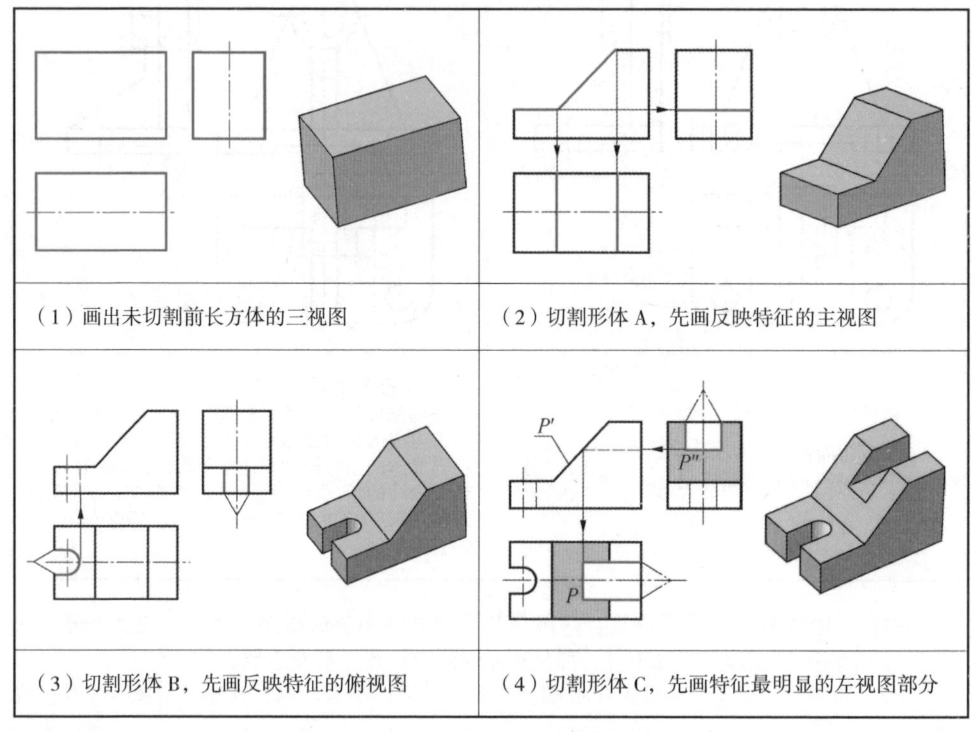

表 4–5　导向块的作图步骤

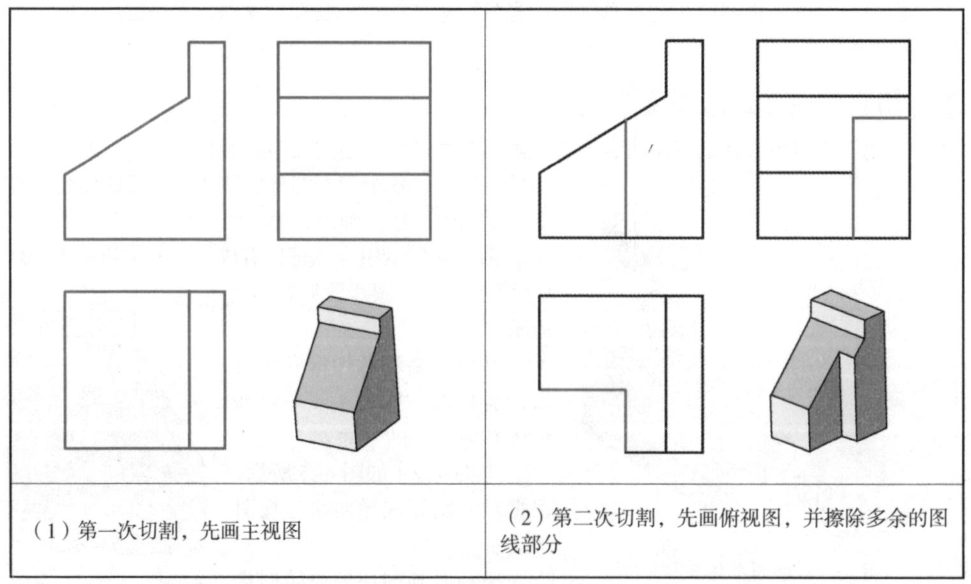

续表

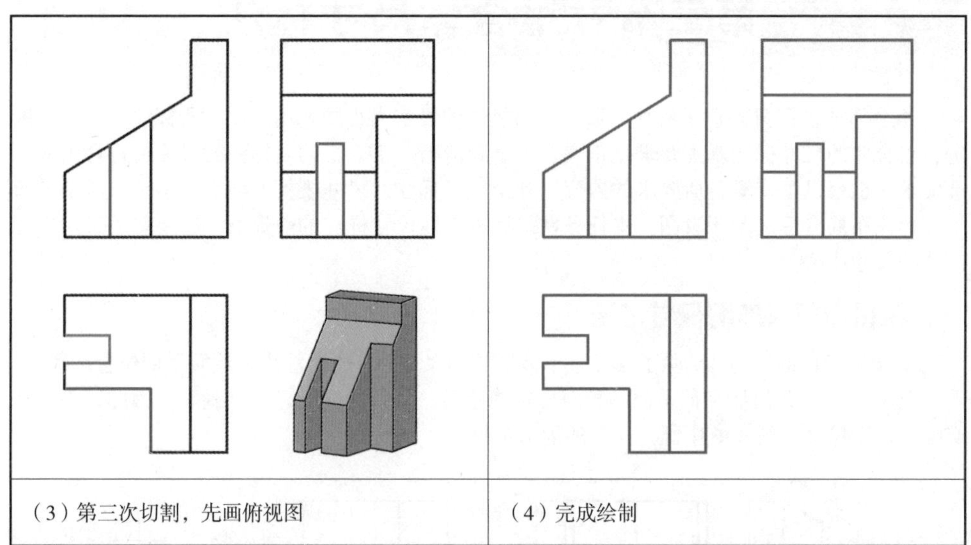

（3）第三次切割，先画俯视图	（4）完成绘制

已知物体的主视图和俯视图，求左视图。

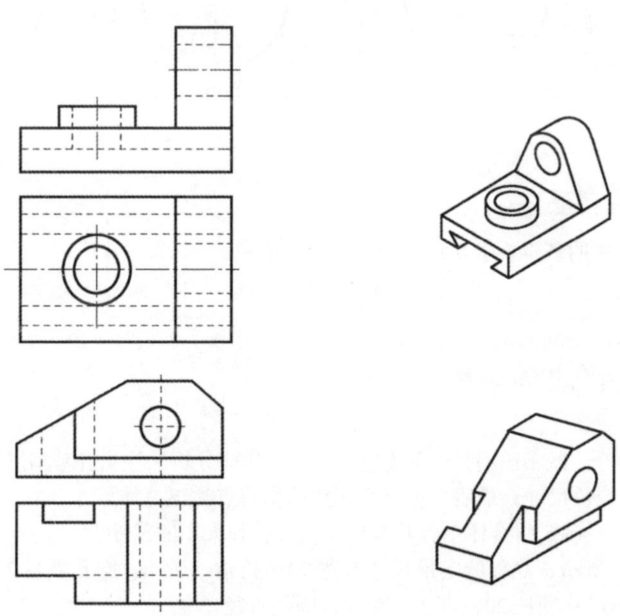

第三节　组合体尺寸标注

组合体的视图只表达了机件的形状，而机件的真实大小则要由视图上所标注的尺寸来确定。组合体的尺寸标注基本要求是正确、齐全和清晰。正确指的是标注的尺寸要符合国家标准要求，也就是第一章节所要求的内容；齐全是指标注的尺寸既不遗漏也不多余；清晰是指尺寸标注布局合理、便于看图。本任务在掌握基本体尺寸标注的前提下，还要熟悉带切口几何体的尺寸注法。

一、带切口几何体的尺寸注法

对于带切口的几何体，除了标注基本体形状的尺寸外，还要**注出确定截平面位置的尺寸**。

注意：由于几何体和截平面的相对位置确定后，切口的交线已完全确定，因此，不应在交线上标注尺寸。图 4–6 中画“×”的为多余尺寸。

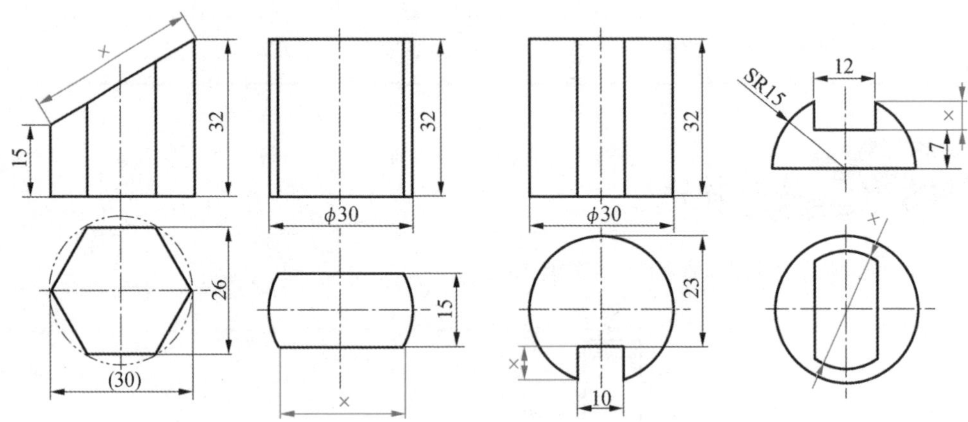

图 4–6　带切口几何体的尺寸标注

二、组合体的尺寸标注

组合体尺寸标注的基本要求是：正确、齐全和清晰。

1. 正确

要确保尺寸数值正确无误，所注的尺寸（包括尺寸数字、符号、箭头、尺寸线、尺寸界线等）要符合国家标准中的有关规定。

2. 齐全

要保证尺寸齐全，既不遗漏，也不重复，要按照形体分析法注出各基本形体的定形尺寸，再确定它们之间的定位尺寸，最后根据组合体的结构特点注出总体尺寸。

（1）定形尺寸　确定组合体中各基本形体的形状和大小的尺寸。

如图 4–7（a）所示，底板的定形尺寸有宽 24，长 40，高 8，圆孔直径 2× ϕ6，圆角半径 *R*6；立板的定形尺寸有长 20，宽 7，高 22，圆孔直径 ϕ9。

注意：相同的圆孔要标注孔的数量，如 2× ϕ6，但相同的圆角不需要标注数量，两者均不必重复标注。

（2）定位尺寸　确定组合体中各基本形体之间相对位置的尺寸。

标注定位尺寸时必须从长、宽、高三个方向分别选择尺寸基准。（尺寸基准是指标注或测量尺寸的起点）选择尺寸基准必须体现组合体的结构特点，便于尺寸度量。通常选择组合体底面、端面或对称平面以及回转轴线等作为尺寸基准。

如图 4-7（b）所示，组合体左右对称面为长度方向的尺寸基准，由此可标出两圆孔的定位尺寸 28；底板的后端面为宽度方向的尺寸基准，由此可标出底板上圆孔的定位尺寸 18，立板与后端面的定位尺寸 5；底板的底面为高度方向的尺寸基准，由此可标出立板上圆孔与底面的定位尺寸 20。

（3）总体尺寸　确定组合体外形的总长、总宽、总高尺寸。

如图 4-7（c）所示，该组合体的总长和总宽尺寸就是底板的长 40、宽 24，不需再重复标注。总高尺寸 30 从高度方向的尺寸基准注出。总高尺寸标注后，需去掉立板的高度尺寸 22，否则会出现多余尺寸。

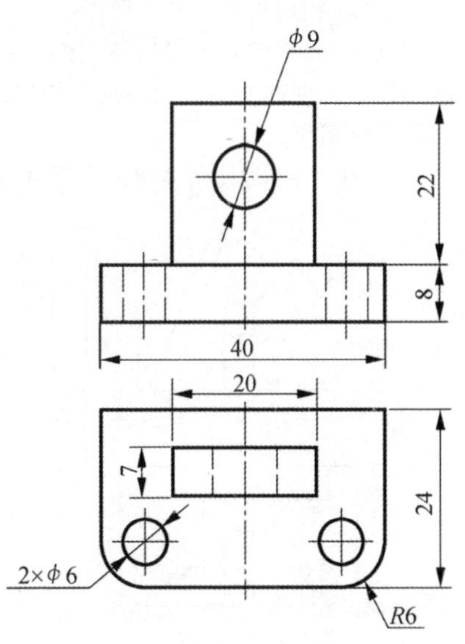

（a）定形尺寸

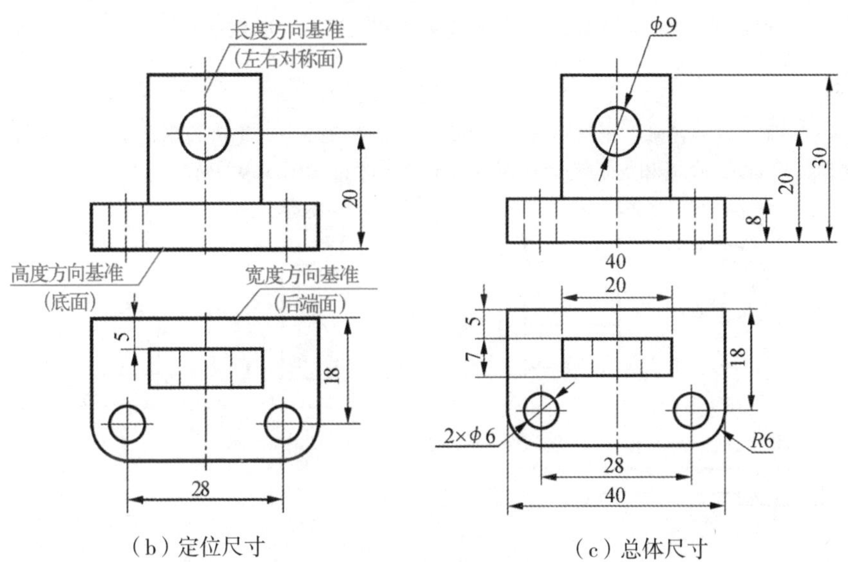

（b）定位尺寸　　（c）总体尺寸

图 4-7　组合体的尺寸注法

综上所述，定形尺寸、定位尺寸和总体尺寸是可以相互转化的。实际标注尺寸时，应认真分析，避免多注或漏注尺寸。

3. 清晰

尺寸标注除要求正确、齐全外，还要求标得清晰、明显，以方便看图，因此，标注尺寸时应注意以下问题：

（1）突出特征　定形尺寸应尽可能标注在形体特征明显的视图上，定位尺寸尽可能标注在位置特征明显清楚的视图上。

（2）相对集中　同一形体的尺寸应尽量集中标注。

（3）布局整齐　平行排列的尺寸应将较小的尺寸标注在里面，大尺寸在外面；尺寸线应尽量注在视图外边，相邻视图的相关尺寸最好注在两个视图之间，避免尺寸线、尺寸界线与轮廓线相交。

【例 4-3】标注图 4-8 所示轴承座的尺寸。

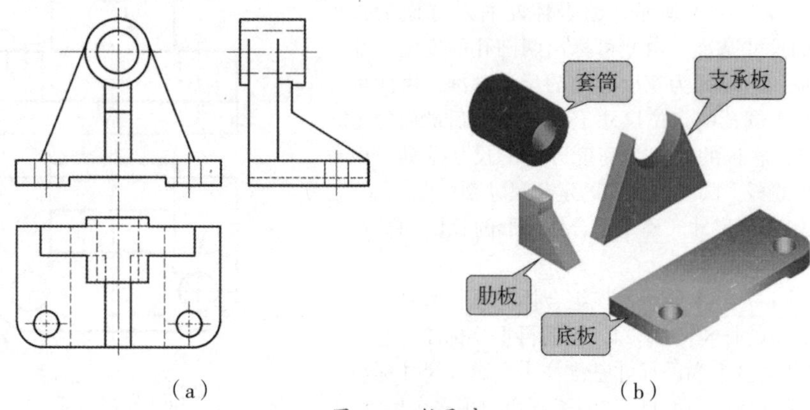

图 4-8　轴承座

分析：根据轴承座的结构特点，将轴承座分解成底板、肋板、套筒和支承板四部分，如图 4-8（b）所示。

解题：

（1）逐个标出各基本形体的定形尺寸。标注尺寸时，应先进行形体分析，将轴承座分解成套筒，肋板，底板和支承板，分别注出定形尺寸，如图 4-9 所示。

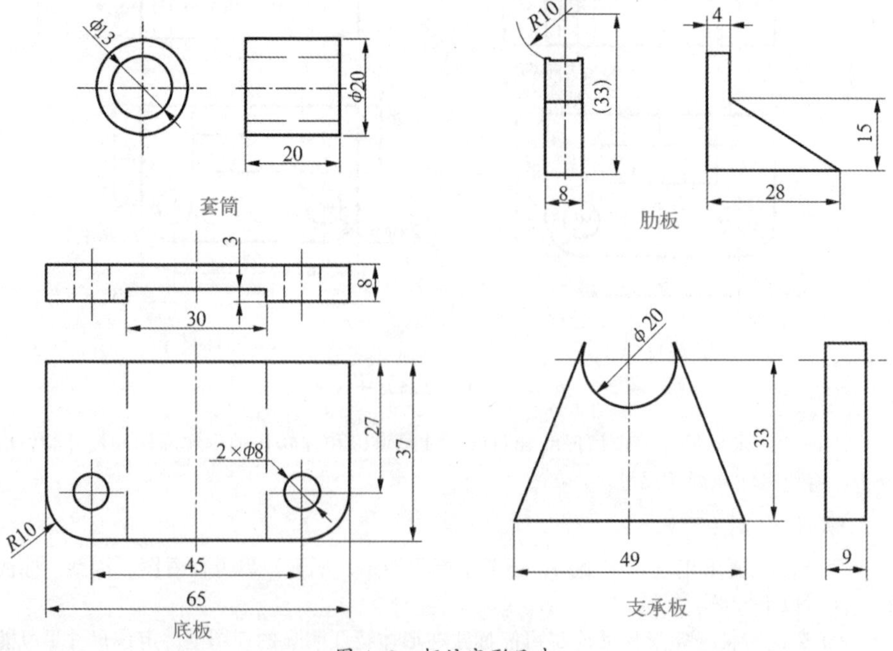

图 4-9　标注定形尺寸

（2）选定尺寸基准，标注定位尺寸。从轴承座的结构特点可知，底板为高度方向的尺寸基准，轴承座的对称面为长度方向的尺寸基准，底板和支承板的后端面为宽度方向的尺寸基准。

基准确定后，在高度方向上标出圆筒轴线到底板的中心距离为 41；在宽度方向上标出圆筒与底板前后方向的距离为 3 以及底板圆孔的定位尺寸 27；在长度方向上标注出底板上两个圆孔的定位尺寸 45，如图 4–10 所示。

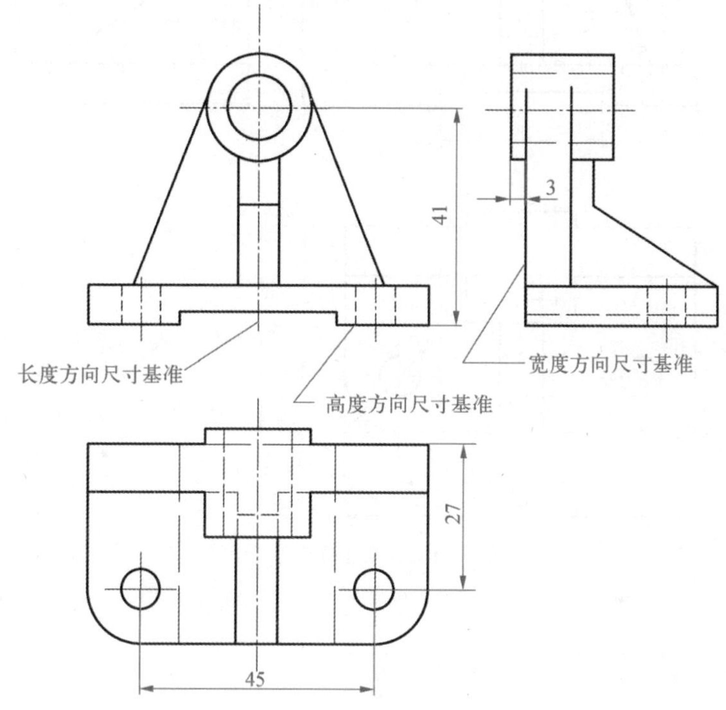

图 4–10　确定尺寸基准，标注定位尺寸

（3）标注总体尺寸。

如图 4–11 所示，底板的长度 65 是轴承座的总长（与定形尺寸重合，不必重复标注）；总宽是由底板的 38 和圆筒在支承板后面伸出的 3 确定；总高由圆筒的定位尺寸 41 和圆筒直径 ϕ20 的 1/2 所确定。

注意：按照上述步骤标注出尺寸后，还要按形体逐个检查有无重复或遗漏，然后修正和调整。

【例 4–4】如图 4–12 所示用▲符号标出长、宽、高方向尺寸主要基准，并标注组合体尺寸（数值从图中量取）。

分析：该燕尾槽支座由长方体上通过切割左上角开槽、钻孔及获得，因此其长度方向的基准为支座的右侧端面，高度方向的基准为支座的下底面，由于燕尾槽为对称槽形，因此宽度方向的基准为支座的对称中心线。

解题：解题步骤详见表 4–6 所示。

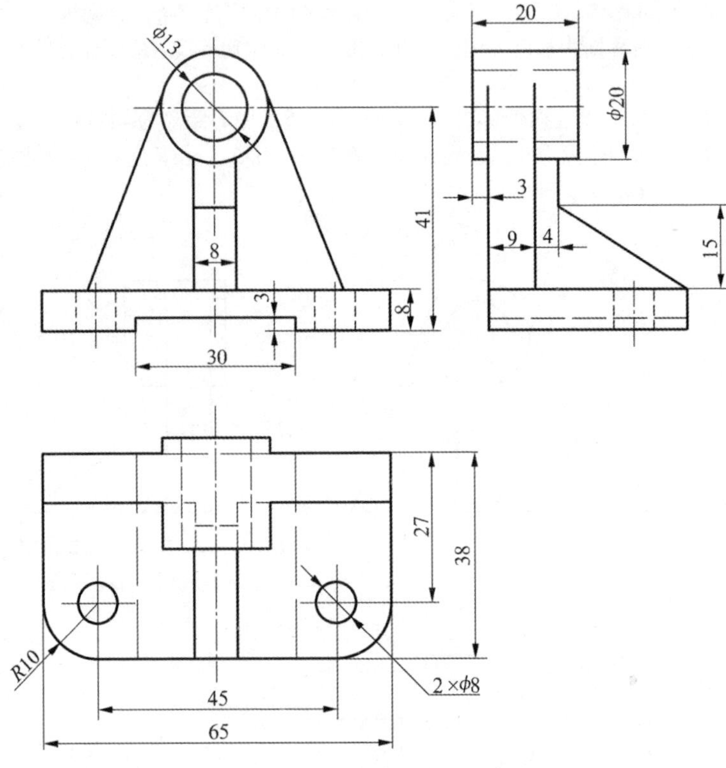

图 4-11　轴承座的总体尺寸

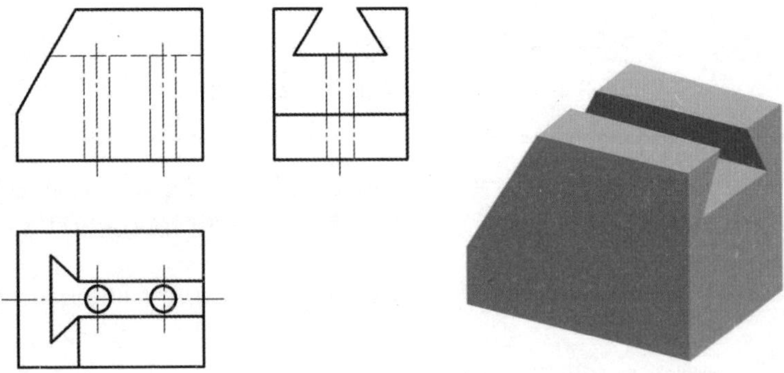

图 4-12　燕尾槽支座

表 4–6 燕尾槽支座标注基准及尺寸

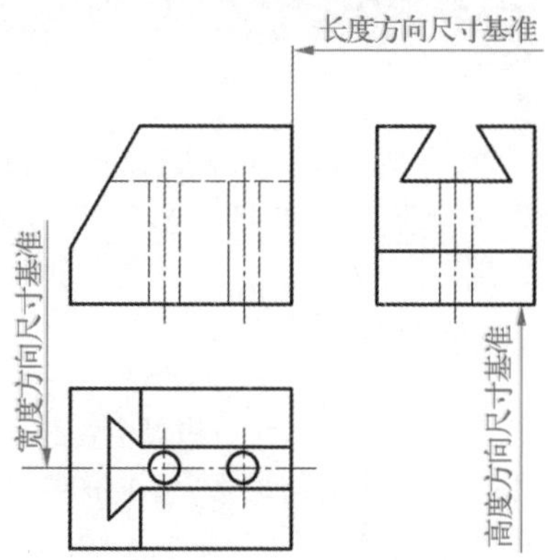 长度方向尺寸基准 宽度方向尺寸基准 高度方向尺寸基准	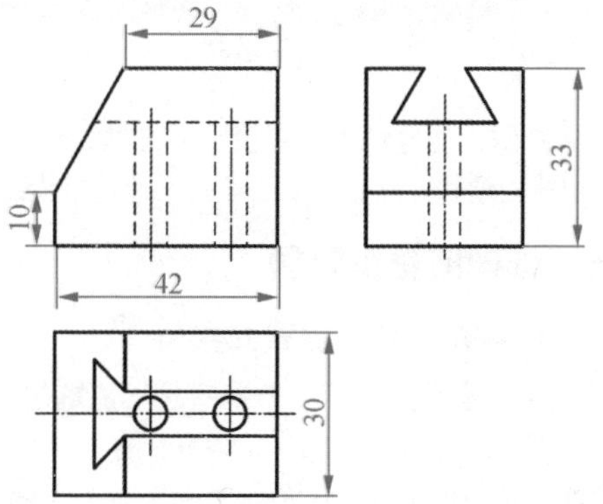 29 10 42 33 30
（1）确定长、宽、高三个方向的尺寸基准	（2）标注长方体的长 42、宽 30、高 33 以及被切割的左上角的尺寸 10 和 29
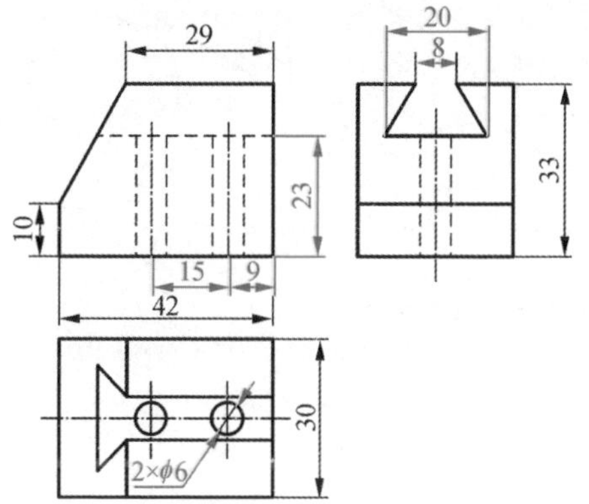 29 20 8 10 23 33 15 9 42 30 2×ϕ6	29 20 8 10 23 33 15 9 42 30 2×ϕ6
（3）标注燕尾槽的尺寸 23、20、8 以及孔的定位尺寸 15、9 和定形尺寸 2 × ϕ 6	（4）标注总体尺寸（由于总体尺寸和长方体的长、宽、高一致，因此不需要重复标注）

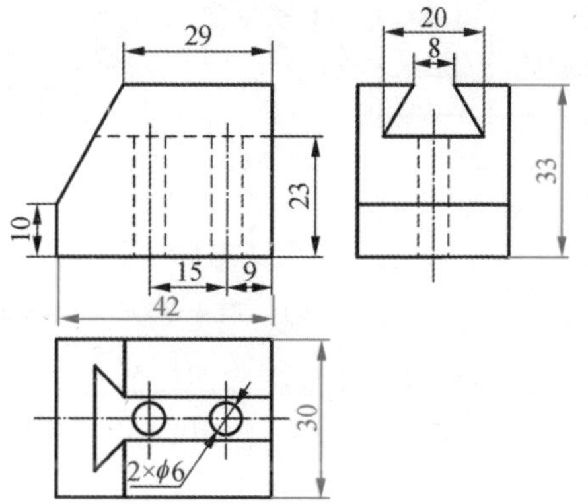

标注组合体的尺寸（数值从图上量取）。

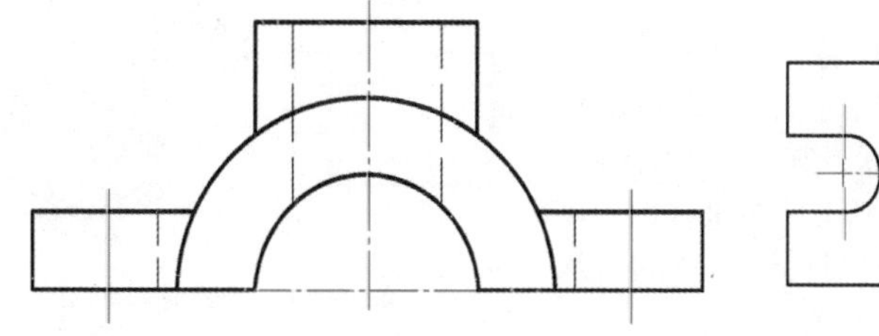

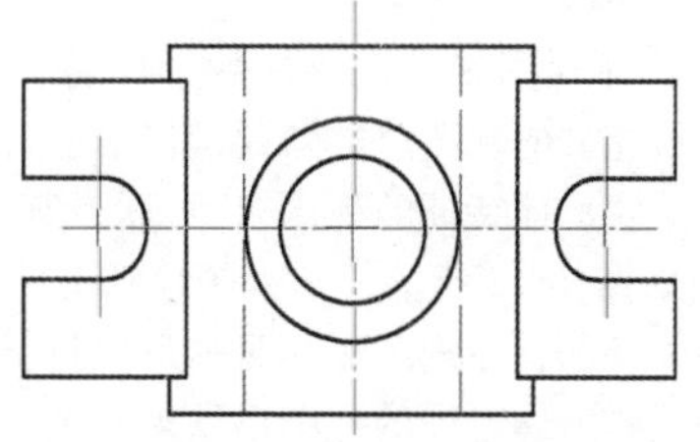

第四节 读组合体视图

画图，是将物体按正投影的方法绘制在平面上；读图，则是依据视图进行形体分析想象出物体的形状。为了能够正确而迅速地看懂组合体视图，必须掌握读图的基本要领和基本方法。

一、读图的基本要领

1. 将几个视图联系起来看

在机械图样中，一个视图是不能确定组合体的形状及其各形体间的相对位置的。如图4-13所示，（b）、（c）、（d）的主视图均相同，但实际上表达的是三个不同的物体，因此读图时必须将所给视图联系起来看，才能想象物体的确切形状。

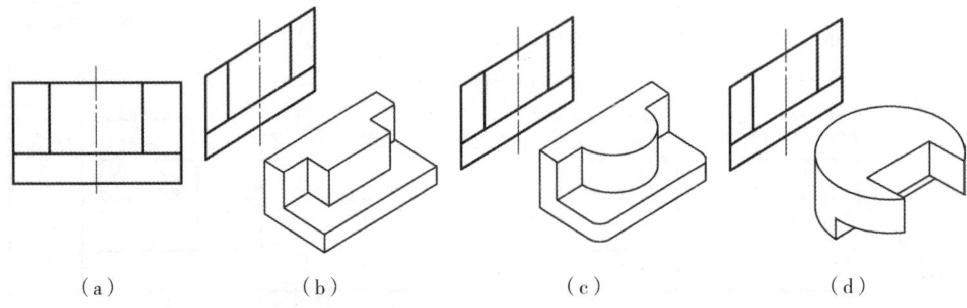

图 4-13 一个视图不能唯一确定物体形状

2. 了解视图中线框和图线的含义

（1）图线的含义 视图中的每一条线可能表示：

① 具有积聚性的面的投影；

② 面与面交线的投影；

③ 曲面转向素线的投影。

（2）线框的含义 视图中的线框有以下三种情况：

① 一个封闭的线框 表示物体的一个面或孔洞；

② 相邻的两个封闭线框 表示物体上两个位置不同的平面；

③ 大封闭线框包含小封闭线框 表示在大平面体上凸出或凹进的各个小平面体。

3. 寻找特征视图

特征视图就是把物体的形体特征及相对位置反映得最充分的视图。形体特征是识别形体的关键信息。应从反映形体特征的视图入手，联系其他视图来看图。

如图4-14所示，主视图反映U形柱Ⅱ和圆柱Ⅳ的形体特征；左视图反映Ⅲ的形体特征，因此应该从这些反映形体特征的视图出发来看图。

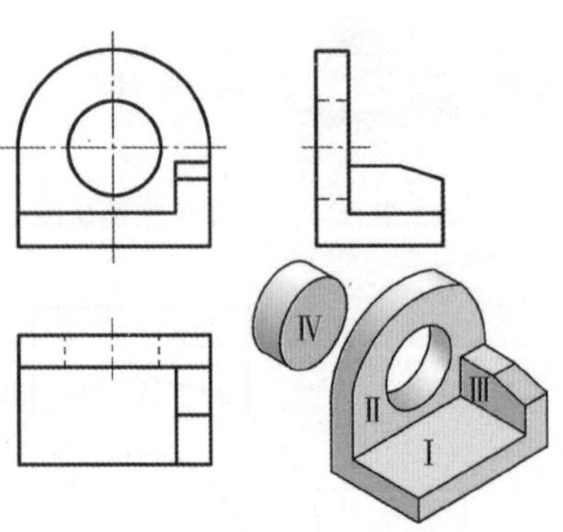

图 4-14 寻找特征视图

4. 善于构思空间物体

要达到能正确和迅速地读懂视图所表达的空间形体，就必须多看图，多构思。如图 4–15 所示，已知一个物体的三视图，要求通过构思想象出这个物体的形状。

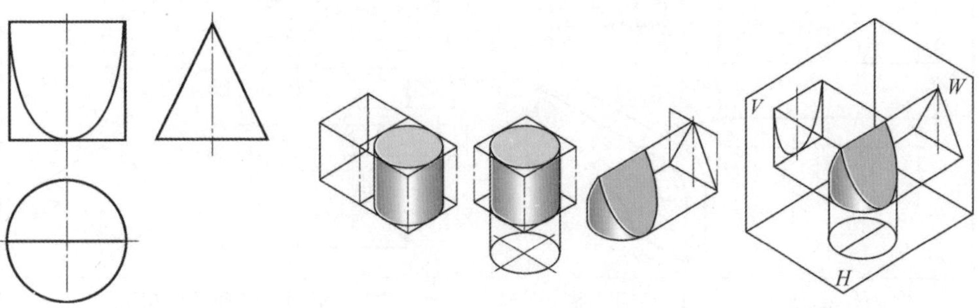

图 4–15　构思过程

二、读图的方法和步骤

1. 形体分析法

形体分析法是读图的基本方法。一般是从反映物体的形状特征的视图入手，再对照其他视图，分析出该物体是由哪些基本形体以及通过什么关系连接而成的。然后按照投影特性依次找出各个基本形体的投影视图，确定各基本体的形状尺寸和它们之间的相对位置，最终想象出物体的总体形状。

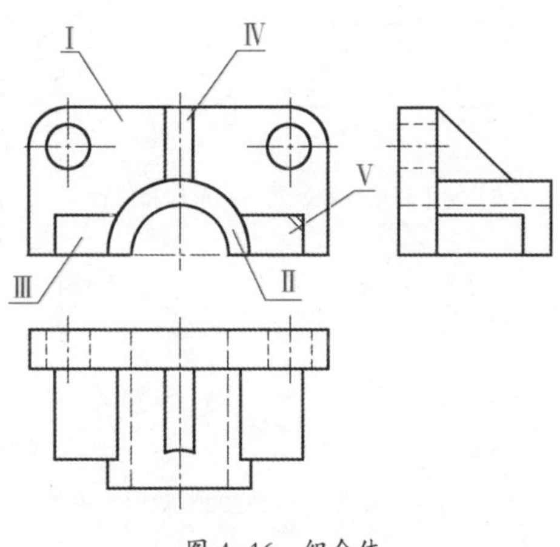

图 4–16　组合体

如图 4–16 所示，按线框将组合体划分成五个部分，即竖直板Ⅰ、半圆筒Ⅱ、耳板Ⅲ和Ⅴ、肋板Ⅳ。

根据主视图的线框划分，分块找出每一部分在左视图和俯视图所对应的线框，根据线框，想象出每一部分的形状，再按各部分的位置关系综合想象出物体的形状，具体步骤见表 4–7。

识读要领：

① 以叠加组合为主的组合体采用形体分析法读图。

② 以主视图为主，联系俯、左视图，对应出各组成基本体的三个视图。

③ 在三个视图中抓住反映形体特征的视图，想象出各组成形体的形状。

④ 根据各组成形体的相对位置，想象出整体结构。

2. 线面分析法

用线面分析法看图，就是运用投影规律，通过识别线、面等几何要素的空间位置、形状，进而想象出物体的形状。在看切割体时，在运用形体分析的同时，需要用线面分析法辅助读图。

如图 4–17 所示，这是一个压块的三视图，具体读图步骤见表 4–8。

表 4-7　组合体的读图步骤

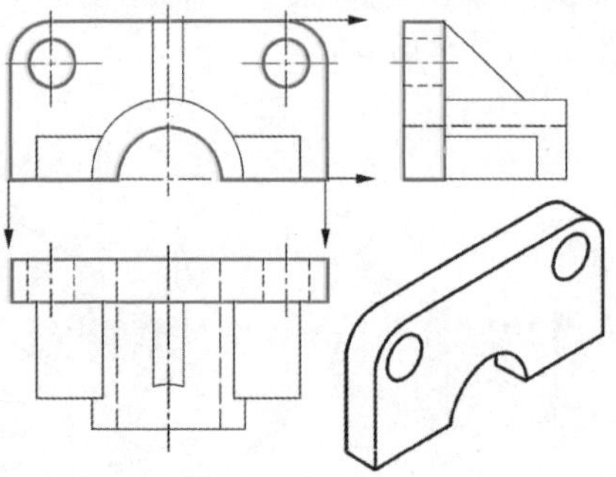 （1）对投影，想象竖直板Ⅰ的空间形状	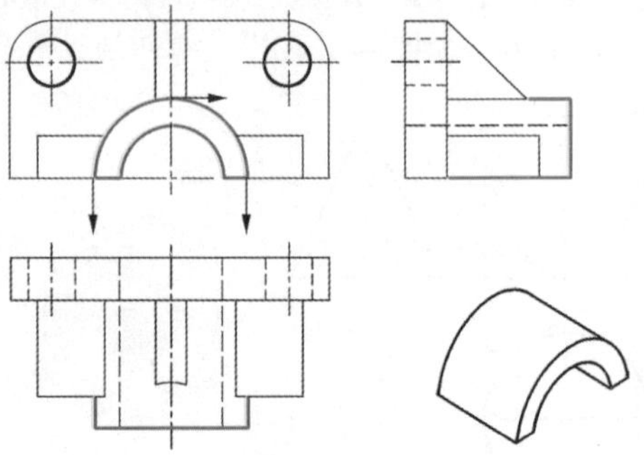 （2）想象半圆筒Ⅱ的空间形状和位置
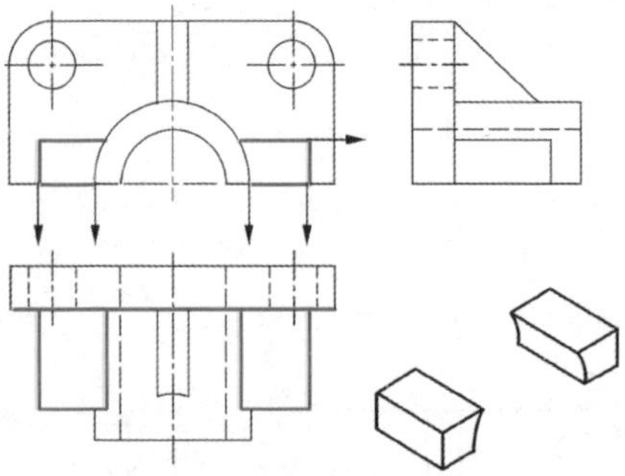 （3）想象耳板Ⅲ和Ⅴ的空间形状和位置	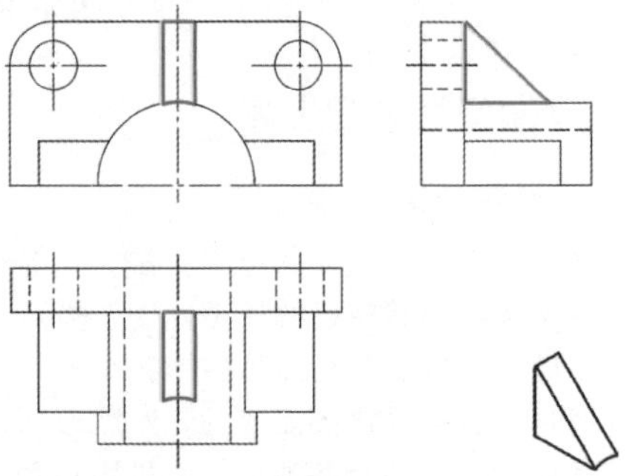 （4）想象肋板Ⅳ的空间形状和位置
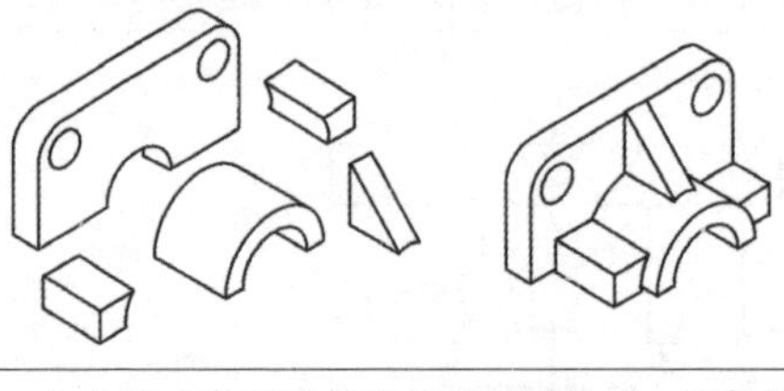 （5）形成各组成部分的空间形状后，按各组成部分位置组合起来，形成整体形状	

【例 4-5】已知支架的主、俯视图，想象出它的形状，补画左视图。

分析：如图 4-18（a）所示，主视图中有 a'、b'、c'三个线框，对照主俯视图可以看出，三个线框分别表示三个不同位置的平面。a'是一个凹形板，处于支架的前下方；b'的下方有一个半圆形槽，在俯视图中对应两根竖线；c'线框中有一个小圆线框，与俯视图中两条虚线对应，处在支板的后面。该支架由凹形板、半圆形槽板和半圆形竖

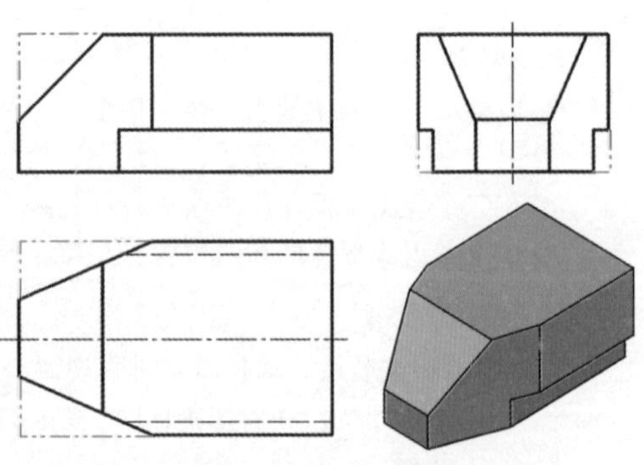

图 4-17　压块三视图

表 4-8 压块的分析步骤

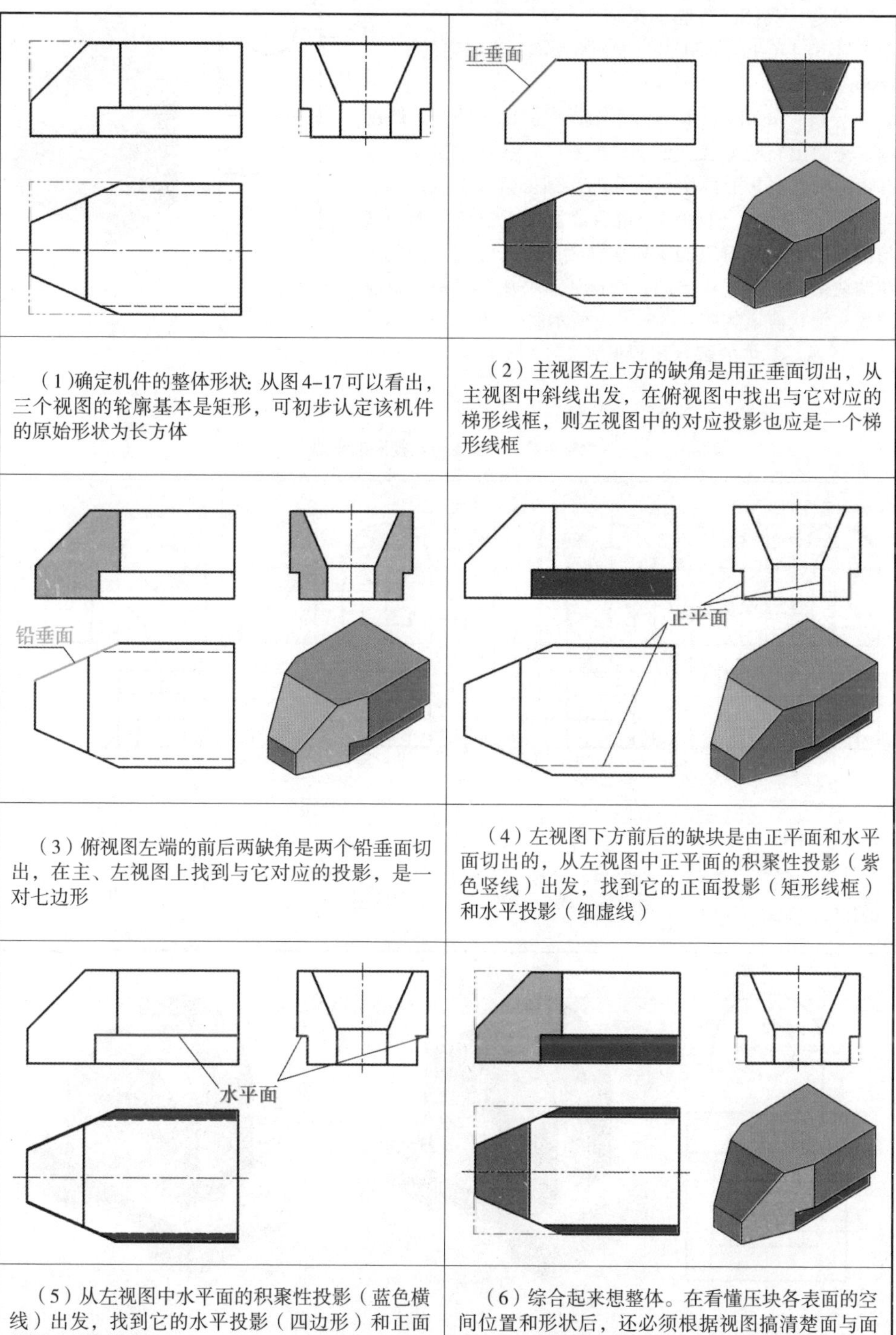

（1)确定机件的整体形状：从图 4-17 可以看出，三个视图的轮廓基本是矩形，可初步认定该机件的原始形状为长方体	（2）主视图左上方的缺角是用正垂面切出，从主视图中斜线出发，在俯视图中找出与它对应的梯形线框，则左视图中的对应投影也应是一个梯形线框
（3）俯视图左端的前后两缺角是两个铅垂面切出，在主、左视图上找到与它对应的投影，是一对七边形	（4）左视图下方前后的缺块是由正平面和水平面切出的，从左视图中正平面的积聚性投影（紫色竖线）出发，找到它的正面投影（矩形线框）和水平投影（细虚线）
（5）从左视图中水平面的积聚性投影（蓝色横线）出发，找到它的水平投影（四边形）和正面投影（蓝色横线）	（6）综合起来想整体。在看懂压块各表面的空间位置和形状后，还必须根据视图搞清楚面与面之间的相对位置，进而想象出压块的整体形状

板（分三层）叠加而成，如图 4-18（b）所示。

解题：具体的解题步骤见表 4-9 所示。

【例 4-6】已知机座的主、俯视图，想象它的形状，补画左视图。

分析：如图 4-19（a）所示，根据机座的主、俯视图，想象出它的形状。如不仔细看图，会认为机座由带有矩形槽的底板、两个带圆孔的半圆形竖板组成，如图 4-19（b）所示，但仔细分析后会发现主视图中的虚线与俯视图中与之对应的实现在轴测图上未体现，因此，在两块带圆孔的竖板之间，应该还有一块矩形板，机座的真实形状应该如图 4-19（c）所示。

解题：具体的解题步骤见表 4-10 所示。

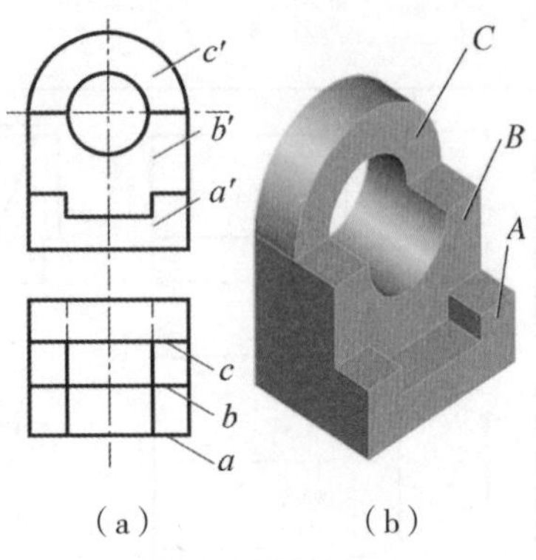

（a）（b）

图 4-18 支架

表 4-9 补画支板左视图的步骤

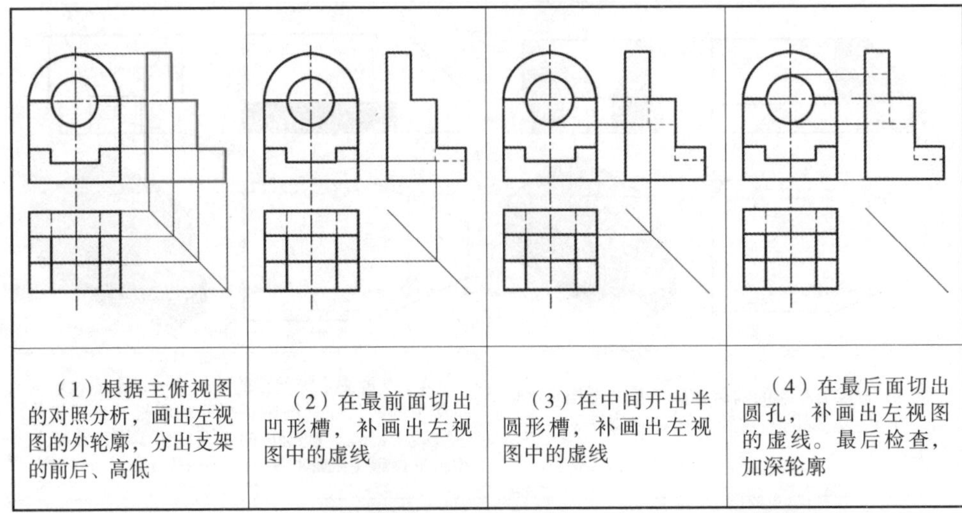

（1）根据主俯视图的对照分析，画出左视图的外轮廓，分出支架的前后、高低	（2）在最前面切出凹形槽，补画出左视图中的虚线	（3）在中间开出半圆形槽，补画出左视图中的虚线	（4）在最后面切出圆孔，补画出左视图的虚线。最后检查，加深轮廓

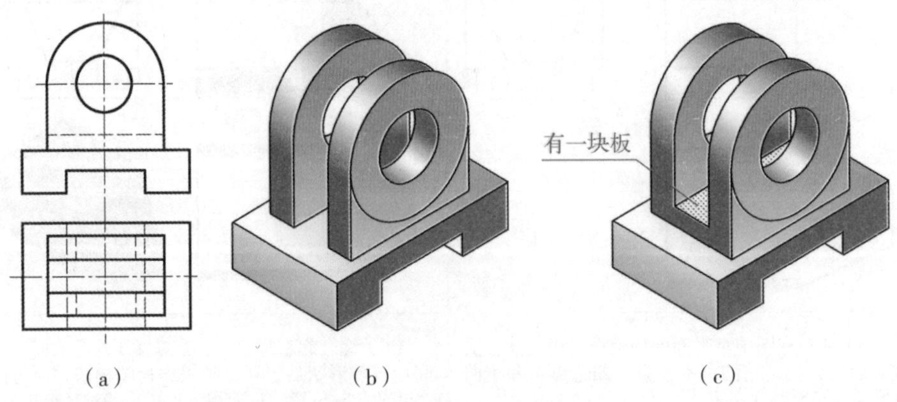

（a）（b）（c）

图 4-19 机座的视图及分析

表 4–10 补画机座左视图的步骤

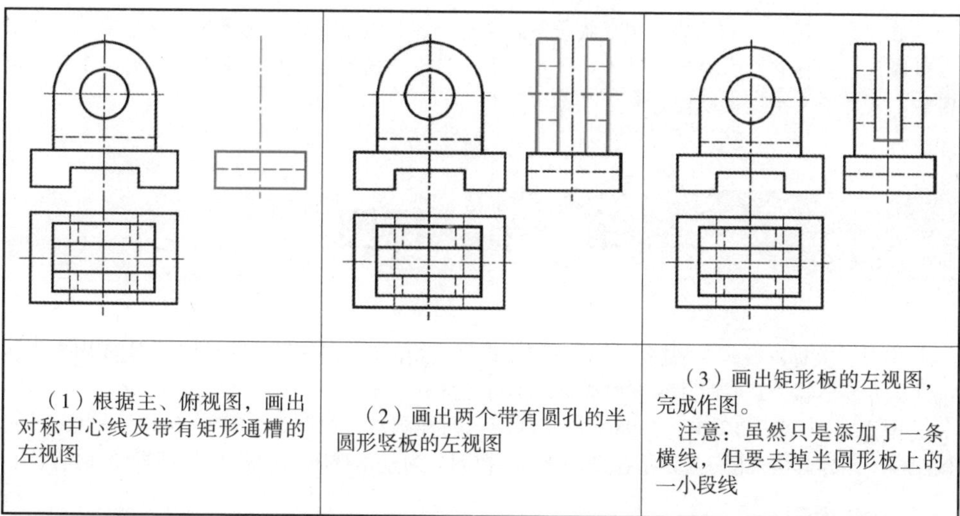

(1)根据主、俯视图，画出对称中心线及带有矩形通槽的左视图	(2)画出两个带有圆孔的半圆形竖板的左视图	(3)画出矩形板的左视图，完成作图。 注意：虽然只是添加了一条横线，但要去掉半圆形板上的一小段线

看视图，想形状，求作第三视图。

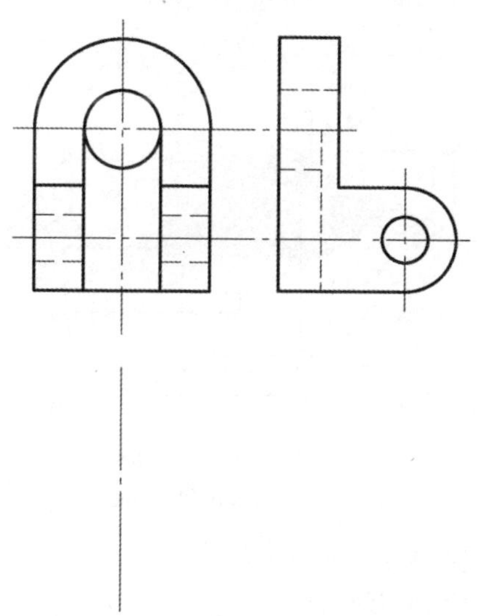

第五章　机件的表达方法

在生产实际中，物体的结构形状是多种多样的。有些机件的结构形状比较复杂时，仅用三视图是无法将它们的内外形状清晰地表达出来，因此国家标准规定了视图、剖视图和断面图等基本表示方法，本项目着重介绍这一内容。

第一节　视图

根据有关标准规定，视图是将物体用正投影法绘制出的多面正投影图形，主要用来表达机件的外部形状，必要时才用细虚线画出不可见部分。

国家标准 GB/T 17451—1998《技术制图　图样画法　视图》、GB/T 4458.1—2002《机械图样　图样画法视图》规定了视图的画法。视图分为基本视图、向视图、局部视图和斜视图。

一、基本视图

将物体向基本投影面投射所得到的视图称为基本视图。

对于形状复杂的机件，为了清楚表达它的内外形状，根据国家标准规定，可将其放在正六面体中，由上下左右前后六个方向，分别向六个基本投影面投射，得到六个基本视图，如图 5-1 所示，这六个视图称为基本视图。

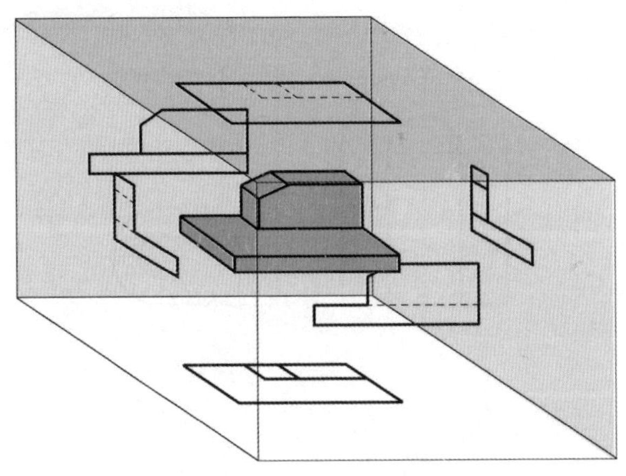

图 5-1　基本视图的形成

主视图——由前向后投射所得的视图。
俯视图——由上向下投射所得的视图。
左视图——由左向右投射所得的视图。
后视图——由后向前投射所得的视图。
仰视图——由下向上投射所得的视图。
右视图——由右向左投射所得的视图。

六个投影面的展开如图 5–2 所示，即正面保持不动，其他投影面按箭头方向旋转到与正面处于同一平面。投影面展开后，六个基本视图按图 5–3 所示进行配置时，不需标注视图名称。

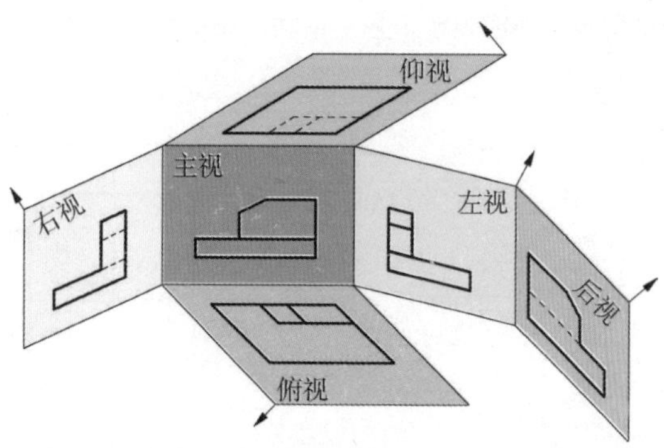

图 5–2 基本视图的展开图

六个基本视图的投影规律仍然满足“三等”规律，六个基本视图的方位对应关系仍然是左、右、仰、俯视图靠近主视图的一面代表物体的后面，远离主视图的一面代表物体的前面，如图 5–3 所示。

实际画图时，一般并不需要将六个基本视图全部画出，应该根据机件的复杂程度和表达需要选择适当的基本视图。若无特殊情况，优先选用主、俯、左视图。

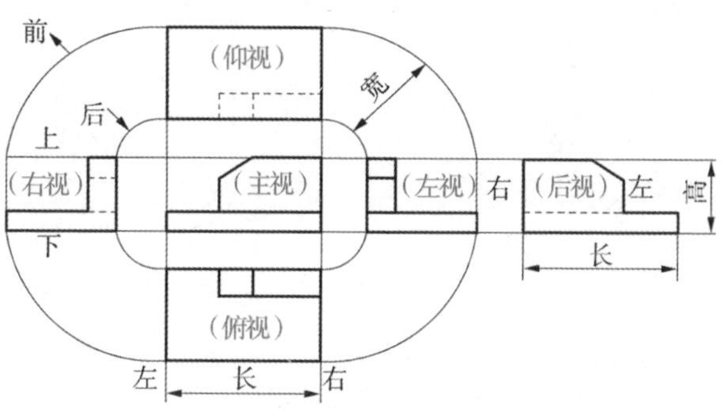

图 5–3 基本视图的配置

二、向视图

向视图是可以自由配置的基本视图。

在实际的绘图过程中，有时无法将六个基本视图按照图 5–3 所示的形式配置，此时可采用向视图。如图 5–4 所示，在向视图上标注视图名称，用大写拉丁字母表示，在相应的视图附近，用箭头指明投射方向，并标注相同的字母。

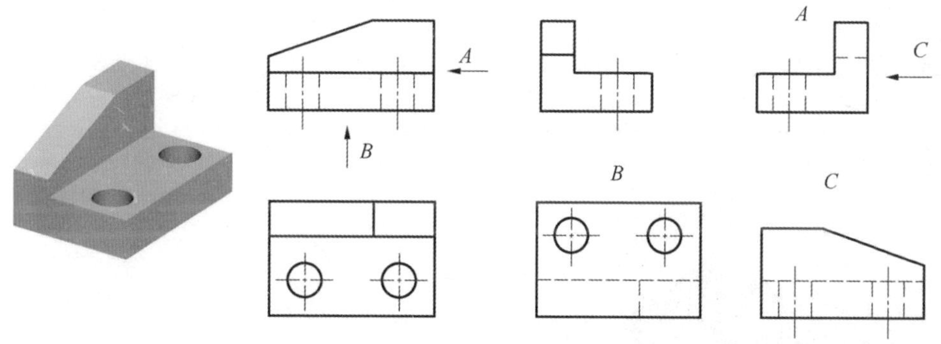

图 5–4 向视图的表示方法

三、局部视图

将机件的某一部分向基本投影面投射所得到的图形称为局部视图。如图 5–5 所示，组合体采用主、俯两个基本视图，表达了上下盖板和圆柱筒的结构形状、左侧 U 形柱的高度和右侧耳板的位置和高度。如果用左、右视图来表达左右两侧的结构，组合体的上下盖板和圆柱筒的结构与主视图表达重复，增加了画图的工作量。所以用 A 向局部视图和 B 向局部视图表达较好。

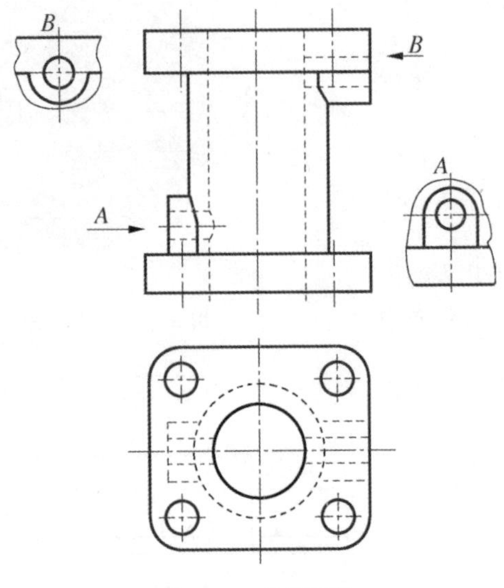

图 5-5　局部视图

注意：（1）局部视图用带字母的箭头指明要表达的部位和投射方向，并注明视图名称。

（2）局部视图的范围用波浪线表示。当表示的局部结构是完整的且外轮廓封闭时，波浪线可省略。

（3）局部视图可按基本视图的配置形式配置，也可按向视图的配置形式配置。

四、斜视图

斜视图是将机件向不平行于基本投影面的平面投射所得到的视图，通常用于表达机件的倾斜部分。如图 5-6 所示，物体右侧部分与基本投影面倾斜，其基本视图不反映实形，为绘图和看图带来不便。为简化作图，增设一个与倾斜部分主要平面平行且与一个基本投影面垂直的辅助投影面（本图的正垂面），将倾斜部分向辅助投影面投射，然后将辅助投影面旋转到与 V 面重合的位置，即可得到反映该部分实形的视图，即斜视图。

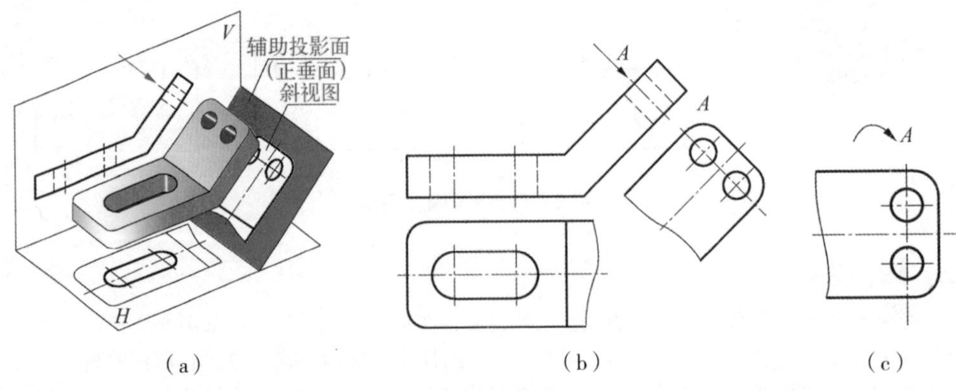

图 5-6　斜视图

注意：（1）斜视图一般用来表示机件的倾斜部分的真实形状，其余部分用波浪线断开，如图 5-6（b）所示。

（2）绘制斜视图时，一般按向视图的形式配置及标注，也就是说必须用大写拉丁字母标注视图的名称，字母一律按水平书写，标注在斜视图的上方，并且在相应视图附近用箭头指明投射方向，如图 5-6（b）所示。

（3）必要时允许斜视图旋转配置，如图 5-6（c）所示。此时要在斜视图名称旁加注旋转符号，旋转符号的方向要与图形的旋转方向相同。

【例 5-1】画出 *A* 向和 *B* 向斜视图。

分析：一般情况下，斜视图一般用波浪线断开来表示机件的倾斜部分的真实形状，如图 5-7 当中的 *A* 向视图；当斜视图为封闭图形时，可不画波浪线。如图 5-7 当中的 *B* 向视图。

解题：如图 5-7 中的红色表示的 *A* 向和 *B* 向视图。

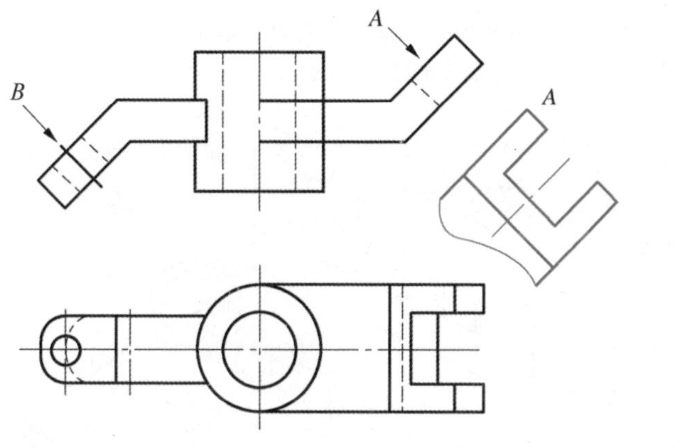

图 5-7　绘制向视图

作出 *A* 向局部视图和 *B* 向斜视图。

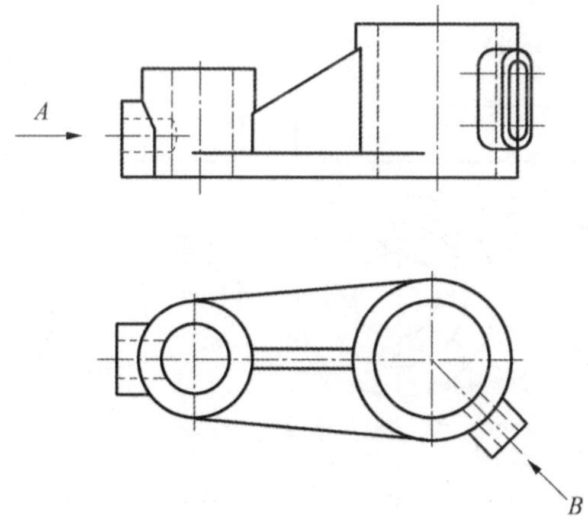

第二节 剖视图

视图主要用来表达机件的外部轮廓，当内部结构比较复杂时，视图中就会出现较多的虚线。这些虚线会使图形表达不清晰，既不利于看图也不利于标注尺寸。因此，为了清晰表达机件的内部形状，国家标准 GB/T 17452—1998《技术制图 图样画法 剖视图和断面图》、GB/T 4458.6—2002《机械制图 图样画法 剖视图和断面图》规定了剖视图的画法。

一、剖视图的概念（GB/T 17452—1998，GB/T 4458.6—2002）

1. 剖视图的形成

假想用剖切面剖开机件，将处在观察者和剖切面之间的部分移去，将剩余部分向投影面投射所得的图形称为剖视图，简称剖视，如图 5-8 所示。

2. 剖面符号

机件被假想剖开后，剖切面与机件的接触部分称为剖面区域。为了增强剖视图的表达效果，应在剖面区域画出剖面符号。由于机件材料的不同，剖面符号也不相同，因此国家标准规定了各种材料类别的剖面符号，见表 5-1 所示。

金属材料剖面线是与机件的主要轮廓线或剖面区域的对称线成 45° 角，且间隔相等的平行细实线，如图 5-9 所示。

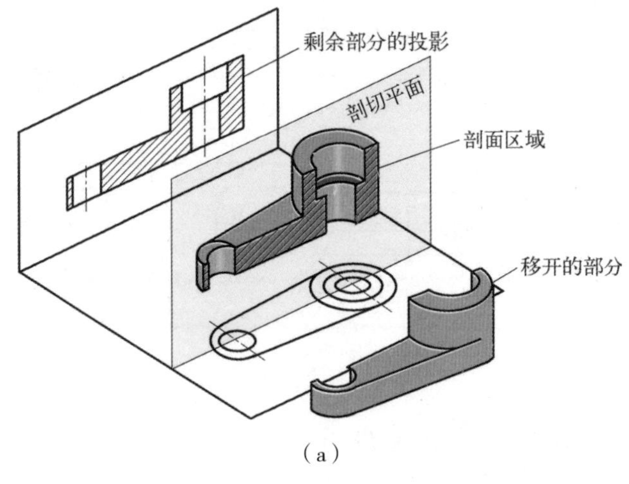

（a）

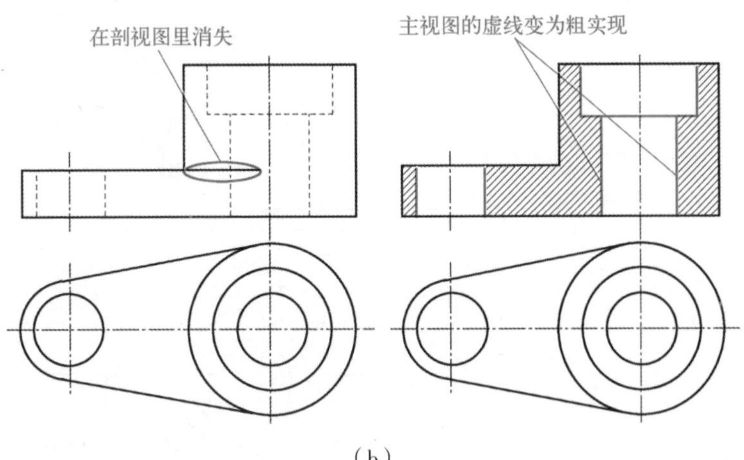

（b）

图 5-8 剖视图的形成

表 5-1 剖面符号

金属材料（已有规度剖面符号者除外）			胶合板（不分层数）	
线圈绕组元件			基础周围的混土	
转子、电枢、变压器和电抗器的叠钢片			混凝土	
非金属材料（已有规定剖面符号着除外）			钢筋混凝土	
型砂、填砂、粉末冶金、砂轮、陶瓷刀片、硬质合金刀片等			砖	
玻璃及供观察用的其他透明材料			格网（筛网、过滤网等）	
木材	横剖面		液体	
	纵剖面			

注：1. 剖面符号仅表示材料的类别，材料的名称和代号必须另行注明。

2. 叠钢片的剖面线方向应与束装中叠钢片的方向一致。

3. 液面用细实线绘制。

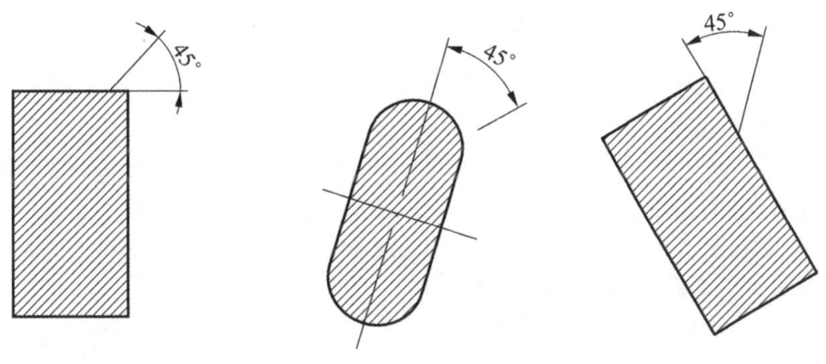

图 5-9 剖面线的画法

3. 剖视图的配置

剖视图首先应考虑按基本视图进行配置，当难以按基本视图配置时，可以按向视图的方法进行配置。

4. 剖视图的标注

为了便于读图，要对剖视图进行标注，标明剖切位置、投射方向以及剖视图的名称。

（1）剖切符号。表示剖切平面的起、讫和转折位置，用粗实线［线宽（1～1.5）*d*，线长约5～8mm］表示。剖切符号尽量不要与轮廓线相交。

（2）投射方向。在剖切符号的外侧用箭头指明剖切后的投射方向。

（3）剖视图的名称。在剖切符号的起、讫和转折位置标注相同的大写拉丁字母，剖视图的上方仍用相同的字母进行标注，写成“×—×”，如图5–10所示。

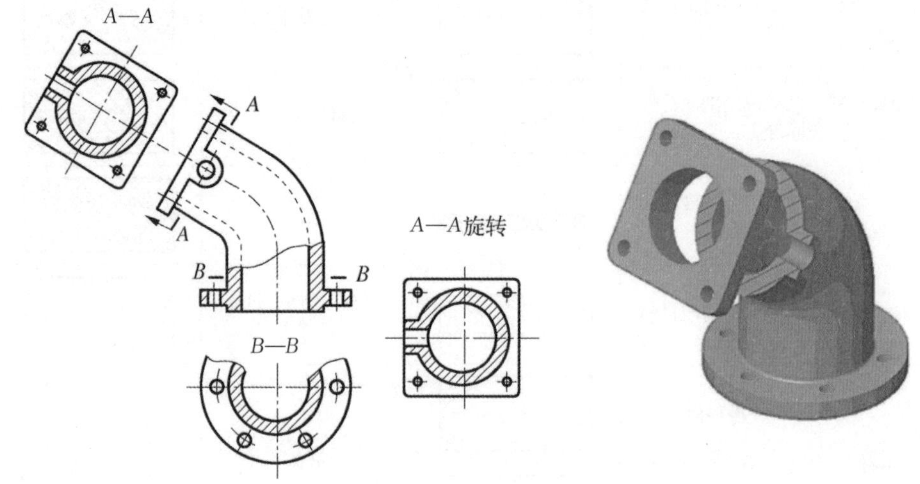

图 5–10 剖视图的标注

剖视图的标注根据剖切面的不同及配置位置可分为三种情况即全标、省标及不标。

（1）全标。也就是剖切符号、投射方向、剖视图的名称全部完整标注，如图5–10中的*A—A*所示。

（2）省标。当剖视图按投影关系配置，中间没有其他图形隔开，可省略箭头，如图5–10中的*B—B*所示。

（3）不标。当单一剖切平面通过机件的对称面或基本对称平面，且剖视图按投影关系配置，中间又没有其他图形隔开，可省略标注，如图5–8剖视图所示。

5. 画剖视图应注意的问题

（1）由于剖视图是机件剖开后剩余部分的完整投影，因此凡是剖切面后可见的轮廓线必须全部画出，不可遗漏，详见表5–2所示。

（2）在剖视图中，表示机件不可见轮廓的细虚线一般省略不画；在其他视图中，如果不可见部分已表达清楚，细虚线也可省略不画。

（3）剖视图是一种假想画法，当机件的一个视图画成剖视后，其他视图应该不受其影响，必须完整画出，如图5–11所示。

二、剖视图的种类

根据剖切范围的大小，剖视图可分为全剖视图、半剖视图和局部剖视图。

表 5-2　剖视图中漏线示例

轴测图	错误画法	正确画法
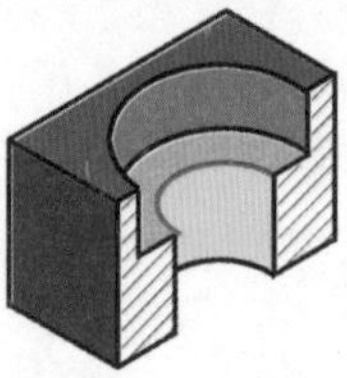	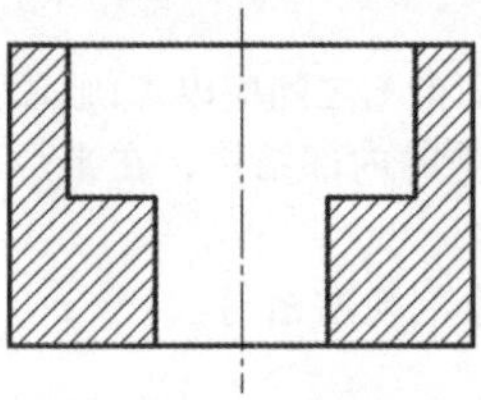	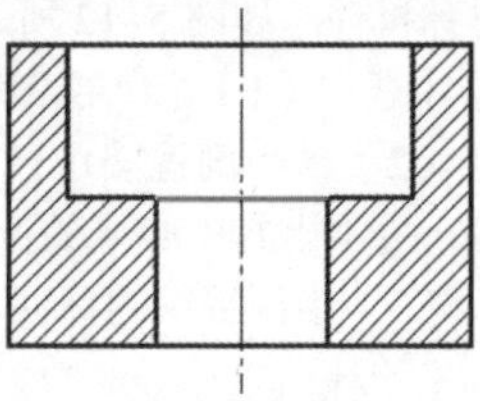
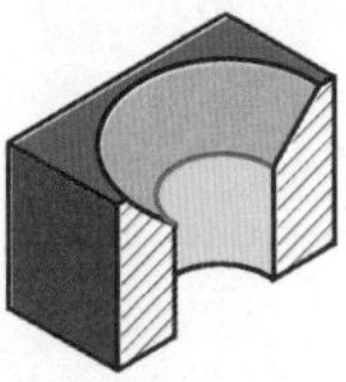	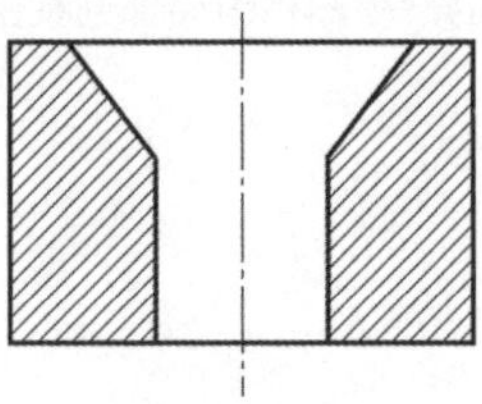	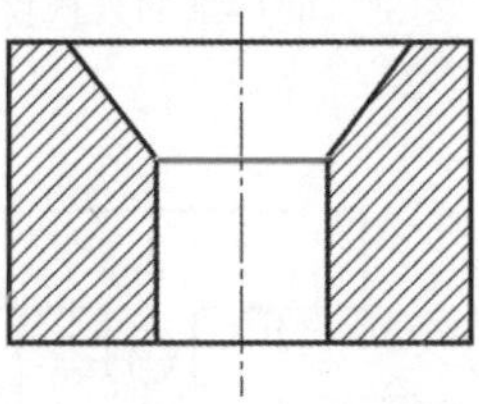
	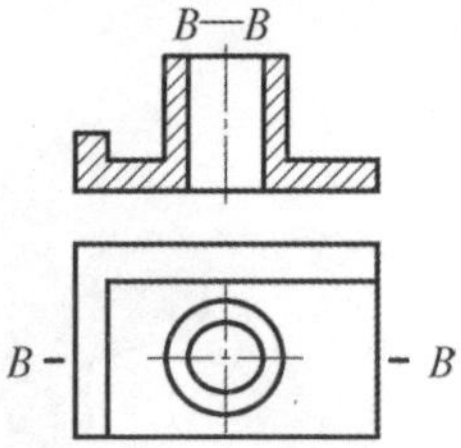 B—B B　B	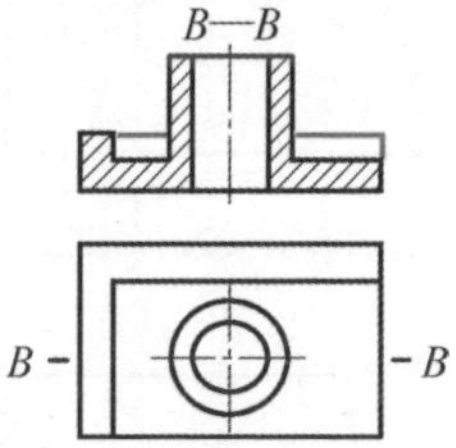 B—B B　B

1. 全剖视图

用剖切平面完全地剖开机件所得的剖视图称为全剖视图。全剖视图适用于外形比较简单、内部较为复杂的机件，如图 5-11（a）所示。

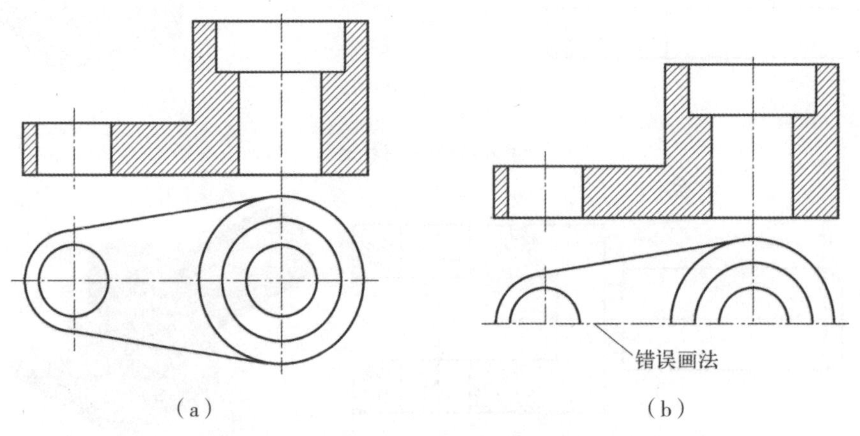

（a）　　　　（b）

图 5-11　剖视图的正确画法

2. 半剖视图

当机件具有对称平面，向垂直于对称平面的投影面上投射时，以对称平面为界，一半画成剖视图，一半画成视图，这种图形称为半剖视图。半剖视图主要用于内外形状都需要表达的对称机件。如图 5-12 所示。

注意：（1）半个视图与半个剖视图之间应以点画线为界，不能画成粗实线。

（2）半个剖视图中已表达清楚的内部结构，在半个视图中不应再画虚线，但对于孔或槽等，应画出其中心线的位置。

（3）半剖视图的标注方法与全剖视图相同。

3. 局部剖视图

用剖切面局部剖开机件所得到的剖视图称为局部剖视图，如图 5-13 所示。

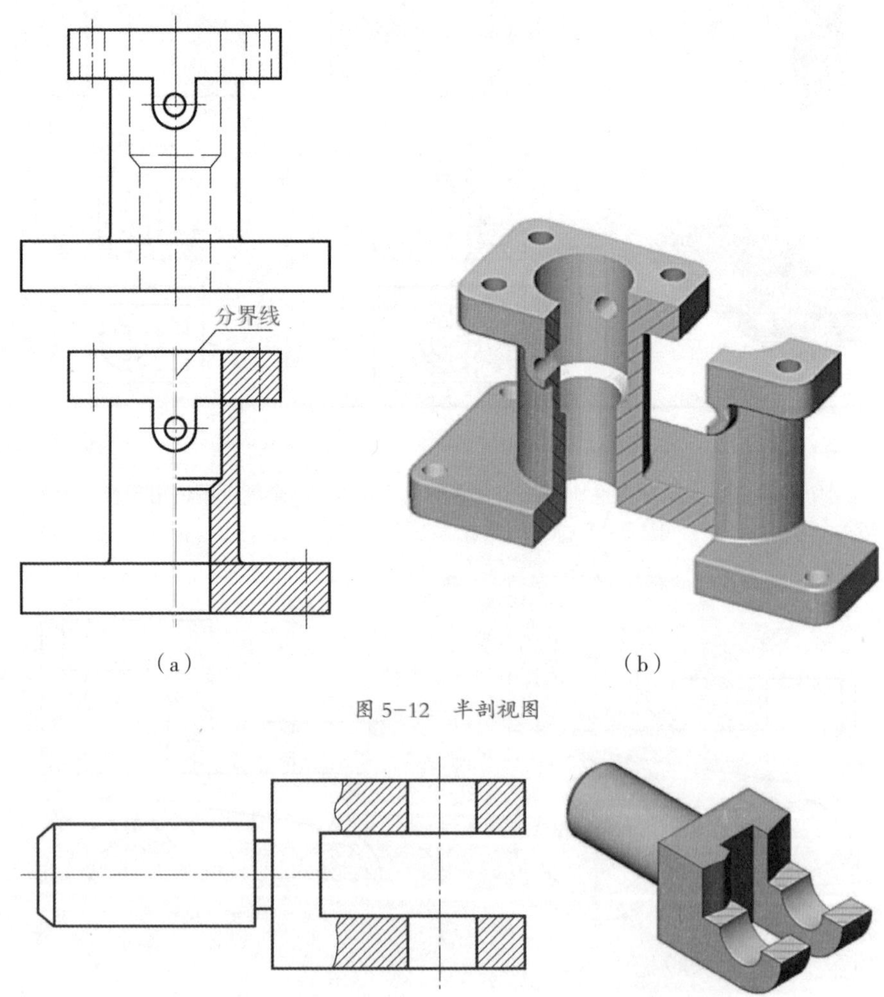

（a）　（b）

图 5-12　半剖视图

图 5-13　局部剖视图

注意：

（1）局部剖视图以波浪线作为被剖切部分与未剖切部分的分界线，波浪线要画在物体的实体部分，不能超出视图的轮廓线，也不能与其他图线重合，如图 5-14 所示。

（2）当被剖结构为回转体时，允许将该结构的轴线作为局部剖视与视图的分界线，如图 5-15（a）所示；当对称机件的内部或外部轮廓线与对称中心线重合时不宜采用半剖视图，可采用局部剖视图，如图 5-15（b）所示。

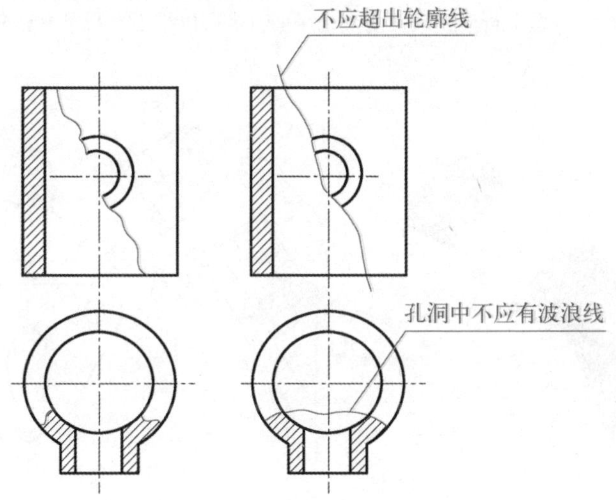

图 5-14 波浪线的画法

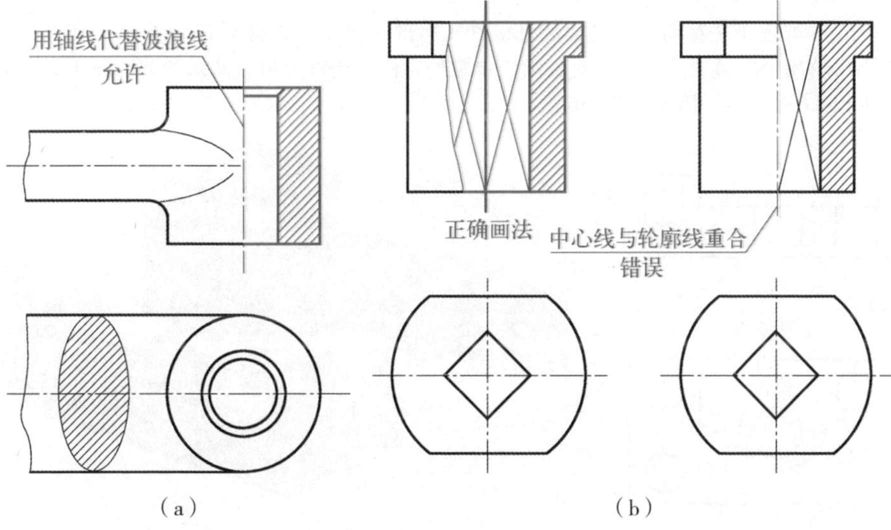

图 5-15 局部剖视的特殊情况

三、剖切平面的种类

前面所讲的全剖视图、半剖视图、局部剖视图都是用平行于基本投影面的单一剖切平面剖切机件所得到的剖视图。由于机件内部结构形状的复杂性和多样性，往往需要选择不同位置和形状的剖切面来剖切机件，才能把机件内部形状表达清楚。国家标准规定，剖切面根据机件的复杂程度，可以有单一剖切平面、几个平行的剖切平面、几个相交的剖切平面。

1. 用单一剖切平面剖切

用一个剖切平面剖开工件后所得的视图，如图 5-11（a）剖视图所示。图 5-11（a）所示的剖切平面是通过机件的对称中心平面，主要表达机件的内腔形状及位置。

单一剖切平面可以是平行于投影面的剖切平面，也可以是不平行于投影面的斜剖切平面，如图 5-16 所示。

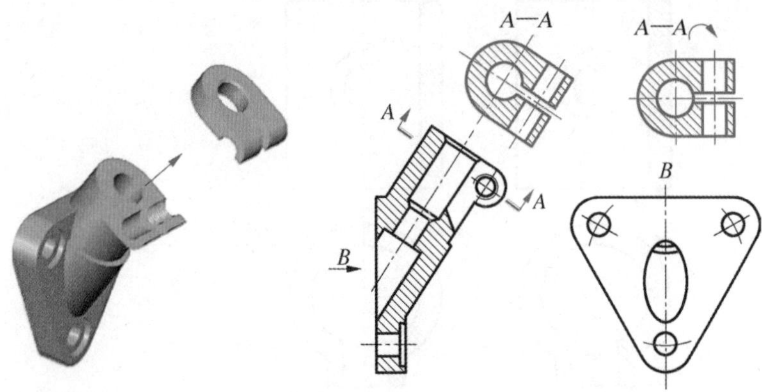

图 5-16　单一斜剖切面剖切获得的剖视图

2. 用几个平行的剖切平面剖切

用两个或多个平行的剖切平面剖开机件后所得的视图，如图 5-17 所示。从剖视图本身是看不出是几个平面剖切的，需要从剖切位置的标注去进行分析，从该图的标注可以看出是由三个相互平行的剖切平面剖切而成。

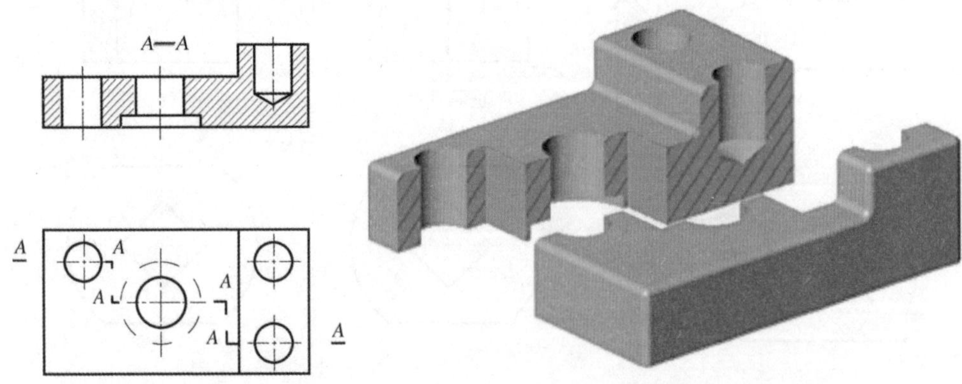

图 5-17　几个平行剖切平面剖切机件

注意：（1）因为剖切平面是假想的，所以不应画出剖切平面转折处的投影。

（2）剖视图中不应出现不完整结构要素。

（3）必须在相应剖视图上进行标注。

3. 用几个相交的剖切平面剖切

如图 5-18 所示为一个圆盘类零件，如果用单一剖切面剖切，不能同时表达圆孔及沉孔的形状。为了在主视图同时表达机件的这些结构，可以用几个相交的剖切平面剖开机件。图 5-18 是由两个垂直于侧立面的相交剖切平面剖切而成。

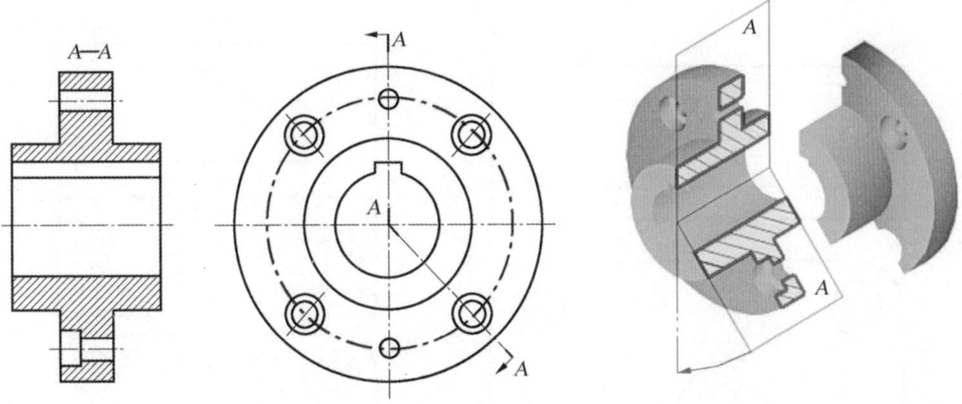

图 5-18 几个相交的剖切平面剖切机件

注意：用相交的剖切平面剖切的机件通常是回转体，这里必须强调的是先剖切，后旋转，所以部分图形会拉长。另外，相邻两剖切平面交线必须垂直于某一投影面。

【例 5-2】作 *A—A* 斜剖全剖视图。

分析：如图 5-19 所示，作 *A—A* 全剖视图以后，主视图上表示沉孔的虚线可以省略。此外需注意，*B—B* 虽按投影关系进行配置，但中间有 *A—A* 隔开，因此，剖切符号上的箭头不可省略。

解题：解题答案详见图 5-19（b）所示。

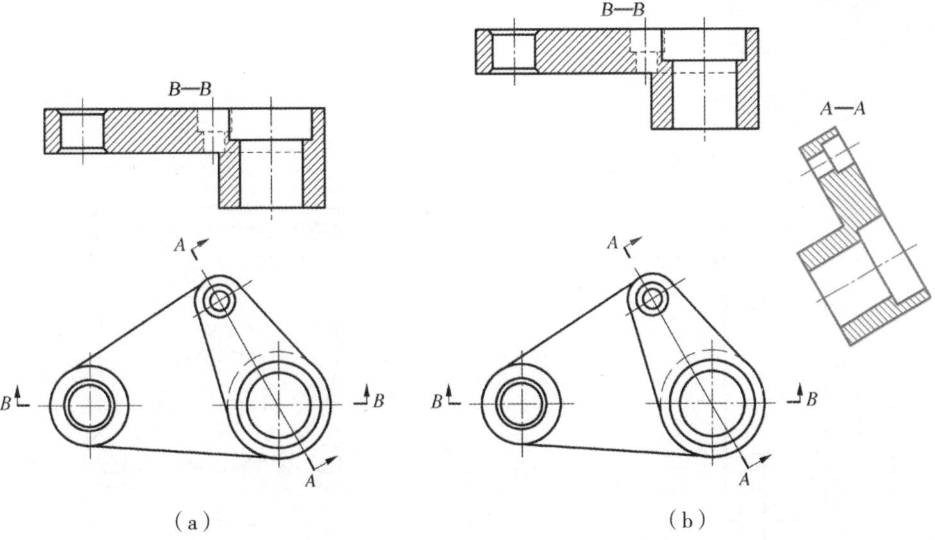

图 5-19 作 *A—A* 斜剖全剖视图

【例 5-3】利用适当方法画出主视图，并标注剖切符号、剖切方向和剖视图名称。

分析：如图 5-20 所示，由于机件的内部形状较复杂，用视图是不能够表达清楚的，因此必须要用剖视图来表达。如直接用全剖视图来表达，只能表达中间台阶孔的特征，而四个角上的台阶孔无法表达清楚，因此必须用几个平行的剖切面来进行剖切。

解题：解题答案详见图 5-20（b）所示。

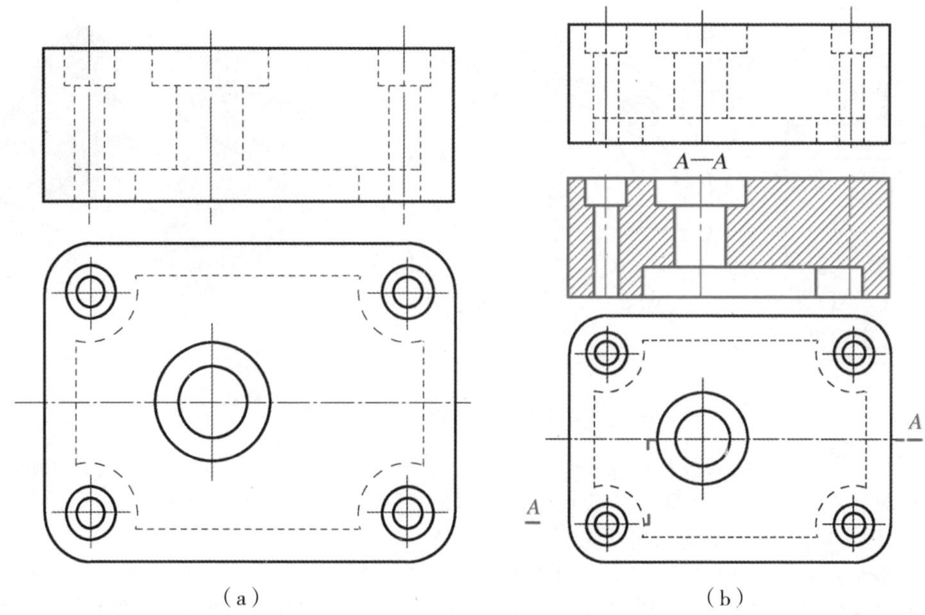

（a）（b）

图 5-20　用几个平行的剖切面剖切机件

作 *A—A* 复合剖剖视图

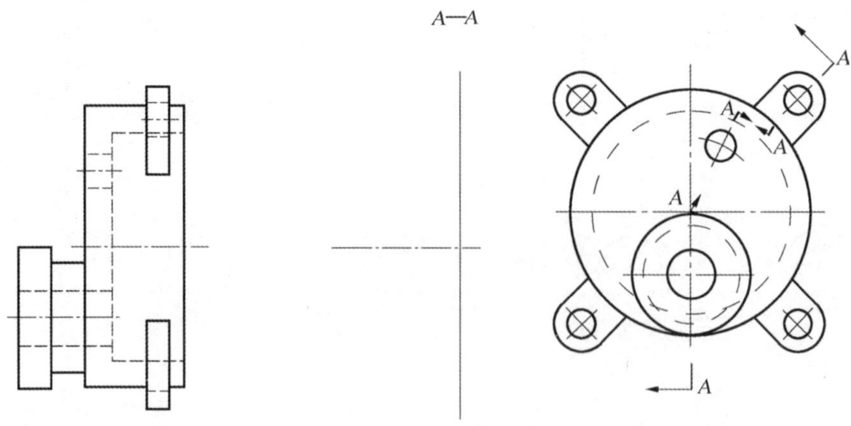

第三节　断面图

一、断面图的概念

断面图是假想用剖切平面将机件从某处切断，仅画出剖切平面与机件接触部分的图形。

断面图与剖视图的区别：断面图只画出机件被剖切后的断面形状，剖视图除了画出断面形状外，还要画出机件上位于剖切平面后的形状，如图 5-21 所示。

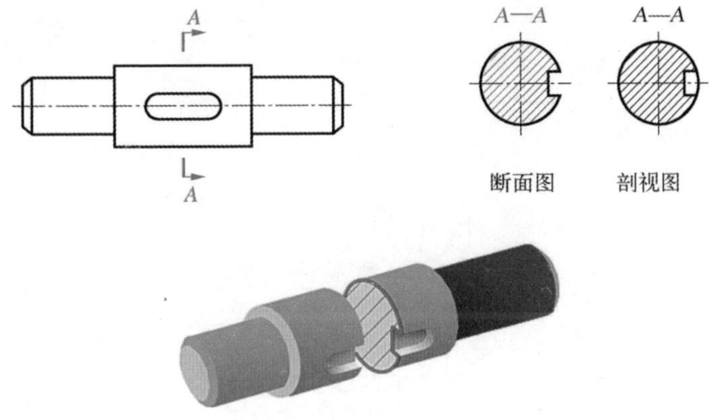

图 5-21　断面图的形成

二、断面图的种类

根据断面图在图样中的位置不同，断面图分为移出断面图和重合断面图。

1. 移出断面图

在视图之外画出的断面图，称为移出断面图。移出断面图的轮廓线用粗实线绘制，尽量配置在剖切线的延长线上，也可配置在其他适当的位置，如图 5-22 所示。

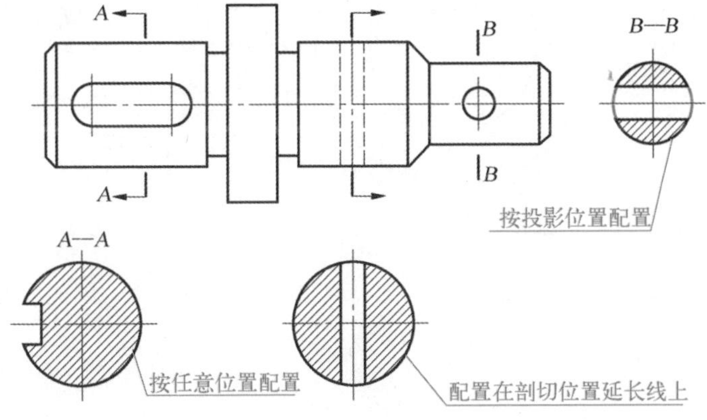

图 5-22　作 A—A 斜剖全剖视图

画移出断面图时有以下注意事项，详见表 5-3 所示。

移出断面图的标注与剖视图相同，其配置及标注方法见表 5-4 所示。

表 5-3 画移出断面图时的注意事项

说明	图例
当剖切平面通过回转面形成的孔或凹坑的轴线时，断面图按剖视图绘制	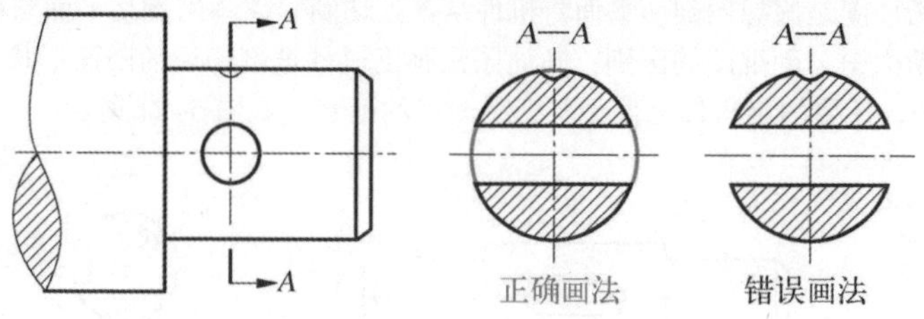 A A A—A A—A 正确画法 错误画法
当剖切平面通过非圆孔时，会导致出现完全分离的剖面区域，此时断面图按剖视图绘制	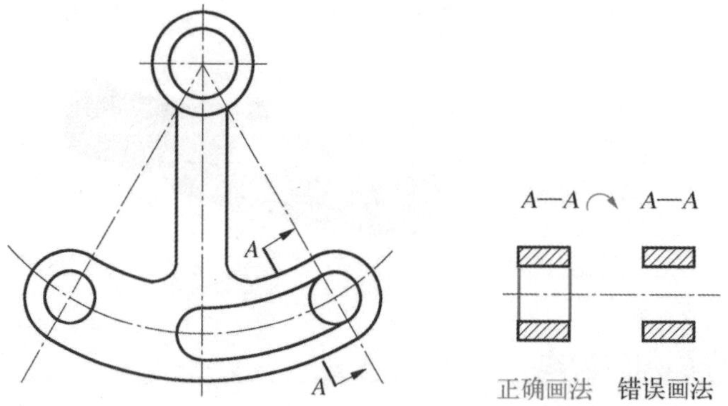 A A A—A A—A 正确画法 错误画法
当移出断面的图形对称时，也可画在视图的中断处	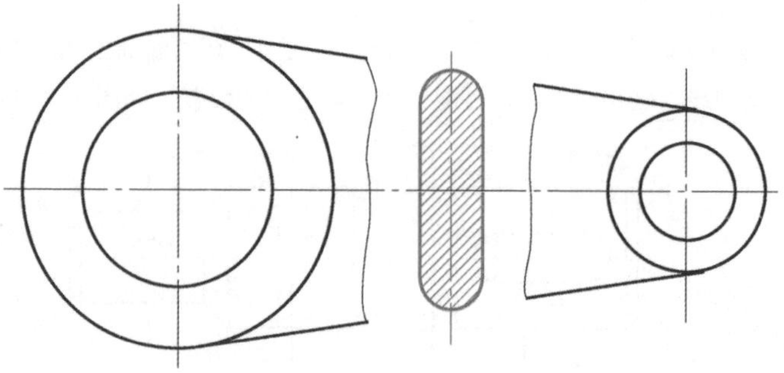

表 5-4　移出断面图的配置及标注方法

配置	对称的移出断面	不对称的移出断面
配置在剖切线或剖切符号延长线上	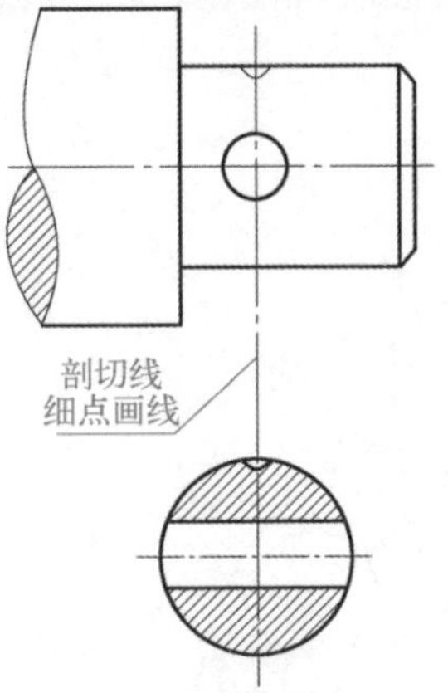 剖切线细点画线 省略标注	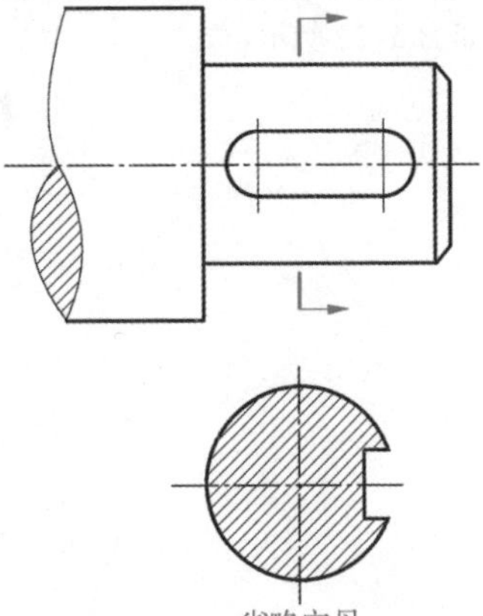 省略字母
按投影关系配置	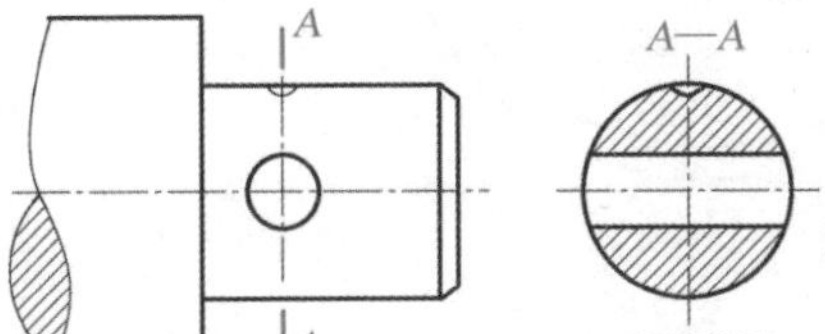 A A A—A 省略箭头	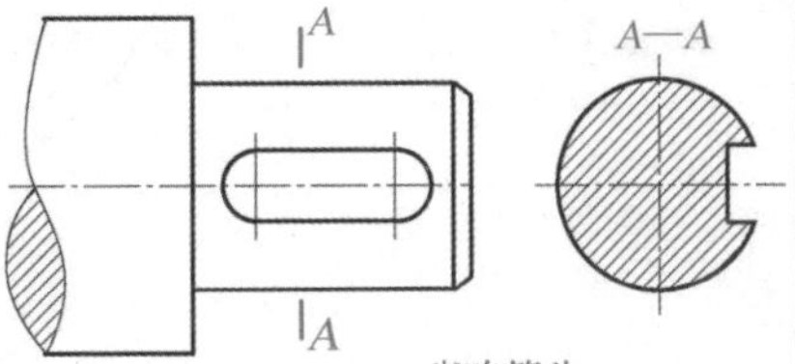 A A A—A 省略箭头
其他配置	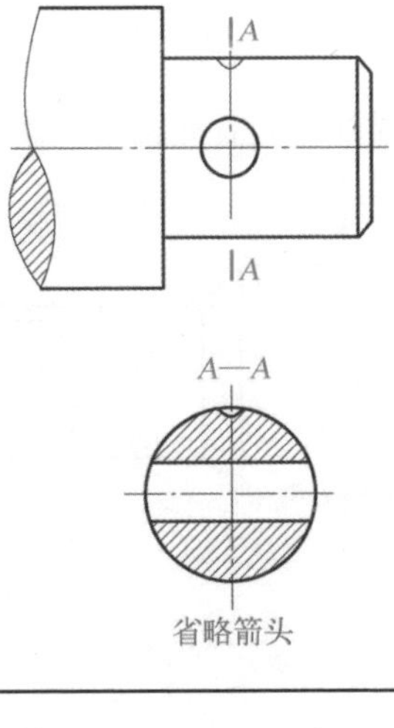 A A A—A 省略箭头	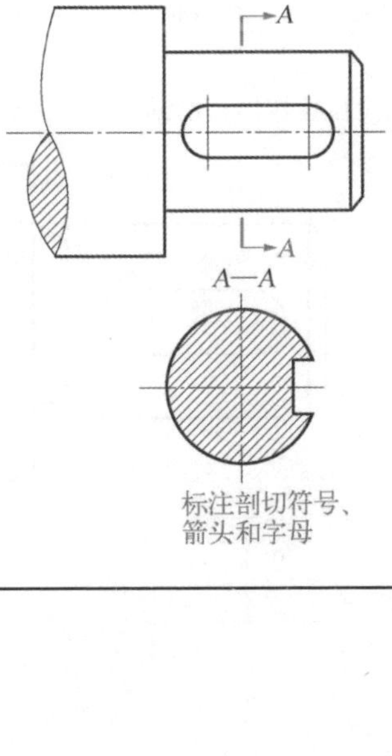 A A A—A 标注剖切符号、箭头和字母

2. 重合断面图

将断面图形重叠在视图之上称为重合断面图。重合断面图适用于图线不多的视图，并且不会影响视图的清晰程度。

重合断面图用细实线绘制，以便和视图中的轮廓线相区别。重合断面图绘制在剖切位置处，如图 5-23 所示。

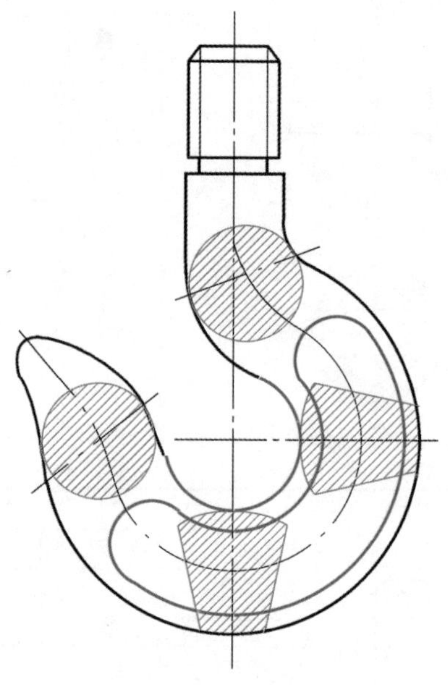

图 5-23　重合断面图

在指定位置作出移出断面图，并合理标注：单面键槽深 4mm，右端双面有平面。

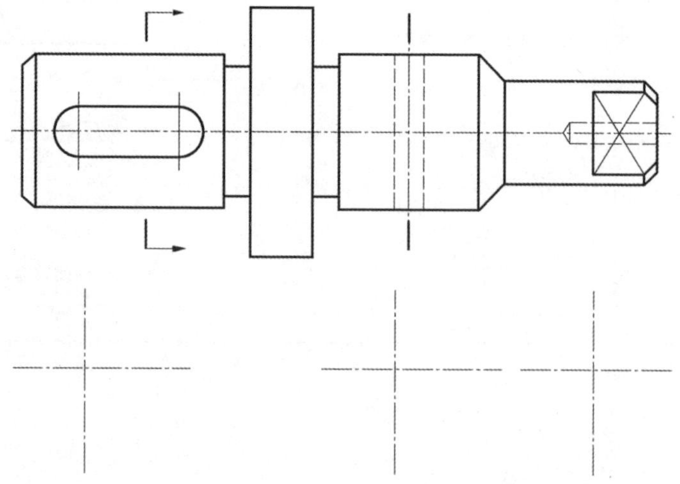

第四节　局部放大图和简化表示法

一、局部放大图

当物体上的细小结构在视图中表达不清楚或不便于标注尺寸时，可采用局部放大图。用大于原图形的比例所绘出的图形，称为局部放大图，如图 5-24 所示。

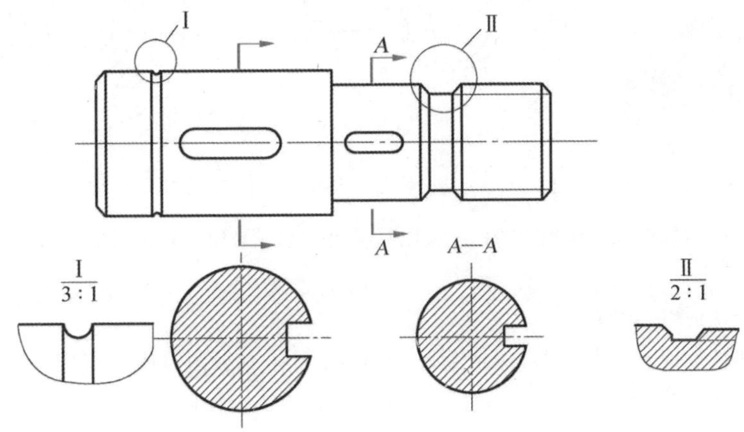

图 5-24　局部放大图

当机件上有多个放大部位时，应用罗马数字依次表明被放大的部分，并在局部放大图的上方标出相应的罗马数字和比例。

二、简化画法

1. 重复结构

当机件具有多个相同要素并按一定规律分布时，可以只画出一个或几个完整的结构，其余用细实线画出其范围或用细点画线表示其中心位置，并要在图中标注出总数，如图 5-25 所示。

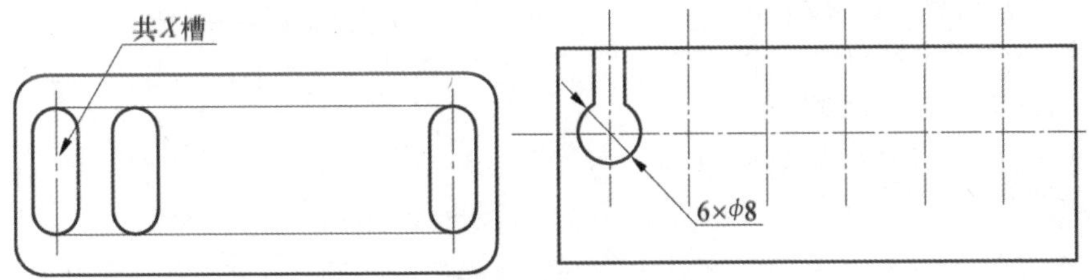

图 5-25　重复结构的简化画法

2. 剖视图中的肋、轮辐等结构的简化画法

当机件上均匀分布在一个圆周上的肋、轮辐、孔等结构不处于剖切平面上时，可将这结构旋转到剖切平面上画出，如图 5-26 所示。

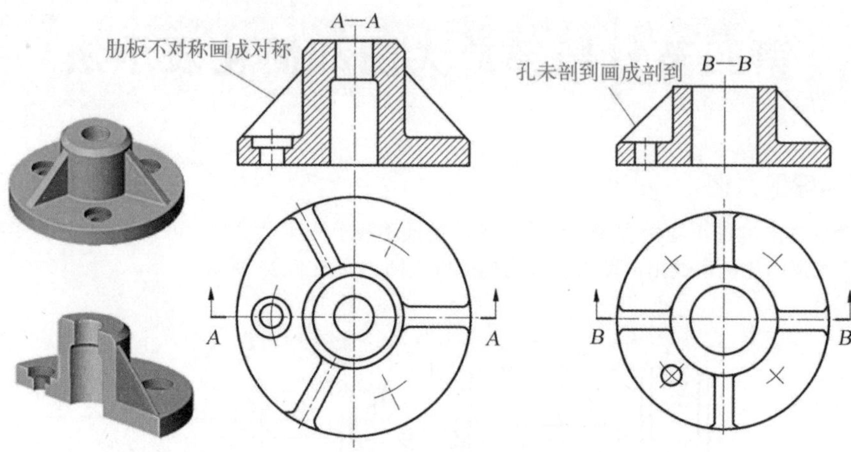

图 5-26　肋、轮辐等结构的简化画法

注意：均匀分布且直径相同的孔，可以只画出一个或几个，其余只需用细点画线表示其中心位置。

3. 对称机件的简化画法

对称机件的视图可以只画一半或 1/4，并在对称中心线的两端画出两条与其垂直的平行细实线，如图 5-27 所示。

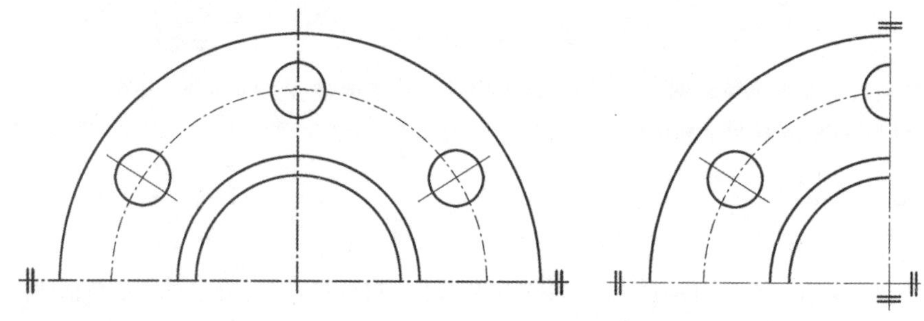

图 5-27　对称机件的简化画法

4. 较长机件的简化画法

轴、杆类较长的机件，当沿长度方向形状相同或按一定规律变化时，允许断开画出，但要标注实际尺寸，如图 5-28 所示。

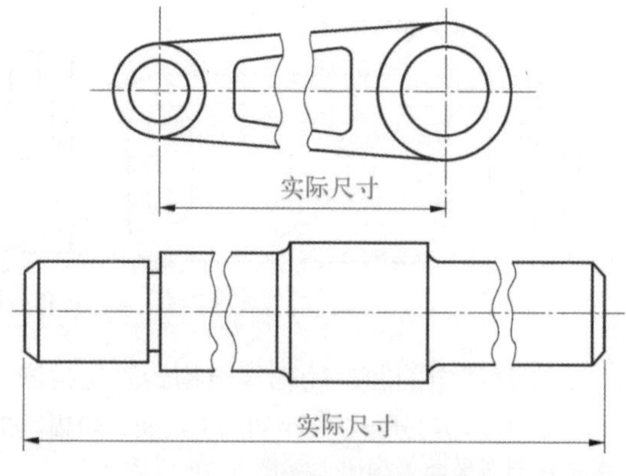

图 5-28　较长机件的简化画法

第五节 第三角画法简介

国家标准 GB/T 17541—1998 中规定："技术图样应采用正投影法绘制，并优先采用第一角画法"。虽然世界上大多数国家都采用第一角画法，但美国、加拿大、日本等国家采用第三角画法。为了适应国际间技术交流和国际贸易日益增长的需要，本任务对第三角画法作简单的介绍。

一、第三角画法的形成

两个互相垂直的投影面将空间分成四个分角，如图 5-29 所示。将机件置于第一分角内，使物体处于观察者与投影面之间得到三面正投影，这种画法称为第一角画法，如图 5-30 所示。将机件置于第三角内，使投影面处在观察者和物体之间而得到三面正投影，这种画法称为第三角画法，如图 5-31 所示。

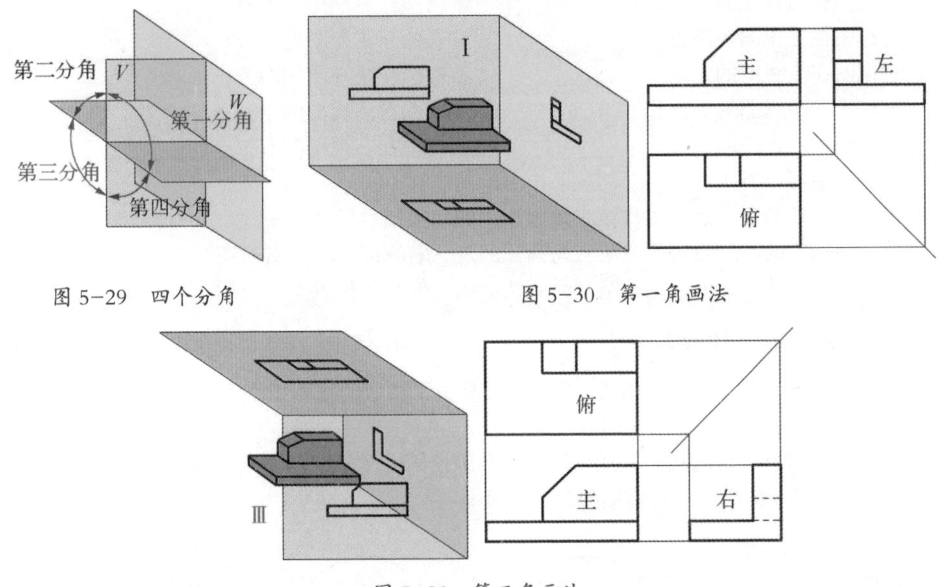

图 5-29 四个分角

图 5-30 第一角画法

图 5-31 第三角画法

二、第三角画法与第一角画法的异同

1. 投影要素的相对位置不同

从图 5-30 中可以看出，第一角画法保持人→机件→投影面的位置关系，而从图 5-31 中也可以看出，第三角画法保持人→投影面→机件的位置关系。第三角画法与第一角画法类似，三视图符合多面正投影的投影规律，即主、俯视图长对正；主、右视图高平齐；俯、右视图宽相等。

2. 视图的配置关系不同

第一角画法与第三角画法都是将机件放在六面投影体系中，向六个投影面进行投影得到六个基本视图，其视图名称相同。但由于六个基本投影面的展开方式不同，其基本视图的配置关系也不同，如图 5-32 所示。

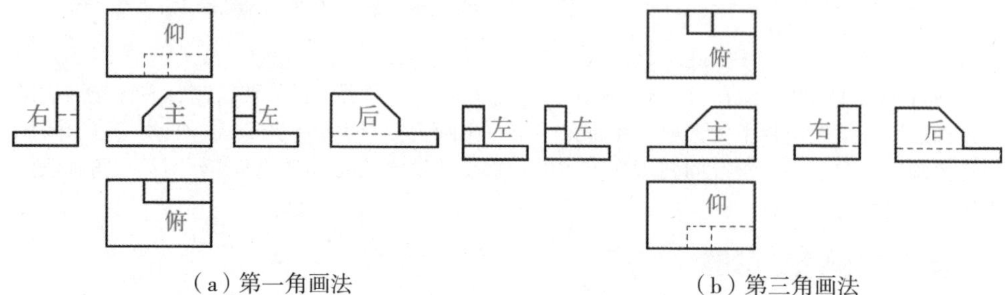

（a）第一角画法　　（b）第三角画法

图 5-32　第一角画法和第三角画法配置关系的对比

从图 5-32 中可以看出，第一角画法与第三角画法各个视图与主视图的配置关系如下：

第一角画法	第三角画法
俯视图在主视图的下方；	俯视图在主视图的上方；
左视图在主视图的右方；	左视图在主视图的左方；
右视图在主视图的左方；	右视图在主视图的右方；
仰视图在主视图的上方；	仰视图在主视图的下方；
后视图在左视图的右方。	后视图在右视图的右方。

从对比中可以看出：

第一角画法的主、后视图与第三角画法中的前视图、后视图一致。

第一角画法的左、右视图与第三角画法的左、右视图位置左右对调。

第一角画法的俯、仰视图与第三角画法的俯、仰视图位置上下对调。

三、第三角画法的识别符号

为了识别第三角与第一角画法，国家标准规定了相应的投影识别符号，如图 5-33 所示。该符号标在标题栏中“其他”区的最下方。

注意：采用第一角画法时，在图样中不必画出第一角画法的识别符号，采用第三角画法时，必须在图样中标出第三角画法的识别符号。

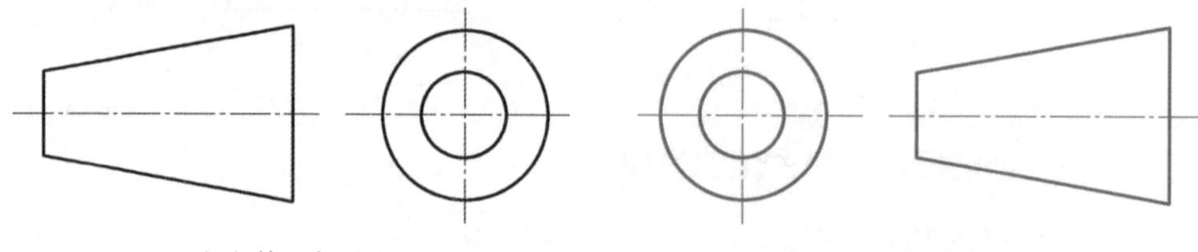

（a）第一角画法　　（b）第三角画法

图 5-33　第一角与第三角画法的识别符号

判断下图，哪个采用了第一角画法，哪个采用了第三角画法，并标注视图名称。

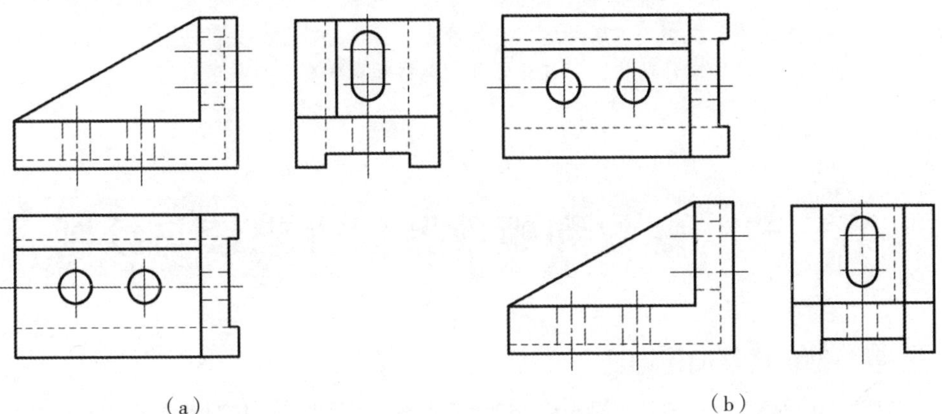

（a）　　　　　　　　　　　　（b）

第六章 机械图形的特殊表示法

螺栓、螺钉、螺母、键、销、轴承等零件广泛应用于机械设备和仪表仪器的安装中，国家标准对这些零件的结构、规格和技术要求作了统一规定，实现了标准化，该类零件称为标准件。此外，对齿轮、弹簧等常用件的部分参数也实行了标准化。在画法上，采用简单易画的图线代替复杂繁琐的零件结构，对部分零件的规格和精度要求则采用标记、标注等方法来表示。

第一节 螺纹和螺纹紧固件识读与绘制

一．螺纹的形成及加工方法

螺纹分为外螺纹和内螺纹。沿圆柱或圆锥外表面上的螺旋线，按照规定牙型进行扫掠，形成的连续沟槽、凸起，称为外螺纹；同理，在圆柱或圆锥内表面上形成的螺纹称为内螺纹，如图 6–1 所示。

（a）外螺纹

（b）内螺纹

图 6–1 螺纹

螺纹的加工方法有很多，如在车床上加工外、内螺纹，工件做等速旋转运动，刀具沿工件轴向做等速直线移动，其合成运动使切入工件的刀尖在工件表面上切削出螺纹，如图 6–2（a）和图 6–2（b）所示；另外一种是螺纹孔直径较小时，可先用钻头钻出光孔，再用丝锥攻制加工内螺纹，如图 6–2（c）所示。

二、螺纹要素

螺纹的主要参数有牙型、直径、螺距、线数和旋向。只有当内、外螺纹这五个要素完全一致，才能旋合联接，如表 6–1 所示。

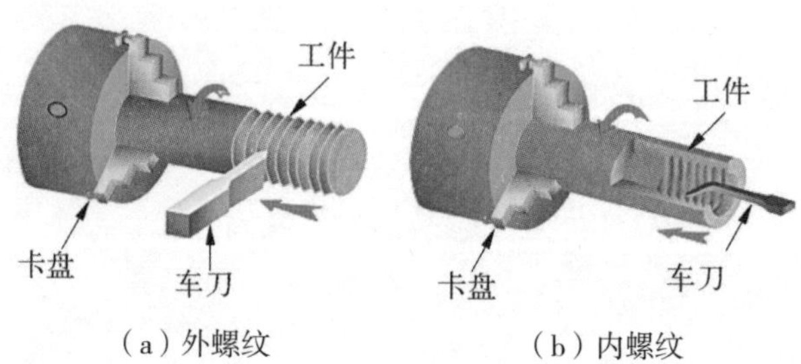

（a）外螺纹　　（b）内螺纹

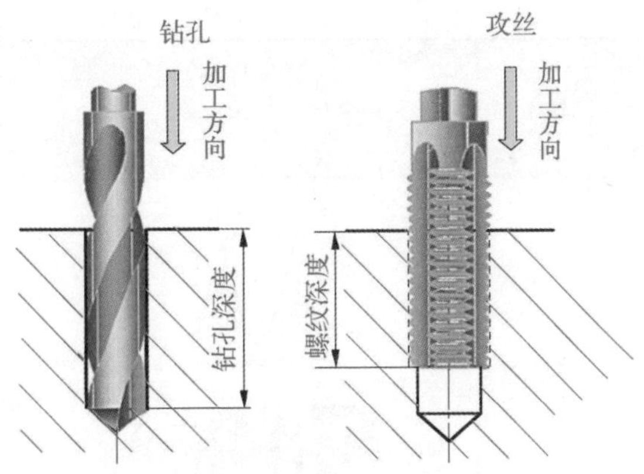

（c）直径较小的螺纹

图 6-2 螺纹的加工方法

表 6-1 螺纹参数列表

螺纹参数		类别	图示	说明
名称	定义			
牙型	在通过螺纹轴线断面上，螺纹的轮廓形状称为牙型	普通螺纹	60° 三角形螺纹	普通三角螺纹的牙型角为 60°，又分为粗牙螺纹和细牙螺纹
			55° 管螺纹	管螺纹属英制细牙三角形螺纹。多用于有紧密性要求的管件联接，牙型角为 55°

续表

螺纹参数		类别	图示	说明
名称	定义			
牙型	在通过螺纹轴线断面上，螺纹的轮廓形状称为牙型	梯形螺纹	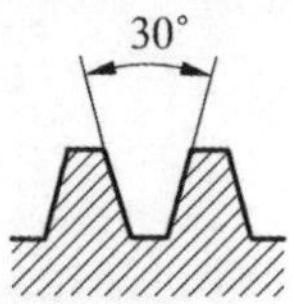  30°	梯形螺纹牙型角为30°，是应用最广泛的一种传动螺纹
		锯齿形螺纹	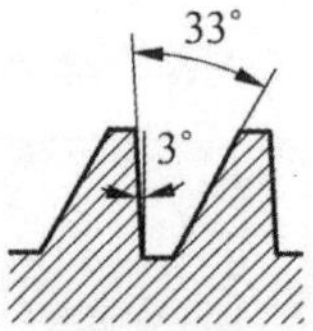  33° 3°	两侧牙型斜角分别为3°和30°。前者的侧面用来承受载荷，可得到较高效率；后者的侧面用来增加牙根强度。适用于单向受载的传动螺旋
直径	螺纹直径有大径、小径和中径	螺纹大径（公称直径）	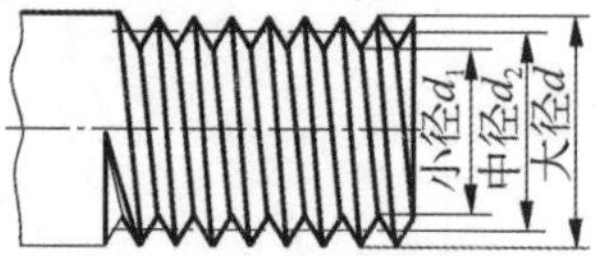 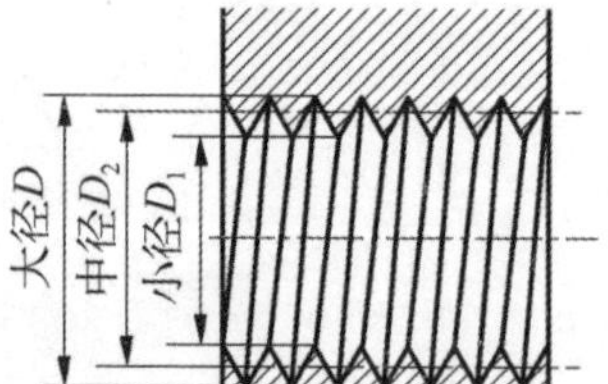 小径d_1 中径d_2 大径d	外螺纹牙顶或内螺纹牙底相切的假想圆柱直径，外螺纹大径用d表示，内螺纹大径用D表示。螺纹公称直径为大径
		螺纹小径	大径D 中径D_2 小径D_1	外螺纹牙底或内螺纹牙顶相切的假想圆柱直径，外螺纹小径用d_1表示，内螺纹小径用D_1表示
		螺纹中径		假想圆柱直径，该圆柱母线通过螺纹牙型上沟槽和牙厚度相等的位置称为螺纹中径。外螺纹中径用d_2表示，内螺纹中径用D_2表示

续表

螺纹参数		类别	图示	说明
名称	定义			
线数	螺纹线数 n 有单线和多线之分	单线		沿一条螺旋线形成的螺纹，称为单线螺纹
		多线		沿两条或多条螺旋形成的螺纹，称为双线或多线螺纹，左图为双线螺纹
螺距/导程	单线螺纹：导程 P_h= 螺距 P，多线螺纹：导程 P_h= 螺纹线数 $n\times$ 螺距 P	螺距	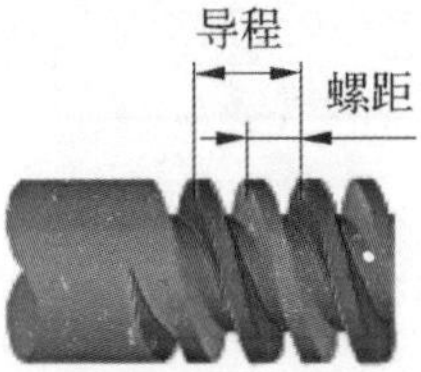 导程 螺距 多线螺纹：$P_h=n\times P$	螺距是指螺纹上相邻两牙在中径线上对应两点间的轴向距离
		导程	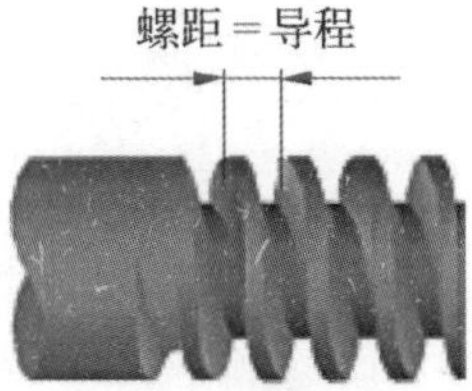 螺距＝导程 单线螺纹：$P=P_h$	导程是指在同一条螺旋线上相邻两牙在中径线上对应两点间的轴向距离
旋向	螺纹分为左旋和右旋两种	左/右旋螺纹	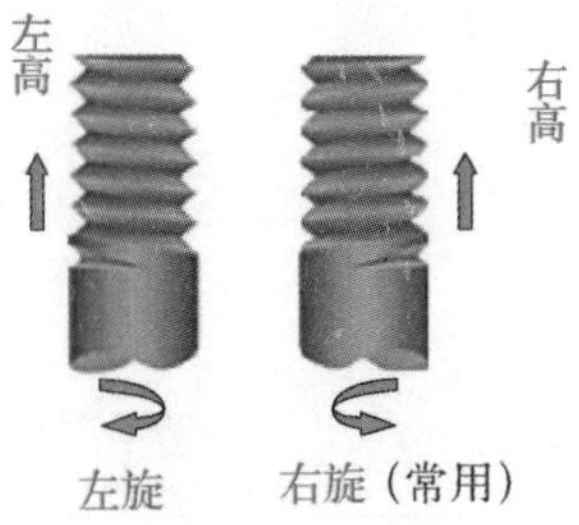 左高 右高 左旋 右旋（常用）	顺着螺杆旋进方向观察，逆时针旋入的螺纹称为左旋螺纹，顺时针旋入的螺纹称为右旋螺纹

三、螺纹的规定画法

因为螺纹的结构和尺寸已经标准化，为了提高绘图效率，国家标准《机械制图 螺纹及螺纹紧固件表示法》（GB/T 4459.1—1995）中规定了螺纹的画法，而不必按真实投影画出其结构与形状，见表 6–2 所示。

表 6–2　螺纹的规定画法

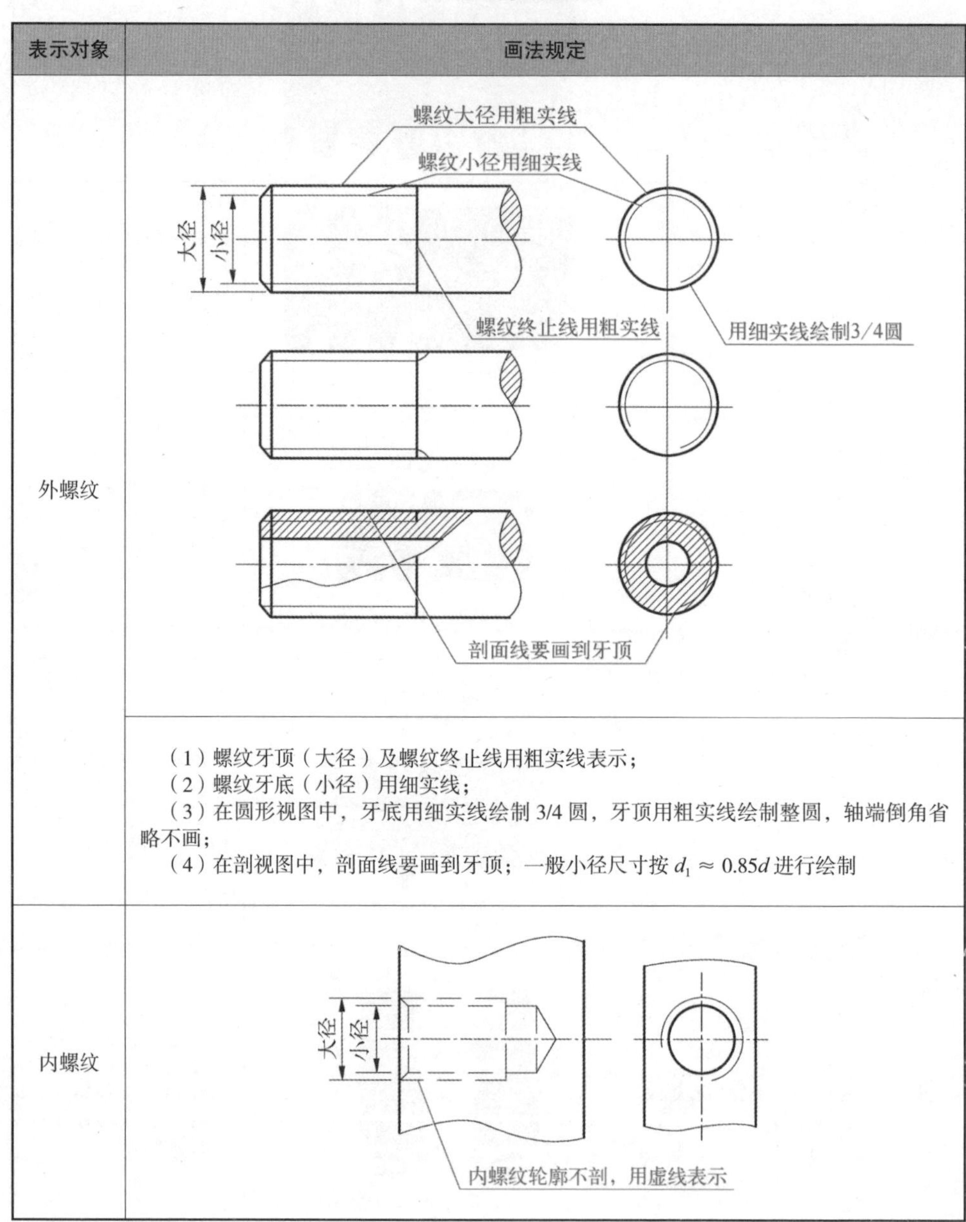

表示对象	画法规定
外螺纹	（1）螺纹牙顶（大径）及螺纹终止线用粗实线表示； （2）螺纹牙底（小径）用细实线； （3）在圆形视图中，牙底用细实线绘制 3/4 圆，牙顶用粗实线绘制整圆，轴端倒角省略不画； （4）在剖视图中，剖面线要画到牙顶；一般小径尺寸按 $d_1 \approx 0.85d$ 进行绘制
内螺纹	

续表

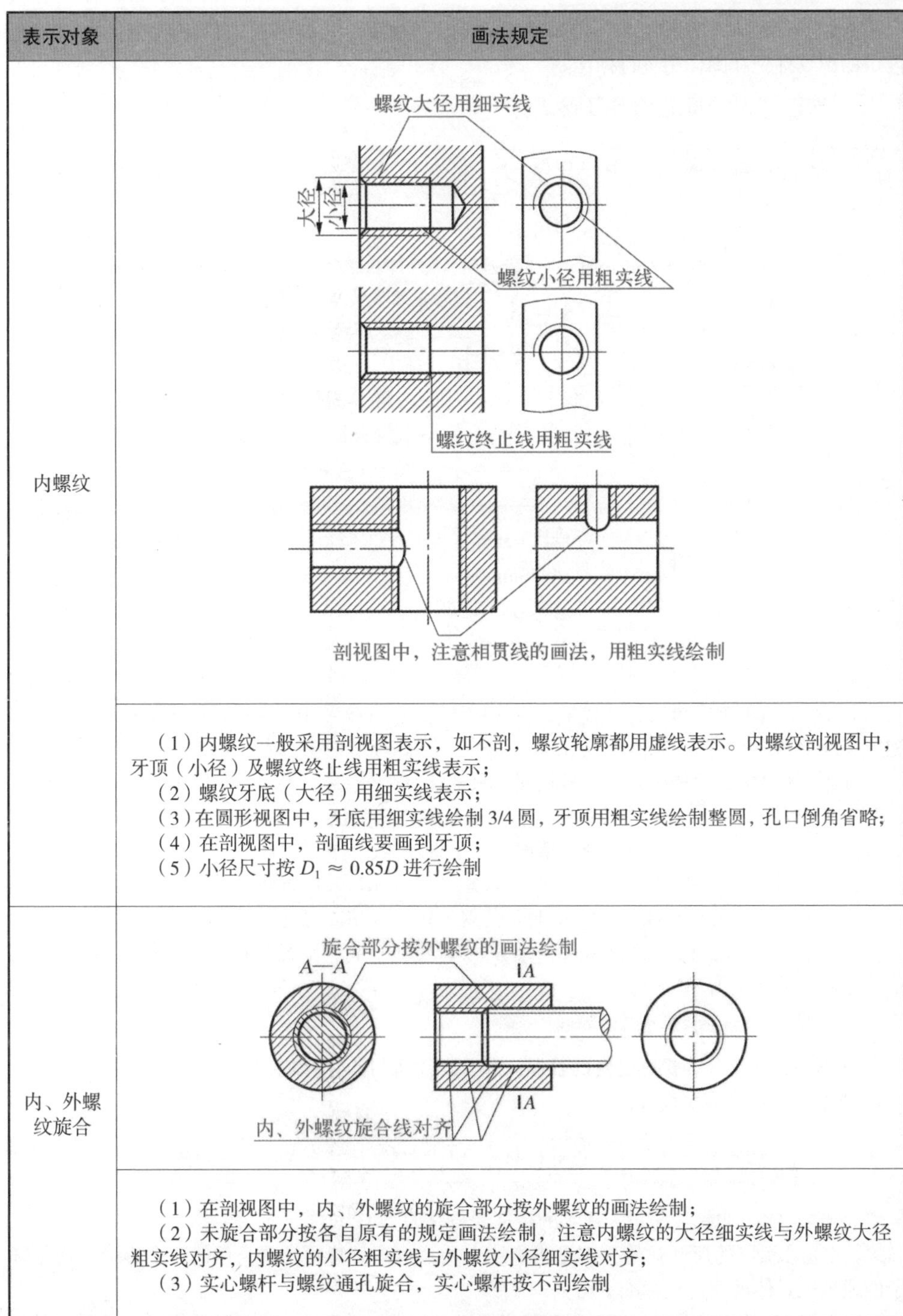

表示对象	画法规定
内螺纹	（1）内螺纹一般采用剖视图表示，如不剖，螺纹轮廓都用虚线表示。内螺纹剖视图中，牙顶（小径）及螺纹终止线用粗实线表示； （2）螺纹牙底（大径）用细实线表示； （3）在圆形视图中，牙底用细实线绘制 3/4 圆，牙顶用粗实线绘制整圆，孔口倒角省略； （4）在剖视图中，剖面线要画到牙顶； （5）小径尺寸按 $D_1 \approx 0.85D$ 进行绘制
内、外螺纹旋合	（1）在剖视图中，内、外螺纹的旋合部分按外螺纹的画法绘制； （2）未旋合部分按各自原有的规定画法绘制，注意内螺纹的大径细实线与外螺纹大径粗实线对齐，内螺纹的小径粗实线与外螺纹小径细实线对齐； （3）实心螺杆与螺纹通孔旋合，实心螺杆按不剖绘制

四、螺纹的代号和标注方法

在螺纹的标准画法中，均不能反映它的牙型、螺距、线数和旋向等结构要素，因此通过规定的螺纹标记在图样中进行标注。

1. 普通螺纹的标记内容及格式

特征代号	公称直径	×	P_h（导程）P（螺距）	公差带代号	旋合长度代号	旋向

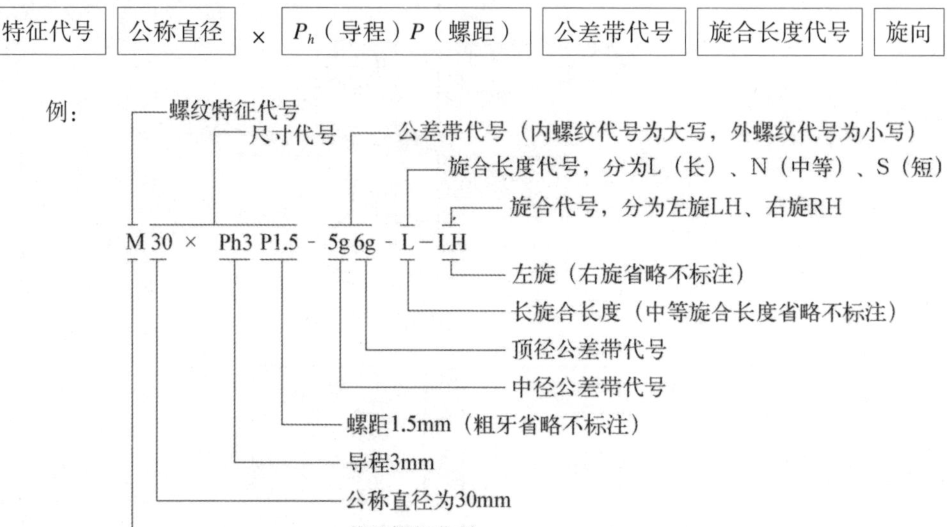

注意：（1）单线螺纹尺寸代号，直接标注螺距，省略“P”字样，粗牙不标注螺距，查相应标准手册。

（2）如果中、顶径公差带代号相同，只标注一个公差代号。

（3）标注“LH”表示左旋螺纹，若未进行标注则默认为右旋螺纹。

（4）在下列情况下，中等公差精度螺纹不标注其公差带代号：

内 / 外螺纹：公称直径≤ 1.4mm 时，公差带代号 5H/5h 可省略；

公称直径≥ 1.6mm 时，公差带代号 6H/6h 可省略。

例：普通螺纹公称直径为 8mm，细牙，螺距 P=1mm，中径和顶径公差带代号为 6H 的单线左旋，可标记为 M8 × 1。

2. 管螺纹的标记内容及格式

常用的管螺纹分为螺纹密封的管螺纹和非螺纹密封的管螺纹。

非螺纹密封管螺纹代号：

螺纹特征代号	尺寸代号	公差等级代号	—	旋向代号

注意：（1）非螺纹密封管螺纹的特征代号是 G。

（2）管螺纹的尺寸代号并不是指螺纹大径，也不是管螺纹本身任何一个直径，而是管子的通径，具体尺寸可查标准手册。

（3）公差等级代号分 A、B 两个精度等级。外螺纹需注明，内螺纹无需标注此项代号。

（4）旋向代号只注左旋“LH”，右旋螺纹不注旋向代号。

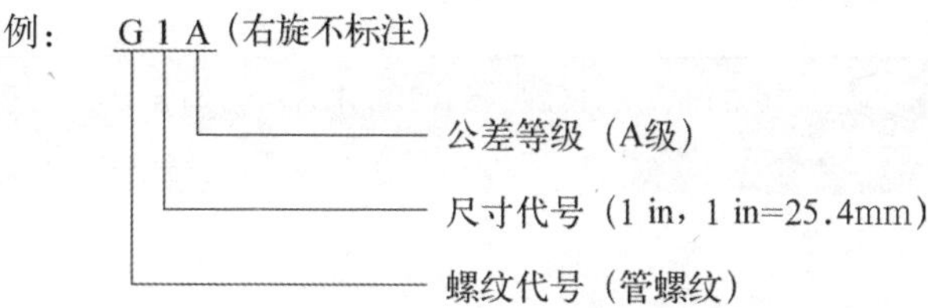

各种常用螺纹的代号和标注方法，如表 6–3 所示。

表 6–3 螺纹代号和标注方法

螺纹种类		特征代号	标记及标注示例	标记要求
联接和紧固件常用螺纹	普通螺纹	M	M10-5g6g-*S*	粗牙普通外螺纹，公称直径 10mm，粗牙，螺距 1.5mm（查标准手册获知），右旋，中径公差带代号 5g，顶径公差带代号 6g，短旋合长度
			M10-7H-L	粗牙普通内螺纹，公称直径 10mm，粗牙，螺距 1.5mm（查标准手册获知），右旋，中、顶径公差带代号 7H，长旋合长度
			M10×1.5-5g6g	细牙普通螺纹，公称直径 10mm，细牙，螺距 1.5mm，右旋，中径公差带代号 5g，顶径公差带代号 6g，长旋合长度
管螺纹	55°非密封管螺纹	G	G1/2	非螺纹密封的管螺纹，尺寸代号为 1/2，公差为 A 级，右旋 注：非螺纹密封的管螺纹中，外螺纹需注出公差等级 A 或 B，而内螺纹公差等级只有一种，故不标注
			G1/2A	

续表

螺纹种类		特征代号	标记及标注示例	标记要求
管螺纹	55°密封管螺纹	R	R1/2	圆锥外螺纹，尺寸代号为 1/2，右旋 注：R1 表示与圆柱内螺纹相配合的圆锥外螺纹； R2 表示与圆锥内螺纹相配合的圆锥外螺纹
管螺纹	55°密封管螺纹	Rc	Rc1/2	圆锥内螺纹，尺寸代号为 1/2，右旋
		Rp	Rp1/2	圆柱内螺纹，尺寸代号为 1/2，右旋
传动螺纹	梯形螺纹	Tr	Tr40×14 P7-7h-LH	梯形螺纹，公称直径为 40mm，双线，导程 14mm，螺距 7mm，中径公差带为 7h，左旋，中等旋合长度
	锯齿形螺纹	B	B40×14 P7-8c	锯齿形螺纹，公称直径为 40mm，双线，导程 14mm，螺距 7mm，中径公差带为 8c，右旋，中等旋合长度

五、常用螺纹紧固件的种类和标记

常用的螺纹紧固件有螺栓、螺柱、螺母和垫圈等，其结构形式和尺寸均已标准化，属于标准件。国家标准对它们也制定了相应的标记方法，螺纹紧固件完整的标注主要由紧固件名称、标准代号、形式代号、规格代号、性能代号组成，只要知道其规定标记，就可以从相关的标准中查出它们的结构、形式及全部尺寸，表 6-4 为常用螺纹紧固件和标记示例介绍。

表 6-4 常用螺纹紧固件标记示例

名称及标准号	实物图	规定画法及规格尺寸	标记说明
六角头螺栓		M10 50	螺栓 GB/T 5782 Md×L 例如：螺栓 GB/T 5782 M10×50 螺纹规格 d=10，公称长度 l=50、性能等级为 8.8 级、表面氧化、A 级六角头螺栓
开槽圆柱头螺钉		M10 50	螺钉 GB/T 65 Md×L 例如：螺钉 GB/T 65 M10×50 螺纹规格 d=10，公称长度 l=50、性能等级为 4.8 级、表面不处理、A 级开槽圆柱头螺钉
开槽沉头螺钉		M10 50	螺钉 GB/T 68 Md×L 例如：螺钉 GB/T 68 M10×50 螺纹规格 d=10，公称长度 l=50、性能等级为 4.8 级、表面不处理的开槽圆柱头螺钉
I 型六角螺母		M12	螺母 GB/T 6170 MD 例如：螺母 GB/T 6170 M12 螺纹规格 D=12，性能等级为 10 级、表面不处理、A 级 I 型六角螺母
平垫圈		ϕ13(d_1=1.1 d)	垫圈 GB/T 97.1 d 例如：垫圈 GB/T 97.1 12 标准系列、公称规格 d=12mm、硬度等级为 200HV 级，表面不处理、产品等级为 A 级的平垫圈

六、螺纹紧固件的联接画法

螺纹紧固件的联接形式有螺栓联接、螺柱联接、螺钉联接。紧固件联接画法必须遵循的规定如下：

（1）当剖切平面通过螺杆的轴线时，螺栓、螺柱、螺钉及螺母、垫圈等均按未剖切绘制，只画外形，不画剖面线，必要时，可采用局部视图。

（2）在剖视图上，相邻两零件的接触表面画一条线，不接触的表面画两条线。

（3）相邻两零件的剖面线应有区别，相反或间隔、倾角不等。

1. 螺栓联接

螺栓主要用于联接两个不太厚并能钻成通孔的零件。其联接的紧固件有螺栓、螺母、垫圈，螺栓联接的画法如表 6-5 所示。

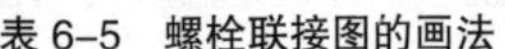

表 6-5　螺栓联接图的画法

<table>
<tr>
<td>

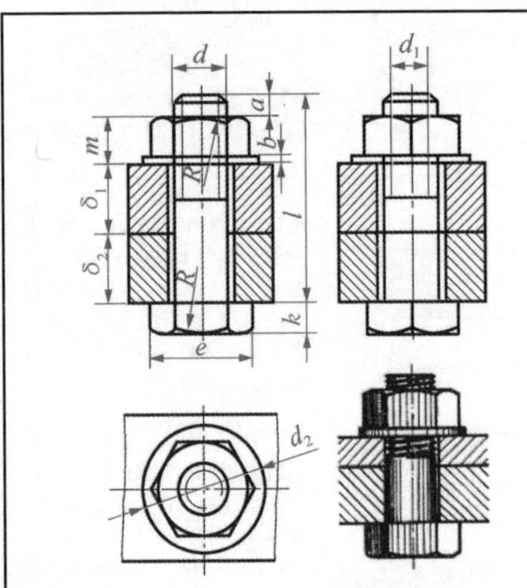

</td>
<td>

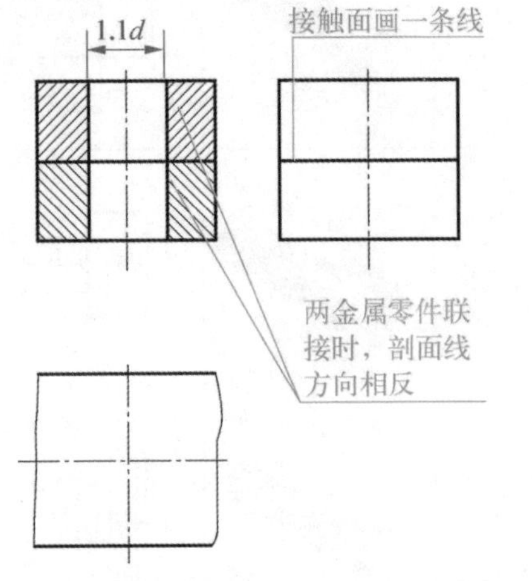

</td>
</tr>
<tr>
<td>

（1）用公称直径为 d 的螺栓将两块钻有通孔的薄零件贯穿，套上垫圈，再用螺母紧固。螺栓连接图各部分尺寸比例关系如图，螺栓的公称长度 $l \geqslant \delta_1+\delta2+h+m+a$（计算后查表取相应长度）

</td>
<td>

（2）首先绘制联接件，由国标规定，通孔直径按 1.1d 来绘制。

注意：① 两零件接触时接触面用一条直线表示，不接触则用两条直线表示；

② 在剖视图中，两零件的剖面线方向应相反；

③ 俯视图中的圆孔省略不画

</td>
</tr>
<tr>
<td>

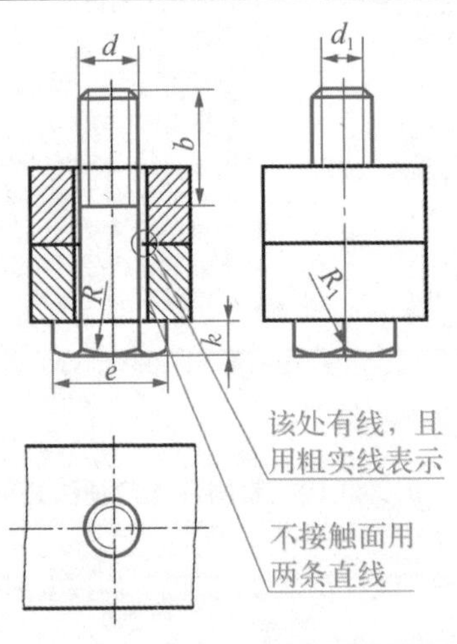

</td>
<td>

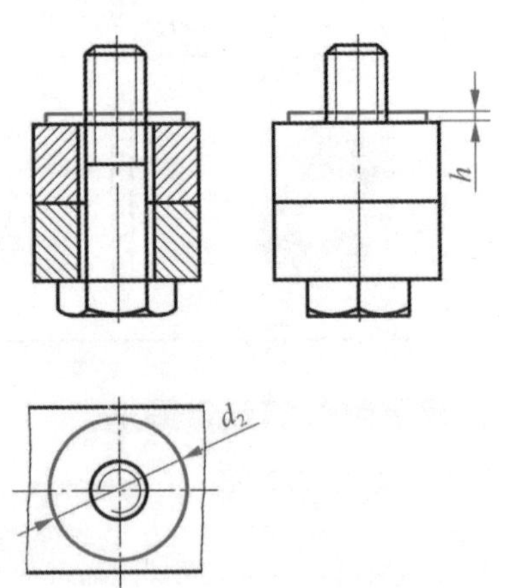

</td>
</tr>
<tr>
<td>

（3）绘制螺栓，螺栓画图的尺寸比例关系如下：
$b=2d$ $k=0.7d$ $R=1.5d$ $R_1=d$ $e=2d$ $d_1=0.85d$

注意：螺栓上的螺纹终止线的位置，保证螺母有拧紧的余地

</td>
<td>

（4）绘制垫圈，垫圈画图的尺寸比例关系如下：
$h=0.15d$　$d_2=2.2d$

</td>
</tr>
</table>

续表

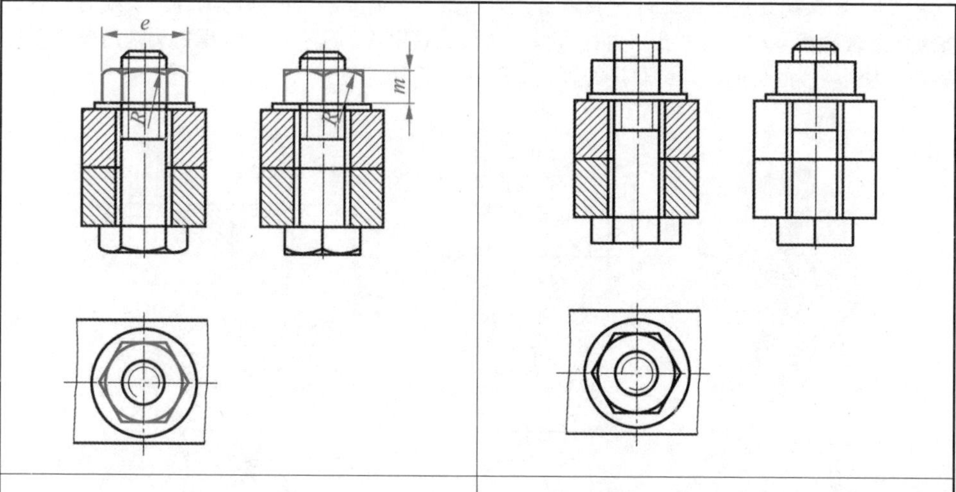

（5）绘制螺母，螺母画图的尺寸比例关系如下：$e=2d$ $R=1.5d$　$R_1=d$　$m=0.7d$。	（6）简化画法：螺栓紧固件联接可将螺栓、螺母上的六方倒角省略不画，并且螺栓上螺纹端面的倒角也省略不画，使画法统一

2. 双头螺柱联接

螺柱联接由双头螺柱、垫圈和螺母组成。当两个连接零件中，有一个较厚不宜加工成通孔时，可采用双头螺柱联接。螺柱联接图的各部分比例关系为：螺纹公称直径 d、旋入端长度 b_m 由国标规定（GB/T 897—1988 规定钢或青铜 $b_m=1d$）、$b=2d$、$a=0.3d$、$m=0.7d$、$h=0.15d$、$e=2d$、$D=2.2d$、螺纹孔深度 $=b_m+0.5d$、孔深 $=b_m+d$, 绘制双头螺柱连接图，如图 6–3 所示。

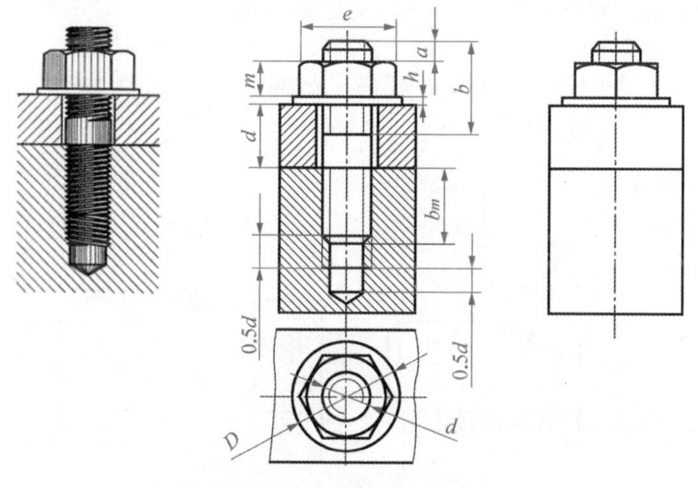

图 6–3　双头螺柱联接画法

3. 螺钉联接

螺钉联接不用螺母和垫圈，而把螺钉直接旋入下部零件的螺孔中。按用途可分为联接螺钉和紧定螺钉。

（1）联接螺钉：联接螺钉一般用于受力不大又不需要经常拆卸的场合，装配时将螺钉直接穿过被联接零件上的通孔，再拧入另一个被联接零件的螺孔中，靠螺钉头部压紧被联接零件，达到联接的目的。螺钉联接的画法如图 6-4 所示。

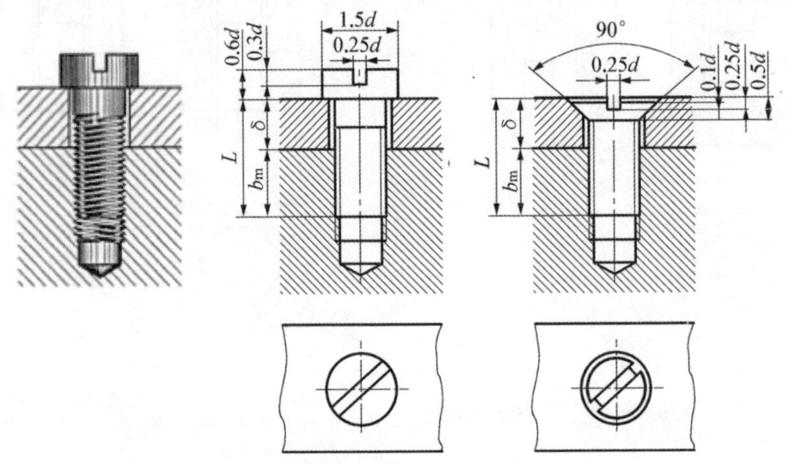

图 6-4　螺钉联接画法

注：①螺钉公称长度 $l=\delta+b_m$，按计算值 l 查表确定公称长度。

②螺钉的螺纹终止线不能与被联接件的结合面平齐，而是画至被联接件的结合面之上，表示螺钉有拧紧的余地。

③具有直槽的螺钉头部，在主视图中应被放正，俯视图中规定画成与水平方向成 45°的倾斜方向。

（2）紧定螺钉：用于固定两个零件的相对位置，防止两个相配合的零件产生相对运动。如图 6-5 所示，通过使用一个开槽锥端紧定螺钉旋入齿轮（图中仅画出齿轮轮毂部分）和轴，使螺钉端部的 90° 锥顶与轴上的 90° 锥坑压紧，从而固定轴和齿轮的相对位置。

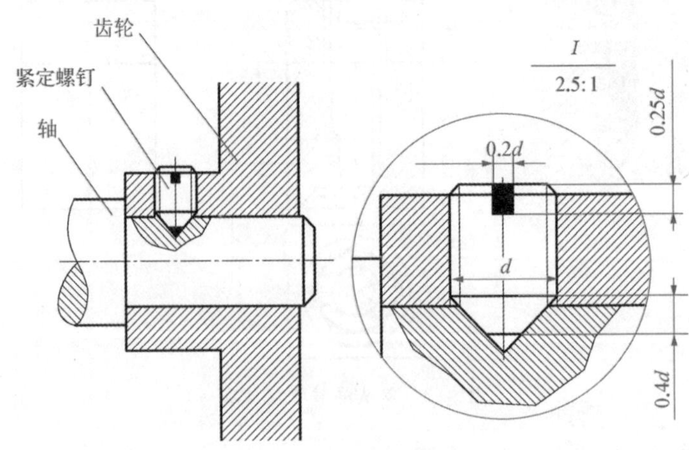

图 6-5　紧定螺钉的联接画法

认真识读螺纹及螺纹紧固件的标记，再根据标记代号查标准手册：

1. M36 × 1.5LH–6H/6g
2. R 1/2
3. 螺栓 GB/T 5782—2016 M20 × 100

第二节 齿轮识读与绘制

在机械传动中，齿轮是将一根轴的动力、转速和旋转方向传递给另一根轴的传动零件。其常见传动形式有圆柱齿轮传动、圆锥齿轮传动、蜗轮蜗杆传动，如表 6–6 所示。

表 6–6 常见齿轮的传动形式

圆柱齿轮传动	圆锥齿轮传动	蜗轮蜗杆传动

用于两平行轴间传动，例如：汽车变速器齿轮传动	用于两相交轴间传动，例如：汽车主减速器齿轮传动	用于交叉两轴间传动，例如：汽车转向器的蜗轮蜗杆传动

一、圆柱齿轮传动

1. 直齿圆柱齿轮各部分名称和主要参数

圆柱齿轮按齿轮方向可分为直齿、斜齿、人字齿圆柱齿轮等，而直齿圆柱齿轮是齿轮中常用的一种，其各部分名称和主要参数，如图 6–6、表 6–7 所示。

2. 圆柱齿轮的画法

齿轮上的轮齿结构复杂且数量较多，为简化作图，GB/T 4459.2—2003 对齿轮画法作出规定，如表 6–8 所示。

在齿轮啮合的剖视图中，由于齿根高和齿顶高相差 0.25m，因此一个齿轮的齿顶线与另一个齿轮的齿根线之间应有 0.25m 间隙，如图 6–7 所示。

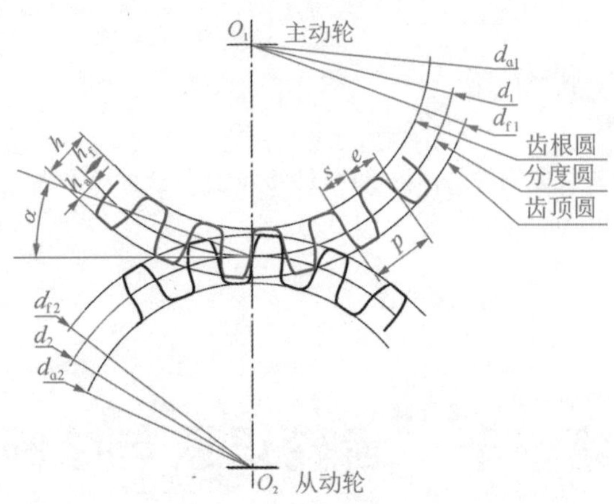

图 6-6　直齿圆柱齿轮各部分名称

表 6-7　直齿圆柱齿轮各部分名称和主要参数

名称	参数说明		
圆柱齿轮各部分名称和代号	齿顶圆直径 d_a	通过轮齿顶面的圆柱圆直径	$d_a=d+2h_a=m(z+2)$
	齿根圆直径 d_f	通过轮齿顶根的圆柱圆直径	$d_f=d-2h_f=m(z-2.5)$
	分度圆直径 d	在齿顶圆与齿根圆之间假想的圆，该圆上齿厚和齿槽宽度相等	$d=mz$
	齿顶高 h_a	齿顶圆和分度圆之间的径向距离	$h_a=m$
	齿根高 h_f	齿根圆和分度圆之间的径向距离	$h_f=1.25m$
	齿高 h	齿顶圆和齿根圆之间的径向距离	$h=h_a+h_f=2.25m$
	齿距 p	分度圆上相邻两齿相同轮廓对应点之间的弧长	$P=\pi m$
	齿厚 s	分度圆上轮齿的弧长	
	齿间 e	分度圆上一个齿槽宽度弧长	
	中心距 a	两圆柱齿轮轴线间的距离	$a=m(z_1+z_2)/2$
齿轮主要参数	模数 m	分度圆大小与齿距和齿数有关。分度圆周长 $d=mz$，齿数 z 一定时，模数 m 越大，轮齿 d 尺寸越大	$m=p/\pi$
	压力角 α	对齿啮合时，分度圆上啮合点的法线方向与该点的瞬时速度方向之间的夹角	标准齿轮压力角 $\alpha=20°$
	齿数 z	一个齿轮的轮齿总数	

表 6-8　圆柱齿轮的画法规定

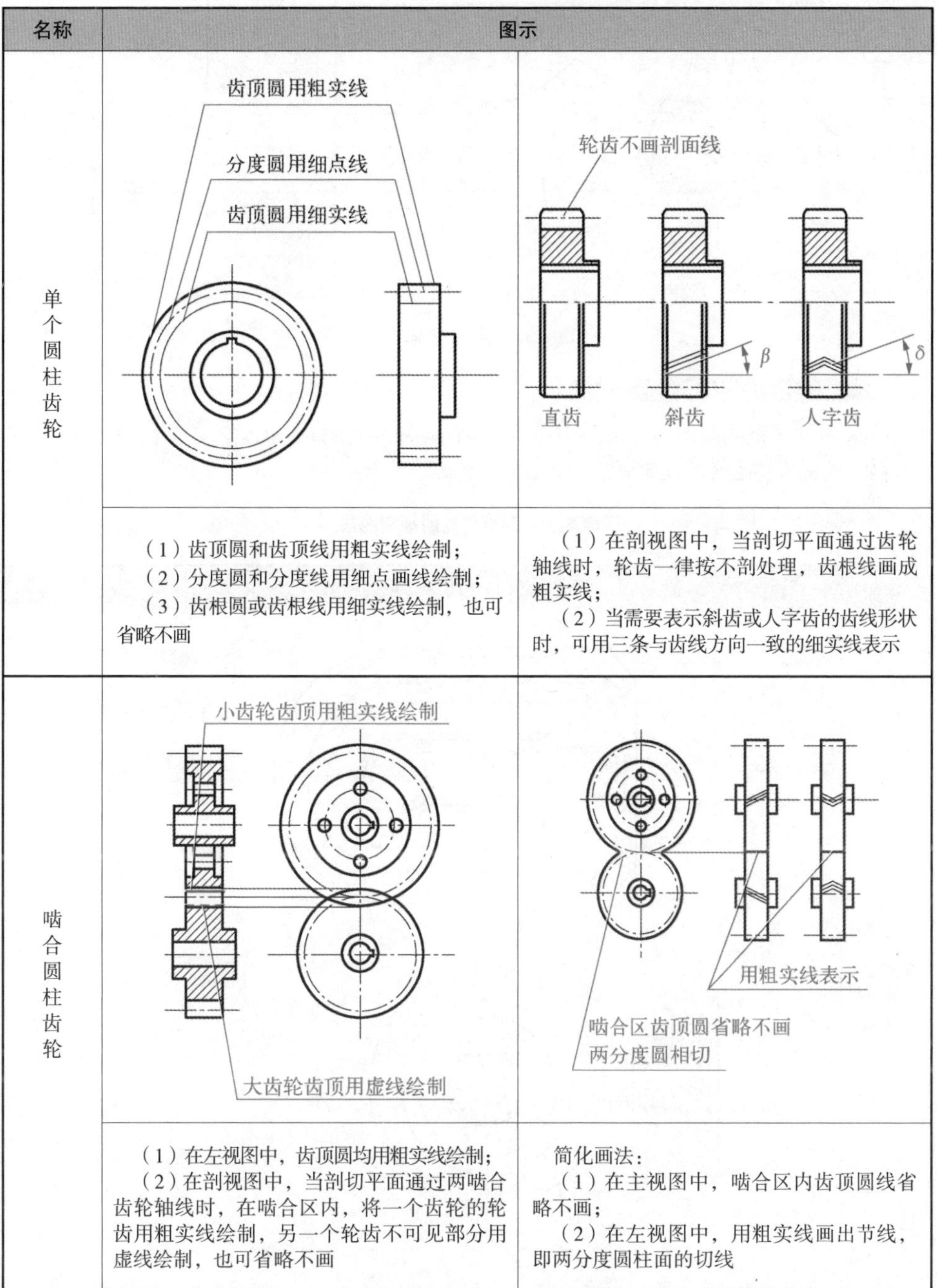

名称	图示	
单个圆柱齿轮	（1）齿顶圆和齿顶线用粗实线绘制； （2）分度圆和分度线用细点画线绘制； （3）齿根圆或齿根线用细实线绘制，也可省略不画	（1）在剖视图中，当剖切平面通过齿轮轴线时，轮齿一律按不剖处理，齿根线画成粗实线； （2）当需要表示斜齿或人字齿的齿线形状时，可用三条与齿线方向一致的细实线表示
啮合圆柱齿轮	（1）在左视图中，齿顶圆均用粗实线绘制； （2）在剖视图中，当剖切平面通过两啮合齿轮轴线时，在啮合区内，将一个齿轮的轮齿用粗实线绘制，另一个轮齿不可见部分用虚线绘制，也可省略不画	简化画法： （1）在主视图中，啮合区内齿顶圆线省略不画； （2）在左视图中，用粗实线画出节线，即两分度圆柱面的切线

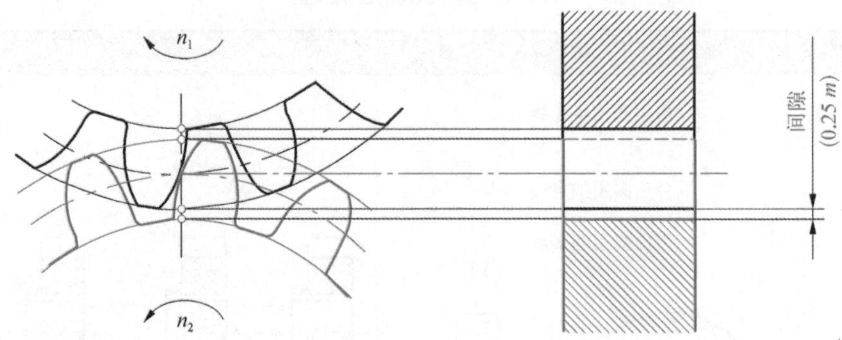

图 6-7　齿轮啮合间隙

二、直齿圆锥齿轮的规定画法

国家标准《机械制图 齿轮表示法》（GB/T 4459.2—2003）中规定了单个圆锥齿轮的画法及两个圆锥齿轮啮合的规定画法，如表 6-9 所示。

表 6-9　圆锥齿轮的规定画法

名称	画法规定
单个圆锥齿轮的规定画法	大端齿顶圆 大端分度圆 小端齿顶圆 用粗实线画出大端和小端的齿顶圆 用细点画线画出大端分度圆 （1）主视图常采用全剖视图； （2）在投影为圆的视图中，齿根圆及小端分度圆均不必画出

续表

两个圆锥齿轮啮合的规定画法	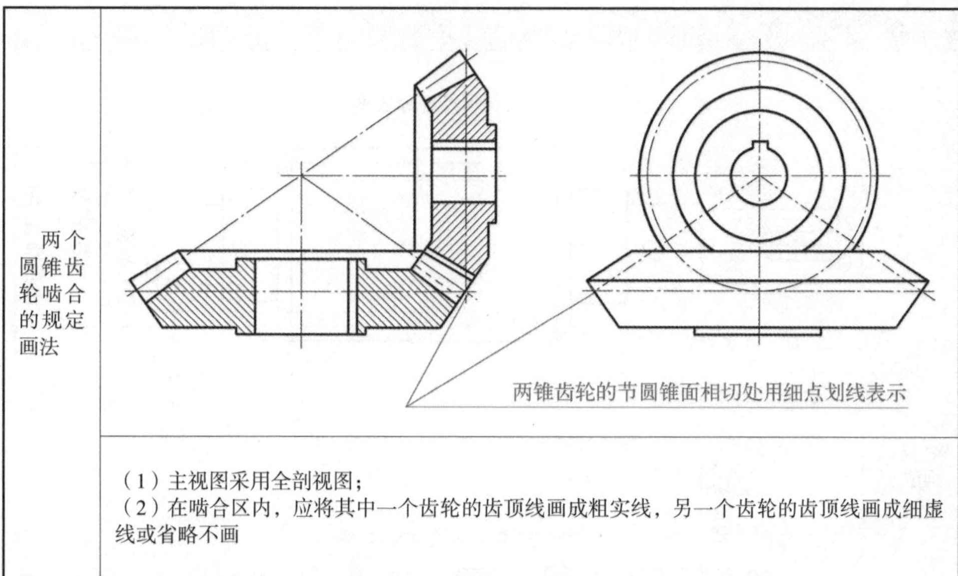
	（1）主视图采用全剖视图； （2）在啮合区内，应将其中一个齿轮的齿顶线画成粗实线，另一个齿轮的齿顶线画成细虚线或省略不画

三、蜗杆、蜗轮画法（表 6–10）

蜗轮、蜗杆传动，主要用在两轴线垂直交叉的场合，蜗杆为主动件，用于减速，蜗轮为从动件，蜗杆的齿数，就是其杆上螺旋线的头数，常用的为单线或双线，当蜗杆转一圈，蜗轮只转一个齿轮或两个齿。因此可得到较大的传动比，其结构紧凑，但传动效率低，如图 6–8 所示。

图 6–8 蜗轮、蜗杆传动

表 6-10　蜗杆、蜗轮的规定画法

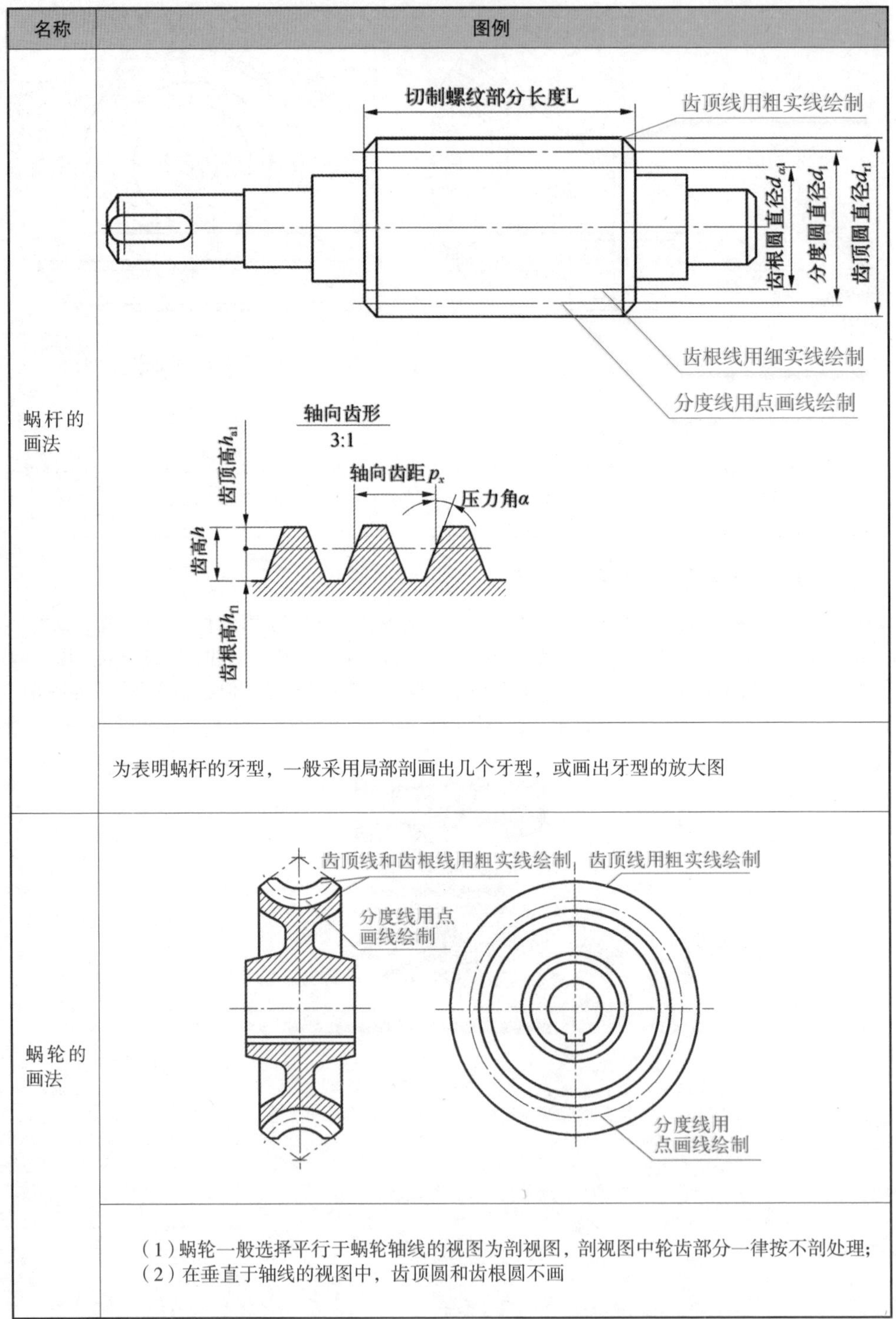

名称	图例
蜗杆的画法	为表明蜗杆的牙型，一般采用局部剖画出几个牙型，或画出牙型的放大图
蜗轮的画法	（1）蜗轮一般选择平行于蜗轮轴线的视图为剖视图，剖视图中轮齿部分一律按不剖处理； （2）在垂直于轴线的视图中，齿顶圆和齿根圆不画

续表

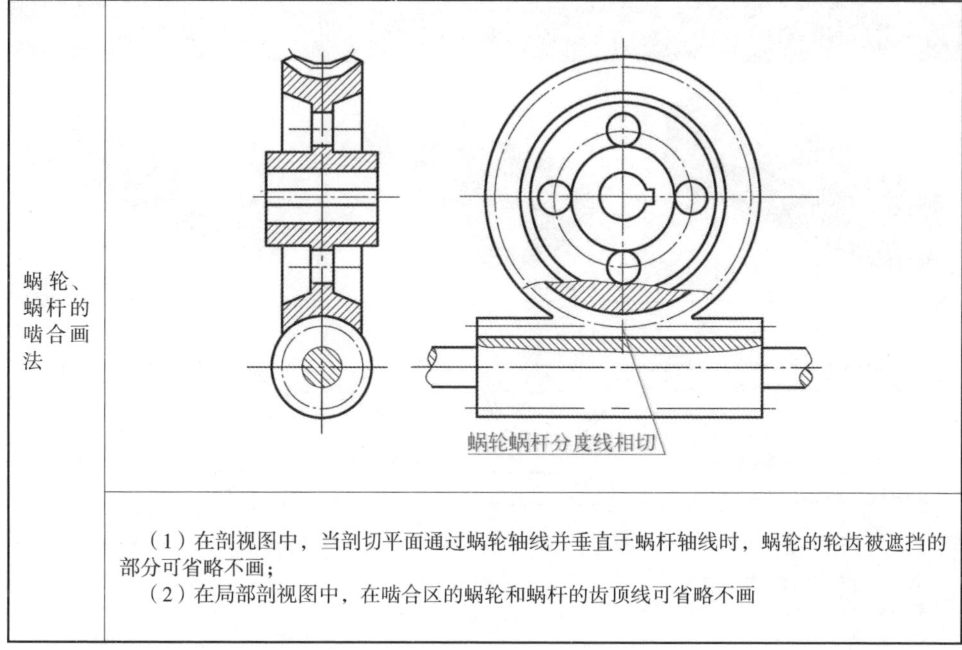

蜗轮、蜗杆的啮合画法	（图）
	（1）在剖视图中，当剖切平面通过蜗轮轴线并垂直于蜗杆轴线时，蜗轮的轮齿被遮挡的部分可省略不画； （2）在局部剖视图中，在啮合区的蜗轮和蜗杆的齿顶线可省略不画

结合生活生产实际，举例说明圆柱齿轮传动、圆锥齿轮传动、蜗轮蜗杆传动的具体应用。

第三节 键联接和销联接识读与绘制

一、键联接

1. 键的结构形式和标记

键是一种标准件，主要用来联接轴和齿轮、带轮、链轮等，起到传递转矩的作用。常用的键有普通平键、半圆键、楔键，键的形式和标记示例如表 6-11 所示。

表 6-11　键的形式和标记示例

普通平键	半圆键	钩头楔键
	注:X≤s	
普通 A 型平键的标记示例： 键 18×11×100 GB/T 1096—2003 b=18mm h=11mm L=100mm 注：普通平键 A 型、B 型、C 型标记时，A 型字母 A 可省略不标出，B 型、C 型字母 不可省略	普通型半圆键的标记示例： 键 6×10×25 GB/T 1099.1—2003 b=6mm h=10mm D=25mm	钩头楔键的标记示例： 键 18×100 GB/T 1565—2003 b=18mm h=11mm L=100mm

2. 键联接的画法

通常用键联接轴和轮，如图 6-9 所示，常用键的联接画法，如表 6-12 所示。

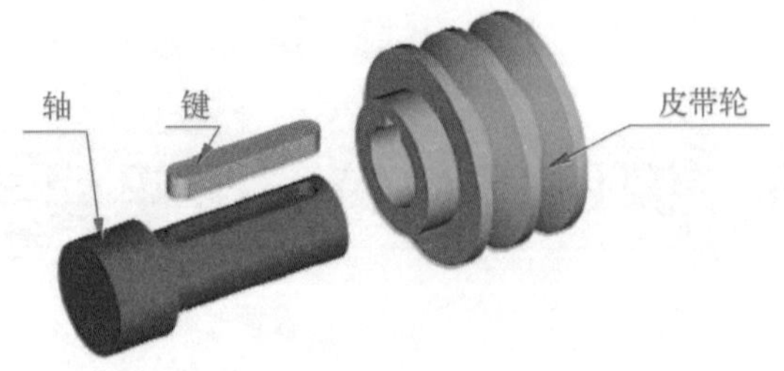

图 6-9　键联接

二、花键

1. 花键的结构形式

花键是一种常用的标准结构，其结构和尺寸都已经标准化，其齿形有矩形、三角形、渐开线形等。花键连接是由内、外花键相配合进行装配，主要应用于传递较大载荷，例如，汽车手动变速器的输入轴和齿轮安装，如图 6-10 所示。

表 6-12 键联接的画法

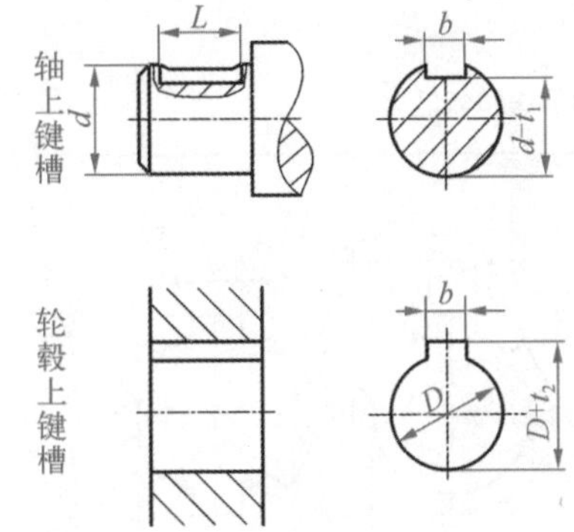 轴上键槽 L d b $d-t_1$ 轮毂上键槽 b D $D+t_2$	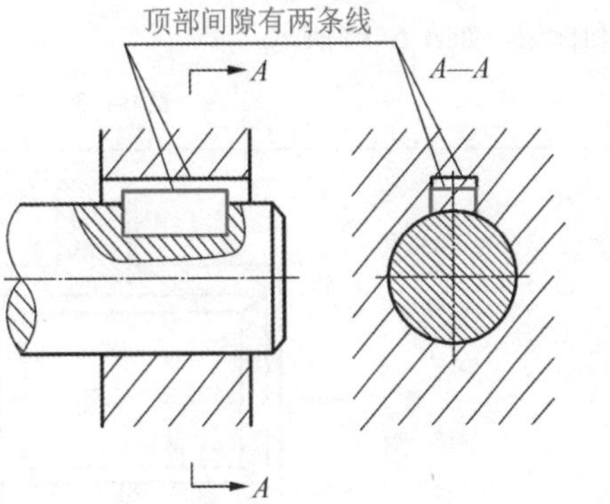 顶部间隙有两条线 A A—A A
普通键槽，即轴上键槽和轮毂上键槽的画法	普通平键联接的画法 注：（1）主视图采用局部剖视图； （2)键的顶面与轮毂上键槽顶面用两条线表示，中间预留间隙，其他工作面用一条线表示
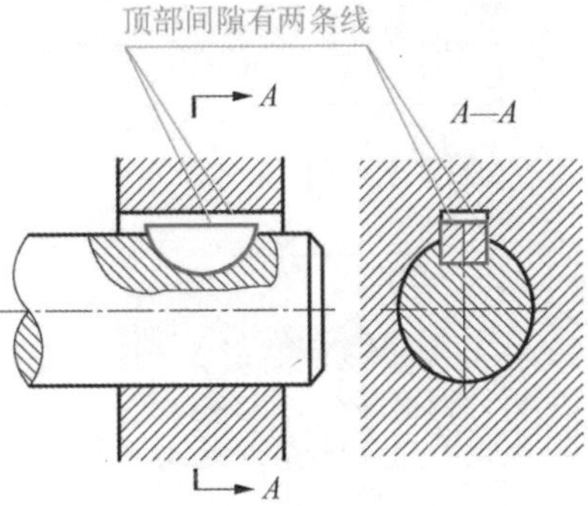 顶部间隙有两条线 A A—A A	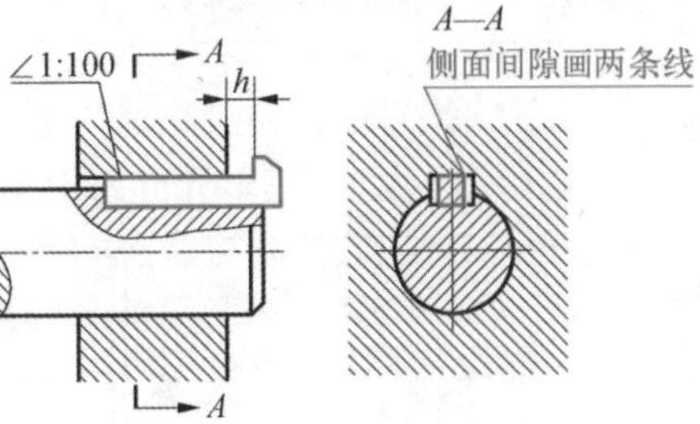 A—A 侧面间隙画两条线 ∠1:100 A h A
半圆键联接的画法	钩头楔键联接的画法 注：（1）键与槽顶面、底面为工作面，故都用一条直线表示； （2）两侧面为非工作面，用两条线表示，预留间隙

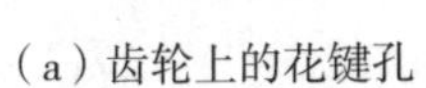

（a）齿轮上的花键孔　　（b）花键轴

图 6-10　花键的结构

2. 花键的画法和标记

常用的矩形花键主要有三个基本参数，即大径 D、小径 d 和键宽 b。内、外花键的画法和标记，如表 6–13 所示。

表 6–13　内、外花键的画法和标记

<table>
<tr><td colspan="2">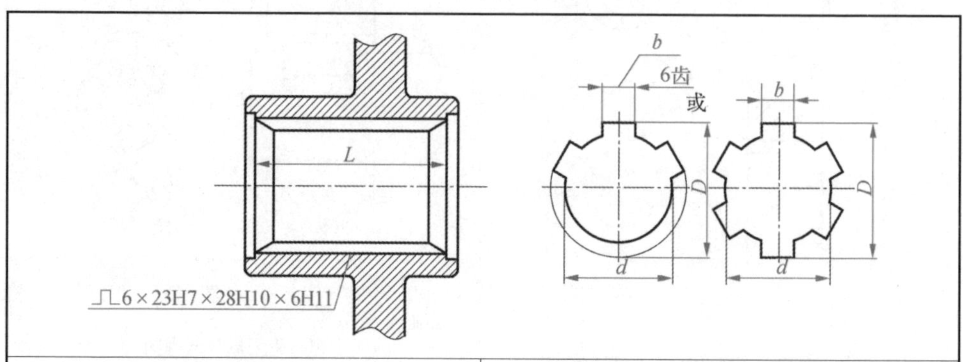
</td></tr>
<tr><td>内花键标记格式：$N \times d \times D \times b$（$N$ 表示齿数，d 表示小径，D 表示大径，b 表示键宽）
如：⏋⎾ 6×23H7×28H10×6H11
6 为齿数，23 为小径，28 为大径，6 为键宽，H7、H10、H11 等为相应的公差带代号</td><td>内花键画法：（1）在剖视图中，大径和小径均用粗实线绘制，花键工作长度的终止端和尾部长度的末端画粗实线；
（2）在局部视图中，画出一部分或全部齿形</td></tr>
<tr><td colspan="2">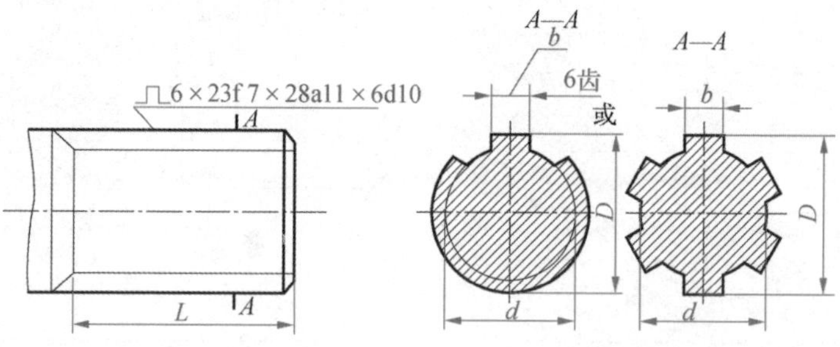
</td></tr>
<tr><td>外花键标记格式：$N \times d \times D \times b$（$N$ 表示齿数，d 表示小径，D 表示大径，b 表示键宽）
如：⏋⎾ 6×23f7×28a11×6d10
6 为齿数，23 为小径，28 为大径，6 为键宽，f7、a11、d10 等为相应的公差带代号</td><td>外花键画法：（1）在主视图中，大径用粗实线绘制，小径用细实线绘制，花键工作长度的终止端和尾部长度的末端画细实线绘制，并与轴线垂直，尾部则画成斜线，其倾斜角度一般与轴线成 30°，必要时可按实际情况画出。
（2）在局部视图中，画出一部分或全部齿形</td></tr>
</table>

三、销联接

1. 销的结构形式

销也是标准件，常用的销有圆柱销、圆锥销、开口销等，如图 6–11 所示。圆柱销、圆锥销主要用于零件间的联接或定位；开口销常用于螺纹联接的锁紧装置中，以

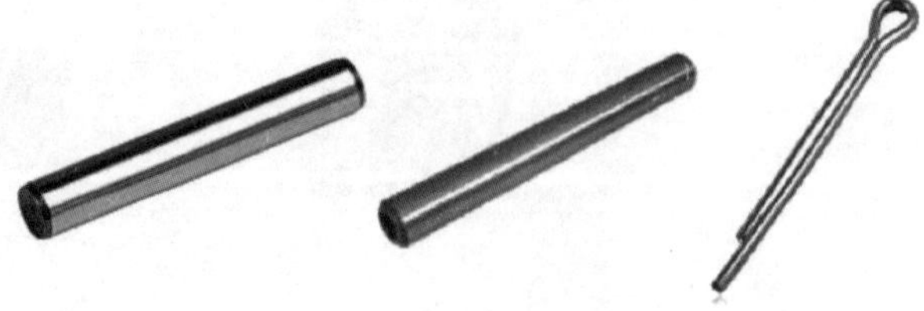

（a）圆柱销　　（b）圆锥销　　（c）开口销

图 6–11　销的类型

防止螺母的松脱。

2. 销的画法和标记

销的主要参数有公称直径 d、公称长度 l，销的画法和标记如表 6–14 所示。

表 6–14　销的画法和标记

圆柱销	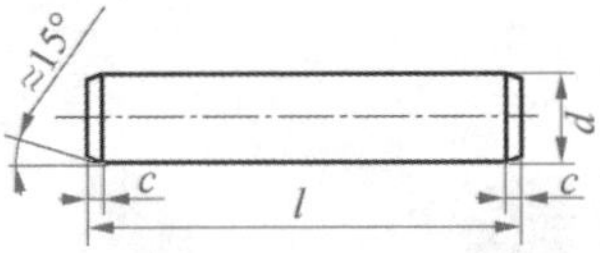	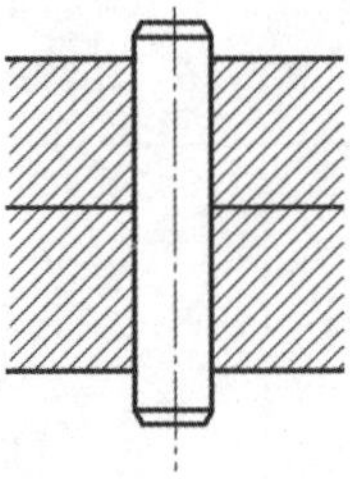	销 GB/T 119.1 6m6 × 30 表示公称直径 d=6mm、公差为 m6、公称长度 l=30mm、材料为钢、不经淬火、不经表面处理的圆柱销
圆锥销	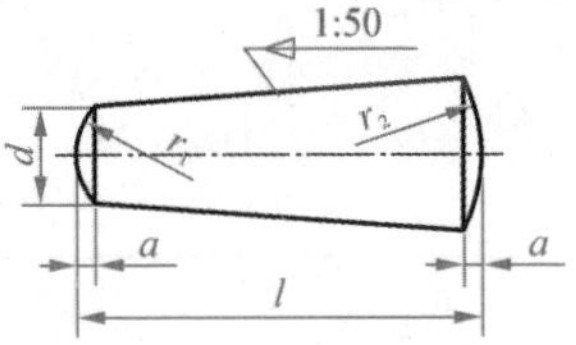	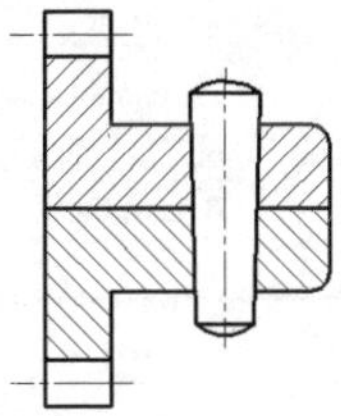	销 GB/T 117 6 × 30 表示公称直径 d=6mm（小端直径）、公称长度 l=30mm、材料为 35 钢、热处理硬度为 28~38HRC、表面氧化处理的 A 型圆锥销
开口销		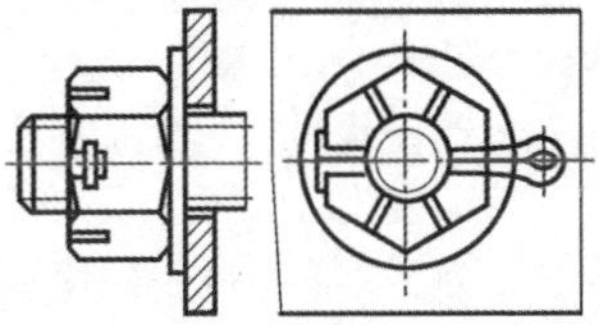	销 GB/T 91 4 × 20 表示公称规格为 4mm、公称长度 l=20mm、材料为低碳钢、不经表面处理的开口销

举例说明销联接在汽车零件装配中的应用。

第四节 滚动轴承识读与绘制

滚动轴承是支承轴的一种标准组件，它具有摩擦阻力小、效率高、结构紧凑、拆装方便等优点，所以在各种设备、仪器产品中使用广泛。滚动轴承的种类繁多，按受力方向分类如表 6–15 所示。

表 6–15 滚动轴承的类型和结构

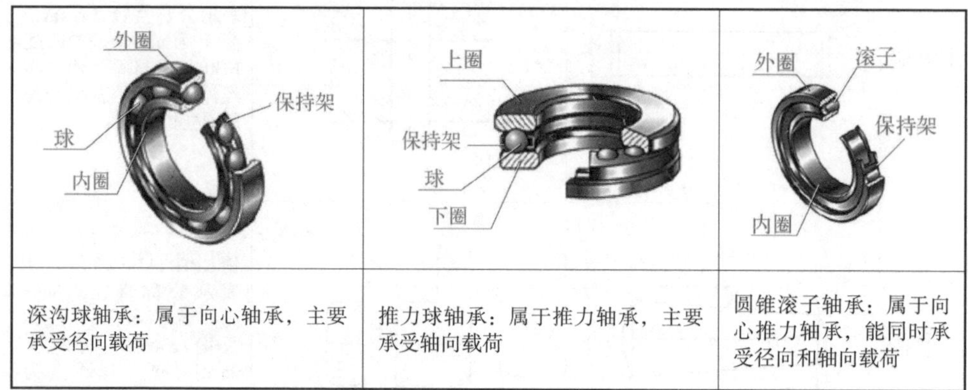

深沟球轴承：属于向心轴承，主要承受径向载荷	推力球轴承：属于推力轴承，主要承受轴向载荷	圆锥滚子轴承：属于向心推力轴承，能同时承受径向和轴向载荷

1. 滚动轴承代号

滚动轴承的代号由基本代号、前置代号和后置代号构成。前置代号、后置代号是轴承在结构形状、尺寸、公差、技术要求等有改变时，在其基本代号左、右添加的补充代号。如无特殊要求，则只标记基本代号。

滚动轴承基本代号由轴承类型代号、尺寸系列代号、内径代号三部分构成。基本代号最左边的一位数字（或字母）为类型代号。尺寸系列代号由宽度和直径系列代号组成，用两位数字表示，其中左边一位数字为宽（高）度系列代号，右边一位数字为直径系列代号。按照 GB/T 272—2017 的规定，滚动轴承类型代号和尺寸系列代号如表 6–16 所示，滚动轴承内径代号的意义和注写如表 6–17 所示。

表 6–16 滚动轴承类型代号和尺寸系列代号

轴承类型名称	类型代号	尺寸系列代号	标准编号
双列角接触球轴承	0	32 33	GB/T 296
调心球轴承	1	（0）2 （0）3	GB/T 281
调心滚子轴承 推力调心滚子轴承	2	13 92	GB/T 288 GB/T 5859
圆锥滚子轴承	3	02 03	GB/T 297

续表

轴承类型名称	类型代号	尺寸系列代号	标准编号
双列深沟球轴承	4	（2）2	GB/T 276
推力球轴承 双向推力球轴承	5	11 22	GB/T 301
深沟球轴承	6	18 （0）2	GB/T 276
角接触球轴承	7	（0）2	GB/T 292
推力圆柱滚子轴承	8	11	GB/T 4663
圆柱滚子轴承 双列圆柱滚子轴承	N NN	10 30	GB/T 283 GB/T 285
圆锥孔外球面轴承	UK	2	GB/T 3882
三点和四点接触球轴承	QJ	（0）2	GB/T 294

表 6–17　滚动轴承内径代号

<table>
<tr><th colspan="2">轴承公称内径 / mm</th><th>内径代号</th><th>注写示例及说明</th></tr>
<tr><td colspan="2">0.6–10（非整数）</td><td>用公称内径（mm）直接表示，在其与尺寸系列代号之间用“/”分开</td><td>618/2.5—深沟球轴承，类型代号 6，尺寸系列代号 18，内径 d=2.5mm</td></tr>
<tr><td colspan="2">1–9（整数）</td><td>用公称内径（mm）直接表示，对深沟及角接触球轴承用 7、8、9 直径系列，内径与尺寸系列代号之间用“/”分开</td><td>618/5—深沟球轴承，类型代号 6，尺寸系列代号 18，内径 d=5mm
725—角接触球轴承，类型代号 7，尺寸系列代号（0）2，内径 d=5mm</td></tr>
<tr><td>10–17</td><td>10
12
15
17</td><td>00
01
02
03</td><td>6202—深沟球轴承，类型代号 6，尺寸系列代号（0）2，内径 d=15mm</td></tr>
<tr><td colspan="2">20–480
（22、28、32）除外</td><td>公称内径除以 5 的商数，商数只有一位数时，需在商数前加“0”</td><td>23216—调心滚子轴承，类型代号 2，尺寸系列代号 32，内径代号 16，则内径 d=5 × 16=80 mm</td></tr>
<tr><td colspan="2">＞ 500 以及 22、28、32</td><td>用公称内径（mm）直接表示，在其与尺寸系列代号之间用“/”分开</td><td>230/500— 调心滚子轴承，类型代号 2，尺寸系列代号 30，内径 d=500mm</td></tr>
</table>

轴承基本代号及其标记举例：

滚动轴承 6208 GB/T 276—2013	6 表示轴承类型代号为深沟球轴承 2 表示尺寸系列代号（02），宽度系列代号 0 省略，直径系列代号为 2 08 表示内径代号，具体数值可以查阅标准手册

续表

滚动轴承 62/22 GB/T 276—2013	6 表示轴承类型代号为深沟球轴承 2/ 表示尺寸系列代号（02），宽度系列代号 0 省略，直径系列代号为 2 22 表示内径代号，具体数值可以查阅标准手册
滚动轴承 30312 GB/T 297—2015	3 表示轴承类型代号为圆锥滚子轴承 03 表示尺寸系列代号，宽度系列代号 0 省略，直径系列代号为 2 12 表示内径代号，具体数值可以查阅标准手册
滚动轴承 51310 GB/T 301—2015	5 表示轴承类型代号为推力球轴承 13 表示尺寸系列代号，高度系列代号 1，直径系列代号为 3 10 表示内径代号，具体数值可以查阅标准手册

2. 滚动轴承的画法（GB/T 4459.7—2017）

滚动轴承也是标准件，在绘制装配图时，无需画出零件图，可采用通用画法、特征画法和规定画法来表示，前两种画法又称为简化画法，主要参数 D（外径）、d（内径）、B（宽度），可通过查看标准手册得到参数数值。滚动轴承画法如表 6–18。

表 6–18　滚动轴承的画法

名称	画法			查表数据
	简化画法		规定画法	
	通用画法	特征画法		
深沟球轴承	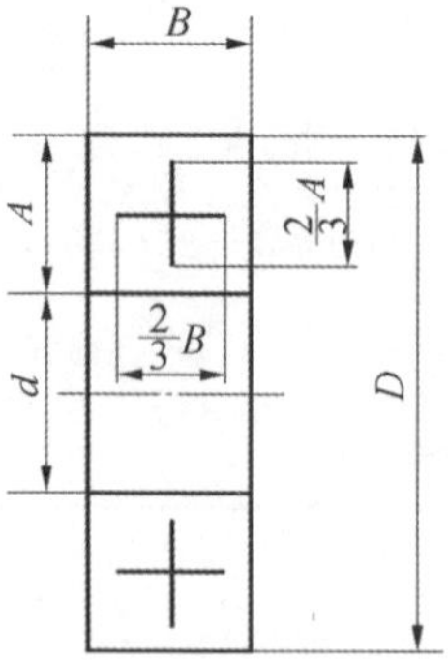 B, A, $\frac{2}{3}A$, $\frac{2}{3}B$, d, D	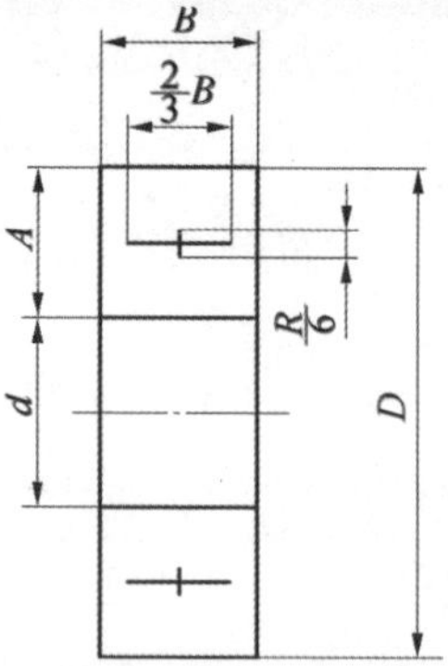 B, $\frac{2}{3}B$, A, $\frac{B}{6}$, d, D	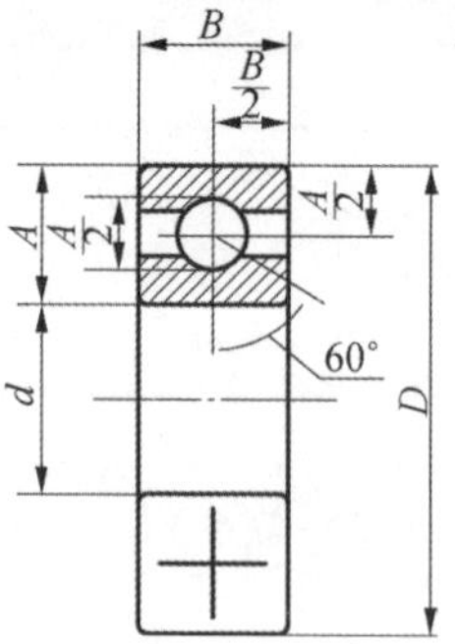 B, $\frac{B}{2}$, A, $\frac{A}{2}$, $\frac{A}{2}$, 60°, d, D	D d B
推力球轴承		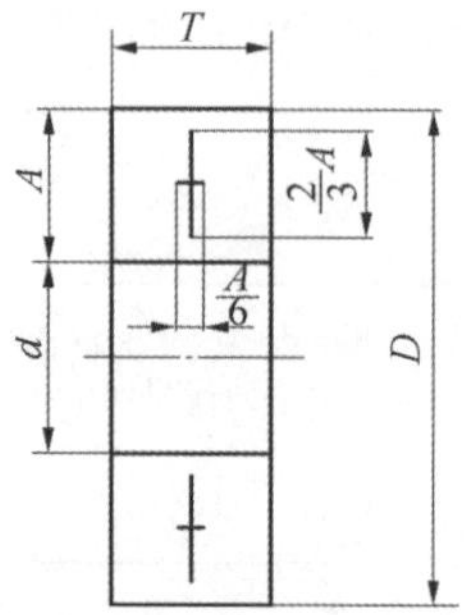 T, A, $\frac{2}{3}A$, $\frac{A}{6}$, d, D	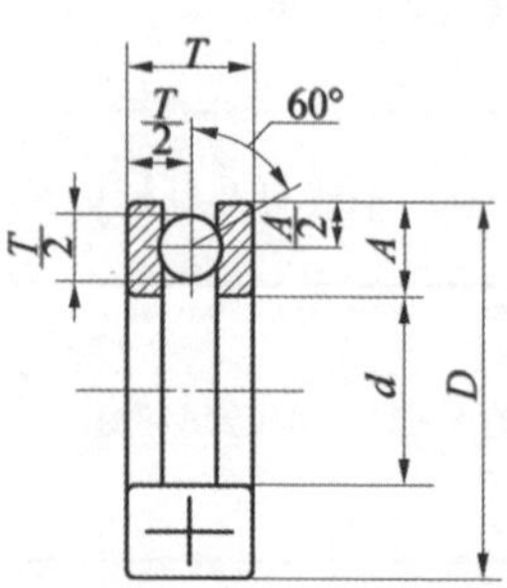 T, $\frac{T}{2}$, 60°, $\frac{T}{2}$, $\frac{A}{2}$, A, d, D	D d B T C

续表

名称	画法			查表数据
	简化画法		规定画法	
	通用画法	特征画法		
圆锥滚子轴承				D d T
三种画法的选用	应用于不需要表示滚动轴承的外形轮廓、承载特征和结构特征	能够较形象地表示滚动轴承的结构特征	应用于滚动轴承的产品图样、产品样本、产品标准和产品使用说明书	

查看标准手册，写出左端深沟球轴承 6202，右端深沟球轴承 6205 的标记含义。

第五节 弹簧识读与绘制

弹簧属于常用件，其利用材料的弹性和结构特点，实现机械的运动控制、减震、夹紧、承受冲击、储存能量等。圆柱螺旋弹簧根据受力情况不同，可分为压缩弹簧、拉伸弹簧和扭转弹簧，如表 6–19 所示。弹簧的用途很广，这里只介绍圆柱螺旋压缩弹簧。

表 6–19　常用圆柱螺旋弹簧的类型

压缩弹簧	拉伸弹簧	扭转弹簧

1. 圆柱螺旋压缩弹簧的各部分名称及尺寸计算

（1）弹簧丝直径 d：制造弹簧的材料直径。

（2）弹簧外径 D：弹簧的最大直径。

（3）弹簧内径 D_1：弹簧的最小直径。$D_1=D-2d$

（4）弹簧中径 D_2：弹簧内径和外径的平均值。$D_2=(D_1+D_2)/2=D_1+d=D-d$

（5）节距 t：除支承圈外，相邻两圈沿轴向的距离。一般 $t=(D/3)\sim(D/2)$

（6）支承圈数 n_0：为了使压缩弹簧工作时受力均匀，保持轴线垂直于支承面，通常将弹簧的两端并紧磨平。这部分圈数只起支承作用，叫支承圈数，常见的有 1.5 圈、2 圈、2.5 圈 3 种，其中 2.5 圈用得最多。

（7）有效圈数 n：弹簧能保持相同节距的圈数。

（8）总圈数 n_1：有效圈数与支承圈数之和，称为总圈数。即：$n_1=n+n_0$

（9）自由高度 H_0：弹簧没有负荷时的高度。$H_0=nt+(n_0-0.5)d$

（10）弹簧展开长度 L：弹簧丝展开后的长度。$L\approx\pi Dn_1$

2. 圆柱螺旋压缩弹簧的规定画法

参考 GB/T 4459.4—2003，仅简要介绍圆柱螺旋压缩弹簧的规定画法，如表 6–20 所示。

表 6-20 圆柱螺旋压缩弹簧的规定画法

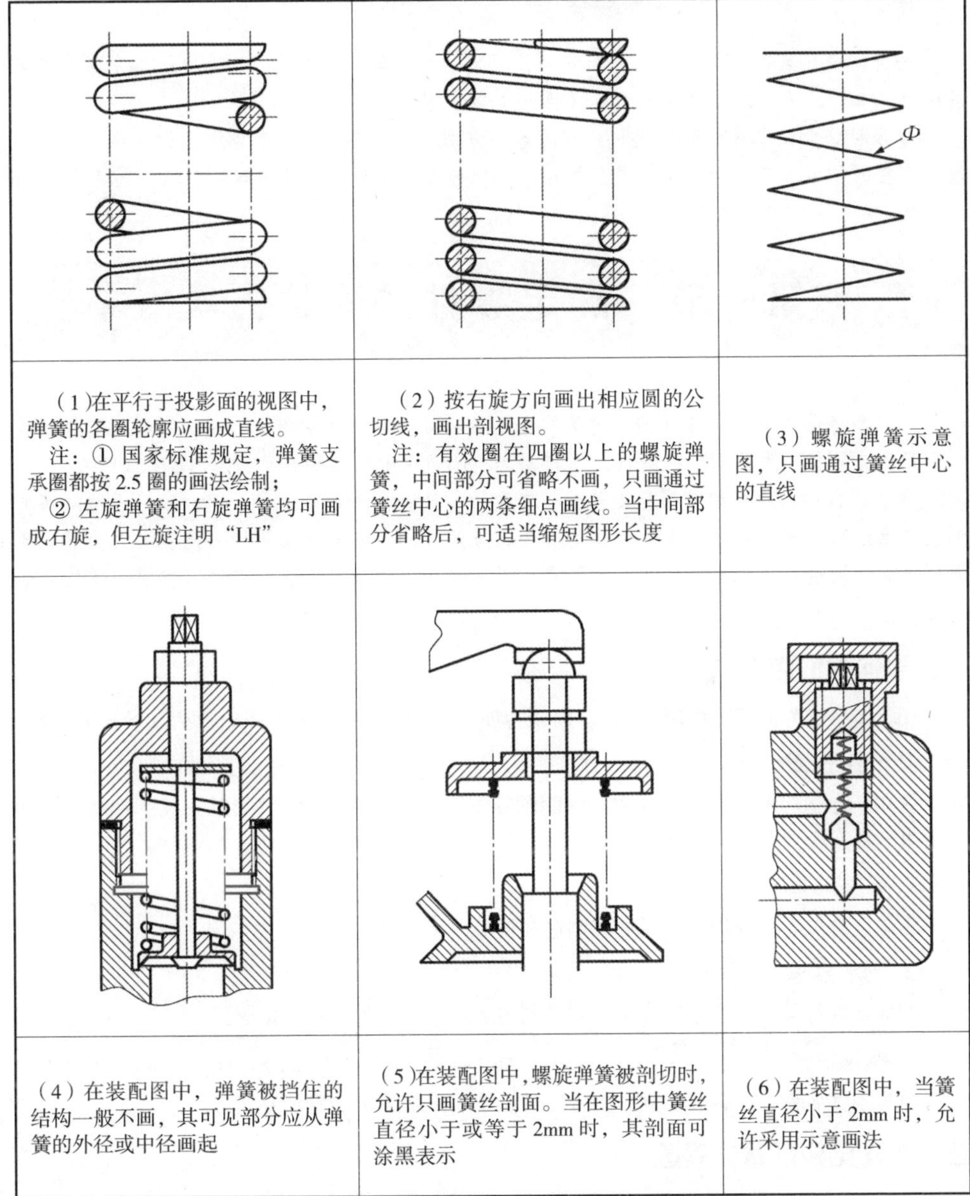

（1）在平行于投影面的视图中，弹簧的各圈轮廓应画成直线。 注：① 国家标准规定，弹簧支承圈都按 2.5 圈的画法绘制； ② 左旋弹簧和右旋弹簧均可画成右旋，但左旋注明“LH”	（2）按右旋方向画出相应圆的公切线，画出剖视图。 注：有效圈在四圈以上的螺旋弹簧，中间部分可省略不画，只画通过簧丝中心的两条细点画线。当中间部分省略后，可适当缩短图形长度	（3）螺旋弹簧示意图，只画通过簧丝中心的直线
（4）在装配图中，弹簧被挡住的结构一般不画，其可见部分应从弹簧的外径或中径画起	（5）在装配图中，螺旋弹簧被剖切时，允许只画簧丝剖面。当在图形中簧丝直径小于或等于 2mm 时，其剖面可涂黑表示	（6）在装配图中，当簧丝直径小于 2mm 时，允许采用示意画法

第七章　零件图

任何机器（或部件）都是由若干零件按一定的要求装配起来的。制造机器首先要根据零件图加工零件，零件图是制造和检验零件的主要依据。

本项目将介绍零件图的识读和绘制的基本方法，并简要介绍在零件图上标注尺寸的合理性、零件的加工工艺结构以及极限与配合、几何公差、表面结构等内容。

第一节　确定零件的表达方案

一台机器是由若干个零件按一定的装配关系和技术要求装配而成，我们把构成机器的最小单元称为零件。表达零件的结构、形状、大小和技术要求的图样称为零件图。

要把零件的内、外结构形状正确地、完整地、清晰地表达得清楚，就必须对零件的结构形状特点进行分析，并了解零件的作用及加工方法，同时还应考虑看图方便、画图简便。要做到这点，关键在于根据零件的结构特点，灵活运用各种规定的表达方法，确定合理的表达方案。

一、零件图的内容

图 7-1 所示为支架零件图。一张足以成为加工和检验依据的零件图应包括以下基本内容:

1. 一组视图

选用一组适当的视图、剖视图、断面图等图形，将零件的内、外形状正确、完整、清晰地表达出来。

2. 完整的尺寸

正确、齐全、合理地标注零件在制造和检验时所需要的全部尺寸。

3. 技术要求

用规定的符号、数字及文字注明零件制造和检验应达到的技术指标。

4. 标题栏

填写零件名称、材料、比例、图号以及制图、审核人员的责任签字等。

二、零件结构形状的表达

1. 选择主视图

主视图是零件图样中最重要的一个图样，应首先予以确定。确定主视图应综合考虑两点:零件在投影体系中安放位置和投射方向。

（1）确定主视图中零件的安放位置

① 零件的加工位置　主视图的选择应尽可能反映零件的主要加工位置，即零件在主要加工工序的装夹位置。如轴、套、盘等回转体类零件，一般是按加工位置画主视图。如图 7-2 所示的轴。

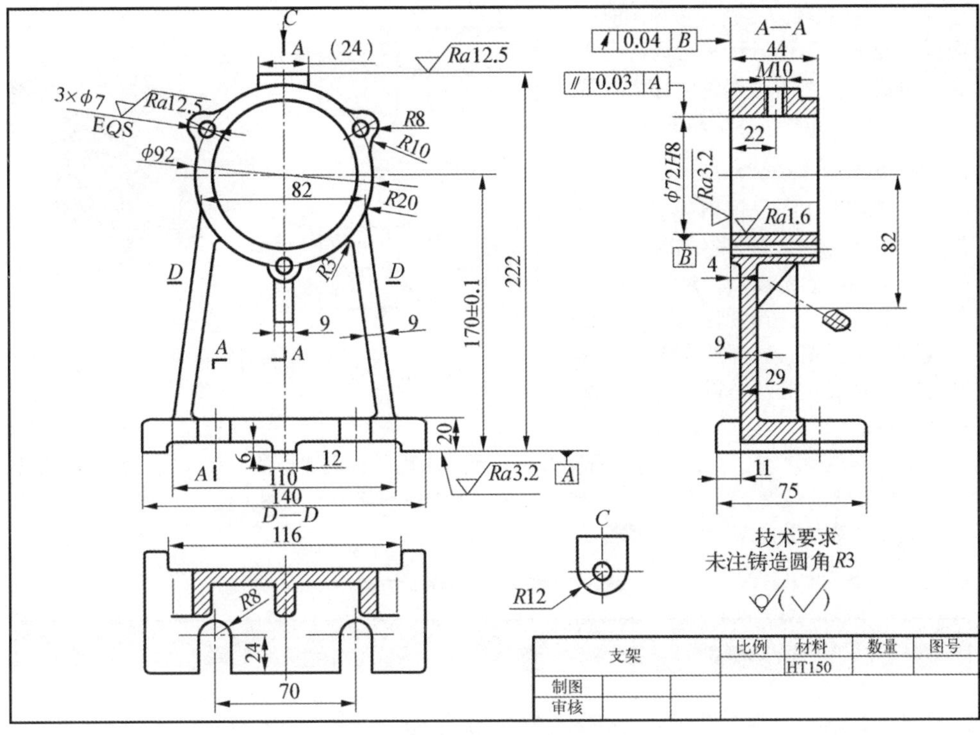

图 7-1 支架零件图

图 7-2 轴的主视图选择

② 零件的工作位置 零件在机器或部件中都有一定的工作位置，选择主视图时应尽量与零件的工作位置一致，以便与装配图直接对照。支座、箱体等非回转体类零件，通常是按工作位置画主视图。图 7-3 所示下模座的主视图就是按工作位置来绘制的。

（2）确定零件主视图的投射方向

确定了零件的安放位置后，还要确定主视图的投射方向。对于一些工作位置不固定，而加工

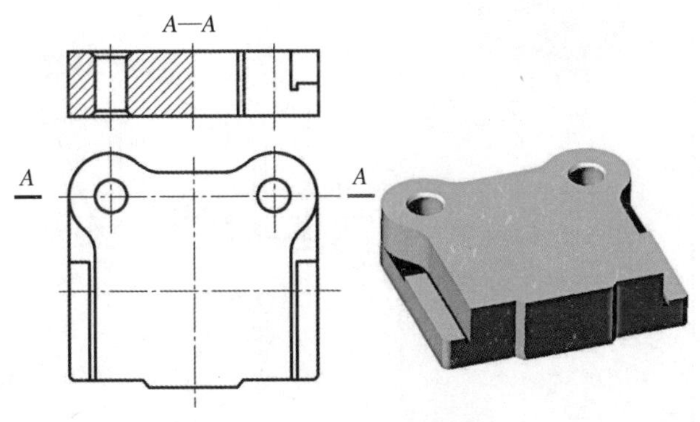

图 7-3 下模座的主视图

位置又多变的零件，在选择主视图时，应以最能表达零件形状和结构特征以及各组成部分之间的相对位置为主视图投射方向。如图 7–4 所示的阀体。

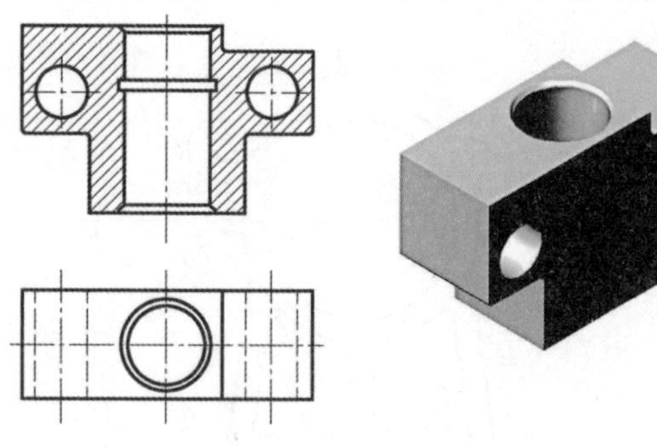

图 7–4　阀体的主视图

2. 选择其他视图

一般情况下，仅仅用一个主视图是不能完整地反映零件的结构形状的，所以，主视图确定以后，还应根据零件的复杂程度，选择其他视图，包括剖视图、断面图、局部放大图和简化画法等各种表达方法，以弥补主视图表达的不足。

选择其他视图时，首先要考虑看图方便。灵活采用各种表达方法，在完整、清晰地表达零件结构形状的前提下，应尽量减少视图数量，力求图形简单，看图方便。

表 7–1 为机架的三种表达方案。

表 7–1　机架的三种表达方案

零件名称	机架表达方案	分析	备注
机架	A　A　B　A—A　B　B—B （a）	主视图采用外形视图，左视图采用全剖视，俯视图也采用全剖视，另加一个 B—B 的局部剖视图和一个移出断面图	表达零件应根据实际情况来选用表达方案，不能死板地套用三视图
	A　A　A—A （b）	主视图采用外形视图，左视图改为局部剖视图，减少了一个 B—B 的局部剖视图，同时将俯视图简化为一个移出断面，故图（b）优于图（a）	

续表

零件名称	机架表达方案	分析	备注
	（c）	按工作位置绘制主视图并采用局部剖视图，同时为表示肋板厚度在主视图增加一个重合断面，左视图为基本视图，为表达支承板的形状也加上一个重合断面，这样图（c）则形状更加简单明了，看图方便，绘图也简便，很显然（c）方案优于（a）、（b）方案	

三、典型零件表达分析

1. 轴套类零件

（1）结构特点

大多数由位于同一轴线上数段直径不同的回转体组成，轴向尺寸一般比径向尺寸大。常有键槽、销孔、螺纹、退刀槽、越程槽、中心孔、油槽、倒角、圆角、锥度等结构，如图 7–5 所示。

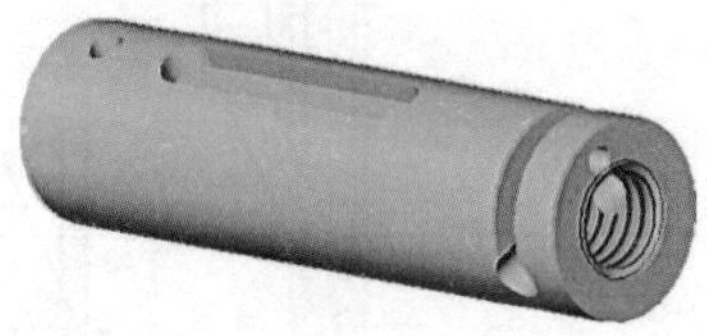

图 7–5　轴

（2）表达方法

① 非圆视图水平摆放作为主视图。

② 用局部视图、局部剖视图、断面图、局部放大图等作为补充。

③ 对于形状简单而轴向尺寸较长的部分常断开后缩短绘制。

④ 空心套类零件中由于多存在内部结构，一般采用全剖、半剖或局部剖绘制。图 7–6 为轴的视图表达。

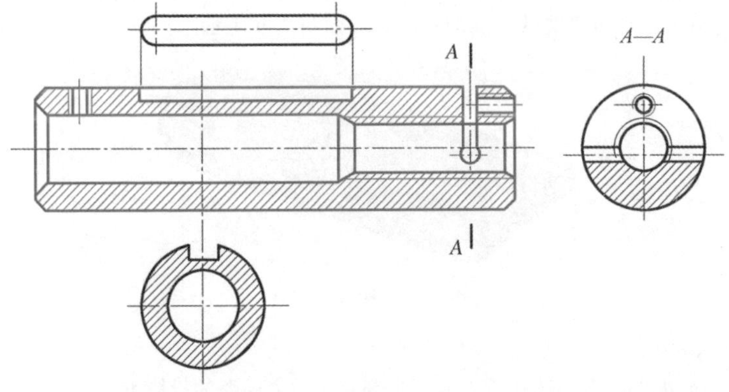

图 7–6　轴的视图表达

2. 轮盘类零件

（1）结构特点

其主体一般也由直径不同的回转体组成，径向尺寸比轴向尺寸大。常有退刀槽、凸台、凹坑、倒角、圆角、轮齿、轮辐、筋板、螺孔、键槽和作为定位或连接用孔等结构。如图 7-7 所示。

图 7-7　方向盘

（2）表达方法

① 非圆视图水平摆放作为主视图（常剖开绘制）。

② 用左视图或右视图来表达轮盘上连接孔或轮辐、筋板等的数目和分布情况。

③ 用局部视图、局部剖视、断面图、局部放大图等作为补充。图 7-8 为方向盘的视图表达。

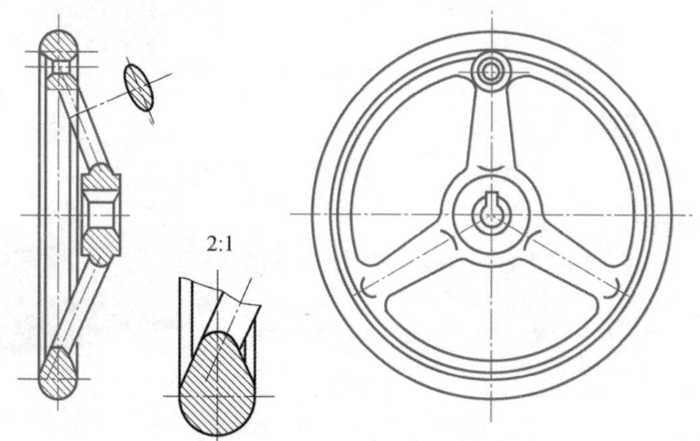

图 7-8　方向盘的视图表达

3. 板盖类零件

（1）结构特点

其主体为高度方向尺寸较小的棱柱体，其上常有凸台、凹坑、销孔、螺纹孔等结构。此类零件常由铸造后，经过必要的切削加工而成。如图 7-9 所示。

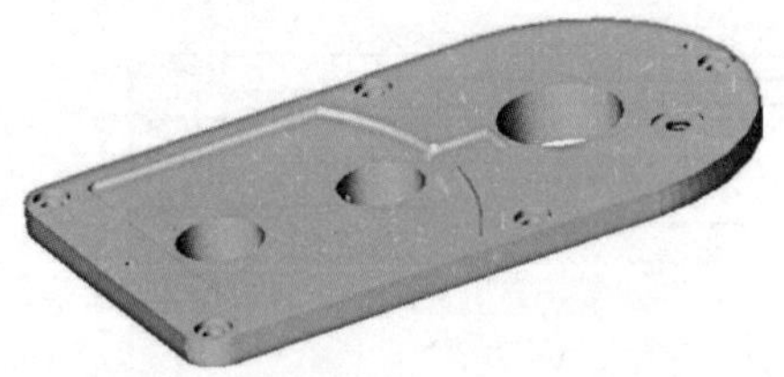

图 7-9　板盖类零件

（2）表达方法

① 零件一般水平放置，选择较大的一个侧面作为主视图的投影方向（常剖开绘制）。

② 常用一个俯视图或仰视图表示其上的结构分布情况。

③ 未表达清楚的部分，用局部视图、局部剖视图等补充表达。

图 7–10 为板盖类零件的视图表达。

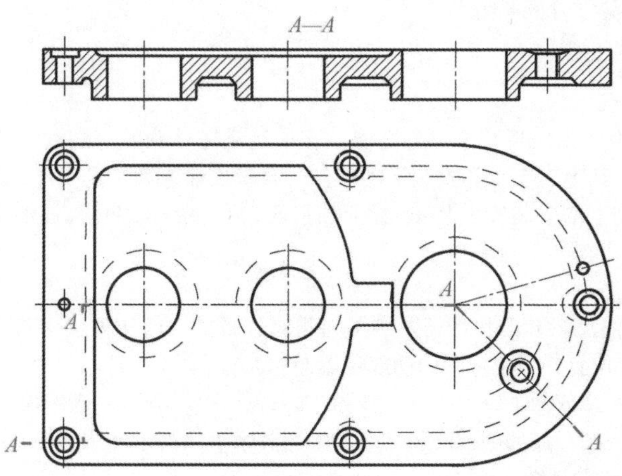

图 7–10 板盖类零件的视图表达

4. 叉架类零件

（1）结构特点

此类零件多数由铸造或模锻制成毛坯，经机械加工而成。结构大都比较复杂，一般分为工作部分（与其他零件配合或联接的套筒、叉口、支承板等）和联系部分（高度方向尺寸较小的棱柱体，其上常有凸台、凹坑、销孔、螺纹孔、螺栓孔和成型孔等结构）。如图 7–11 所示。

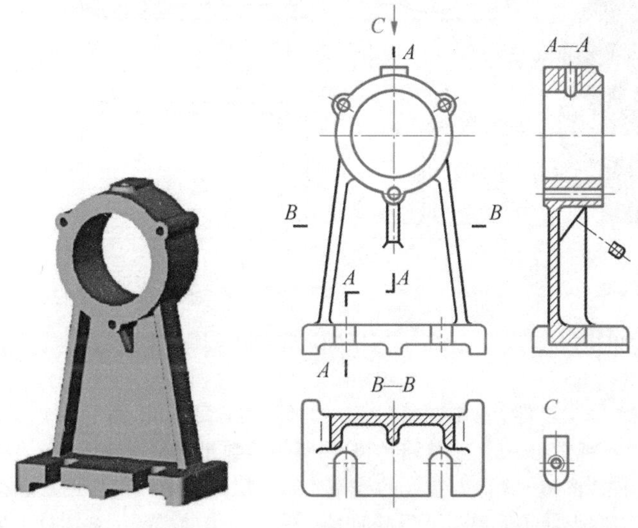

图 7–11 支架　　图 7–12 支架零件的视图表达

（2）表达方法

① 零件一般水平放置，选择零件形状特征明显的方向作为主视图的投影方向。

② 除主视图外，一般还需 1 ～ 2 个基本视图才能将零件的主要结构表达清楚。

③ 常用局部视图、局部剖视图表达零件上的凹坑、凸台等。筋板、杆体常用断面图表

示其断面形状。用斜视图表示零件上的倾斜结构。

图 7-12 为支架零件的视图表达。

5. 箱壳类零件

（1）结构特点

箱壳类零件大致由以下几个部分构成：容纳运动零件和贮存润滑液的内腔，由厚薄较均匀的壁部组成；其上有支承和安装运动零件的孔及安装端盖的凸台（或凹坑）、螺孔等；将箱体固定在机座上的安装底板及安装孔；加强筋、润滑油孔、油槽、放油螺孔等。如图 7-13 所示。

（2）表达方法

① 通常以最能反映其形状特征及结构间相对位置的一面作为主视图的投影方向。以自然安放位置或工作位置作为主视图的摆放位置 。

② 一般需要两个或两个以上的基本视图才能将其主要结构形状表示清楚。

③ 常用局部视图、局部剖视图和局部放大图等来表达尚未表达清楚的局部结构。

图 7-14 为箱体的视图表达。

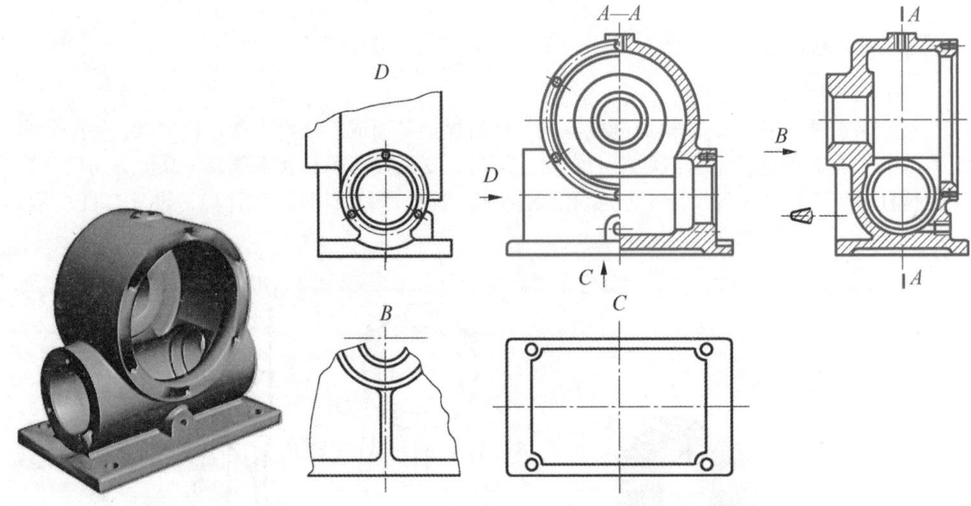

图 7-13　箱体　　　　图 7-14　箱体的视图表达

【例 7-1】如图 7-15（b）、（c）所示为汽车调温器座的两种表达方案，请分析两种方案哪种更加适合。

分析：非回转体类零件（汽车调温器座）的视图表达图（b）用了三个图形：全剖的主视图 *A—A*、全剖的右视图 *B—B* 及局部剖的俯视图。从数量上来说比较少，但主视图 *A—A* 上的细虚线较多；右视图 *B—B* 上方孔处的线条太密，层次不清，剖切位置选择不当，使顶面的大圆柱孔和主空腔形状不完整，不反映直径；俯视图中的局部剖视图过于破碎，细虚线也太多。这些都会给看图者造成困难，不便于想象出零件的完整形状，且尺寸标注和技术要求的注写也不方便，所以不太合理。

图 7-15（c）表达方案中，每个图形都比较简单，细虚线也较少，使图形表达更清楚，也便于标注尺寸和注写技术要求。图 7-15（c）在图 7-15（b）的基础上虽然多了两个局部视图 *C* 和 *D*，但图形表达比较清楚。因五个视图是从不同的方向上反映出了形状特征，使读

者很容易想象出汽车调温器座的空间形状。

解题：根据综合分析对比，图（c）的表达方案更加合适。

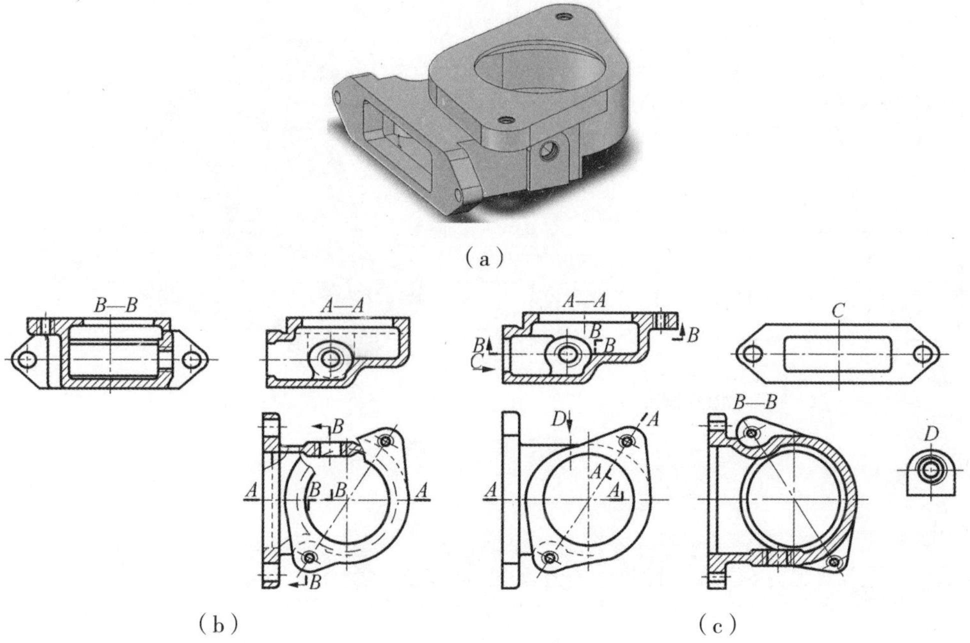

（a）

（b）（c）

图 7-15 汽车调温器座的表达方案

比较图 7-16 所示轴承座零件的两个表达方案确定一个最佳方案。

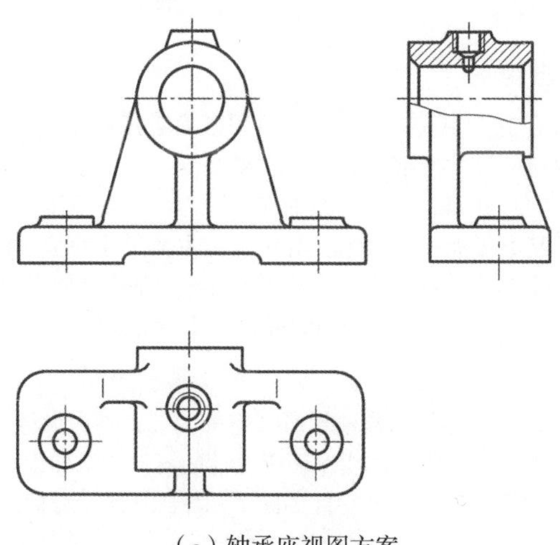

（a）轴承座视图方案

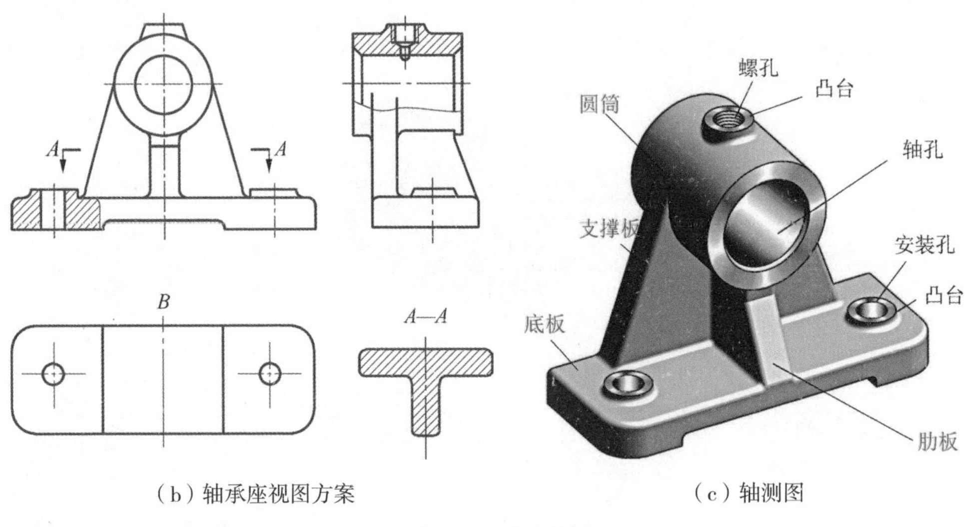

（b）轴承座视图方案　　（c）轴测图

图 7-16　轴承座

第二节　合理标注零件尺寸

零件图中的尺寸，是制造和检验零件的主要依据。零件图的尺寸标注，除了要满足正确、齐全和清晰的要求外，还要考虑标注尺寸合理。本任务主要介绍零件图中尺寸基准的选择、合理标注尺寸的原则、零件上常见孔的尺寸标注法。

零件尺寸标注除了前面所讲的准确、齐全及清晰以外，还应考虑标注尺寸的合理，所谓标注尺寸合理是指所注尺寸既符合设计要求，保证机器的使用性能，又能满足工艺要求，便于加工、测量和检验。

一、尺寸基准的合理选择

尺寸基准是指零件在机器中或在加工测量时用以确定其位置的面或线。正常情况下，零件在长、宽、高三个方向的尺寸上都应有一个主要基准。一般选择零件上的安装面、端面、装配时的结合面、零件的对称面、回转体的轴线、对称中心线等作为基准。当零件的结构比较复杂时，同一方向的基准可能不止一个，其中决定主要尺寸的基准称为主要基准，为加工和测量方便而附加的基准称为辅助基准，主要基准与辅助基准之间必须有直接的联系尺寸。

根据基准不同作用，基准可以分为设计基准和工艺基准两类。

1. 设计基准

根据设计要求用以确定零件的工作位置所选定的基准，称为设计基准。从设计基准出发标注尺寸，其优点是反映了设计要求，能保证所设计的零件在机器中的工作性能。如图 7-17 所示，主要尺寸 58 应从基准（底面）出发直接标出，若从其他位置标注，则不符合设计要求。

2. 工艺基准

从加工工艺的角度考虑，为便于零件的加工、测量和装配而选定的一些基准，称为工艺基准。设计基准和工艺基准在标注尺寸时，最好能够重合，这样能够减少误差的积累，既满足设计要求，又保证工艺要求。如果两个基准不重合时，所标注尺寸应在保证设计要求的前提下满足工艺要求。

如图 7–17 所示的轴承座，对于主体结构，底面是设计基准，也是工艺基准，而对于顶面的局部结构，凸台顶面既是螺孔深度的设计基准，又是其加工测量的工艺基准。以底面为起点标注的尺寸有：轴承支承孔高度方向的定位尺寸 32，该尺寸是保证轴承座工作性能的重要尺寸；两个一般尺寸 12、2 和总高尺寸 58。

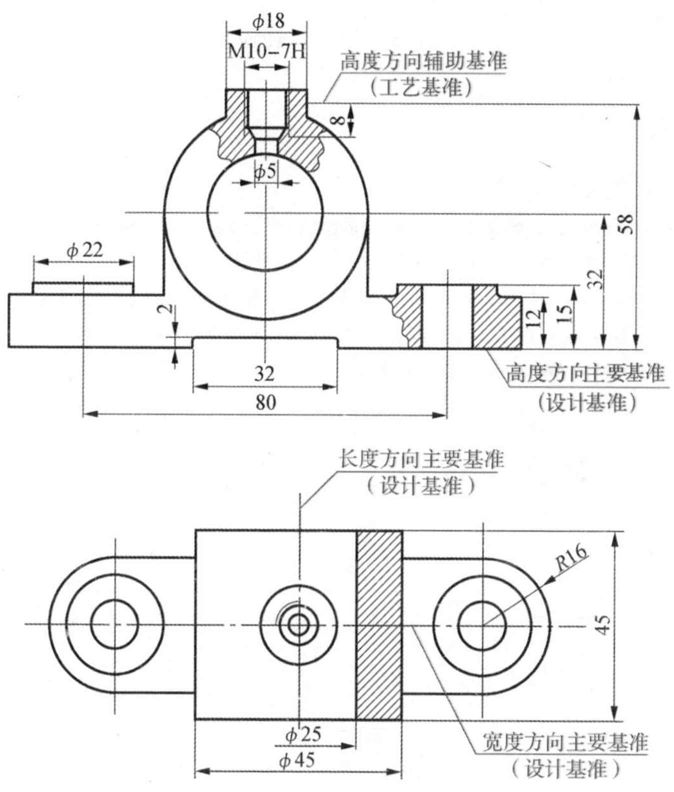

图 7–17　基准选择

因为凸台的顶面是工艺基准，以此为基准测量螺孔的深度尺寸 8 比较方便。因此，底面是高度方向的主要基准，顶面是辅助基准，辅助基准与主要基准之间的联系尺寸是 58。

如图 7–18 所示的轴的基准就是按加工要求来确定的。

3. 选择基准的原则

（1）在标注尺寸时，尽量把设计基准和工艺基准统一起来，这样，既能满足设计要求，又能满足工艺要求，如二者不能统一时，就以保证设计要求为主。

（2）零件的主要尺寸应从设计基准出发，对其余尺寸考虑到加工和测量的方便，一般应从工艺基准标出。

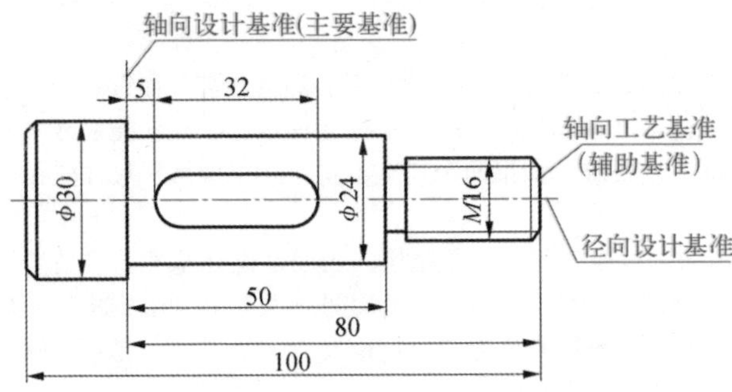

图 7-18　设计基准和工艺基准

（3）零件图上常见的基准：零件上主要回旋面的轴线、对称平面、主要加工面、支承面、零件的安装面及大的端面。

二、尺寸标注合理原则

1. 零件的重要尺寸应直接标注

重要尺寸是指有配合功能要求的尺寸、重要的相对位置尺寸、影响零件使用性能的尺寸，这些尺寸都要在零件图上直接标注。

为了保证设计精度要求，主要尺寸应直接标注。如图 7-19（a）中轴承孔的中心高应从设计基准（底面）为起点直接标出尺寸 a，不能以 b、c 两个尺寸之和来代替，如图 7-19（b）所示。同样道理，为了保证底板上两个安装孔与机座上的两个螺孔对中，必须直接注出其中心距 l，而不应标注两个 e，如图 7-19（b）所示。

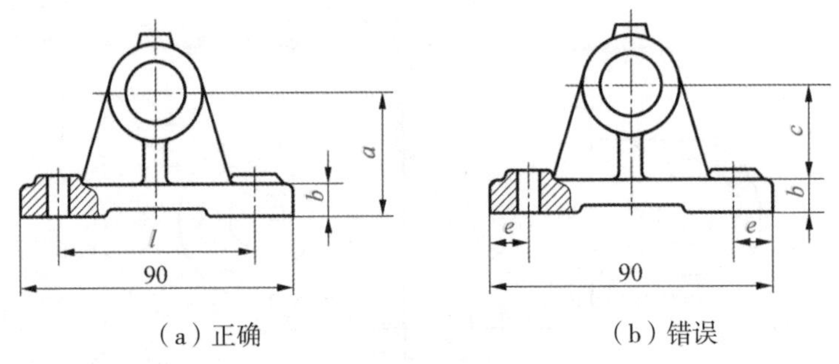

（a）正确　　（b）错误

图 7-19　主要尺寸直接注出

2. 避免标注成封闭尺寸链

封闭尺寸链是指零件图上一组首尾相连的尺寸。如图 7-20（a）所示的阶梯轴，长度方向尺寸 A_1、A_2、A_3、A_4 首尾相连，构成封闭的尺寸链，这种情况应该避免。因为尺寸 A_1 是尺寸 A_2、A_3、A_4 之和，尺寸 A_1 又有一定的精度要求，而在加工时 A_2、A_3、A_4 的误差均会积累到尺寸 A_1 上，若要保证 A_1 的精度，就必须提高 A_2、A_3、A_4 的加工精度，这将给加工带来困难，并提高成本。所以在几个尺寸构成的尺寸链中，应选一个不重要的尺寸空出不标，如图 7-20（b）中，去掉 A_4，使所有的尺寸误差都积累到这一段，既保证重要的尺寸的精度，又提高加工的经济性。

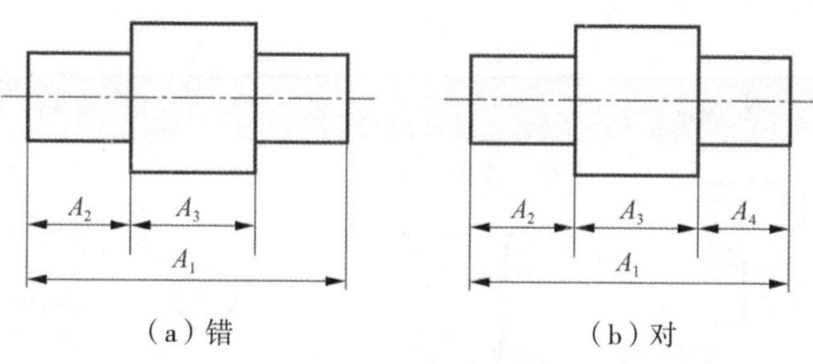

（a）错　　（b）对

图 7-20　避免出现封闭的尺寸链

3. 尺寸标注要便于加工和测量

标注时，按加工顺序标注尺寸，便于看图和测量，且容易达到要求的加工精度。图 7-21（a）、（b）所示轴段，加工时，先从右到左加工整个轴端，然后加工退刀槽。图 7-21（c）中的尺寸，测量时，只需要从两端分别测量孔的深度即可，而对于图 7-21（d）中的尺寸，按照标注测量中间孔的长度，测量较困难。

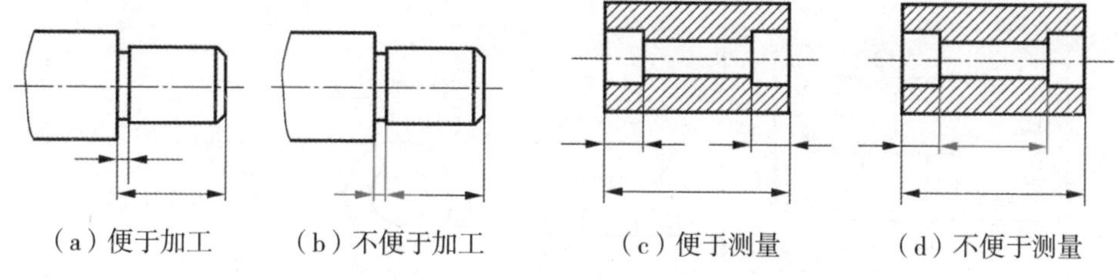

（a）便于加工　（b）不便于加工　（c）便于测量　（d）不便于测量

图 7-21　尺寸标注要便于加工和测量

三、零件常见孔的尺寸标注

零件上几种常见孔（光孔、沉孔、螺孔）尺寸注法见表 7-2 所示。

表 7-2　零件常见孔的尺寸标注

结构类型		普通注法	旁注法	说明
光孔	一般孔	$4\times\phi5$ 10	$4\times\phi5$ ↧10 $4\times\phi5$ ↧10	$4\times\phi5$ 表示四个孔的直径均为 $\phi5$，加工深度为 10。 三种注法任选一种均可（下同）
	精加工孔	$4\times\phi5_{0}^{+0.012}$ 10 12	$4\times\phi5_{0}^{+0.012}$ ↧10 $4\times\phi5_{0}^{+0.012}$ ↧10	钻孔深为 12，钻孔后需精加工至 $\phi5_{0}^{+0.012}$ 精加工深度为 10

续表

结构类型		普通注法	旁注法	说明
光孔	锥销孔	锥销孔ϕ5	锥销孔ϕ5　锥销孔ϕ5	ϕ5为与锥销孔相配的圆锥销小头直径（公称直径）锥销孔通常是相邻两零件装在一起时加工的
沉孔	锥形沉孔	90°　ϕ13	6×ϕ7 ∨ϕ13×90°　6×ϕ7 ∨ϕ13×90°	6×ϕ7表示6个孔的直径均为ϕ7。锥形部分大端直径为ϕ13，锥角为90°
	柱形沉孔	ϕ12　5　4×ϕ6.4	4×ϕ6.4 ⌴ϕ12↧4.5　4×ϕ6.4 ⌴ϕ12↧4.5	四个柱形沉孔的小孔直径为ϕ6.4，大孔直径为ϕ12，深度为4.5
	锪平面孔	ϕ20　4×ϕ9	4×ϕ9⌴ϕ20　4×ϕ9⌴ϕ20	锪平面ϕ20的深度不需标注，加工时一般锪平到不出现毛面为止
螺纹孔	通孔	3×M6-7H	3×M6-7H　3×M6-7H	3×M6-7H表示3个直径为6，螺纹中径、顶径公差带为7H的螺孔
	不通孔	3×M6-7H　10	3×M6-7H↧10　3×M6-7H↧10	深9是指螺孔的有效深度 尺寸为9，钻孔深度以保证螺孔有效深度为准，也可查有关手册确定

续表

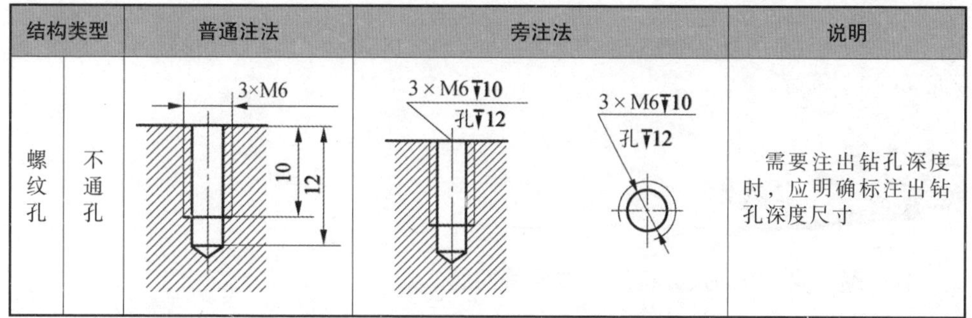

结构类型		普通注法	旁注法	说明
螺纹孔	不通孔	3×M6 10 12	3×M6↧10 孔↧12 3×M6↧10 孔↧12	需要注出钻孔深度时，应明确标注出钻孔深度尺寸

【例 7-2】如图 7-22 所示，标注减速器输出轴的尺寸。

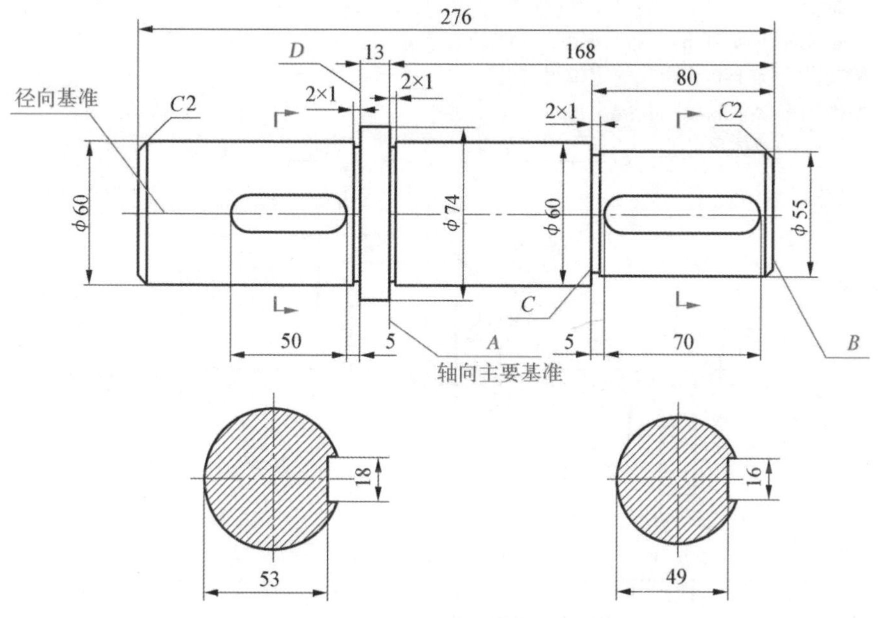

图 7-22　减速器输出轴的尺寸标注

分析：

1. 形状分析

减速器输出轴由四段不同直径的圆柱体组成，还有退刀槽、倒角和键槽结构。

2. 尺寸基准的选择

按轴的加工特点和工作情况，选择轴线为宽度和高度方向的主要基准，端面 *A* 为长度方向的主要基准，对回转体类零件常用这样的基准，前者为径向基准，后者则为轴向基准。

解题：标注尺寸顺序如下：

① 由径向基准直接注出尺寸 ϕ60、ϕ74、ϕ60、ϕ55。

② 由轴向主要基准端面 *A* 直接标注尺寸 168 和 13，定出轴向辅助基准 *B* 和 *D*, 由轴向辅助基准 *B* 标注尺寸 80，再定出轴向辅助基准 *C*。

③ 由轴向辅助基准 C、D 分别注出两个键槽的定位尺寸 5，并注出两个键槽的长度 70、50。

④ 按尺寸注法的规定注出键槽的断面尺寸（53、18 和 49、16）以及退刀槽（2×1）和倒角（C2）的尺寸。

实践操作

分析图 7-23 中的尺寸标注，并回答问题。

1. *A* 面是________方向的尺寸基准。

B 面是________方向的尺寸基准。

C 面是________方向的尺寸基准。

2. 主视图上 ϕ10mm 圆孔的定位尺寸是________、________。

俯视图上 ϕ14mm 圆孔的定位尺寸是________。

左视图上 ϕ10mm 圆孔的定位尺寸是________。

3. 物体的总体尺寸是：长________、宽________、高________。

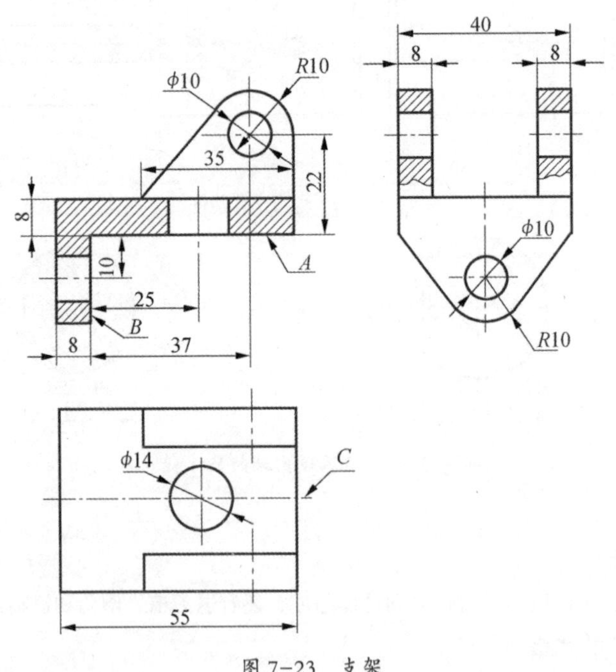

图 7-23　支架

第三节 认识零件上常见的工艺结构

从加工工艺要求出发，为使零件的毛坯制造、加工和测量，部件或机器的装配和调整工作的顺利和方便，在零件上应设计出铸造圆角、起模斜度、倒角、倒圆、退刀槽等工艺结构。

零件上工艺结构很多，本任务介绍零件的一些常见的工艺结构。

一、铸造零件的工艺结构

为了便于铸造加工并保证铸件的质量，铸造工艺对铸件结构一般有如下的要求：

1. 起模斜度

在铸件造型时为了便于起出模具，在模具的内、外壁沿起模方向作成 1:10 ～ 1:20 的斜度，称为起模斜度。在画零件图时，起模斜度可不画出、不标注，必要时在技术要求中用文字加以说明，如图 7–24（a）所示。

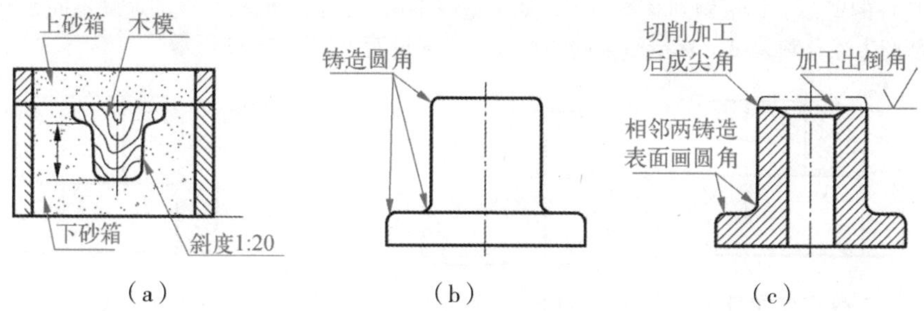

图 7–24 铸件的起模斜度和铸造圆角

2. 铸造圆角及过渡线

为了便于铸件造型时拔模，防止铁水冲坏转角处、冷却时产生缩孔和裂纹，将铸件的转角处制成圆角，这种圆角称为铸造圆角，如图 7–24（b）所示。画图时应注意毛坯面的转角处都应有圆角；若为加工面，由于圆被加工掉了，因此要画成尖角，如图 7–24（c）所示。

图 7–25 是由于铸造圆角设计不当造成的裂纹和缩孔情况。铸造圆角在图中一般应该画出，圆角半径一般取壁厚的 0.2 ～ 0.4 倍，同一铸件圆角半径大小应尽量相同或接近。铸造圆角可以不标注尺寸，而在技术要求中加以说明。

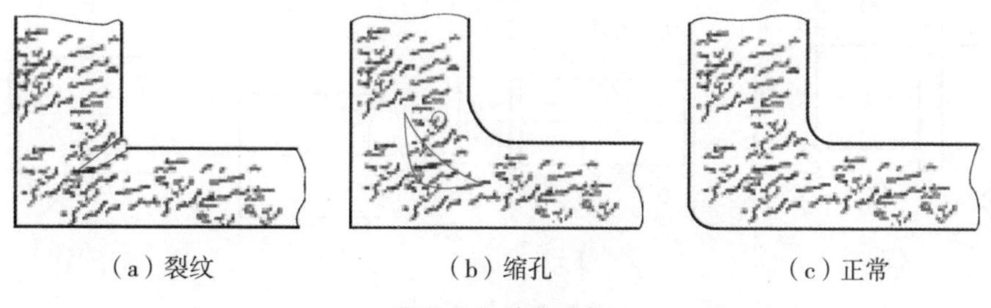

图 7–25 铸造圆角

由于铸件毛坯表面的转角处有圆角，其表面交线模糊不清，为了看图和区分不同的表面仍然要画出交线来，但交线两端空出不与轮廓线的圆角相交，这种交线称为过渡线。图 7–26 为常见过渡线的画法。

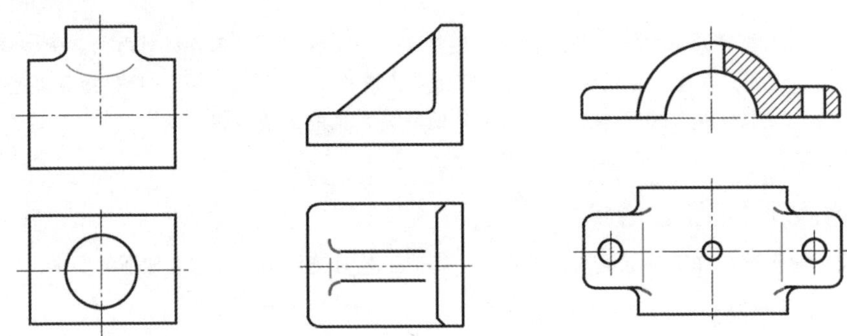

图 7–26　过渡线画法

3. 铸造壁厚

铸件的壁厚要尽量做到基本均匀，如果壁厚不均匀，就会使铁水冷却速度不同，导致铸件内部产生缩孔和裂纹，在壁厚不同的地方可逐渐过渡，如图 7–27 所示。

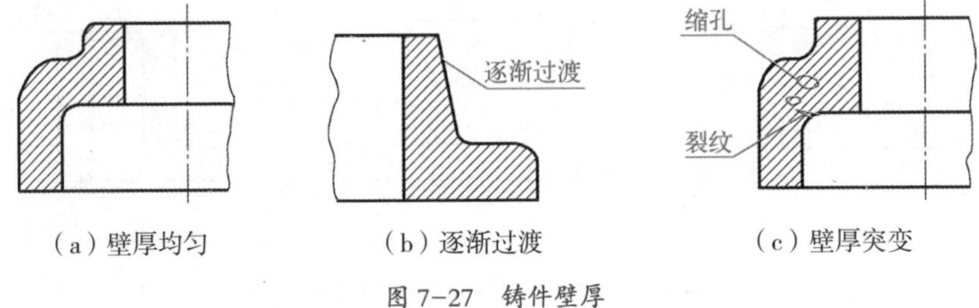

（a）壁厚均匀　　（b）逐渐过渡　　（c）壁厚突变

图 7–27　铸件壁厚

二、零件机械加工工艺结构

1. 倒圆和倒角

为了去除零件的毛刺、锐边、便于装配和操作安全，常在轴和孔的端部，加工成圆台状的倒角；为了避免应力集中而产生裂纹，轴肩根部一般加工成圆角过渡，称为倒圆，其画法和标注如图 7–28 所示。在不致引起误解时倒角可省略不画，如图 7–28（c）所示，倒角一般为 45°，也允许为 30° 或 60°，如图 7–28（d）所示。

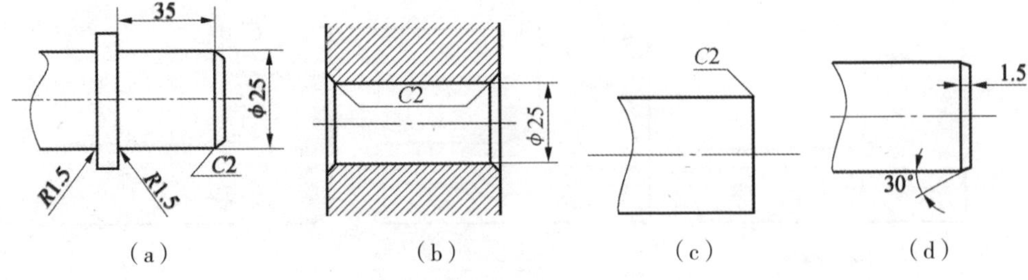

（a）　　（b）　　（c）　　（d）

图 7–28　倒角和倒圆

2. 退刀槽和砂轮越程槽

切削加工过程中，为了便于退出刀具，以及使相关零件在装配时易于靠紧，加工零件时常要预先加工出退刀槽或砂轮越程槽，其结构及尺寸标注形式如图 7–29 所示。一般退刀槽可按“槽宽 × 直径”或“槽宽 × 槽深”的形式标注。

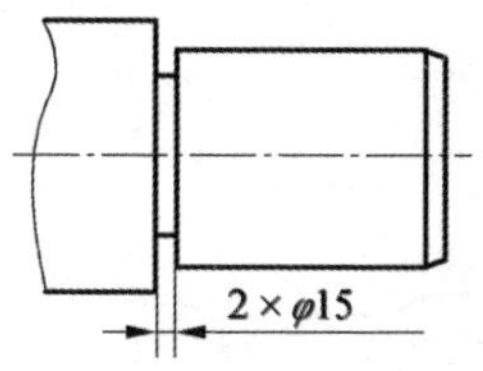

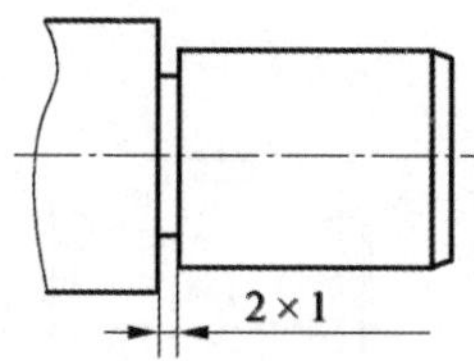

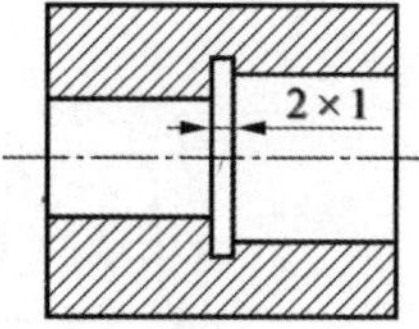

图 7–29　退刀槽和砂轮越程槽

3. 凸台、凹坑和凹槽

零件中凡与其他零件接触的表面一般都要加工。为了减少机械加工量及保证两表面接触良好，应尽量减少加工面积和接触面积，常用的方法是把零件接触表面做成凸台、凹坑和凹槽，其结构形状如图 7–30 所示。

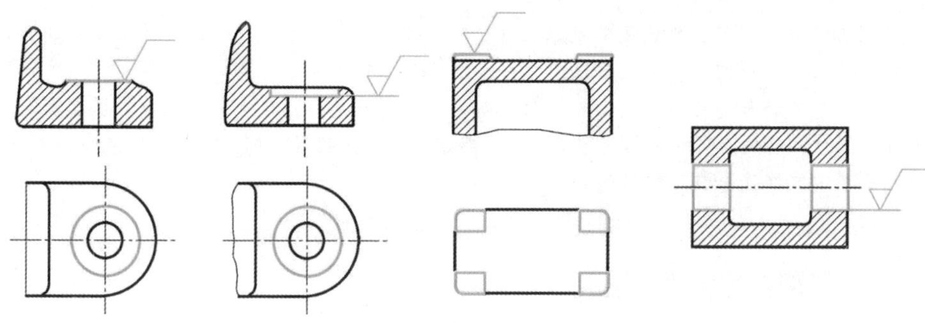

图 7–30　凹槽和凸台，凹坑和凹腔

4. 钻孔结构

钻孔时，应尽可能使钻头轴线与被钻孔表面垂直，以保证孔的精度和避免钻头弯曲或折断。图 7–31 所示为在斜面上钻孔的正确结构。

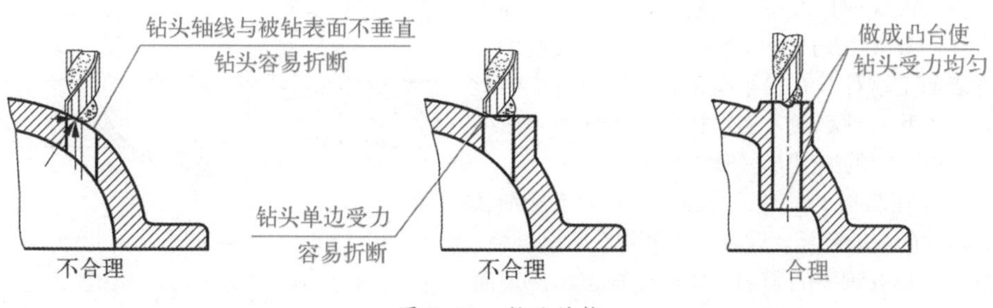

图 7–31　钻孔结构

分析下面各图所表达工艺结构，将正确答案写在图中的横线上。

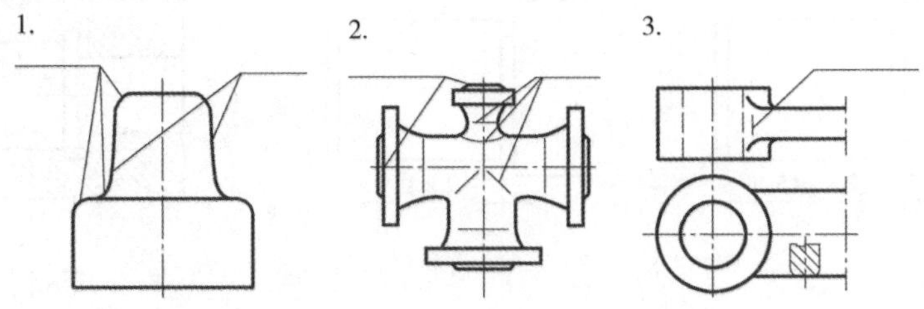

第四节 零件图技术要求

零件图是指导零件生产的重要技术文件，零件图上除了图形和尺寸外，还必须有制造和检验该零件应该达到的一些质量要求，称为技术要求。技术要求主要是指零件几何精度方面的要求，如尺寸公差、几何公差、表面粗糙度等。从广义上讲，技术要求还包括理化性能方面要求，如材料的热处理和表面处理等。技术要求通常是用符号、代号或标记标注在图形上，或者用简明的文字注写在标题栏附近。

一、表面结构的图样表示法

表面结构是表面粗糙度、表面波纹度、表面缺陷、表面纹理和表面形状的总称。其各项要求在图样上的表达方法在GB/T 131—2006中均有具体的规定。本任务主要介绍常用的表面粗糙度的表达方法。

1. 表面粗糙度的基本概念

零件在加工过程中，受刀具的形状和刀具与工件之间的摩擦、机床的振动及零件金属表面的塑性变形等因素的影响，表面不可能绝对光滑，在放大镜或显微镜下观察，可以看到零件表面存在许多微小的凸峰和凹谷，如图7-32所示。零件表面上这种具有较小间距和峰谷所组成的微观几何形状特性称为表面粗糙度。不同的表面粗糙度是由不同的加工方法形成的。

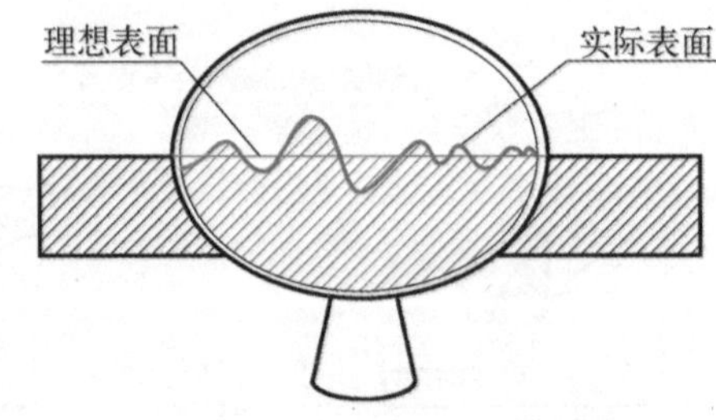

图7-32 零件表面的加工痕迹

零件在参与工作时，其表面的微观不规则状况对零件的配合性质、强度、耐磨性、耐腐蚀性、密封性等都有重要的影响，所以应根据零件表面不同的工作情况，合理地选择和标注表面结构的轮廓参数。

2. 表面结构的评定参数

轮廓参数是目前我国机械图样中最常用的评定参数。下面仅介绍轮廓参数中评定粗糙度轮廓（*R* 轮廓）的两个高度评定参数：轮廓算术平均偏差 *Ra* 和轮廓最大高度 *Rz*，如图 7–33 所示。

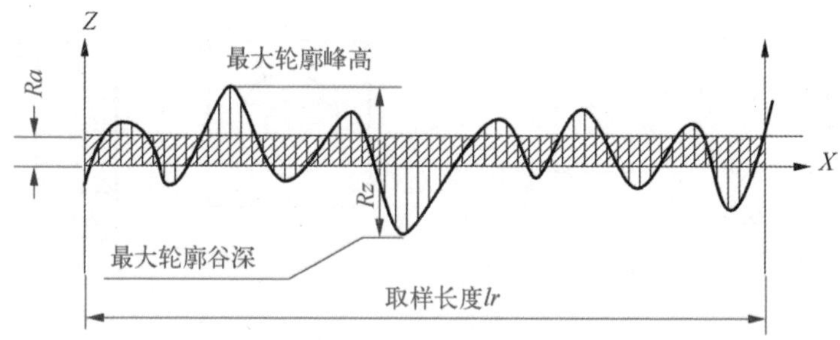

图 7–33 轮廓的算术平均偏差 Ra 和轮廓最大高度 Rz

（1）算术平均偏差 *Ra* 指在一个取样长度内，纵坐标 *Z* 绝对值的算术平均值。

（2）轮廓的最大高度 *Rz* 指在同一取样长度内，最大轮廓峰高与最大轮廓谷深之和的高度。

3. 表面结构代号

（1）表面结构图形符号及意义见表 7–3 所示。

表 7–3 表面结构图形符号及意义

符号名称	符号	含义及说明
基本图形符号	H_1 60° 60° H_2 字高h=3.5 mm H_1=5 mm H_2=10.5 mm	未指定工艺方法的表面，当作为注解时，可单独使用
扩展图形符号		用去除材料的方法获得的表面
		用于不去除材料的表面，也可表示保持上道工序形成的表面
完整图形符号	允许任何工艺 去除材料 不去除材料	在上述三个符号的长边上加一横线，用于标注用有关参数和说明

（2）表面结构要求在图样上的标注方法见表 7–4 所示。

表 7-4　表面结构要求在图样上的标注方法

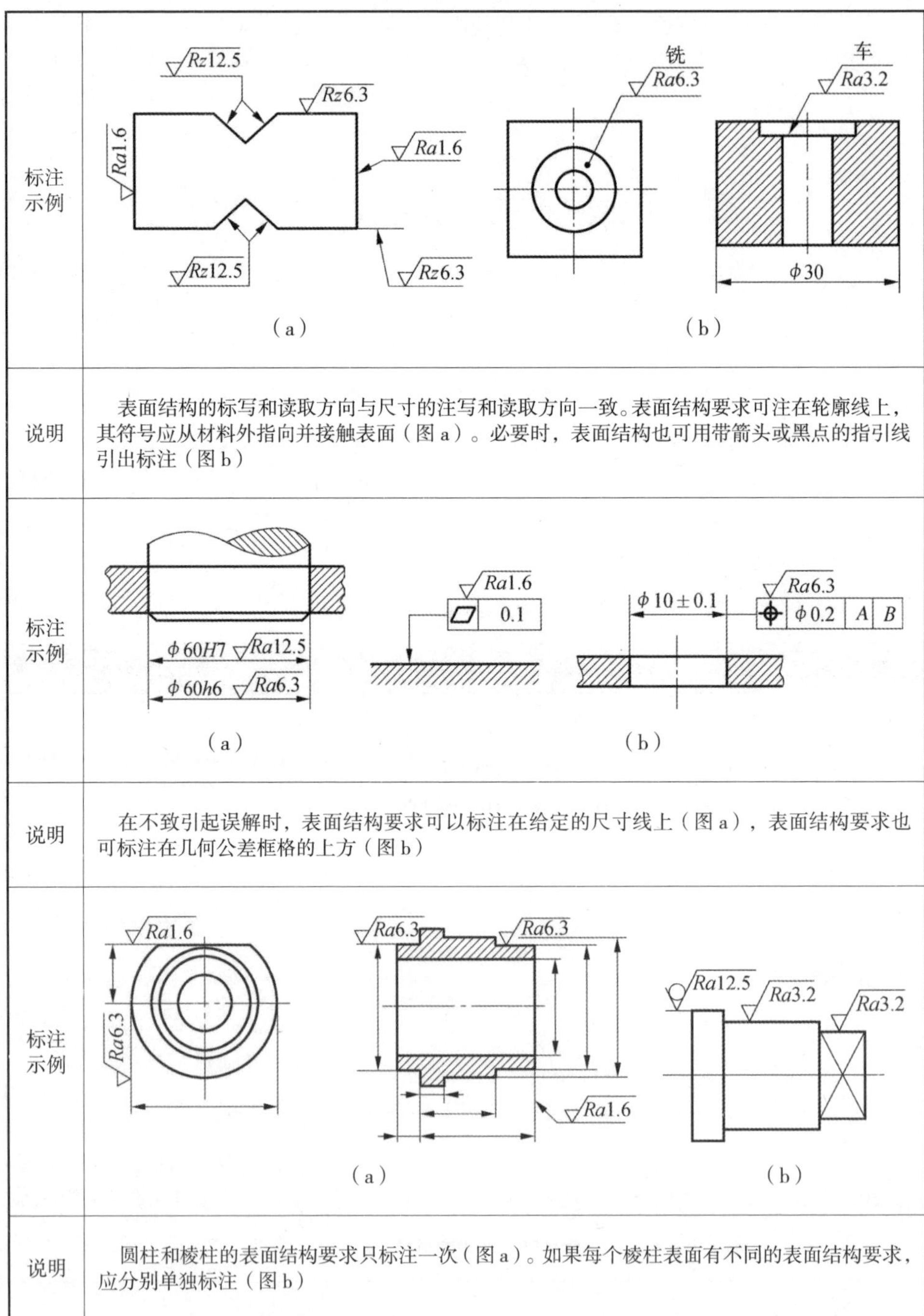

标注示例	（a）（b）
说明	表面结构的标写和读取方向与尺寸的注写和读取方向一致。表面结构要求可注在轮廓线上，其符号应从材料外指向并接触表面（图 a）。必要时，表面结构也可用带箭头或黑点的指引线引出标注（图 b）
标注示例	（a）（b）
说明	在不致引起误解时，表面结构要求可以标注在给定的尺寸线上（图 a），表面结构要求也可标注在几何公差框格的上方（图 b）
标注示例	（a）（b）
说明	圆柱和棱柱的表面结构要求只标注一次（图 a）。如果每个棱柱表面有不同的表面结构要求，应分别单独标注（图 b）

续表

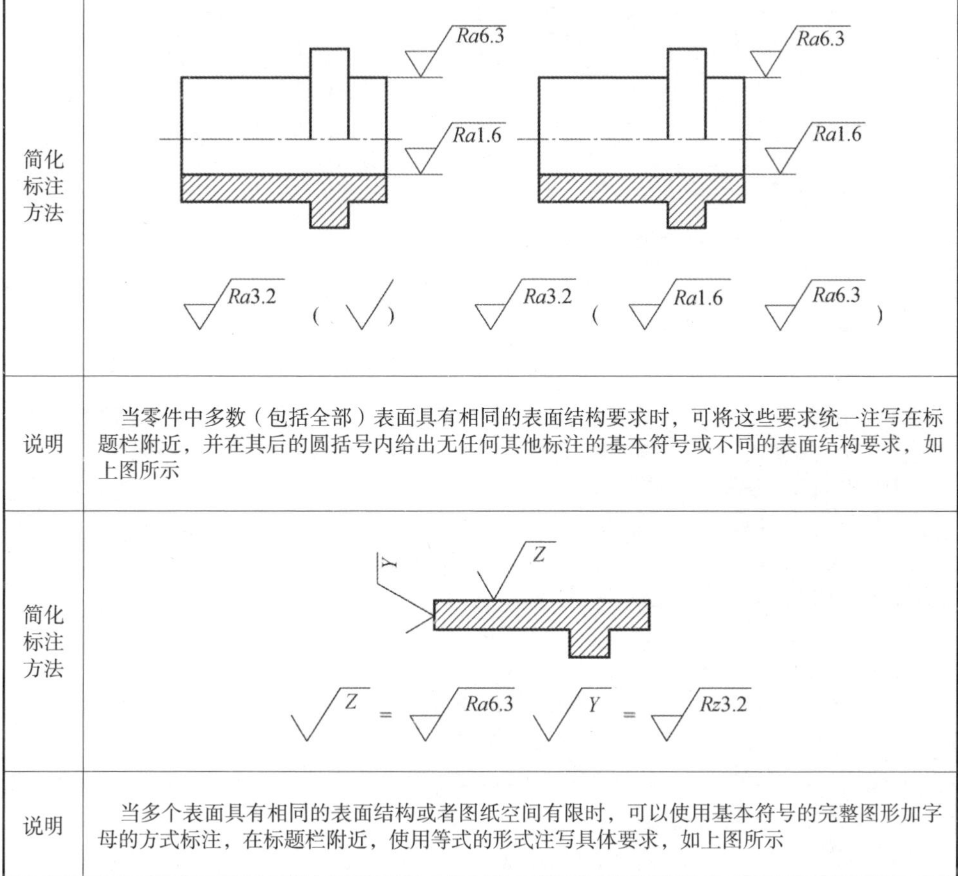

简化标注方法	Ra6.3 Ra1.6 Ra3.2 (√) Ra6.3 Ra1.6 Ra3.2 (Ra1.6 Ra6.3)
说明	当零件中多数（包括全部）表面具有相同的表面结构要求时，可将这些要求统一注写在标题栏附近，并在其后的圆括号内给出无任何其他标注的基本符号或不同的表面结构要求，如上图所示
简化标注方法	Y Z √Z = Ra6.3 √Y = Rz3.2
说明	当多个表面具有相同的表面结构或者图纸空间有限时，可以使用基本符号的完整图形加字母的方式标注，在标题栏附近，使用等式的形式注写具体要求，如上图所示

二、极限与配合

现代化大规模生产要求零件具有互换性，即从同一规格的一批零件中任取一件，不经修配就能装到机器或部件上，并能保证使用要求。具有互换性的零件，便于实现高效率的专业化生产，并使设备使用、维修方便，而且能满足生产部门广泛的协作要求，为大批量和专门化生产创造条件，缩短生产周期，提高劳动效率和经济效益。

1. 尺寸公差与公差带

零件在制造过程中，由于加工或测量等因素的影响，完工后的实际尺寸总是存在一定的误差。为保证零件的互换性，必须将零件的实际尺寸控制在允许变动的范围内，这个允许尺寸的变动量称为尺寸公差，简称公差。

关于尺寸公差的一些名词术语，下面以图 7–34 所示的圆孔尺寸为例来加以说明。

（1）公称尺寸：由图样规范确定的理想形状要素的尺寸，即设计给定的尺寸 ϕ30。

（2）极限尺寸：允许尺寸变化的两个界线值，它以基本尺寸为基数来确定，分为最大极限尺寸和最小极限尺寸。

最大极限尺寸：30+0.01=30.01； 最小极限尺寸：30–0.01=29.99。

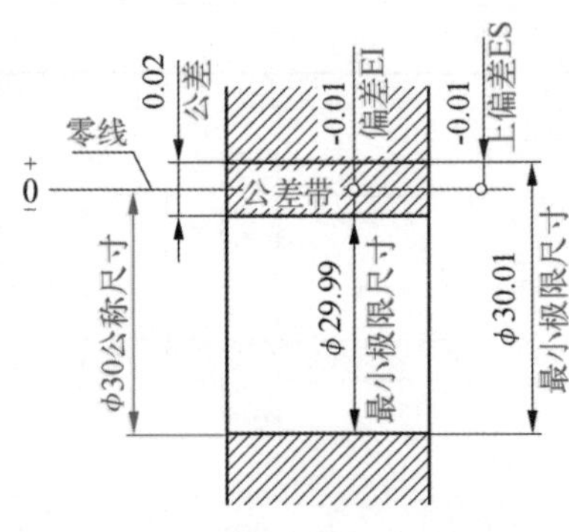

（a）尺寸公差名词解释

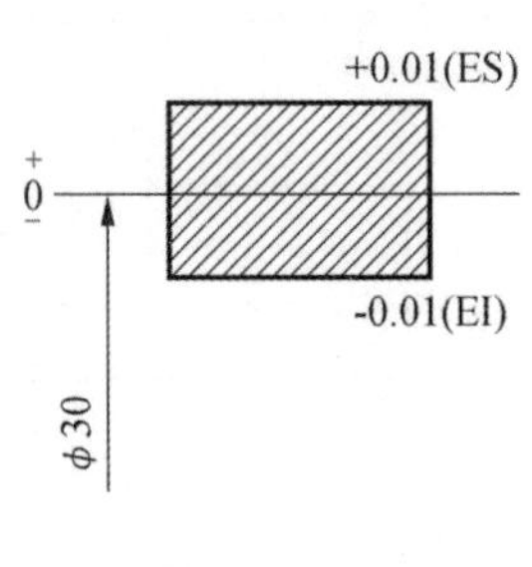

（b）公差带图

图 7-34　尺寸公差名词解释及公差带图

（3）极限偏差：极限尺寸减基本尺寸所得的代数差，分别称为上偏差和下偏差。国标规定：孔的上偏差用 ES、下偏差用 EI 表示；轴的上偏差用 es、下偏差用 ei 表示。

上极限偏差：ES=30.01-30=+0.01

下极限偏差：EI=29.99-30=-0.01

（4）尺寸公差：允许尺寸的变动量。公差等于最大极限尺寸减最小极限尺寸，也等于上偏差减下偏差所得的代数差。

公差 = 最大极限尺寸—最小极限尺寸 =30.01—29.99=0.02

公差 = 上偏差—下偏差 = 0.01—（—0.01）=0.02

（5）零线：偏差值为零的一条基准直线，零线常用基本尺寸的尺寸界线表示。

（6）公差带图：在零线区域内，由孔或轴的上、下偏差围成的方框简图称为公差带图。

（7）尺寸公差带：在公差带图中，由代表上、下偏差的两条直线所限定的一个区域。

2. 标准公差与基本偏差

为了满足不同的配合要求，国家标准规定，孔、轴公差带由标准公差和基本偏差两个要素组成。标准公差确定公差带大小，基本偏差确定公差带位置，如图 7-35 所示。

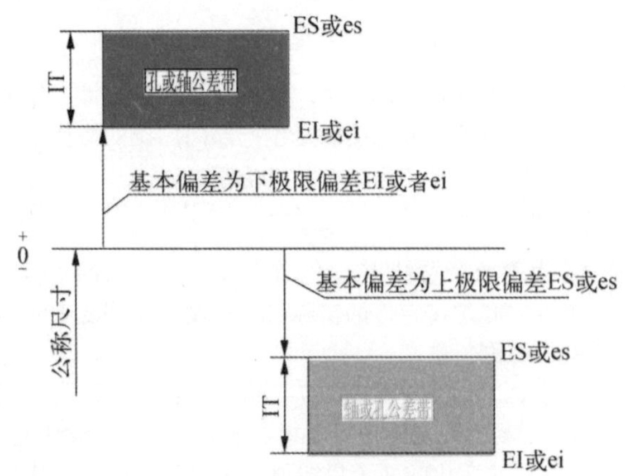

图 7-35　公差带位置

（1）标准公差（IT）：是指国家标准规定的任一公差。

标准公差的数值由公称尺寸和公差等级确定。确定尺寸精确程度的等级称为公差等级。国家标准设置了 20 个公差等级，即 IT01、IT0、IT1、…、IT18，数字越小，精度越高。常见的标准公差的数值见表 7–5 所示。

表 7–5 标准公差数值（GB/T 1800.2—2009）（节选）

基本尺寸/mm		标准公差等级																	
		IT1	IT2	IT3	IT4	IT5	IT6	IT7	IT8	IT9	IT10	IT11	IT12	IT13	IT14	IT15	IT16	IT17	IT18
大于	至	μm											mm						
—	3	0.8	1.2	2	3	4	6	10	14	25	40	60	0.1	0.14	0.25	0.4	0.6	1	1.4
3	6	1	1.5	2.5	4	5	8	12	18	30	48	75	0.12	0.18	0.3	0.48	0.75	1.2	1.8
6	10	1	1.5	2.5	4	6	9	15	22	36	58	90	0.15	0.22	0.36	0.58	0.9	1.5	2.2
10	18	1.2	2	3	5	8	11	18	27	43	70	110	0.18	0.27	0.43	0.7	1.1	1.8	2.7
18	30	1.5	2.5	4	6	9	13	21	33	52	84	130	0.21	0.33	0.52	0.84	1.3	2.1	3.3
30	50	1.5	2.5	4	7	11	16	25	39	62	100	160	0.25	0.39	0.62	1	1.5	2.5	3.9
50	80	2	3	5	8	13	19	30	46	74	120	190	0.3	0.46	0.74	1.2	1.9	3	4.6
80	120	2.5	4	6	10	15	22	35	54	87	140	220	0.35	0.54	0.87	1.4	2.2	3.5	5.4
120	180	3.5	5	8	12	18	25	40	63	100	160	250	0.4	0.63	1	1.6	2.5	4	6.3
180	250	4.5	7	10	14	20	29	46	72	115	185	290	0.46	0.72	1.15	1.85	2.9	4.6	7.2
250	315	6	8	12	16	23	32	52	81	130	210	320	0.52	0.84	1.3	2.1	3.2	5.2	8.1

（2）基本偏差：是指在确定公差带相对零线位置的上极限偏差或下极限偏差，一般指靠近零线的那个偏差。当公差带在零线的上方时，基本偏差为下极限偏差（EI、ei）；反之，则为上极限偏差（EI、es）。基本偏差对于孔和轴各有 28 个，如图 7–36 所示。

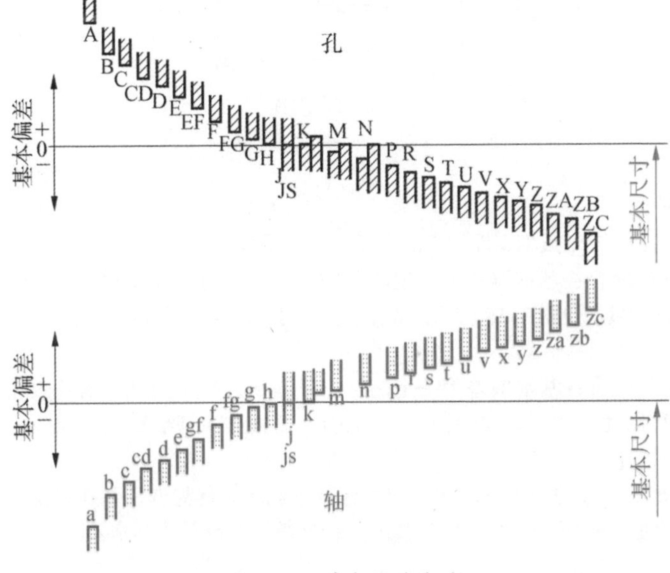

图 7–36 基本偏差系列

从图 7–36 中可以看出：基本偏差用拉丁字母（一个或两个）表示，大写字母代表孔，小写字母代表轴。

（3）极限偏差

孔：ES = EI + IT

轴：es = ei + IT

3. 配合

基本尺寸相同的两个相互结合的孔和轴公差带之间的关系，称为配合。根据使用要求不同，国标规定配合分三类：即间隙配合、过盈配合、过渡配合。

（1）间隙配合：孔与轴配合时，孔的公差带在轴的公差带之上，具有间隙（包括最小间隙等于零）的配合，如图 7–37（a）所示。

（2）过盈配合：孔与轴配合时，孔的公差带在轴的公差带之下，具有过盈（包括最小过盈等于零）的配合，如图 7–37（b）所示。

（3）过渡配合：孔与轴配合时，孔的公差带与轴的公差带相互交叠，可能具有间隙或过盈的配合，如图 7–37（c）所示。

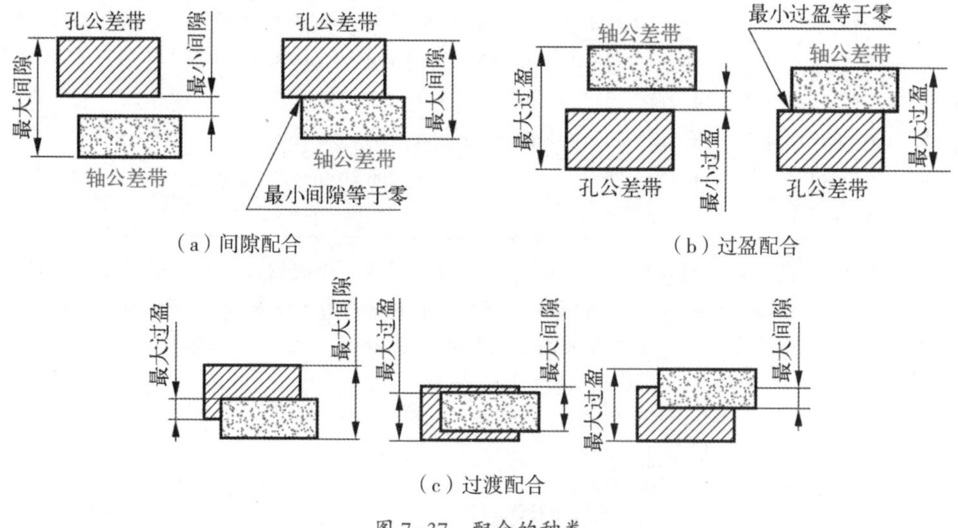

图 7–37　配合的种类

4. 配合制

为了便于选择配合，减少零件加工的专用刀具和量具，国家标准对配合规定了两种基准制。

（1）基孔制配合：基本偏差为一定的孔的公差带，与不同基本偏差的轴的公差带形成各种配合的一种制度，如图 7–38 所示。基孔制配合中的孔称为基准孔，基准孔的下偏差为零，并用代号 H 表示。

（2）基轴制配合：基本偏差为一定的轴的公差带，与不同基本偏差的孔的公差带形成各种配合的一种制度，如图 7–39 所示。基轴制中的轴称为基准轴，基准轴的上偏差为零，并用代号 h 表示。

由于孔的加工比轴的加工难度大，国家标准中规定，优先选用基孔制配合。同时，采用基孔制可以减少加工孔所需要的定值刀具的品种和数量，降低生产成本。

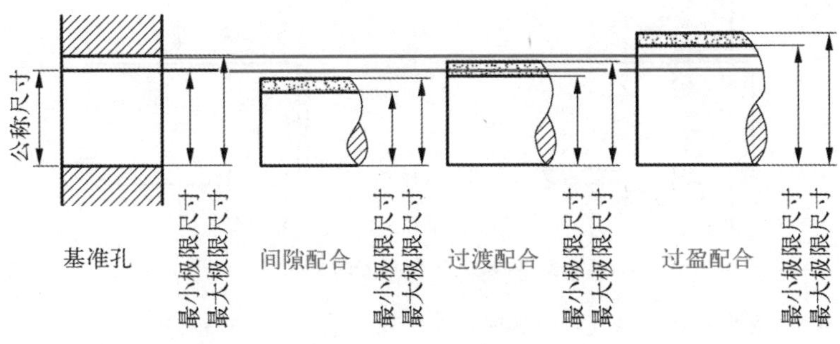

图 7-38 基孔制配合

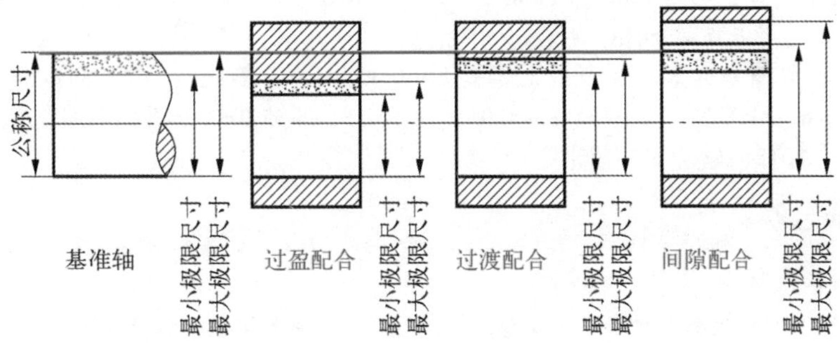

图 7-39 基轴制配合

在基孔制中，基准孔 H 与轴配合，a~h 用于间隙配合；j ~ zc 用于过渡配合和过盈配合。

在基轴制中，基准轴 h 与孔配合，A~H 用于间隙配合；J ~ ZC 用于过渡配合和过盈配合。

（3）配合的选择：配合种类的选用主要是根据功能要求，如当零件间具有相对转动或移动时，则选择间隙配合。

配合制的选择与功能无关，而应考虑工艺的经济和结构的合理性。

5. 极限与配合在图样中的标注方法

在零件图上标注尺寸公差有三种形式：

（1）在公称尺寸后面标注上、下偏差，如图 7-40（a）所示。

（2）在公称尺寸后面标注公差代号，如图 7-40（b）所示。

（3）在公称尺寸后面同时标注公差代号和上、下偏差，如图 7-40（c）所示。

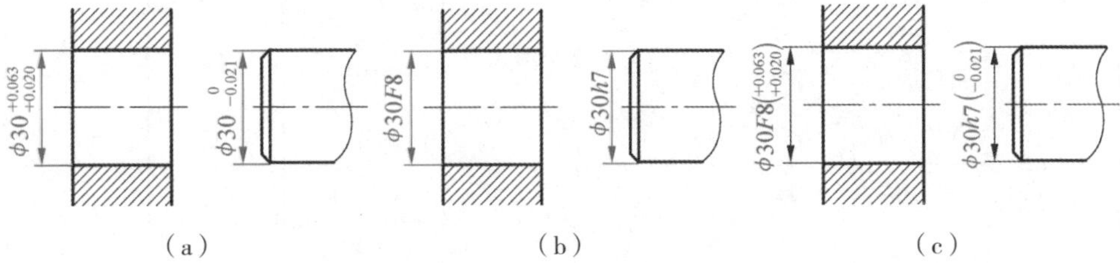

图 7-40 尺寸公差的标注方法

配合在装配图上的标注一般情况下，在公称尺寸的后面标出配合代号，如图 7-41 所示。对标注标准件与零件配合时，可省略标准件的公差代号。

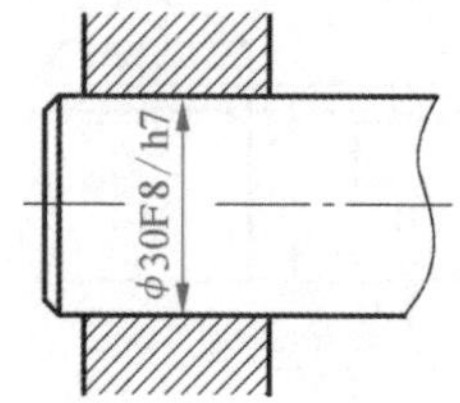

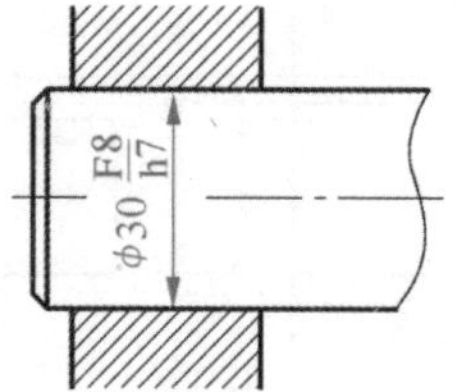

图 7-41　配合代号的标注

【例 7-3】查表确定配合代号 φ30K7/h6 中孔和轴的极限偏差值。

解：根据配合代号可知，孔和轴采用基轴制配合，轴为基准轴，上偏差 es=0，公差等级为 IT6，标准公差查表得 IT6=0.013mm，ei=es － IT6=0 － 0.013= － 0.013，即 φ20h6 的轴的上偏差为 0，下偏差为－ 0.013，写成 $\phi 30^{\ 0}_{-0.013}$。

孔的基本偏差为 K，查表得上偏差 ES=0.006，公差等级为 IT7，标准公差查表得 IT7=0.021mm，EI=ES － IT6=0.006 － 0.021= － 0.015，即 φ30K7 的孔的上偏差为＋ 0.006，下偏差为－ 0.015，写成 $\phi 20^{-0.016}_{-0.015}$。

三、几何公差

1. 基本概念

零件经加工后，不仅会有尺寸误差，而且会产生几何形状和相对位置的误差。为保证零件的安装和使用要求，必须正确合理地给出形状和位置的变动量，以限制其实际形状和位置的误差。这个允许的变动量即为几何公差。

2. 几何公差

根据国家标准（GB/T 1182—2008）规定，几何公差有形状公差、方向公差、位置公差、跳动公差等共 19 项，常见如表 7-6 所示。

表 7-6　几何公差的几何特征和符号

公差类型	几何特征	符号	有无基准	公差类型	几何特征	符号	有无基准
形状公差	直线度	—	无	位置公差	位置度	⌖	有或无
	平面度	▱			同心度（用于中心点）	◎	有
	圆度	○			同轴度（用于轴线）	◎	
	圆柱度	⌭			对称度	⌯	
	线轮廓度	⌒			线轮廓度	⌒	
	面轮廓度	⌓			面轮廓度	⌓	
方向公差	平行度	//	有	跳动公差	圆跳动	↗	有
	垂直度	⊥			全跳动	⌰	
	倾斜度	∠					
	线轮廓度	⌒					
	面轮廓度	⌓					

3. 几何公差的标注方法

（1）公差框格与基准符号：用公差框格标注几何公差时，公差要求注写在划分成两格或多格的矩形框格内，如图 7–42 所示。

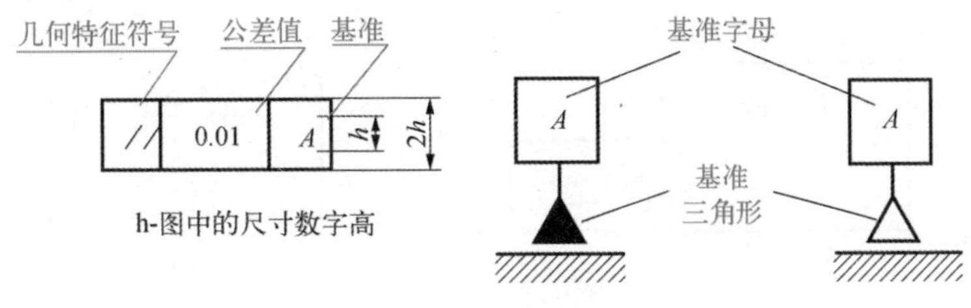

图 7–42　公差框格

（2）被测要素的标注：按表 7–7 所示，用指引线连接被测要素和公差框格。指引线引自框格的任意一侧，终端带一箭头。

表 7–7　被测要素的标注

标注示例	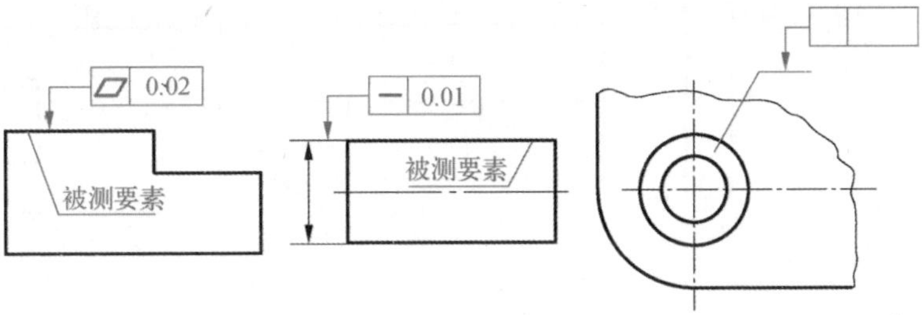 0.02 被测要素 （a）　— 0.01 被测要素 （b）　（c）
说明	当被测要素是轮廓线或表面时，指引线的箭头指向该要素的轮廓线或其延长线上（应与尺寸线明显错开）。如图（a）、（b）所示。箭头也可指向引出线的水平线，引出线引自被测面，如图（c）所示
标注示例	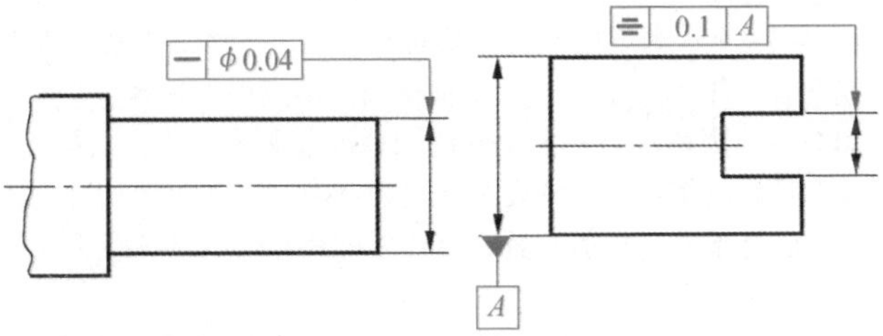 — ϕ0.04 （a）　0.1 A　A （b）
说明	当被测要素为轴线或中心平面时，箭头应位于尺寸线的延长线上

（3）基准要素的标注：基准要素是零件上用于确定被测要素的方向和位置的点、线或面，用基准符号（字母注写在基准方格内，与一个涂黑的三角形相连）表示，表示基准的字母也

应注写在公差框格内，如表 7-8 所示。

表 7-8　带基准字母的基准三角形放置的标注

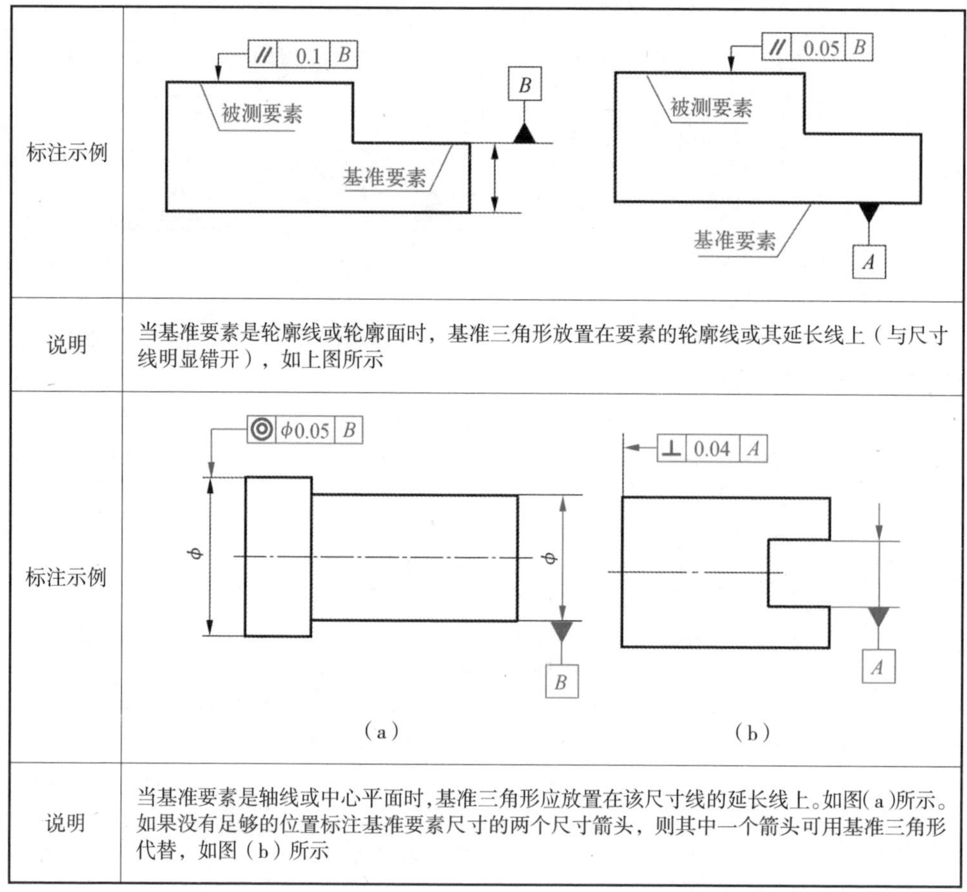

标注示例	（见上图）
说明	当基准要素是轮廓线或轮廓面时，基准三角形放置在要素的轮廓线或其延长线上（与尺寸线明显错开），如上图所示
标注示例	（a）　（b）
说明	当基准要素是轴线或中心平面时，基准三角形应放置在该尺寸线的延长线上。如图（a）所示。如果没有足够的位置标注基准要素尺寸的两个尺寸箭头，则其中一个箭头可用基准三角形代替，如图（b）所示

【例 7-4】解释图 7-43 所示汽车发动机气门杆的几何公差含义。

分析：图 7-43 所示为气门挺杆的形位公差标注示例，从图中可以看到，当被测要素为实际的表面或交线（轮廓要素）时，从框格引出的指引线箭头，应指在该要素的轮廓线或其延长线上，如左端的圆跳动公差及中间的圆柱度公差的注法；当被测要素是轴线或对称中心线（中心要素）时，应将箭头与该要素的尺寸线对齐，如 M8×1 轴线的同轴度注法；当基准要素是轴线时，应将基准三角形放置在该要素的尺寸线的延长线上，如图 7-43 中的基准 A。

解题：

| ↗ | φ0.003 | A | 表示 φ750 的球面对于 φ16 轴线的圆跳动公差是 0.003。

| ⌭ | 0.005 | 表示杆身 φ16 的圆柱度公差为 0.005。

| ◎ | φ0.1 | A | 表示 M8×1 的螺纹孔轴线对于 φ16 轴线的同轴度公差是 0.1。

| ↗ | 0.1 | A | 表示底部对于 φ16 轴线的圆跳动公差是 0.1。

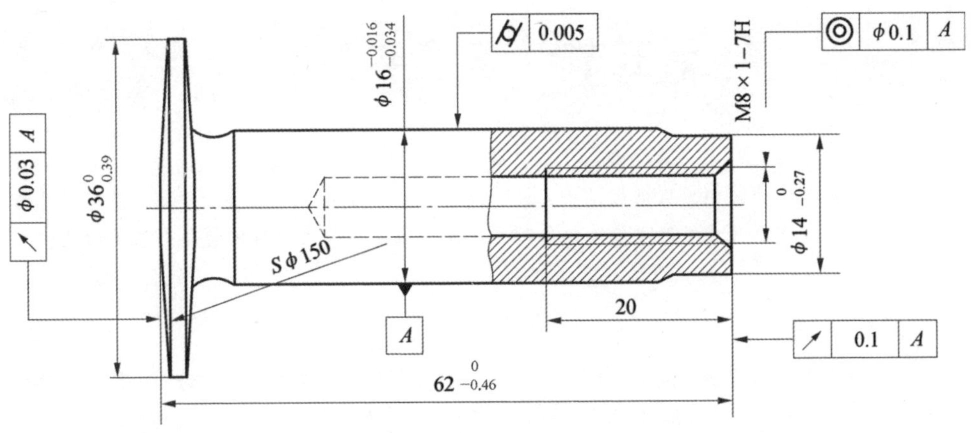

图 7-43 所示汽车发动机气门杆的几何公差

解释图 7-44 所示气门阀杆几何公差标注。

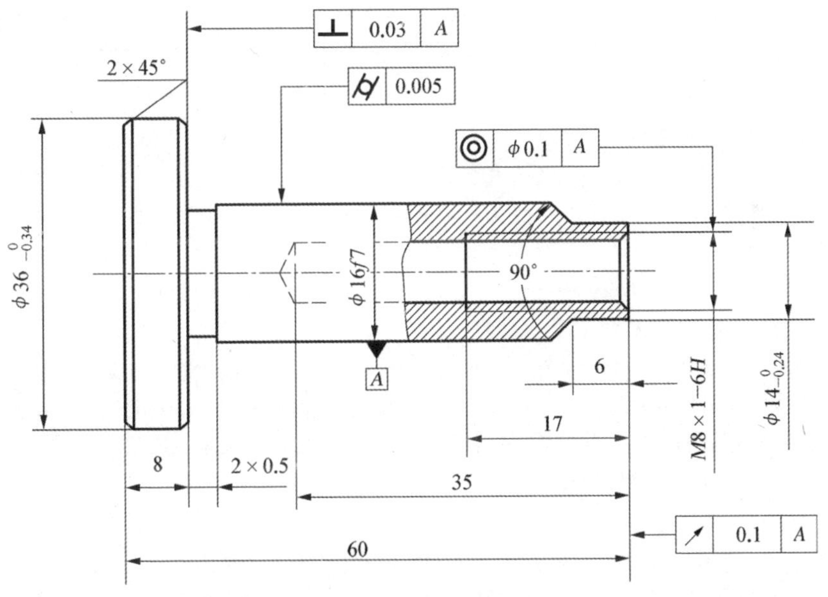

图 7-44 气门阀杆

第五节 识读零件图

零件图是制造和检验零件的依据，是反映零件结构、大小和技术要求的载体。读零件图的目的就是根据零件图想象零件的结构形状，了解零件的制造方法和技术要求。为了读懂零件图，最好能结合零件在机器或部件中的位置、功能以及与其他零件的装配关系来读图。

一、读图方法

读零件图的方法是通过对零件图中各视图、剖视图和断面图等图样的分析，想象出零件的形状。弄清楚该零件的全部尺寸以及各项技术要求，并根据零件的功用和相关的工艺知识，对零件进行结构分析。

读零件图的基本方法仍然是形体分析法和线面分析法。所以看图时，只要善于运用形体分析法，按组成部分分“块”看，就可以将复杂的问题分解成几个简单的问题处理了。

二、读图步骤

1. 读标题栏

从标题栏了解零件的名称、材料、比例等内容。从名称可判断该零件属于哪一类零件，从材料可大致了解其加工方法，从绘图比例可估计零件的实际大小。必要时，要对照机器、部件实物或装配图了解该零件在装配体中的位置和功用，与相关零件之间的装配关系等，从而对该零件有初步了解。

2. 分析表达方案

从主视图入手，联系其他视图分析各视图之间的投影关系。运用形体分析法和线面分析法读懂零件各部分结构，想象出零件形状。看懂零件的结构形状是读零件图的重点，组合体的读图方法适用于读零件图。读图的一般顺序是先整体、后局部；先主体结构、后局部结构；先读懂简单部分，再分析复杂部分。

3. 分析尺寸和技术要求

分析尺寸首先要弄清楚图样中零件的长、宽、高三个方向的主要尺寸基准，从基准出发查找各部分的定形尺寸和定位尺寸，并分析尺寸的加工精度要求，必要时还要联系机器或部件中与该零件有关的零件一起分析，以便深入理解尺寸之间的关系，以及所注的尺寸公差、几何公差和表面粗糙度等技术要求。

4. 综合归纳

通过以上分析，对零件的形状、结构、尺寸以及技术要求等内容的综合归纳，对该零件形成了比较完整的认识，达到了读零件图的要求。必须注意，读图过程中，对上述步骤应穿插进行，而不是机械地割裂开来。

【例 7–5】识读如图 7–45 所示汽车变速箱中轴承密封盖的零件图。

分析：

（1）看标题栏。该零件的名称为密封盖，材料为“HT150”，其中“HT”表示灰铸铁，“150”为抗拉强度（MPa）；比例为 1 ∶ 2。

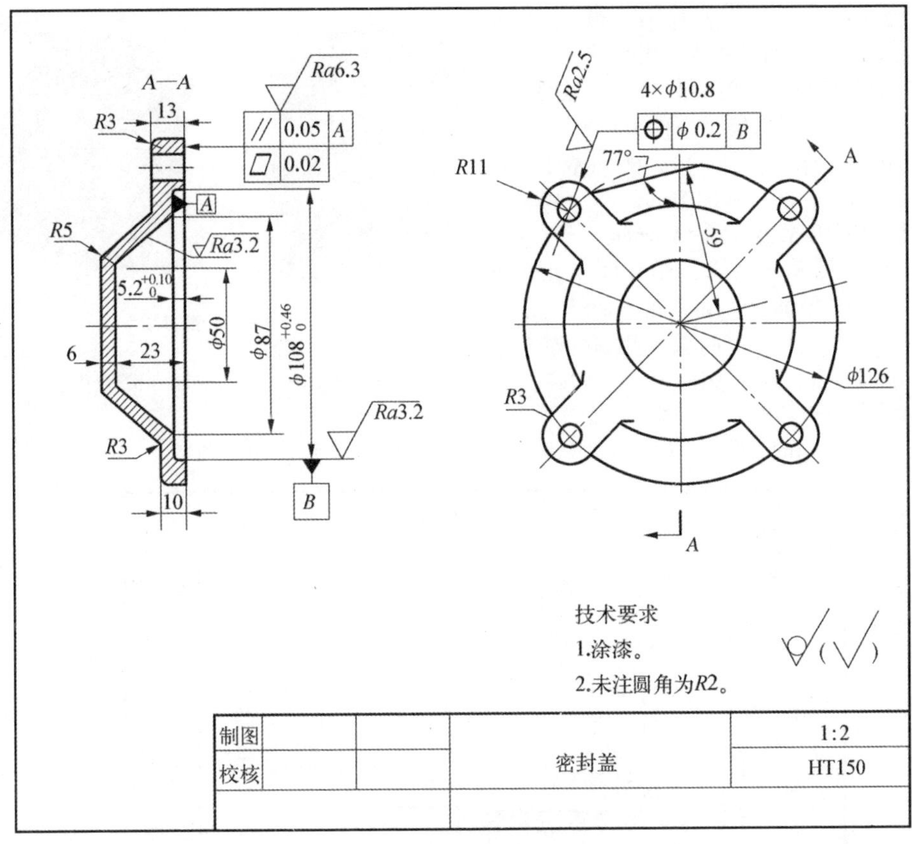

图 7-45 密封盖的零件图

（2）分析视图表达。该零件用两个图形表达，主视图为采用两个相交的剖切平面剖得的全剖视图 *A—A*，反映密封盖内部结构形状及连接孔的深度（通孔）；左视图表达左端面外形及连接孔的分布情况。

（3）分析形体结构。

①该零件右端面光滑、平整，为密封平面，其内部有一直径为 $\phi 108^{+0.460}_{0}$ mm、深为 $5.2^{+0.10}_{0}$ mm 的凹部，与球轴承外圆配合。

②在密封盖上均布四个凸台，并在其上加工成四个连接孔。

③在密封盖的后上方离中心 59mm 处削平一块，以避免与其他零件发生干涉。

④转角处还有不同直径的圆角。

（4）分析尺寸标注。

①尺寸基准分析。该密封盖以 $\phi 108^{+0.460}_{0}$ mm 孔的轴线为径向基准，长度方向以右端面为基准。

②主要尺寸分析。尺寸 59mm 和 77° 为密封盖在后上方削平部分的定位尺寸和定位角度；ϕ 126mm 为四个联接孔的定位尺寸。其余尺寸为定形尺寸，*R*2mm、*R*3mm、*R*5mm 表示铸件上有不同的铸造圆角要求。

（5）分析技术要求。

①表面粗糙度要求。表面粗糙度精度要求最高的是 $\phi 108^{+0.460}_{0}$ mm 内孔及台阶面，其

值为 3.2μm，还有 6.3μm，最大值为 25μm，其余表面为不加工表面。

②形位公差要求。标有形位公差的有两处三项：分别是右端面的平面度公差，其值为 0.02mm；右端面对 $\phi108^{+0.460}_{0}$孔底平面的平行度公差，其值为 0.05mm；4×ϕ10.8mm 的中心位置度的公差为 ϕ0.2mm。

③尺寸精度要求。标有尺寸公差的尺寸有 $\phi108^{+0.460}_{0}$ mm 和 $5.2^{+0.10}_{0}$ mm，其中 $\phi108^{+0.460}_{0}$ mm 的最大极限尺寸是 ϕ108.046mm，最小极限尺寸是 ϕ108mm，尺寸公差是 0.046mm。关于尺寸$5.2^{+0.10}_{0}$ mm，请读者自行分析其极限尺寸和尺寸公差。

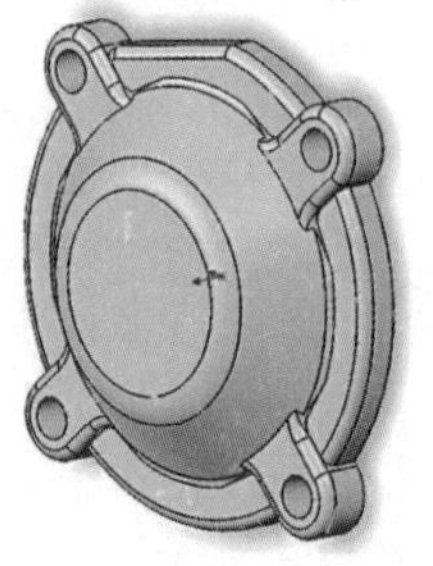
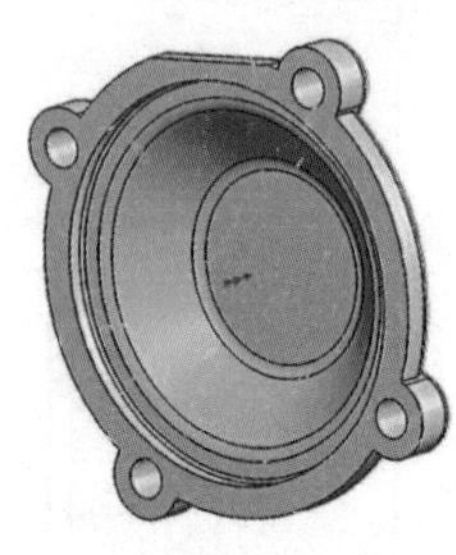

图 7-46　密封盖

通过上面的分析，可以综合想象出密封盖的实物图，如图 7-46 所示。

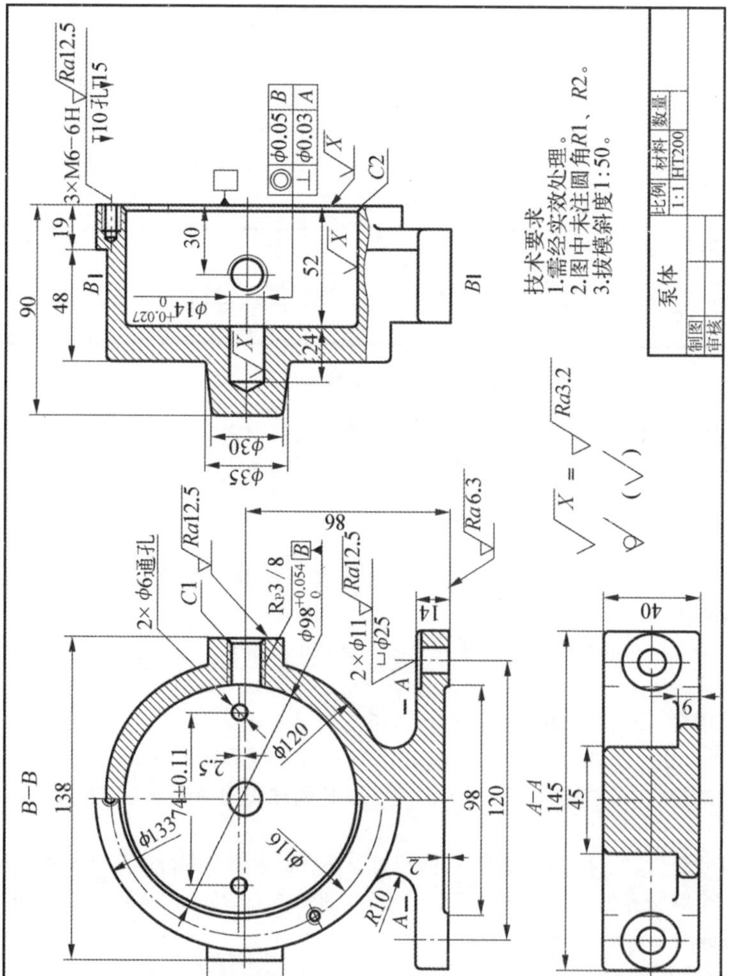

图 7-47　泵体零件图

【例 7–6】如图 7–47 所示，识读齿轮泵的泵体零件图。

分析：

1. 看标题栏

从标题栏可以看出，该零件的名称为泵体，属于箱体类零件。它必有容纳其他零件的空腔结构。材料是铸铁（HT200），零件毛坯由铸造而成，可见泵体结构较复杂，加工工序较多。

2. 分析视图

由于对称性，主视图采取了半剖视图，左边的视图反映了泵体的外形以及螺钉孔的分布，右边的剖视图反映了与空腔相通的进、出油螺孔以及底座上沉孔的形状，左视图补充表达了底板的形状，同时采取了局部剖视图，表达内腔的形状。*A—A* 全剖视图表达了底板和连接部分及其两边的肋板形状，同时进一步确定安装沉孔的分布。

3. 分析形体

（1）工作部分。工作部分由两个圆柱体、圆柱形内腔和两个凸台（进、出油螺孔）以及后面的锥台组成。

（2）底板。底板是用来固定油泵的。大致为带圆角的长方块，底座两边各有一个固定油泵用的螺栓孔，下面的凹槽是为了减少加工面，使泵体固定平稳。

（3）联接部分。中间部分为弧形丁字联接板，将工作部分和底板部分联接起来。

通过上面的分析，可以综合想象出泵体的实物图，如图 7–48 所示。

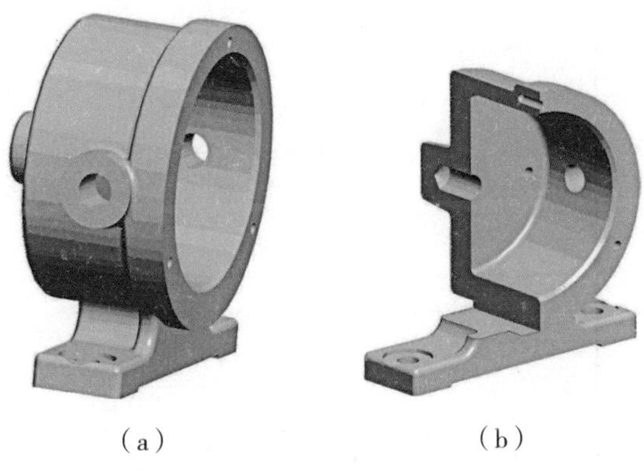

（a）　（b）

图 7–48　泵体的立体图

4. 分析尺寸

（1）主要基准。泵体中，左右方向的尺寸都是按照对称形式标注的，容易看出左右对称面是长度方向的主要基准；左视图中，从上往下，尺寸 90mm、19mm、10mm、15mm 和 30mm 和 52mm 等尺寸的起始位置都是前端面，故泵体的前端面是宽度方向的主要基准；类似地可以看出，泵体的底面是高度方向的主要基准。

（2）主要尺寸 $\phi 98\ ^{+0.054}_{0}$ mm 是泵体圆形内腔的定形尺寸，Rp3/8 是进、出油孔的管螺纹尺寸，另外，还有进、出油孔中心高尺寸 86mm，底板上安装孔定位尺寸 120mm 等。

5. 看技术要求

了解表面结构、尺寸公差、几何公差和其他技术要求及作用。图 7–47 所示，表面结构等级最高的是两个圆形内腔 $\phi 98\ ^{+0.054}_{0}$ mm 和 $\phi 14\ ^{+0.027}_{0}$ mm 及以及泵体的前端面，其 *Ra* 的值是 3.2mm，前两个是配合面，后者是定位面，并且要求密封，防止漏油。等级最低的是代号 ∀ 。$\phi 98\ ^{+0.054}_{0}$ mm 表示泵体圆柱孔与啮合齿轮齿顶圆柱有配合公差要求；$\phi 14\ ^{+0.027}_{0}$ mm 表示体轴承座孔与配合轴有配合公差的要求，其公差值为 $\phi 0.03$mm。

识读如图 7-49 叉架类零件（托架）的零件图，完成填空题。

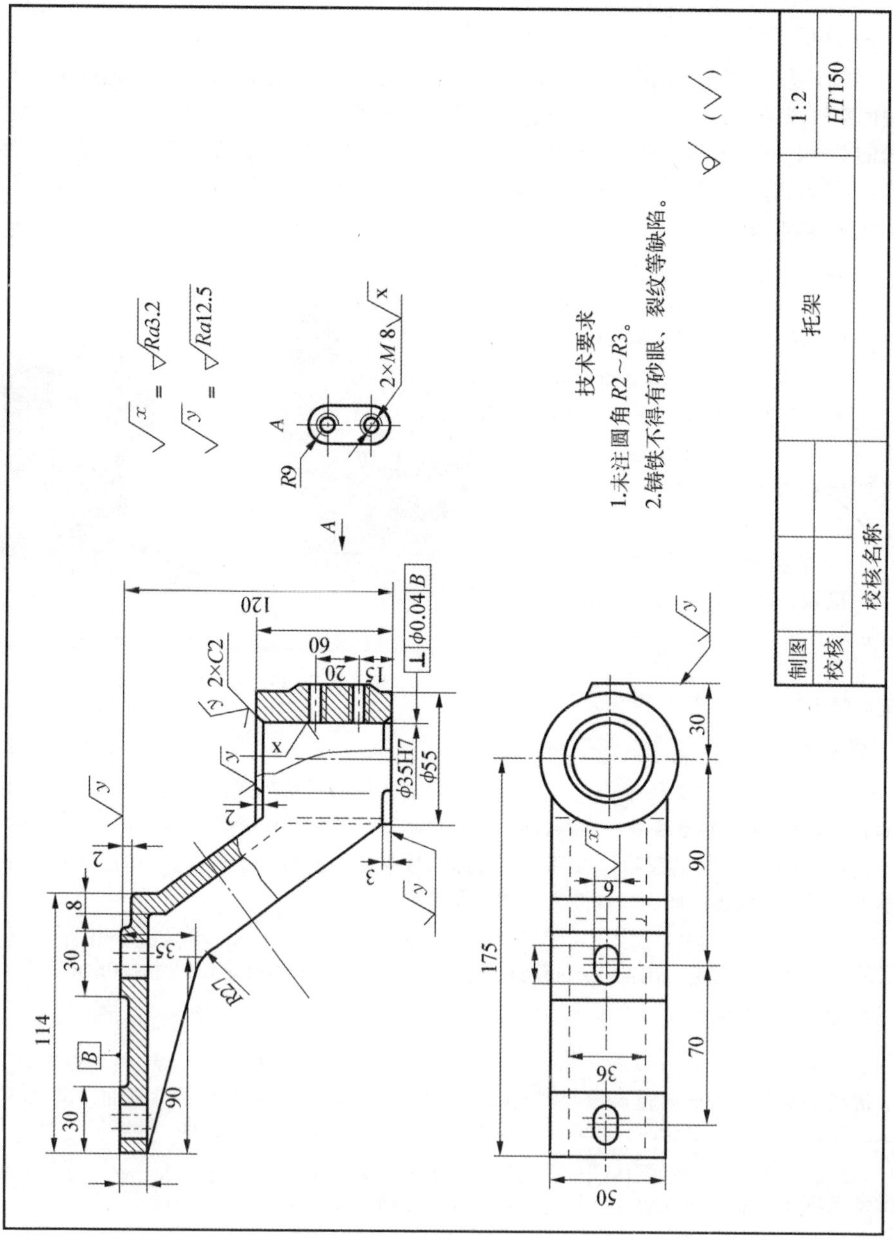

图 7-49　托架

1. 托架采用了________个图形表达，主视图有________处采用了________视图，*A* 是________图。

2. 俯视图中有两个腰形孔，其定形尺寸是________和________，定位尺寸是________和________。

3. 尺寸“2×M8”中的 2 表示________，M 表示________，8mm 表示________，螺距是________，2×M8 的定位尺寸是________和________。

4. 右下方圆筒的内孔直径是________，公差带代号是________，表示基本偏差代号是________，公差等级为________级的孔，表面粗糙度的代号是________，圆筒的外径尺寸是________。

5. 用文字在图中指出长、宽、高三个方向的主要尺寸基准。

6. 图中几何公差 | ⊥ | ϕ0.04 | *B* | 表示的含义：表示被测要素为________，基准要素为________，公差项目为________，公差值为________。

7. 托架的总长尺寸是________，总宽尺寸是________，总高尺寸是________。

8. 托架的加工表面中，表面粗糙度要求最高的是________和________，其 *Ra* 的上限值为________；另外还有 *Ra* 的上限值为________，其余为________表面。

9. 铸件不得有________和________等缺陷。

第八章 装配图

机器设备或部件是由若干零件按一定的装配关系和技术要求装配而成的。表达机器或部件的一组图样称为装配图。表示一台完整机器的图样，称为总装配图；表示一个部件的图样，称为部件装配图。装配图通过表达机器或部件的整体结构形状、零件之间的相对位置和连接关系、技术要求等信息，用以指导机器的组装、检验、使用、维修等实践活动。装配图是生产中的最重要技术文件之一。

本章将介绍装配图的内容、机器或部件的表达方法、装配图的画法及装配图的识读相关任务。

第一节 装配图的表达方法选择

装配图和零件图一样，也是按正投影的原理、方法和国家标准的有关规定绘制的。装配图的侧重点是将装配体的结构、工作原理和零件间的装配关系正确、清晰地表示清楚。前面所介绍的机件表达法及相关规定对装配图同样适用。但由于侧重点不同，国家标准对装配图的画法，又做了一些规定。

一、装配图的作用

在机器或部件的设计过程中，一般是先根据设计要求画出装配图，然后再根据装配图进行零件设计，画出零件图；在产品或部件的制造过程中，先根据零件图进行零件加工和检验，再依据装配图所制定的装配工艺规程将零件装配成机器或部件；在机器或部件的使用、维护及维修过程中，也经常要通过装配图来了解产品或部件的工作原理及构造。因此，装配图与零件图一样，也是生产中的重要文件。

二、装配图的内容

装配图不仅要表示机器（或部件）的结构，同时也要表达机器（或部件）的工作原理和装配关系。图 8–1 所示的是拆卸器装配图，由图中可以看出，一张完整的装配图应具备如下的内容：

1. 一组图形

选择一组图形，应采用适当的表达方法，将机器（或部件）的工作原理、零件的装配关系、零件的连接和传动路线以及各零件的主要结构形状都要表达清楚。表达装配图，除了零件图的所有表示方法都适用以外，装配图还有一些特定的表示方法。

2. 必要的尺寸

装配图上应标注表明机器（或部件）的规格（性能）、外形、安装和各零件的配合关系等方面的尺寸。

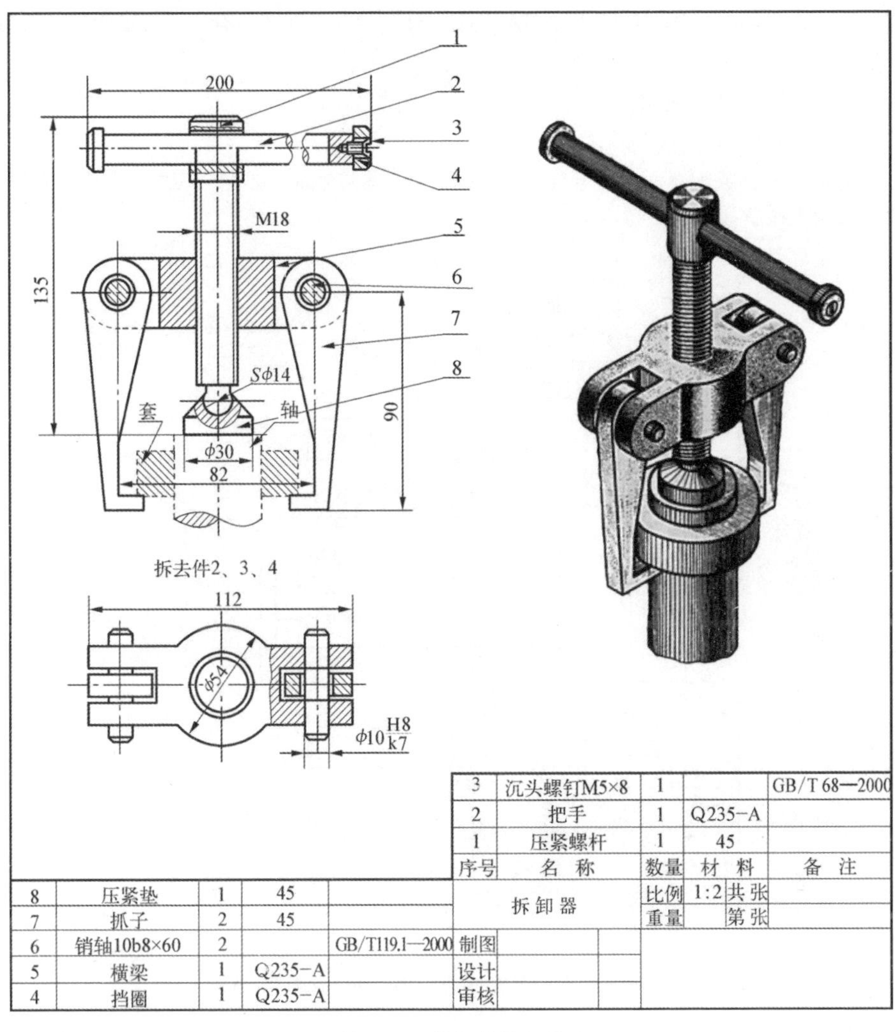

图 8-1 拆卸器装配图

3. 技术要求

用文字说明或标记代号指明该机器（或部件）在装配、检验、调试、运输和安装等方面所需达到的技术要求。

4. 标题栏、零件序号和明细栏

在图纸的右下角处画出标题栏，表明装配图的名称、图号、比例和责任者签字等。各零件必须标注序号并编入明细栏。明细栏直接在标题栏之上画出，填写组成装配体的零件序号、名称、材料、数量、标准件规格和代号以及零件热处理要求等。

三、装配图的表达方法

装配图以表达工作原理、装配关系为主，前面任务中讨论过的表达零件的各种方法，如视图、剖视图、断面图及局部放大图等，同样适用于表达机器或部件。但机器或部件比单个零件复杂，而且装配图和零件图表达的重点不一样，因此装配图还有一些规定画法和特殊表达方法。

1. 装配图的规定画法

（1）相邻零件轮廓线的画法。

零件的接触面或配合面，规定只画一条线。对于非接触面、非配合表面，即使间隙再小，也必须画两条线，如图 8-2 所示。

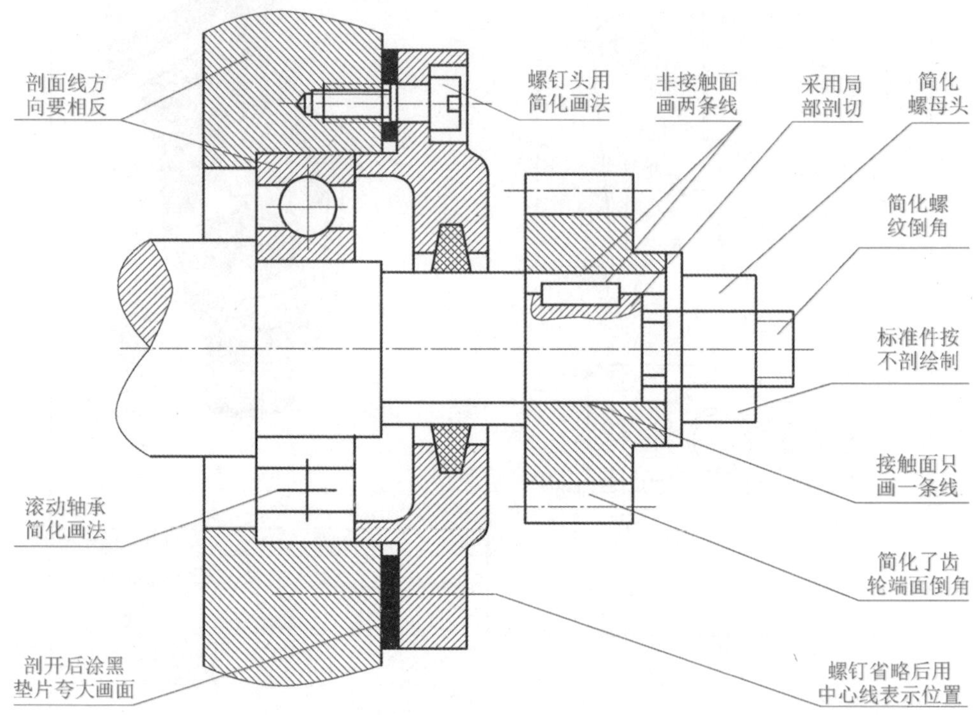

图 8-2　装配图规定画法、夸大画法及简化画法

（2）剖面线的画法。

相邻两零件的剖面线要有区别（要么方向相反，要么线间距不等）。同一零件在各个视图上的剖面线方向和间隔均应一致。另外，在装配图中，宽度小于或等于 2mm 的窄剖面区域，可全部涂黑表示，如图 8-2 所示。

（3）紧固件、标准件及实心件的画法。

在装配图中，对于紧固件及轴、球、手柄、键、连杆等实心零件，以及某些标准产品时，若沿纵向剖切且剖切平面通过其对称平面或轴线时，这些零件均按不剖绘制。如需表明零件的凹槽、键槽、销孔等结构，可用局部剖视表示。如图 8-2 中所示的轴、螺钉和键均按不剖绘制。为表示轴和齿轮间的键联接关系，采用局部剖视。

2. 特殊画法和简化画法

为使装配图能简便、清晰地表达出部件中某些组成部分的形状特征，国家标准还规定了以下特殊画法和简化画法。

（1）特殊画法。

① 沿结合面的剖切画法和拆卸画法。在装配图中可假想沿某些零件的结合面剖切或假想拆去一个或几个零件后绘制，需说明时可加标注“拆去 ×—× 等”。图 8-3 左视图是拆去端盖等后画出的。

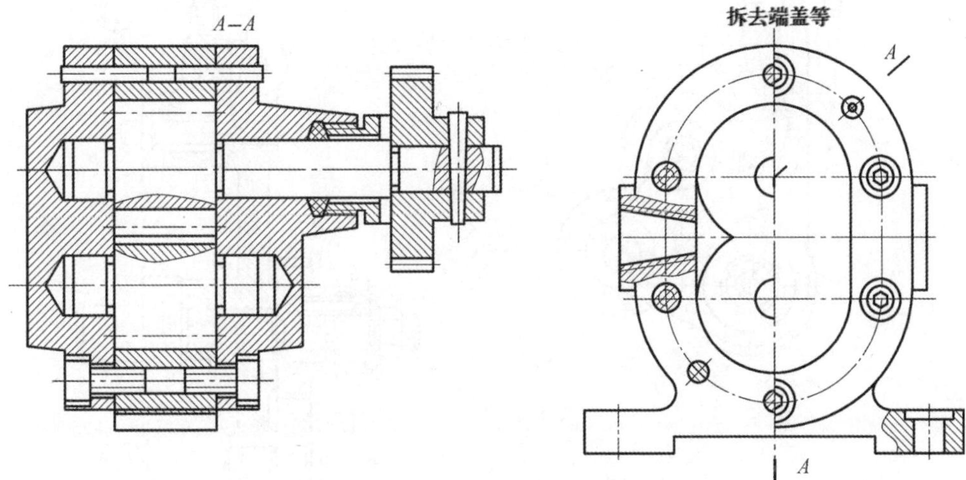

图 8-3　齿轮泵的表达方案

② 假想画法。当需要表达运动零件的运动范围或极限位置时，可将运动件画在一个极限位置或中间位置上，另一个极限位置用细双点画线画出，如图 8-4 所示，其双点画线表示运动部位的左右侧极限位置。当需要表达装配体与相邻机件的装配连接关系时，可用双点画线表示出相邻机件的外形轮廓，如图 8-4 中的“*A—A* 展示”中的细双点画线。

③ 展开画法。当轮系的各轴线不在同一平面内时，为了表示传动关系及各轴的装配关系，可假想用剖切平面按传动顺序沿它们的轴线剖开，然后将其展开画出图形，这种表达方法称展开画法。如图 8-4 中的“*A—A* 展示”所示。

④ 夸大画法。凡装配图中直径、斜度、锥度或厚度小于 2mm 的结构，如垫片、细小弹簧、金属丝等，可以不按实际尺寸画，允许在原来的尺寸上稍加夸大画出。实际尺寸应在该零件的零件图上给出，如图 8-2 所示。

（2）简化画法。

对于重复出现且有规律分布的螺纹联接零件组、键联接等，可仅详细画出一组或几组，其余只需用点画线表示其位置即可，如图 8-2 所示的螺钉。也可以全部省略它们的投影，而用点画线和指引线指明它们的位置，如图 8-5 所示。

3. 单独表达某零件

在装配图上，当某个零件的主要结构在其他视图中未表示清楚，而该零件的形状对部件的工作原理和装配关系的理解起着十分重要的作用时，可单独画出该零件的某一视图。注意这种表达方法要在所画视图的上方注出该零件的视图的名称。

4. 零件的工艺结构

装配图中，零件的工艺结构，如倒角、倒圆、退刀槽、起模斜度、铸造圆角等均可省略，如图 8-3 所示的齿轮泵。

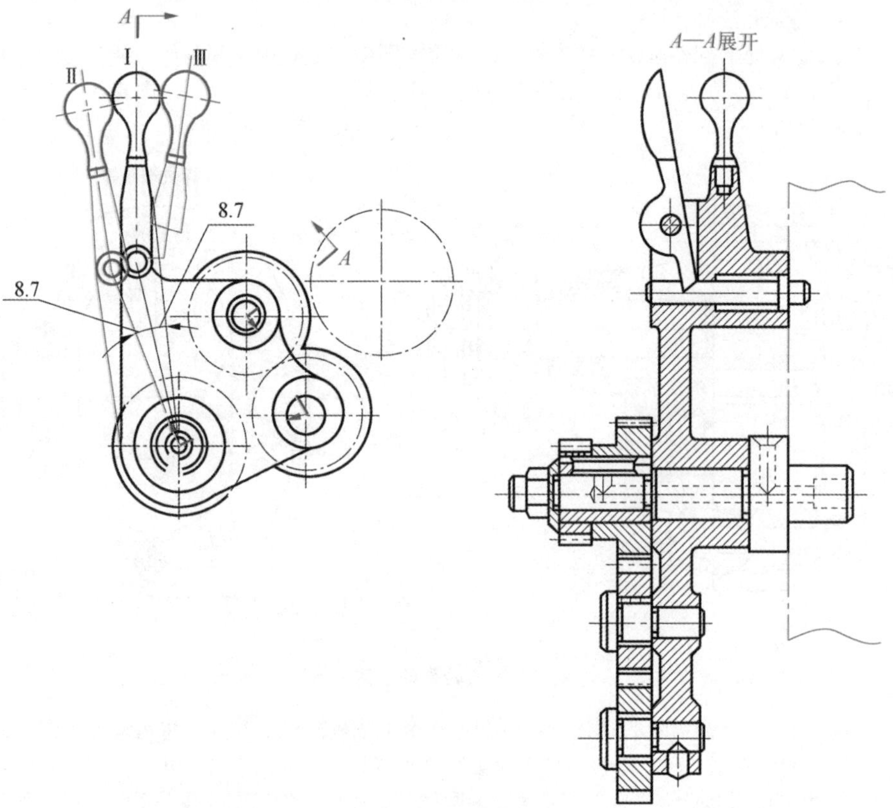

图 8-4　挂轮架

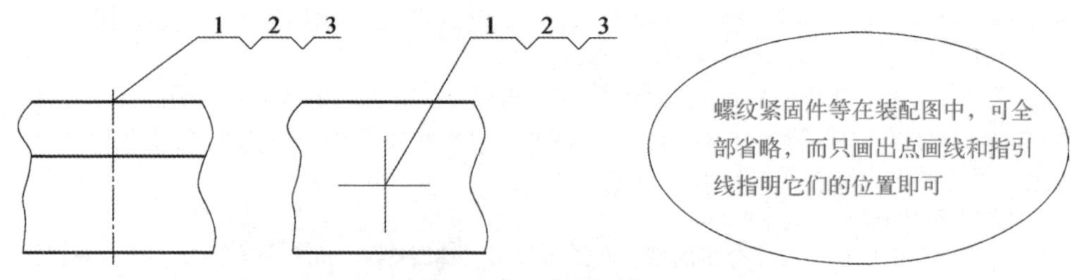

图 8-5　紧固件等在装配图中的简化画法

实践操作

看懂如图 8-6 所示序号所指处规定画法和简化画法，完成填空题。

1. a 所指处表示两零件为______面或______面，应画______条线。
2. b 所指处表示两零件为______面或______，应画______条线。
3. c 所指处表示相邻零件的剖面线方向相反或方向相同，但______。

4. d 所指处表示小间隙______。
5. e 为实心杆件按______绘制。
6. f 所指处为省略了____________。
7. g 所指处省略了____________。
8. h 所指处为螺钉省略以后用______表示______。

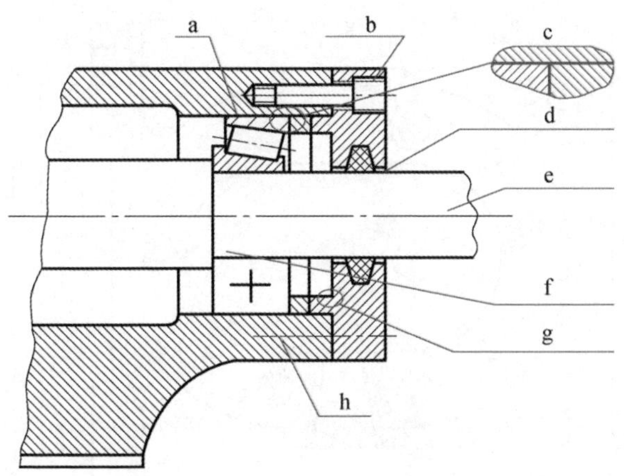

图 8-6 装配图规定画法和简化画法

第二节 装配图中的其他内容认识

装配图上除了一组图形以外，还有其他内容，如尺寸标注、明细栏、零件序号和技术要求等等。

一、装配图中的尺寸标注

装配图与零件图的作用不同，对尺寸标注的要求也不相同。装配图是设计和装配机器（或部件）时用的图样，因此不必把零件制造时所需要的全部尺寸都标注出来。

装配图一般应标注下面几类尺寸：

1. 性能（规格）尺寸

表示装配体的工作性能或产品规格的尺寸。这类尺寸是设计产品的依据，如图 8-7 所示圆锥内螺纹 Rc3/8。

2. 装配尺寸

用以保证机器（或部件）装配性能的尺寸。它包括装配体内零件间的相对位置尺寸和配合尺寸，如图 8-7 中配合尺寸 24H7/f6、ϕ 15H7/h6 等，两轴间的位置尺寸 28，主动轴中心到底面的距离 65。

3. 安装尺寸

表示零、部件安装在机器上或机器安装在固定基础上所需要的对外安装时联接用的尺寸，如图 8-7 中的孔 2×φ7 和孔心距尺寸 70。

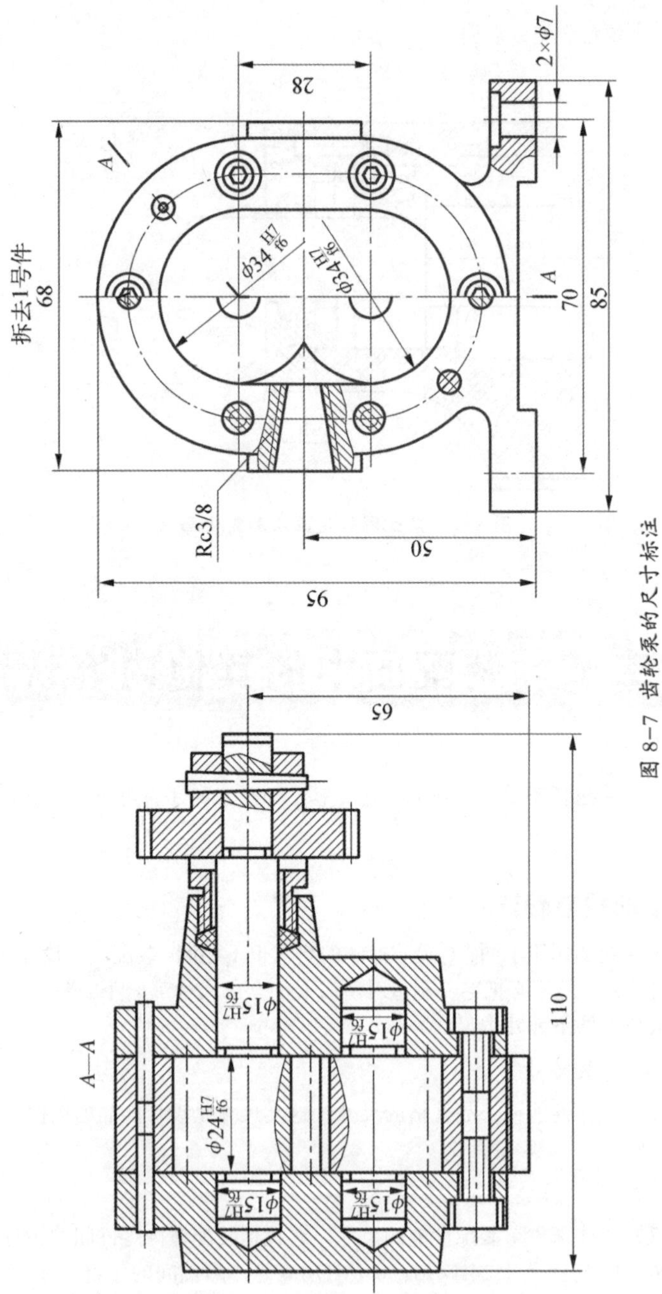

图 8-7 齿轮泵的尺寸标注

4. 外形尺寸

表示装配体所占有空间大小的尺寸，即总长、总宽和总高尺寸，如图 8-7 中的尺寸 110、85、95。总体尺寸可为包装、运输和安装使用时提供所需要占有空间的大小。

5. 其他重要尺寸

根据装配体的结构特点和需要，必须标注的尺寸。如运动件的极限位置尺寸、零件间的主要定位尺寸、设计计算尺寸等，如图 8-7 中的 50、65。

总之，在装配图上标注尺寸时，要根据情况作具体分析，上述五类尺寸并不是每张装配图都必须全部标出，而是按需要来标注。

二、装配图的零件序号和明细栏

1. 装配图中零、部件序号及其编排方法

一般规定：

（1）装配图中所有的零、部件都必须编写序号。

（2）装配图中每种零部件可以只编写一个序号；同一装配图中相同的零、部件只编写一次。

（3）装配图中零、部件序号，要与明细栏中的序号一致。

序号的编排方法：

（1）装配图中编写零、部件的常用方法有三种，如图 8-8 所示。

（2）同一装配图中编写零、部件序号的形式应一致。

（3）指引线应自所指部分的可见轮廓引出，并在末端画一圆点。如所指部分轮廓内不便画圆点时，可在指引线末端画一箭头，并指向该部分的轮廓，如图 8-9 所示。

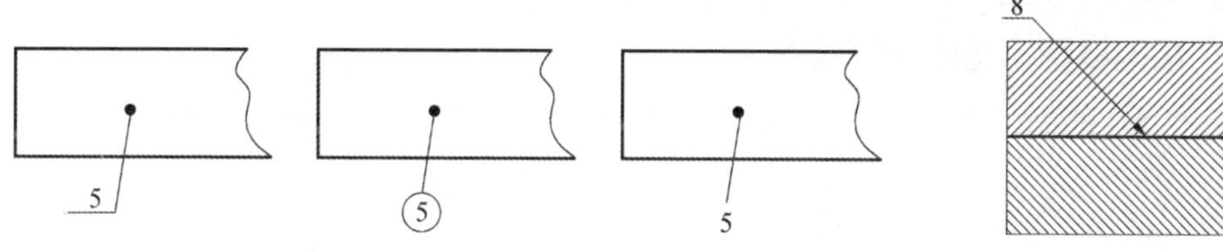

图 8-8 序号的编写方式　　图 8-9 指引线的画法

（4）指引线可画成折线，但只可曲折一次。

（5）一组紧固件以及装配关系清楚的零件组，可以采用公共指引线。如图 8-10 所示。

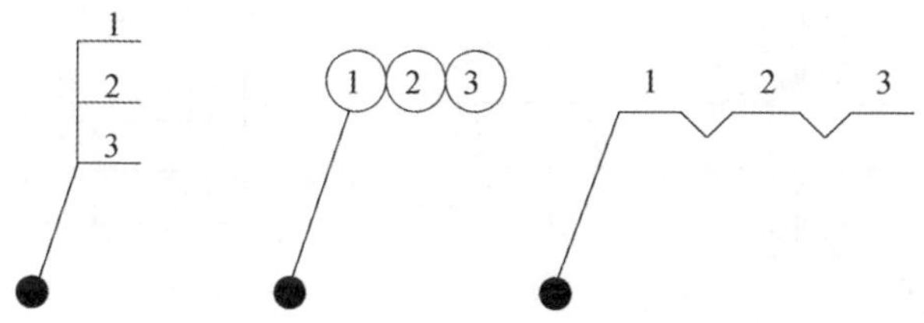

图 8-10 公共指引线

（6）零件的序号应水平或垂直方向按顺时针方向排列，序号间隔尽可能相等。

（7）装配图中的标准件可以不编写序号，而将标准件的数量与规格直接注写在指引线上。

2. 图中的标题栏及明细栏

（1）标题栏　装配图中标题栏格式与零件图中一致。

（2）明细栏　明细栏按规定绘制，如图 8-11 所示为其中的一种。

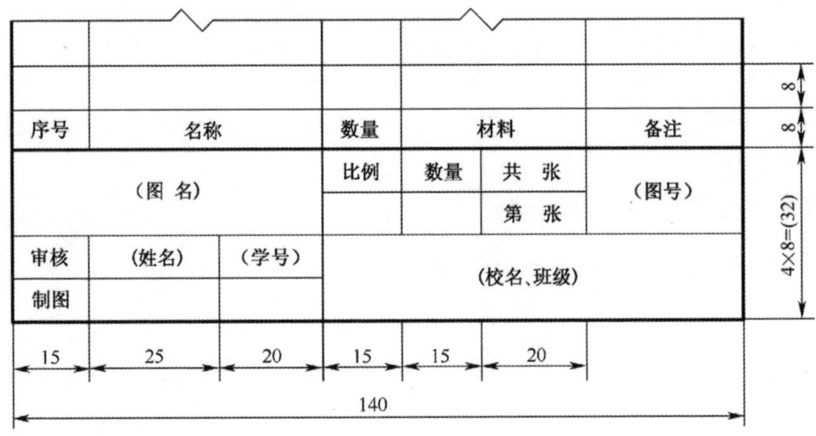

图 8-11　标题栏与明细栏

填写明细栏时要注意以下问题：

① 序号按自下而上的顺序填写，如向上延伸位置不够，可在标题栏紧靠左边自下而上延续。

② 备注栏可填写该项的附加说明或其他有关内容。

明细栏也可用 A4 图纸由上而下单独绘制。

三、常用装配工艺结构和装置

在设计和绘制装配图时，应考虑装配结构的合理性，以保证机器或部件的使用及零件的加工、装拆方便。

1. 接触面与配合面的结构

（1）两个零件接触时，在同一方向只能有一对接触面，这种设计既可满足装配要求，同时制造也很方便，如图 8-12 所示。

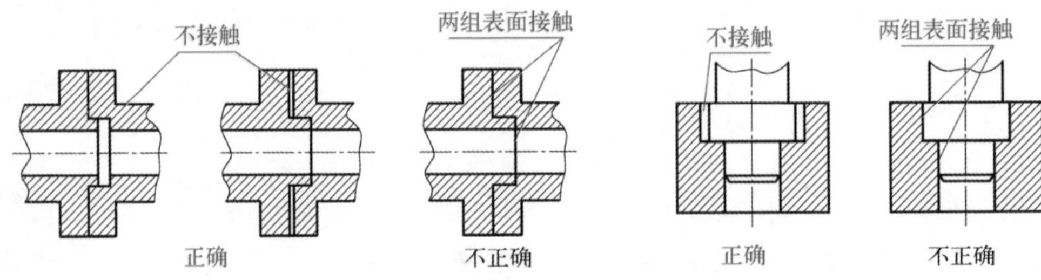

图 8-12　两零件的接触面

（2）轴颈和孔配合时，应在孔的接触端面制作倒角或在轴肩根部切槽，以保证零件间接触良好，如图 8-13 所示。

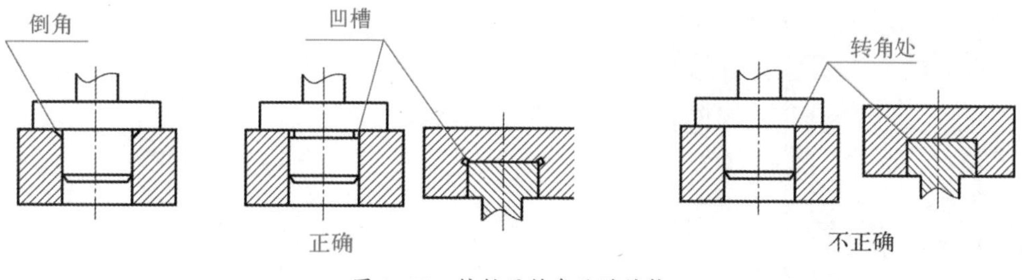

图 8-13　接触面转角处的结构

2. 便于装拆的合理结构

（1）滚动轴承的内、外圈在进行轴向定位设计时，必须要考虑到拆卸的方便，如图 8-14 所示。

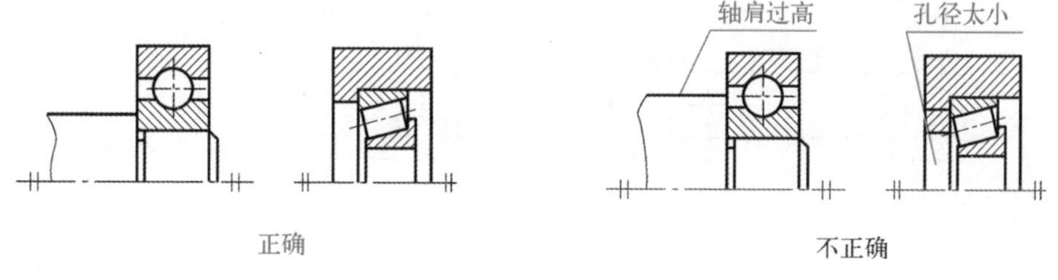

图 8-14　滚动轴承端面接触的结构

（2）用螺纹紧固件联接时，要方便安装和拆卸紧固件，如图 8-15 所示。

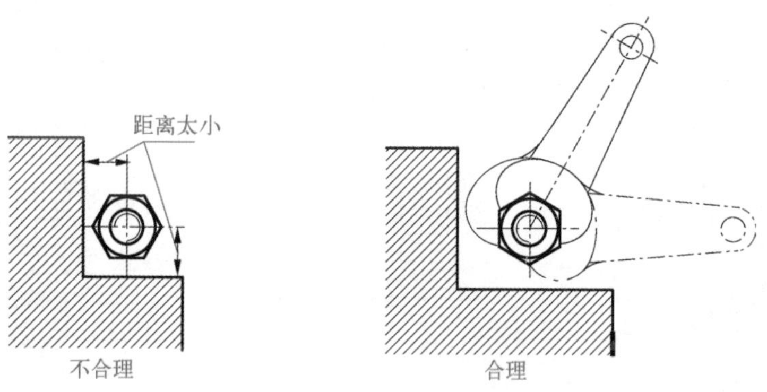

图 8-15　留出扳手活动空间

3. 密封装置和防松装置

密封装置是为了防止机器中油的外溢或阀门、管路中气体、液体的泄漏，通常采用的密封装置如图 8-16 所示。其中在油泵、阀门等部件中常采用填料函密封装置，图 8-16（a）所示为常见的一种填料函密封和防漏的装置。图 8-16（b）是管道中的管子接口处用垫片密封的密封装置。图 8-17（a）和图 8-17（b）表示的是滚动轴承的常用密封装置。

为防止机器因工作震动而致使螺纹紧固件松动，常采用双螺母、弹簧垫圈、止动垫圈、开口销等防松装置，如图 8-18 所示。

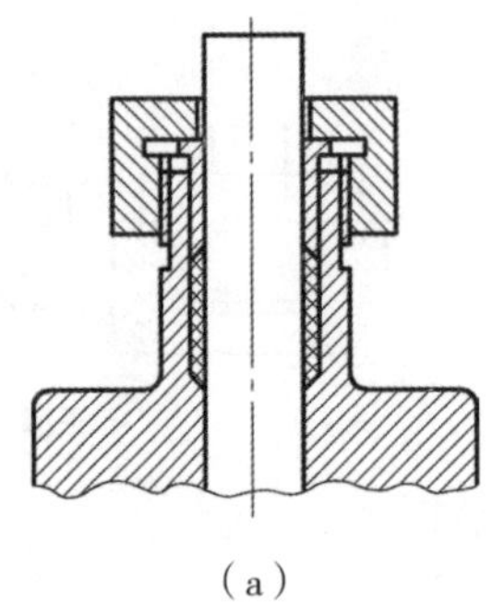

(a)

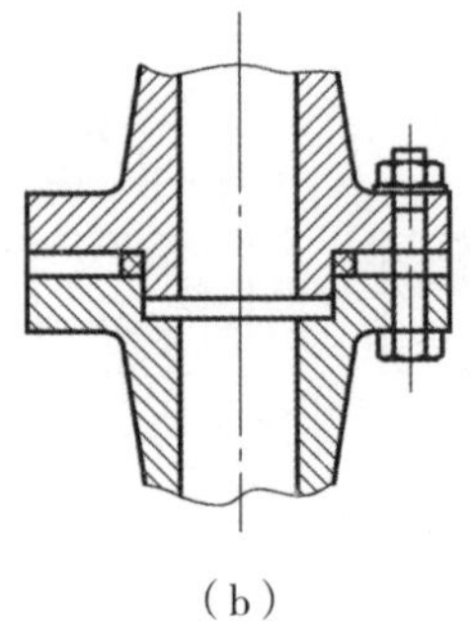

(b)

图 8-16　防漏装置

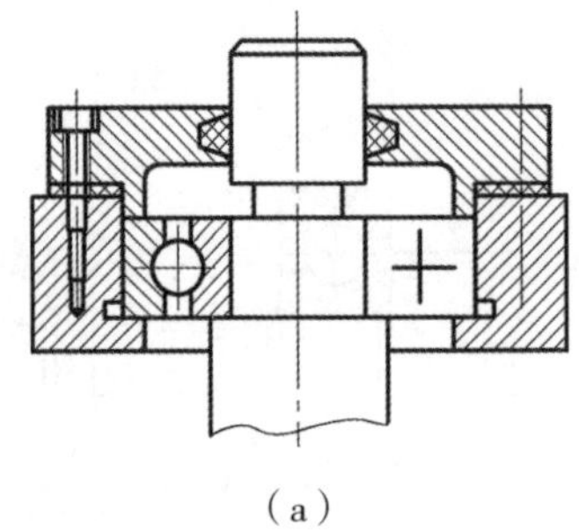

(a)

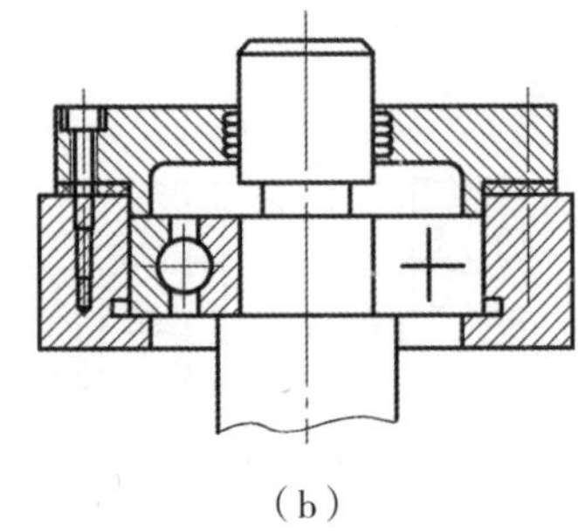

(b)

图 8-17　滚动轴承的密封

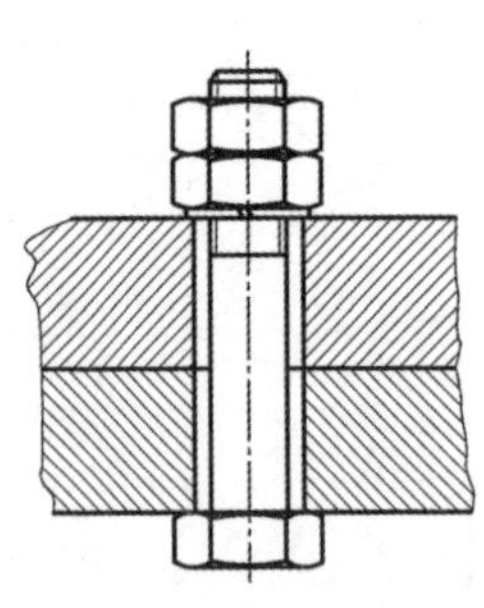

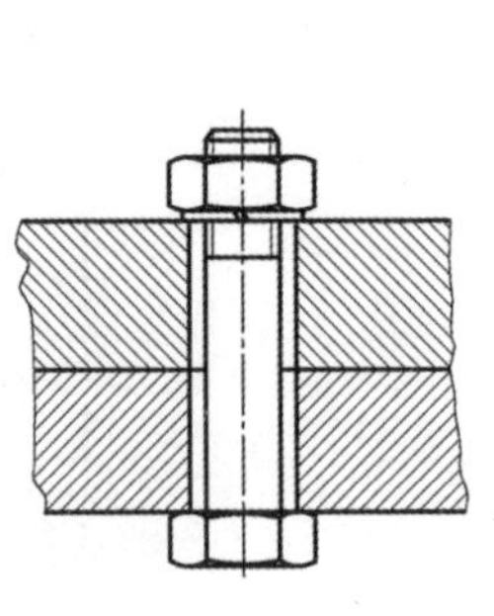

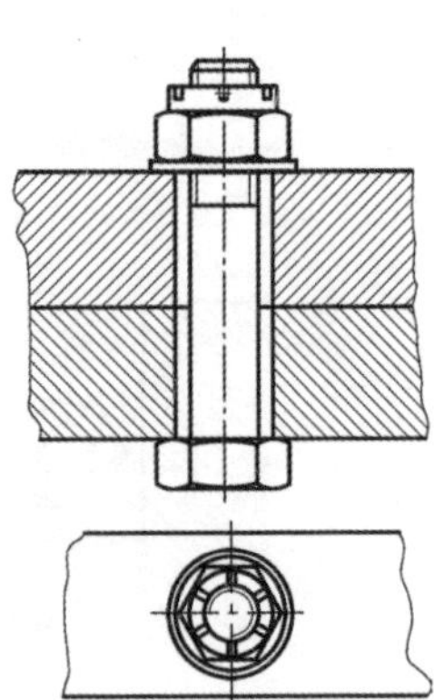

图 8-18　防松装置

螺纹联接按防松的原理不同，可分摩擦防松与机械防松。如采用双螺母、弹簧垫圈的防松装置属于摩擦防松装置；采用开口销、止动垫圈的防松装置属于机械防松装置。

四、装配图中的技术要求

除图形中已用代号表达的技术要求以外，装配图中的技术要求主要是为了说明装配体在装配、检验、使用时应达到的技术性能和质量要求等。主要有如下几个方面：

1. 装配要求

装配时的注意事项和装配后应达到的指标，如装配方法、装配精度等。

2. 检验要求

检验、实验的方法和条件及应达到的指标。

3. 使用要求

对装配体在使用、保养、维修时提出的要求，如限速、限温、绝缘要求及操作注意事项等。技术要求通常写在明细栏左侧、上方或其他空白处，内容太多时可以另编技术文件。

根据图 8-19 所示机用虎钳的装配图，认识装配图中的相关内容。

1. 机用虎钳装配图中安装尺寸有哪些？外形尺寸？
2. 机用虎钳一共有多少个零件组成？

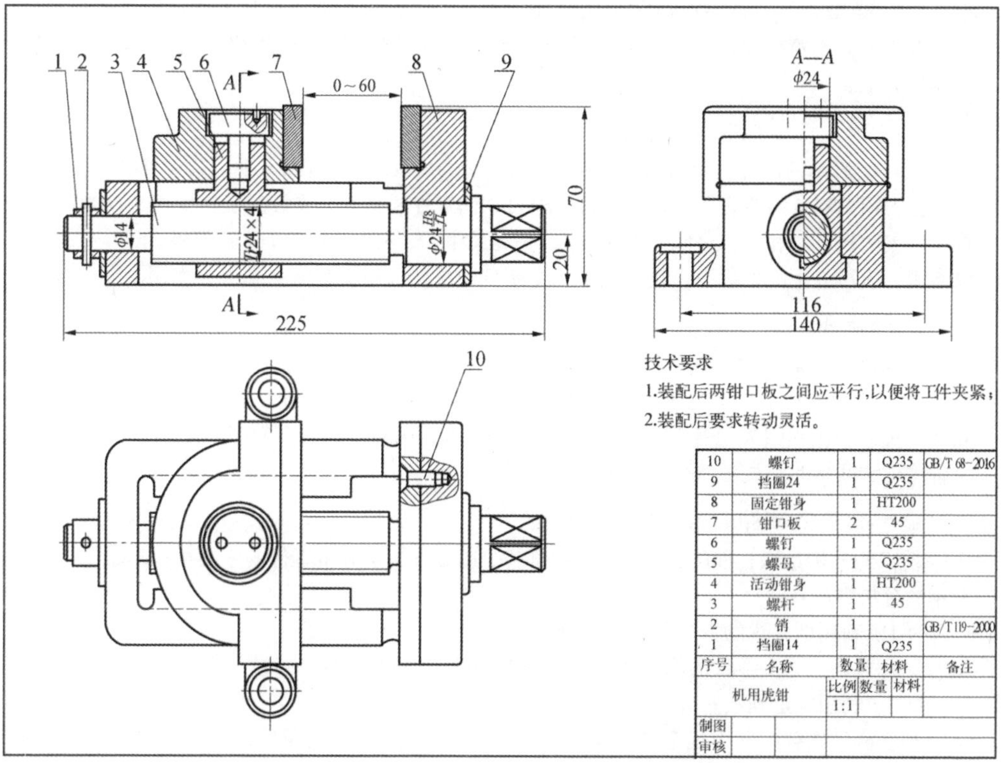

技术要求

1.装配后两钳口板之间应平行，以便将工件夹紧；

2.装配后要求转动灵活。

序号	名称	数量	材料	备注
10	螺钉	1	Q235	GB/T 68-2016
9	挡圈24	1	Q235	
8	固定钳身	1	HT200	
7	钳口板	2	45	
6	螺钉	1	Q235	
5	螺母	1	Q235	
4	活动钳身	1	HT200	
3	螺杆	1	45	
2	销	1		GB/T 119-2000
1	挡圈14	1	Q235	

机用虎钳	比例	数量	材料
	1:1		
制图			
审核			

图 8-19　机用虎钳的装配图

第三节 识读装配图

识读装配图就是通过对装配体的图形、尺寸、符号和文字的分析，了解装配体的名称、用途，懂得装配体的工作原理、结构特点、装配关系及技术要求和操作方法等的过程。

读装配图就是根据装配图的图形、尺寸、符号和文字，了解清楚机器或部件的性能、工作原理、装配关系、拆装顺序及各零件的主要结构、作用等等。工程技术人员必须具备熟练地识读装配图的能力。下面以图 8–20 为例，介绍识读装配图的一般方法和步骤。

1. 概括了解

识读装配图时，首先通过标题栏了解部件的名称、用途。从明细栏了解组成该部件的零件名称、数量、材料以及标准件的规格，并在视图中找出所表示的相应零件及所在的位置。通过对视图的浏览，了解装配图的表达情况及装配体的复杂程度。从外形尺寸了解部件的大小。如图 8–20 所示，该装配体称为钻模或钻夹具，用途为在钻床夹紧工件以便精确钻孔。通过对视图的浏览，知该装配体由 14 种零件组成，从总长 170、总高 65、总宽 64 可知该装配体的大小。

2. 了解工作原理和装配关系

对比较简单的部件，分析时，应从部件的工作原理或装配路线入手。钻夹具的工作原理是：主视图中双点画线表示被加工零件，通过销固定在模板上，夹好后反转模板，拧紧螺钉，将工件夹紧在底座和模板之间，进行钻孔。钻孔结束后，先松开螺钉，反转模板，再拆下螺母，取出销，应可以把工件拆下，再安装下一个工件。钻套和衬套起保护和引导作用。

3. 分析视图

了解视图的数量、名称、投射方向、剖切方法，各视图的表达意图和它们之间的关系。

钻模装配图共有两个视图，主视图前后对称，采用正平面剖切，表达钻模各零件的联接和装配关系。俯视图表示各零件的位置关系和外形。用这两个视图就可以把钻模的工作原理及各零件的联接和装配关系表达清楚。

4. 分析主要零件的结构形状和用途

前面的分析是综合性的，为深入了解部件，还应进一步分析零件的主要结构形状和用途。常用的分析方法：

（1）利用剖面线的方向和间距来分析。

国标规定：同一零件的剖面线在各个视图上的方向和间距应一致。

（2）利用规定画法来分析。

如实心件在装配图中规定沿轴线剖开，不画剖面线，据此能很快地将实心轴、手柄、螺纹联接件、键、销等区分出来。

（3）利用零件序号，对照明细栏来分析。

5. 归纳总结

在以上分析的基础上，对整个装配体及其工作原理、联接装配关系有了全面的了解，其结构如下：图 8–21 需钻孔工件的工艺图及实体图，图 8–22 为钻模的实体图和装夹工件时的

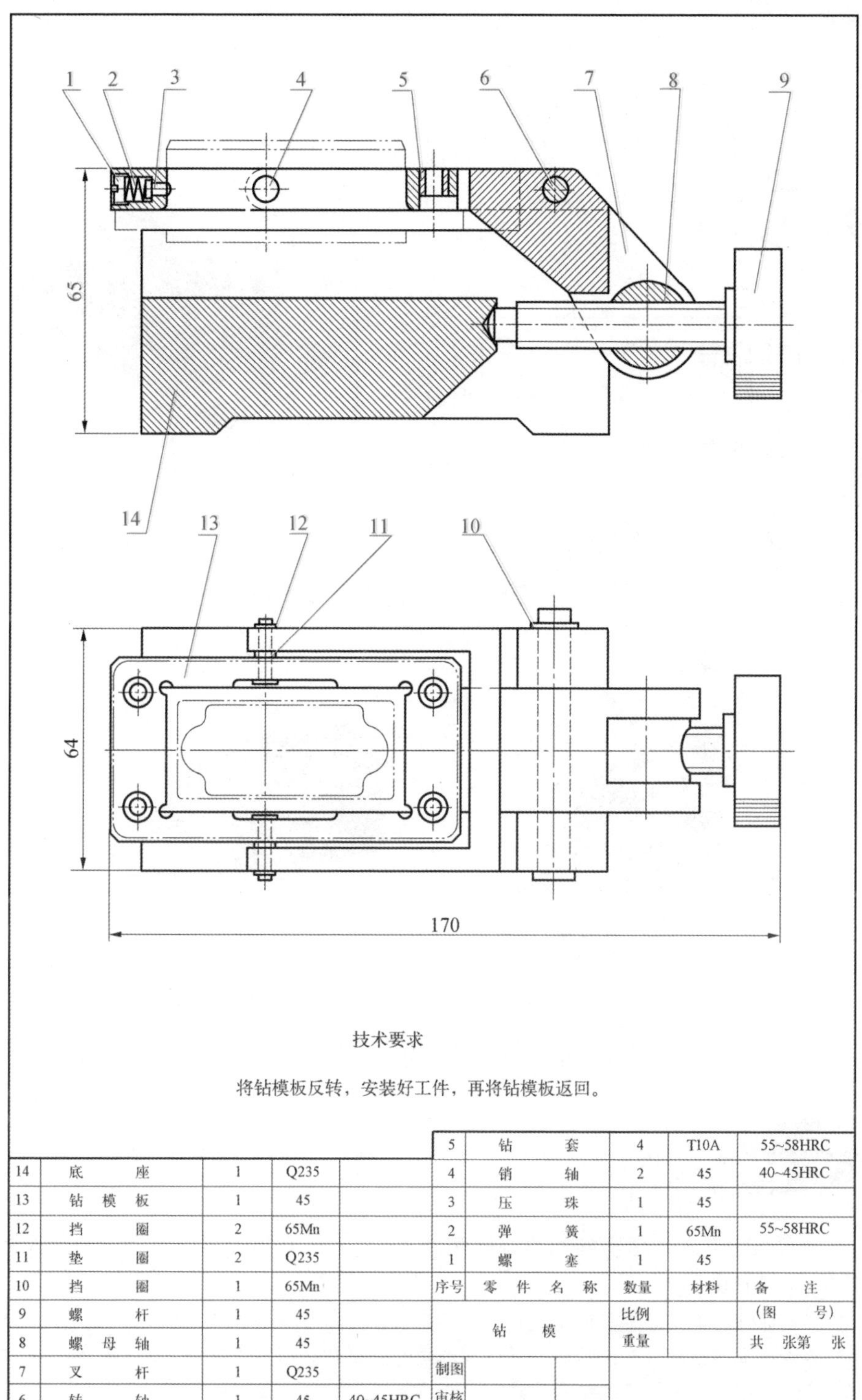

序号	零件名称	数量	材料	备注
14	底座	1	Q235	
13	钻模板	1	45	
12	挡圈	2	65Mn	
11	垫圈	2	Q235	
10	挡圈	1	65Mn	
9	螺杆	1	45	
8	螺母轴	1	45	
7	叉杆	1	Q235	
6	转轴	1	45	40~45HRC
5	钻套	4	T10A	55~58HRC
4	销轴	2	45	40~45HRC
3	压珠	1	45	
2	弹簧	1	65Mn	55~58HRC
1	螺塞	1	45	

钻模	比例		（图号）
	重量		共　张第　张
制图			
审核			

图 8-20　钻模装配图

实体图。

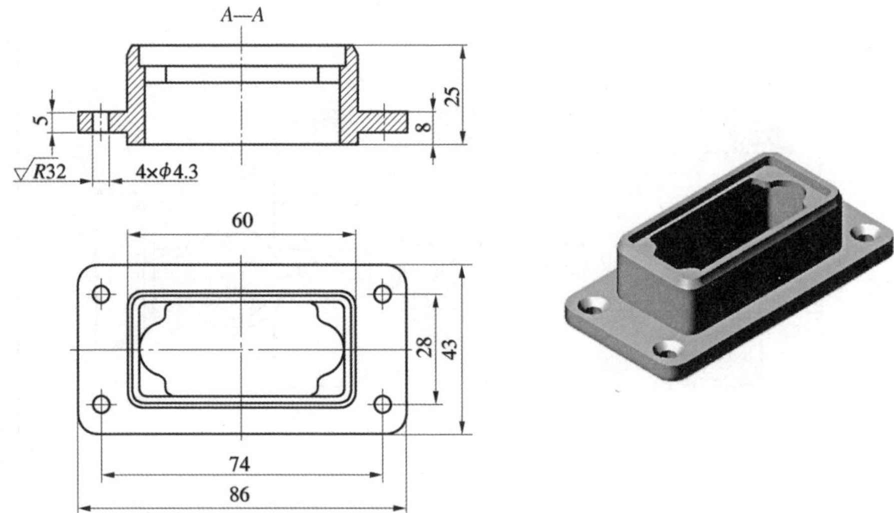

图 8-21 需钻孔工件的工艺图及实体图

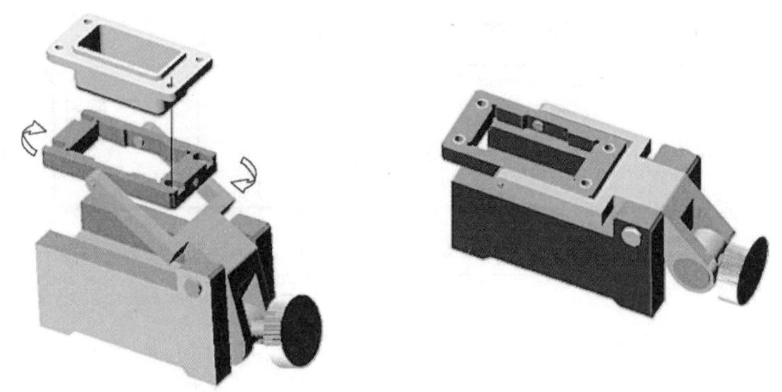

钻模实体图　　工件装夹位置实体图

图 8-22 钻模工件装夹和工作位置的实体图

识读如图 8-23 所示齿轮油泵装配图。

读装配图的基本要求是：

1. 了解部件的工作原理和使用性能。
2. 弄清各零件在部件中的功能、零件间的装配关系和联接方式。
3. 读懂部件中主要零件的结构形状。
4. 了解装配图中标注的尺寸以及技术要求。

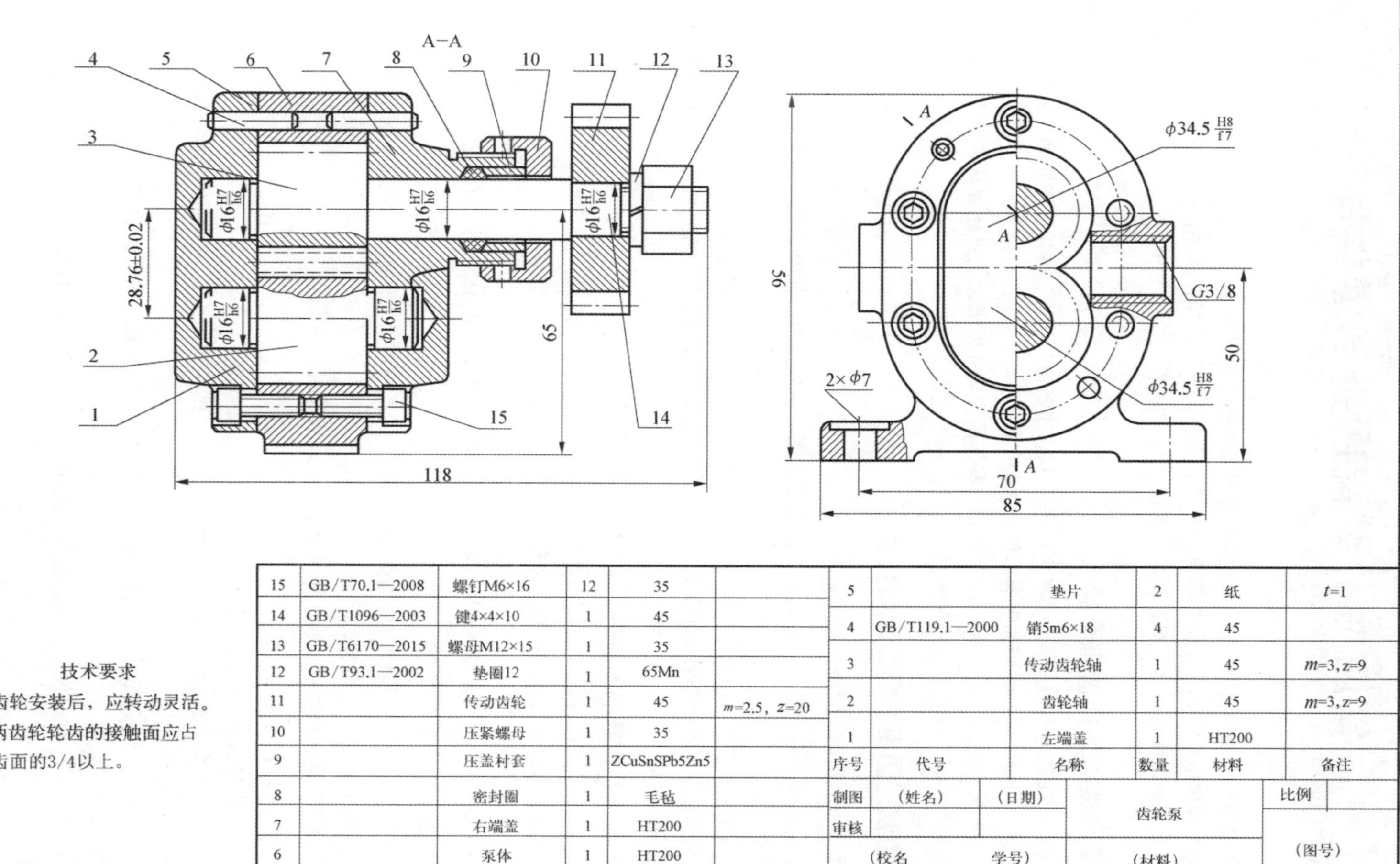

技术要求

1.齿轮安装后，应转动灵活。

2.两齿轮轮齿的接触面应占齿面的3/4以上。

序号	代号	名称	数量	材料	备注
15	GB/T70.1—2008	螺钉M6×16	12	35	
14	GB/T1096—2003	键4×4×10	1	45	
13	GB/T6170—2015	螺母M12×15	1	35	
12	GB/T93.1—2002	垫圈12	1	65Mn	
11		传动齿轮	1	45	m=2.5，z=20
10		压紧螺母	1	35	
9		压盖衬套	1	ZCuSnSPb5Zn5	
8		密封圈	1	毛毡	
7		右端盖	1	HT200	
6		泵体	1	HT200	
5		垫片	2	纸	t=1
4	GB/T119.1—2000	销5m6×18	4	45	
3		传动齿轮轴	1	45	m=3, z=9
2		齿轮轴	1	45	m=3, z=9
1		左端盖	1	HT200	

制图	（姓名）	（日期）	齿轮泵	比例	
审核				（图号）	
（校名		学号）	（材料）		

图 8−23 齿轮油泵装配图

第四节　装配图拆画零件图

机器在设计过程中通常是根据使用要求先画出设计装配图，以确定工作性能和主要结构，再由装配图拆画零件图。在机器维修时，如果其中某个零件损坏，也要将该零件拆画出来，再重新加工修配。由装配图拆画零件图简称“拆图”。

一、拆画零件图应做到两点

（1）拆画前，应认真阅读装配图，全面深入了解设计意图，弄清工作原理、装配关系、技术要求、所拆零件的作用和每个零件的结构形状。

（2）画图时，不但要从设计方面考虑零件的作用和要求，而且还要从工艺方面考虑零件的制造和装配，应使所画的零件图符合设计和工艺要求。

二、由装配图拆画零件图的步骤

1. 认真阅读装配图

在拆画零件图之前，一定要认真阅读装配图，完成读图的各项要求。分离零件时，应注意以下两点：

（1）根据明细栏中的零件符号，从装配图中找到该零件所在的位置。

（2）根据零件的剖面线倾斜方向和间隔，及投影规律确定零件在各视图中的轮廓范围，并将其分离出来。

2. 补画出所缺的图线

从装配图上分离出零件的结构形状后，要补画出所缺的图线，一般包括：

（1）该零件在装配图上被其他零件遮住的轮廓。

（2）在装配图上没有表达清楚的零件结构。

（3）在装配图上被省略的标准要素，如倒角、圆角、退刀槽、中心孔等。

3. 确定视图表达方案

零件图和装配图所表达的对象和重点不同，因此拆图时零件的视图选择应根据零件本身的结构形状重新考虑，原装配图中对该零件的表达方案仅供参考。一般壳体、箱座类零件主视图所选的位置与装配图一致，轴套类零件，一般按加工位置选取主视图。

4. 合理标注零件的尺寸

（1）装配图上已注明的尺寸，零件图上应保证不变。

（2）对有标准规定的尺寸，如倒角、螺纹孔、螺栓孔、沉孔、螺纹退刀槽、砂轮越程槽、键槽等，应从手册查取。

（3）有些尺寸需要根据装配图上所给的参数进行计算，如齿轮分度圆直径，应根据模数和齿数计算而定。

（4）其他未注的尺寸可按装配图的比例，直接从图形上量取，对于一些非重要尺寸应取整数。

5. 合理注写零件的技术要求

在零件图中应注写表面粗糙度代号、公差配合代号或极限偏差，必要时还要加注几何公差、热处理等技术要求。这些内容可根据零件在装配体的作用并参阅有关资料予以确定。

三、装配图识读典型案例

读懂图 8-24 所示推杆阀装配图，并拆画阀体零件图。

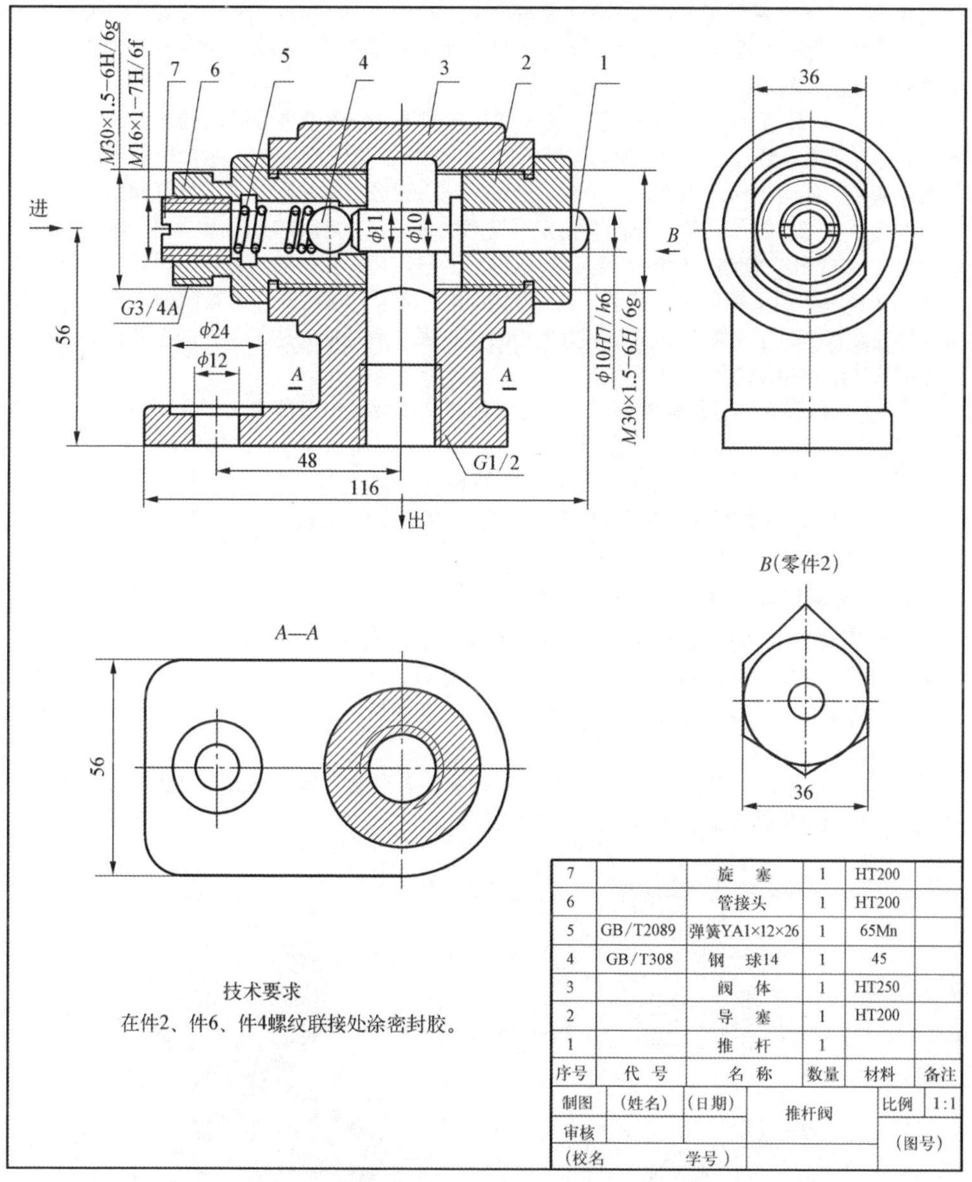

图 8-24　推杆阀装配图

1. 读装配图

（1）概括了解　从标题栏可知，该装配体的名称为“推杆阀”，阀通常是用于管道系统中的部件。由序号可知，推杆阀由 7 种零件组成，其中标准件有 2 种，其他都是专用件。

（2）表达分析　推杆阀装配图由三个基本视图和一个 *B* 向局部视图构成。主视图采用了通过阀前、后对称中心面（即过主轴线的正平面）的全剖视图，表达了通过阀孔轴线，即装配线上各零件间的装配关系，同时也有利于分析推杆阀的工作原理。俯视图采用了 *A*—*A* 全剖视图，以突出表明底座和阀体 3 下部的断面形状以及 ϕ12mm 光孔的位置。左视图则表达了阀体 3、管接头 6 的形状，并给出拆装时转动接头零件的夹持面宽度（36）。*B* 向视图单独表达导塞 2 的六棱柱结构，省略了右视图。

（3）结构分析　从主视图入手，紧紧抓住装配干线，弄清各零件间的配合种类、连接方式和相互关系。对各零件的功用和运动状态，一般从主动件开始按传动路线逐个进行分析，从而看懂装配体的工作原理和装配关系。经过仔细识读分析主视图，看懂推杆阀的工作原理和装配关系：当推杆 1 在外力作用下向左移动时，推杆通过钢球 4 压缩弹簧 5，使钢球向左移动离开 ϕ11 孔，管路中的流体就可以从进口处经过 ϕ11 孔的通道流到出口处。当外力消失时，在弹簧作用下钢球向右移动，将 ϕ11 的孔道堵上，这时流体就被阻而“不通”。弹簧左面的旋塞 7 是用来调节弹簧作用力大小的。主视图清楚地表达了推杆阀上 7 种零件在装配体中的功用和相互之间的位置关系。

（4）分析零件　分析零件的关键是将该零件从装配体中分离出来（分离零件的依据是画装配图的三条基本规定），再通过对投影、想形体，弄清该零件的结构形状。

（5）尺寸分析　推杆阀装配图的性能规格尺寸为 ϕ11，装配尺寸有阀体与导塞的 ϕ10H7/h6、导塞和管接头与阀体的 M30×1.5-6H/6g 以及管接头与旋塞的 M16×1-7H/6f，安装尺寸为 G3/4A、G1/2、48、116、56。

2. 拆画零件图

在机器或部件的修配过程中，更换零件时需要由装配图拆画零件图，简称“拆图”。拆图是在读懂装配图，弄清装配关系和零件结构的基础上进行的。部件中的标准件属外购件，不需要拆画零件图。对于部件中的专用件，要按装配图所表示的结构形状、大小和有关技术要求来绘制。

（1）分离零件　将阀体从装配图中分离出来，补全被其所支承或包容的零件遮挡的部件结构，再想象出阀体的整体形状，如图 8-25 所示。

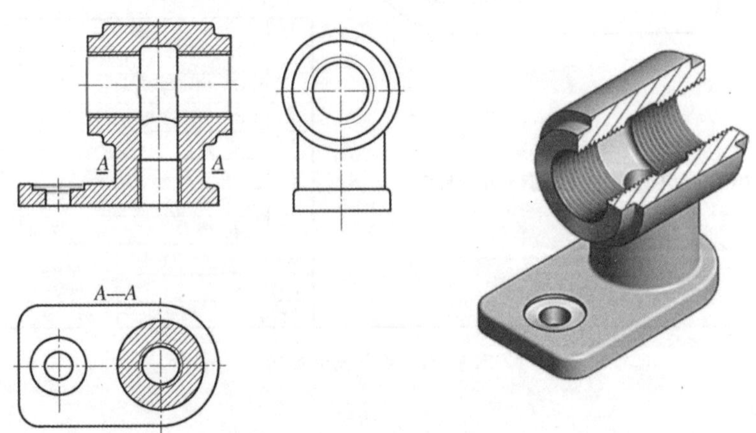

图 8-25　拆画零件过程

（2）确定表达方案　确定表达方案要根据零件的结构形状选择合适的表示法。

对于装配图上有省略未画出零件的工艺结构（如倒角、圆角、退刀槽等），在拆画零件图时都应按标准结构要素的规定补全，图 8-26 所示。

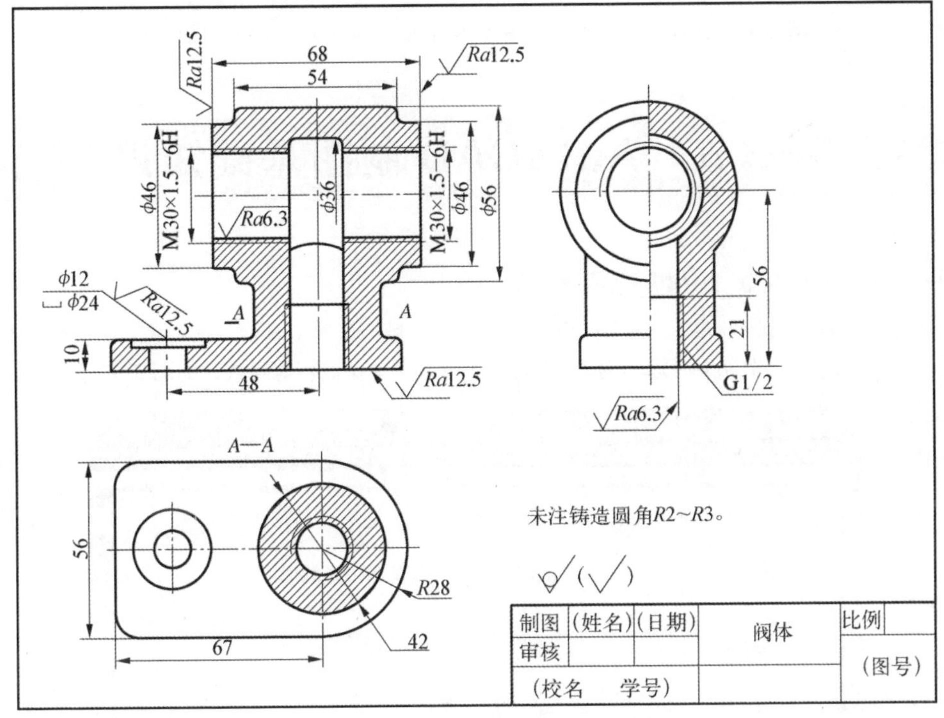

图 8-26　所示阀体零件图

3. 标注尺寸及技术要求

零件图的尺寸标注 应按齐全、清晰、合理的要求标注尺寸。对于标准结构应从有关标准中查出后标注标准数值。其余尺寸从装配图中按比例量取，标注时要注意相关零件的相关尺寸不要互相矛盾，如图 8-26 所示。

拆画如图 8-23 装配图所示的齿轮泵 11 号件“传动齿轮轴”的零件图。

（1）按读装配图的要求，看懂部件的工作原理、装配关系以及零件的结构形状。

（2）根据零件图的视图表达要求，确定各零件的表达方案。

（3）根据零件图的内容及画图要求，画出零件图。

第九章 AutoCAD 制图

AutoCAD 制图部分主要介绍 AutoCAD2014 的操作方法，包括操作界面的使用，平面图形的绘图指令，图形编辑，尺寸标注等，初步培养应用 AutoCAD 软件绘制机械图样的能力。

第一节 AutoCAD 制图基础知识

一、AutoCAD 2014 的工作界面

AutoCAD 2014 的经典工作界面由标题栏、菜单栏、各种工具栏、绘图窗口、光标、命令窗口、状态栏、坐标系图标、模型 / 布局选项卡和菜单浏览器等组成，如图 9-1 所示。

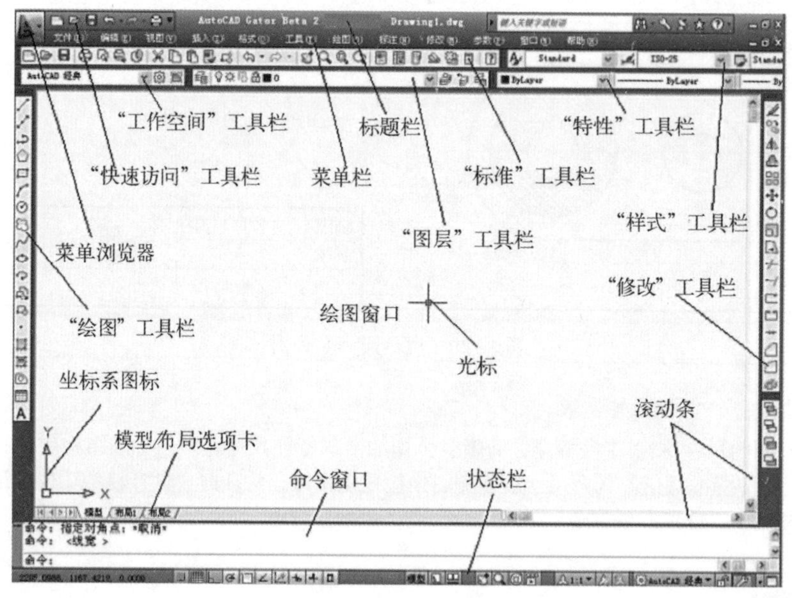

图 9-1 AutoCAD 2014 工作界面

1. 标题栏

标题栏用于显示 AutoCAD 2014 的程序图标以及当前所操作图形文件的名称。

2. 菜单栏

菜单栏是主菜单，可利用其执行 AutoCAD 的大部分命令。单击菜单栏中的某一项，会弹出相应的下拉菜单。图 9-2 为【视图】下拉菜单。

3. 工具栏

每一个工具栏上均有一些形象化的按钮。单击某一按钮，可以启动 AutoCAD 的对应命令。

用户可以根据需要打开或关闭任一个工具栏。

方法是：在已有工具栏上右击，AutoCAD 弹出工具栏快捷菜单，通过其可实现工具栏的打开与关闭。

此外，通过选择与下拉菜单【工具】→【工具栏】→“AutoCAD”对应的子菜单命令，也可以打开 AutoCAD 的各工具栏。

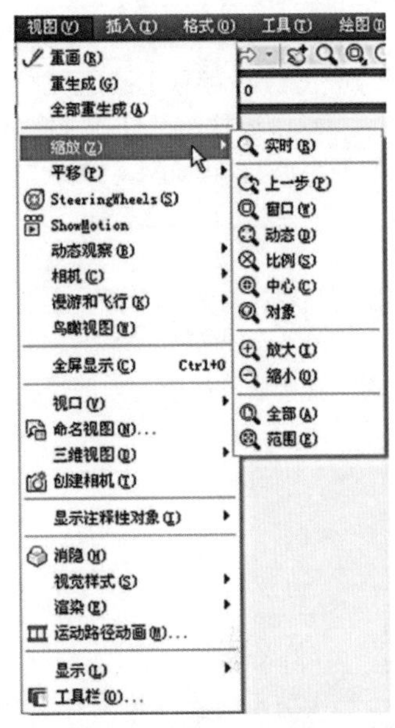

图 9-2 【视图】下拉菜单

4. 绘图窗口

绘图窗口类似于手工绘图时的图纸，是用户用 AutoCAD 绘图并显示所绘图形的区域。

5. 光标

当光标位于 AutoCAD 的绘图窗口时为十字形状，所以又称其为十字光标。十字线的交点为光标的当前位置。AutoCAD 的光标用于绘图、选择对象等操作。

6. 命令窗口

命令窗口是 AutoCAD 显示用户从键盘键入的命令和显示 AutoCAD 提示信息的地方。默认时，AutoCAD 在命令窗口保留最后三行所执行的命令或提示信息。用户可以通过拖动窗口边框的方式改变命令窗口的大小，使其显示多于 3 行或少于 3 行的信息。

执行 AutoCAD 命令可以通过键盘输入命令、菜单或工具栏执行命令。

重复执行命令可以按下述方法进行操作：

（1）按键盘上的 Enter 键或按 Space 键（常用）；

（2）使光标位于绘图窗口，右击，AutoCAD 弹出快捷菜单，并在菜单的第一行显示出重复执行上一次所执行的命令，选择此命令即可重复执行对应的命令。

7. 状态栏

状态栏用于显示或设置当前的绘图状态，如当前光标的坐标，绘图时是否打开了【正交】、【对象捕捉】等功能，状态栏如图 9-3 所示。由于状态栏默认情况下为图标显示，可将光标停在状态栏上右击，将“使用图标”前的“√”去除，状态栏就会如图 9-4 所示，全部显示为文字。

图 9-3 状态栏

357.2982, -12.9801, 0.0000 INFER 捕捉 栅格 正交 极轴 对象捕捉 3DOSNAP 对象追踪 DUCS DYN 线宽 TPY QP SC AM

图 9-4 文字显示状态栏

在绘图窗口中移动光标时，状态栏的【坐标】区将动态地显示当前坐标值。

状态栏中各功能按钮的功能如下：

（1）【捕捉】按钮。

单击该按钮，打开【捕捉】设置，此时光标只能在 X 轴、Y 轴或极轴方向移动固定的距离。可以单击【工具】栏→【草图设置】命令，在打开的【草图设置】对话框的【捕捉和栅格】选项卡中设置 X 轴、Y 轴或极轴捕捉间距。

（2）【栅格】按钮。

单击该按钮，打开【栅格】显示，此时屏幕上将布满小点。其中，栅格的 X 轴和 Y 轴的间距也可以通过【草图设置】对话框的【捕捉和栅格】选项卡进行设置。

（3）【正交】按钮。

单击该按钮，打开【正交】模式，此时只能绘制竖直直线或水平直线，如图 9-5 所示。如需画斜线只需将【正交】关闭即可。

注意：当需要绘制水平或竖直直线时，只需要打开正交，将鼠标置于所绘制直线所走方向，直接输入线段长度即可，如图 9-6 所示。

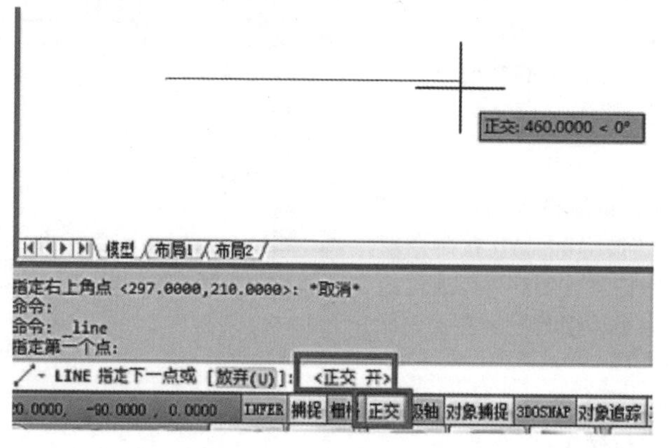

图 9-5 【正交】示例

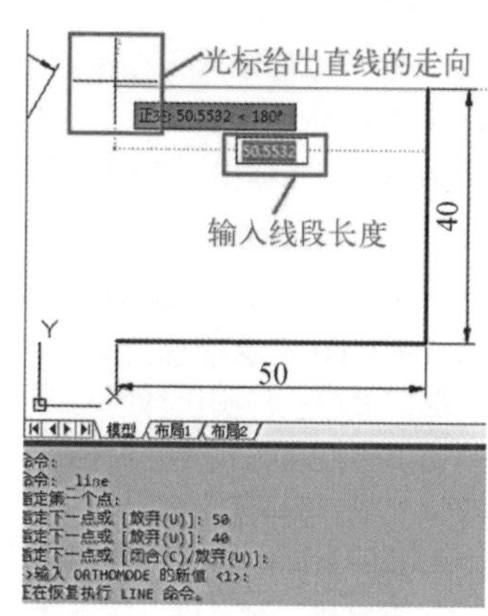

图 9-6 【正交】线段画法

（4）【极轴】按钮。

单击该按钮，打开【极轴追踪】模式。在绘制图形时，系统将根据设置显示一条追踪线，可在该追踪线上根据提示精确移动光标，从而进行精确绘图。

单击【工具菜单栏】下的【绘图设置】命令，或右击【状态栏】中的【极轴追踪】按钮，在弹出的菜单中单击【设置】选项，即可弹出【草图设置】对话框，勾选【极轴追踪】选项卡中的【启用极轴追踪】复选框，然后勾选相应的复选框，填入相应的角度即可，如图 9-7 所示。

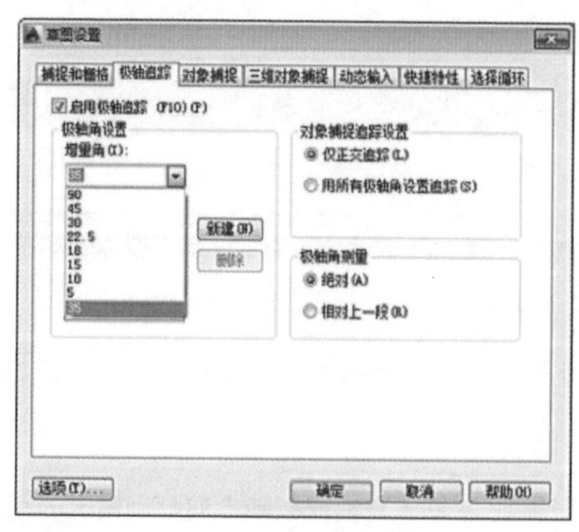

图 9-7 极轴追踪对话框

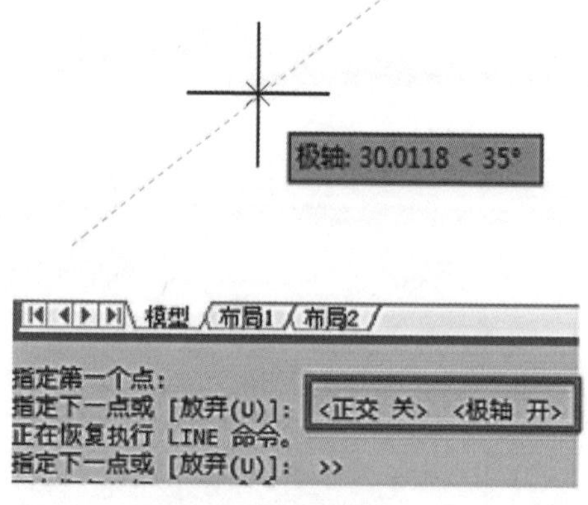

图 9-8 极轴追踪示例

软件提供了一系列常用的增量角设置，可以直接在下拉表中直接选取，如有特殊需要，也可以自己增加。例如 35° ，设置好极轴增量角后画线时，指定完第一点，移动光标，当光标接近极轴增量角倍数时就会出现虚线的极轴，如图 9–8 所示。当光标从该角度移开时，极轴和提示消失。

注意：图 9–8 方框中所示，【极轴追踪】和【正交】不能同时并用。

注意：当需要绘制设置增量角整数倍直线时，只需要打开【极轴】按钮，将鼠标置于所绘制直线走向，当出现虚线的极轴时，直接输入线段长度即可，如图 9–9 所示。

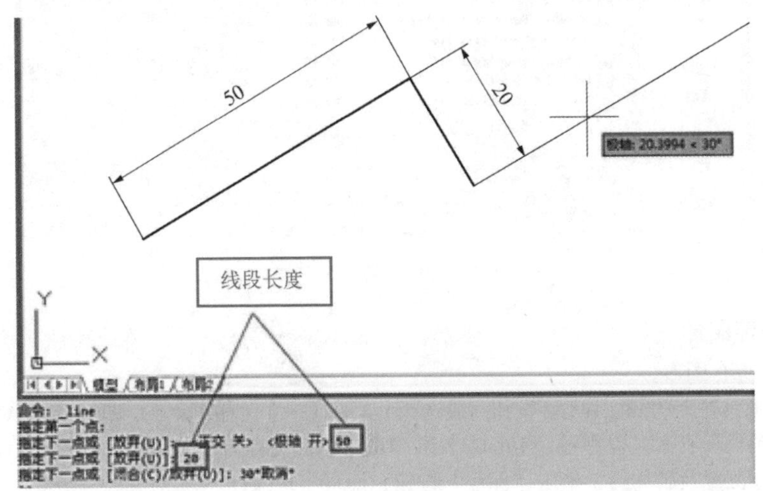

图 9–9 【极轴追踪】绘制线段

（5）【对象捕捉】按钮。

单击该按钮，打开【对象捕捉】模式。因为所有的几何对象都有一些决定其形状和方位的关键点，所以在绘图时可以利用对象捕捉功能自动捕捉这些关键点。可以使用【草图设置】对话框的【对象捕捉】选项卡设置对象的捕捉模式。

（6）【线宽】按钮。

单击该按钮，打开【线宽】显示。在绘图时如果为图层和所绘制的图形设置了不同的线宽，打开该开关，可以在屏幕上显示线宽，以标识各种具有不同线宽的对象。

二、图形文件管理

1. 创建新文件

单击工具栏上的（新建）按钮，或选择【文件】→【新建】命令，即执行 NEW 命令，AutoCAD 弹出【选择样板】对话框，如图 9–10 所示。

通过此对话框选择对应的样板后 (一般选择样板文件 acadiso.dwt)，单击【打开】按钮，就会以对应的样板为模板建立一新图形。

2. 打开图形

单击工具栏上的（打开）按钮，或选择【文件】→【打开】命令，即执行 OPEN 命令，AutoCAD 弹出与前面的图类似的【选择文件】对话框，可通过此对话框确定要打开的文件并打开它。

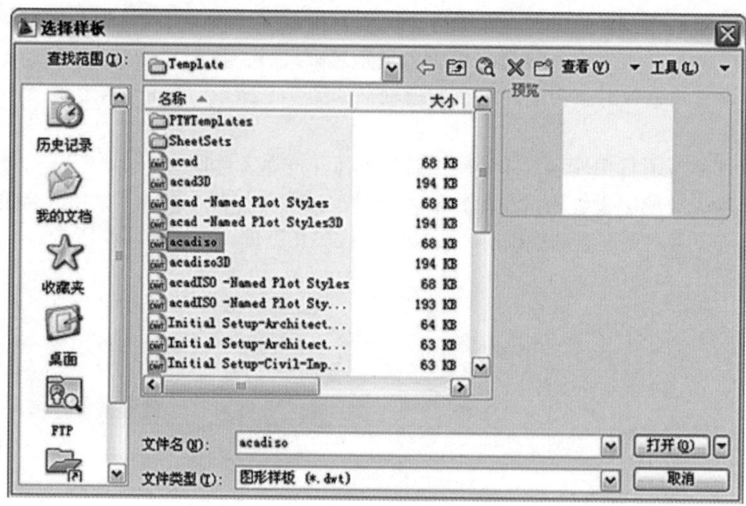

图 9-10 新建文件

3. 保存图形

（1）保存图形。

单击工具栏上的（保存）按钮，或选择【文件】→【保存】命令，即执行 QSAVE 命令，如果当前图形没有命名保存过，AutoCAD 会弹出【图形另存为】对话框。通过该对话框指定文件的保存位置及名称后，单击“保存”按钮，即可实现保存。

如果执行 QSAVE 命令前已对当前绘制的图形命名保存过，那么执行 QSAVE 后，AutoCAD 直接以原文件名保存图形，不再要求用户指定文件的保存位置和文件名。

（2）换名存盘。

换名存盘指将当前绘制的图形以新文件名存盘。执行 SAVEAS 命令，AutoCAD 弹出【图形另存为】对话框，要求用户确定文件的保存位置及文件名，用户响应即可。

三、绘图基本设置与操作

1. 设置图形界限

选择【格式】→【图形界限】命令，即执行 LIMITS 命令。

设置图形界限类似于手工绘图时选择绘图图纸的大小，但具有更大的灵活性。例如需要设置一张 A4（297×210）大小的绘图区域，操作步骤详见表 9-1 所示。

2. 设置绘图单位格式

设置绘图的长度单位、角度单位的格式以及它们的精度。

选择【格式】→【单位】命令，即执行 UNITS 命令，AutoCAD 弹出【图形单位】对话框，如图 9-11 所示。

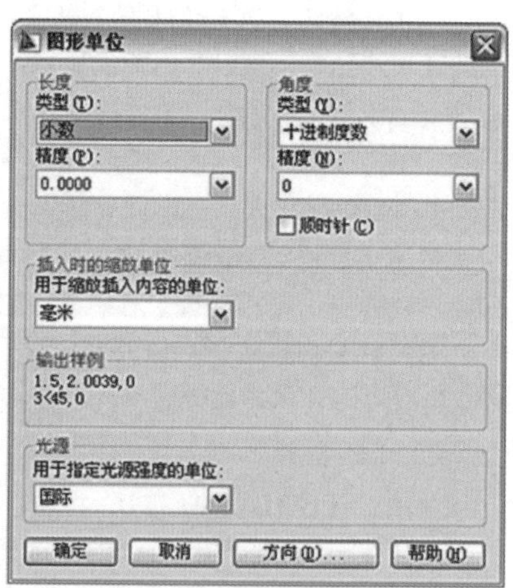

图 9-11 图形单位对话框

对话框中，【长度】选项组确定长度单位与精度；

【角度】选项组确定角度单位与精度；还可以确定角度正方向、零度方向以及插入单位等。

表 9–1 图形界限设置步骤

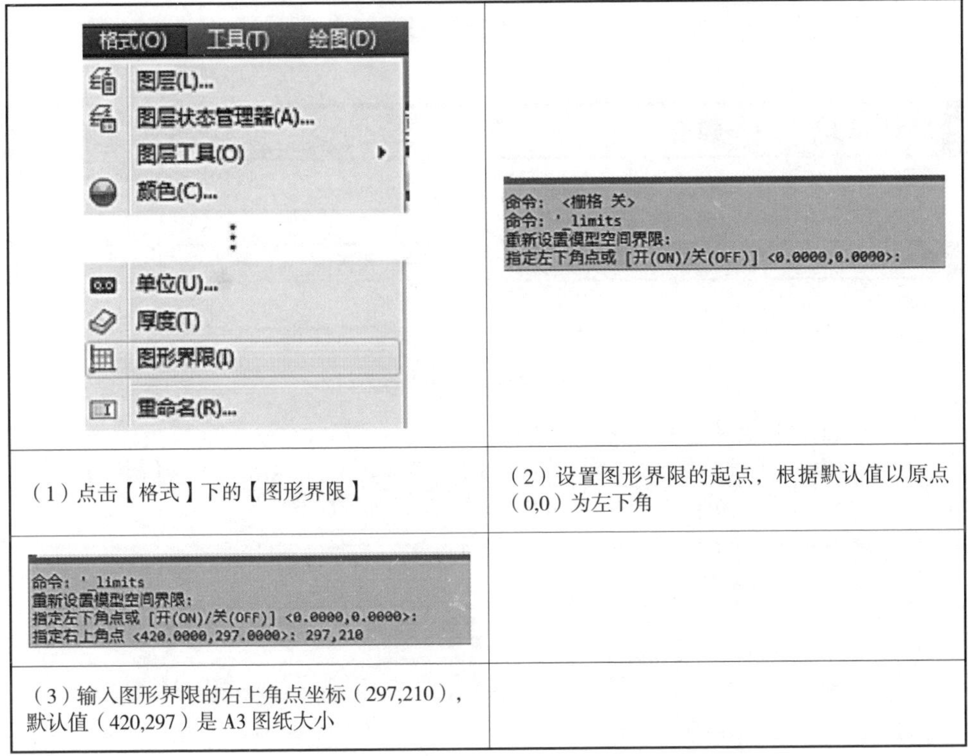

（1）点击【格式】下的【图形界限】	（2）设置图形界限的起点，根据默认值以原点（0,0）为左下角
（3）输入图形界限的右上角点坐标（297,210），默认值（420,297）是 A3 图纸大小	

3. 坐标系及坐标表示方法

坐标系是确定一个对象位置的基本手段。AutoCAD 系统提供了两种不同的坐标系统，即世界坐标系（WCS）和用户坐标系（UCS）。

世界坐标系（WCS）是固定不变的通用坐标系。它的坐标原点和方向都是固定的，不随图形的移动、缩放而改变。它与三维笛卡儿坐标系相一致，由三个相互垂直的坐标轴 X、Y、Z 组成。输入坐标值时，需要指定沿 X、Y 和 Z 轴相对于坐标系原点（0，0，0）的距离（以单位表示）及其方向（正或负）。

用户坐标系（UCS）是用户根据绘图需要，基于 WCS 自行定义的坐标系。默认情况下，UCS 与 WCS 相重合。

在二维绘图中，通常采用直角坐标和极坐标两种方式进行精确定位。使用直角坐标和极坐标，均可以基于原点（0,0）输入绝对坐标，或基于上一指定点输入相对坐标。

直角坐标输入格式：
- 绝对：X，Y，Z
- 相对：@X，Y，Z

极坐标输入格式：
- 绝对：距离 < 角度
- 相对：@ 距离 < 角度

4. 图层管理

图层相当于一层无色透明的纸，用户可以把不同性质的对象（如中心线、尺寸标注、文字注解等）放在不同的图层上，然后将其叠加起来。在机械制图中一般根据图形元素的性质划分图层，通常建立以下图层：轮廓线层，中心线层，虚线层，剖面线层、尺寸标注层和文字说明层。

图层的设置与使用需应用图 9-12 所示的【图层】工具栏及图 9-13 所示的【对象特性】工具栏。

图 9-12 【图层】工具栏

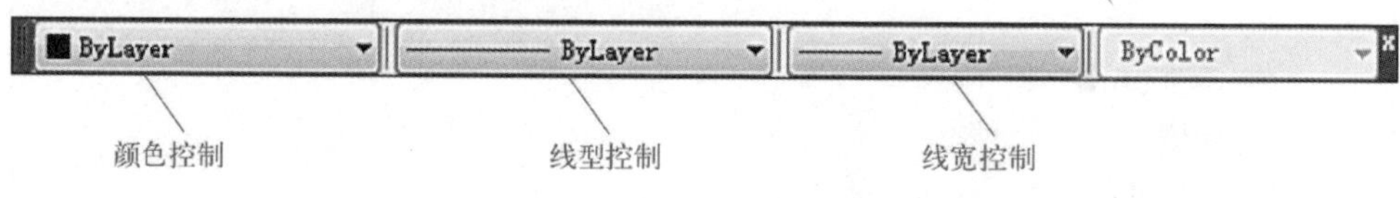

图 9-13 【对象特性】工具栏

（1）设置图层及其属性。

单击【图层】工具栏上的（图层特性管理器）按钮，或选择【格式】→【图层】命令，即执行 LAYER 命令，AutoCAD 弹出如图 9-14 所示的图层特性管理器。

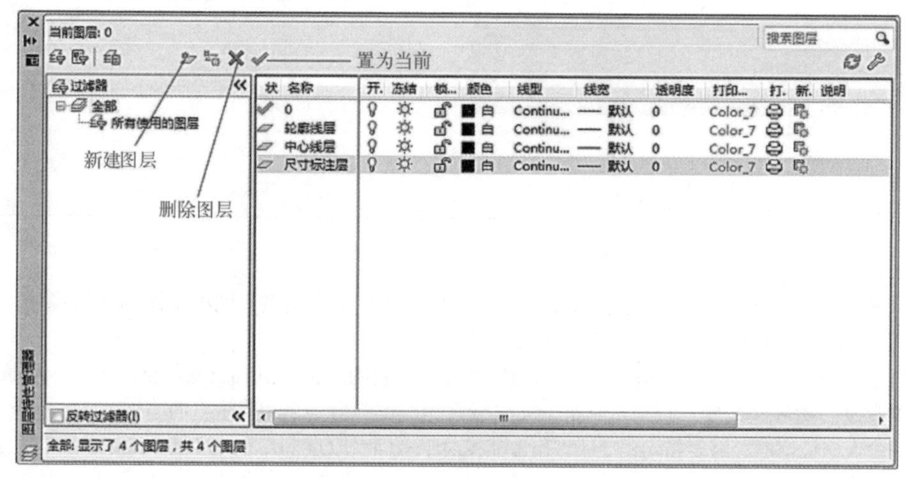

图 9-14 图层特性管理器

① 名称的设置 新建的图层名称可以通过右击进行更改，但 0 层和自动生成的【Defpoints】不能被重新命名。

② 颜色的设置 使用不同的颜色绘制不同的对象，能使图形显示得更为清晰。可通过图 9-15 所示的【选择颜色】来控制图层的颜色。

③ 线宽的设置 根据国家标准 GB/T 4457.4—2002 中的规定，粗线宽优先采用 0.5mm、0.7mm，细线的宽度为粗线宽度的 1/2。

④ 线型的设置 单击线型【Continu-ous】，打开【选择线型】（图 9-16 所示）对话框，点击“加载”就出现了【加载或重载线型】（图 9-17 所示）对话框。

注意：要更改图层中的“线型”，必须在【选择线型】对话框中选中所需的线型，再单击“确定”按钮。

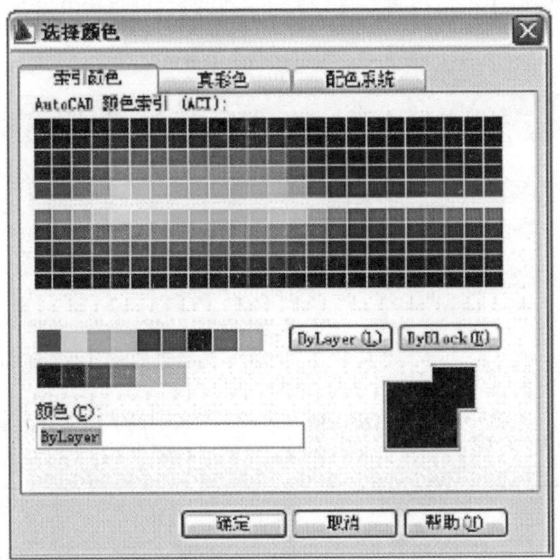

图 9–15 ［选择颜色］对话框

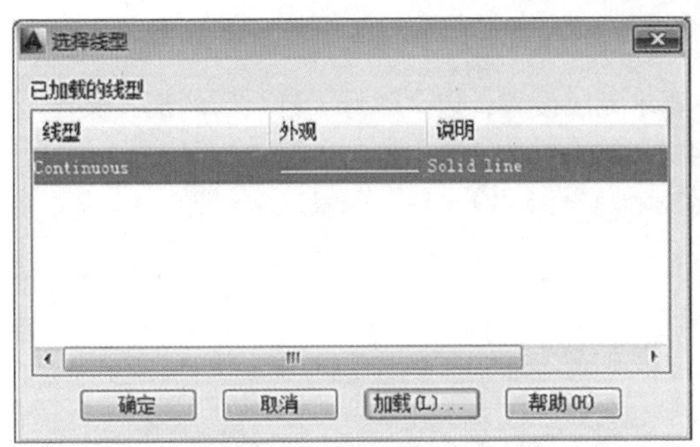

图 9–16 【选择线型】对话框

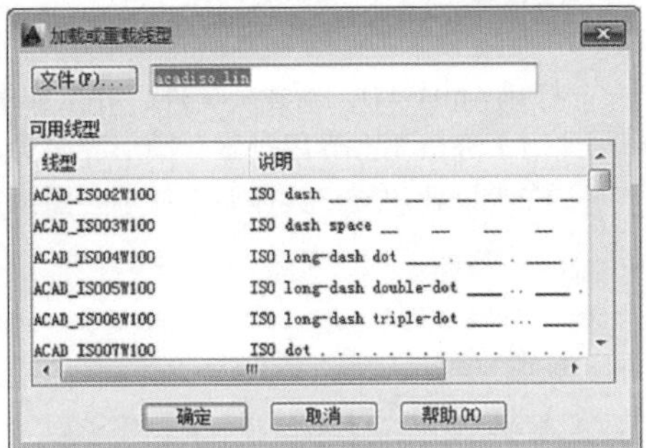

图 9–17 【加载或重载线型】对话框

对于常用的图层名称、颜色、线型，应根据《机械工程 CAD 制图规则》的要求进行设置，详见表 9–2 所示。

表 9–2 图层设置

标识号	描述	线型	颜色(颜色号)
01	粗实线、剖切面的粗剖切线	粗实线	白色（7）
02	细实线、细波浪线、细折断线	细实线	绿色（3）
04	细虚线	虚线	黄色（2）
05	细点画线、剖切面的剖切线	点画线	红色（1）
07	细双点画线	细双点画线	粉色（6）

（2）图层的状态。

在【图层特性管理器】中可以控制图层特性的状态，详见表 9-3 所示。

表 9-3　图层状态各项目含义

图标	说明	含义
	打开 / 关闭	打开状态下的图层是可见的，关闭的图层是不可见的，也不能被打印
	解冻 / 冻结	解冻状态下的图层是可见的，冻结状态下的图层是不可见的，也不能被打印
	解锁 / 锁定	锁定状态下的图层是可见的，但不能被编辑
	打印 / 不打印	图层被指定不打印，该图层上的对象仍被显示。图层的不打印设置只针对可见图层有限（图层是打开的，解冻的）

打开 AutoCAD，新建一文件，并按如下要求完成设置，以“学号 + 姓名”的形式保存。

（1）完成图形界限设置，图形界限为 420 × 594；

（2）设置图层，具体要求如下参照国家标准（表 9-3）。

第二节　AutoCAD 平面图形的绘制（一）

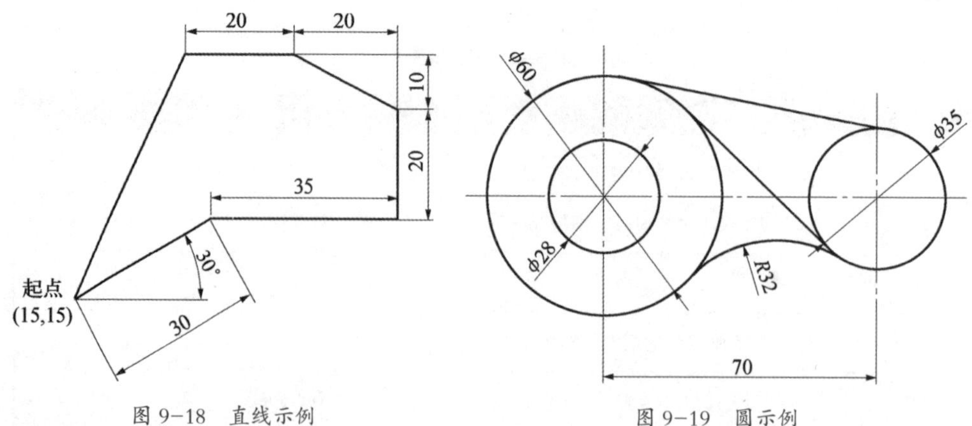

图 9-18　直线示例

图 9-19　圆示例

在 AutoCAD 中，任何复杂的图形都是由一些简单的基本图形元素所组成，如图 9-18 和图 9-19 所示。为此，系统提供了一系列功能强大的基本绘图命令及编辑命令。图 9-20 主要展示了绘图的常用命令，图 9-21 主要展示了图形编辑的常用命令。

本任务主要介绍绘制平面图形的一些常用绘图指令和编辑指令。

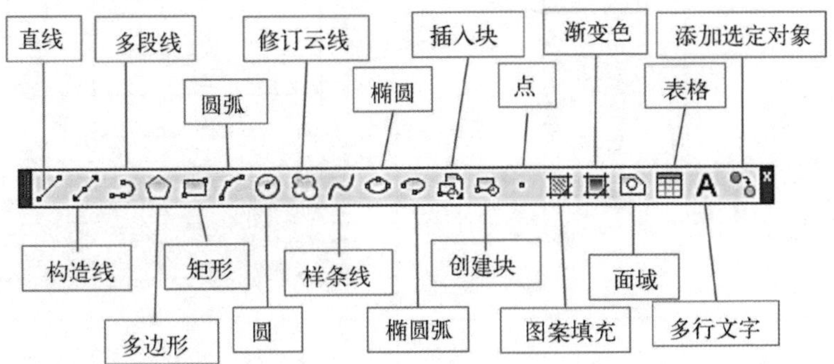

图 9-20　绘图的常用命令

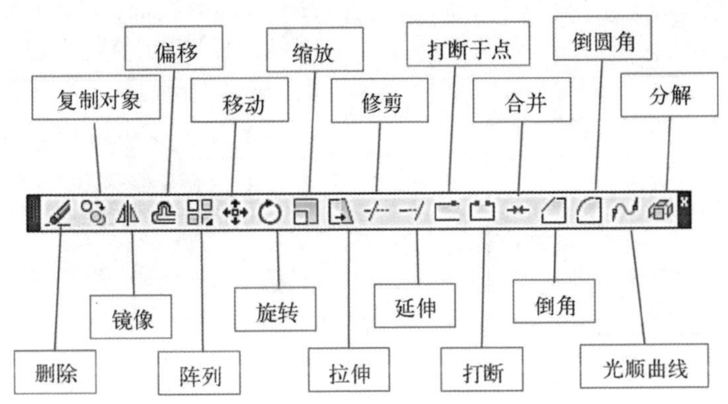

图 9-21　图形编辑的常用命令

一、直线

单击【绘图】工具栏上的／(直线)按钮，或选择【绘图】→【直线】命令，即执行 LINE 命令。

示范：

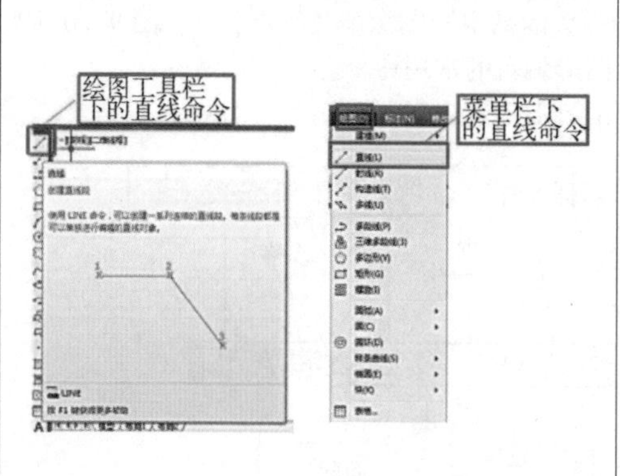

1.调用【直线】命令的两种方式：
（1）直接在【绘图工具栏】上点击【直线】命令；
（2）点击【绘图菜单栏】下的【直线】命令

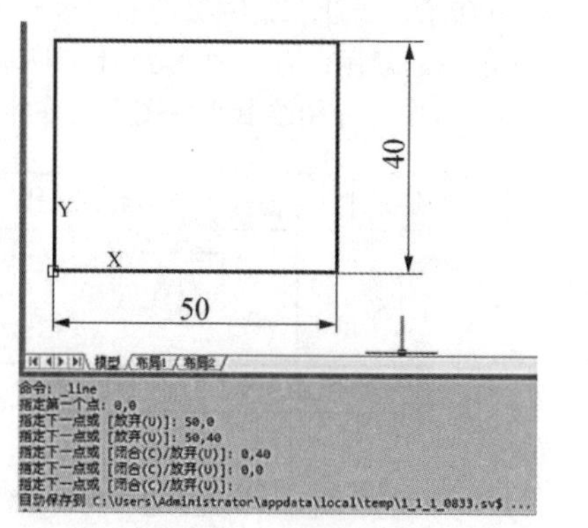

2.【直线】命令的第一种绘图方式：绝对直角坐标

如上图所示 50×40 的长方形，直线命令绘制时分别输入（0,0）、（50,0）、（50,40）、（0,40）、（0,0），最后右击“确认”即可完成绘制

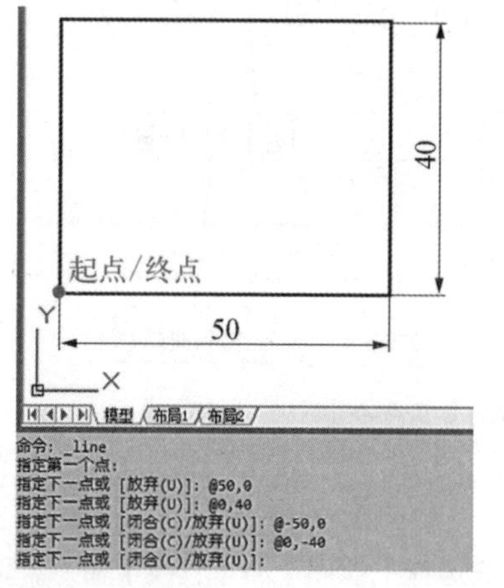

3.【直线】命令的第二种绘图方式：相对坐标

如上图所示 50×40 的长方形，直线命令绘制时任取一点作为起点，之后分别输入（@50,0）、（@0,40）、（@-50,0）、（@0,-40），最后右击“确认”即可完成绘制

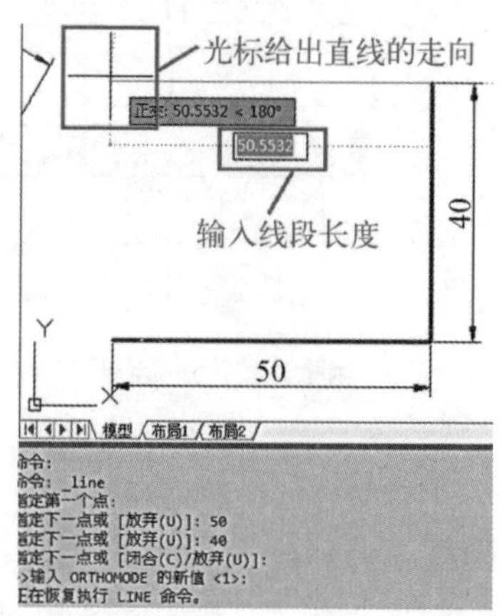

4.【直线】命令的第三种绘图方式：线段长度

如上图所示 50×40 的长方形，直线命令绘制时任取一点作为起点，光标给出直线的走向（即上一任务中正交状态栏或根据角度设定好的极轴追踪），直接输入线段长度，即可完成长方形的绘制

续表

<table>
<tr>
<td>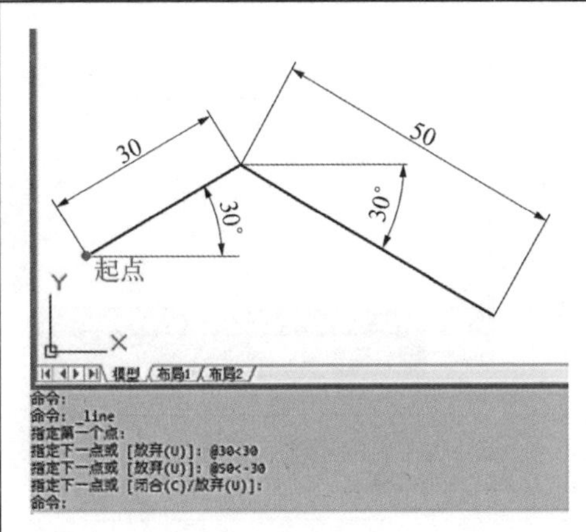
</td>
<td>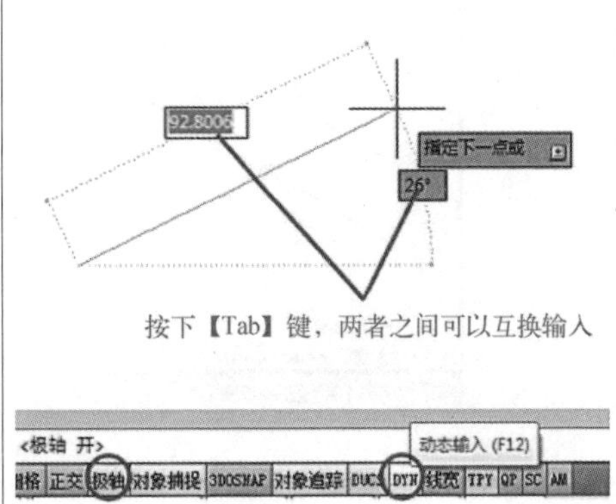
</td>
</tr>
<tr>
<td>5.【直线】命令的第四种绘图方式：相对极坐标
完成上图所示的图例，直线命令绘制时任取一点作为起点，依次输入 @30<30,@50<-30，最后右击“确认”即可完成绘制。
注意：（1）输入方式：@ 长度 < 角度；
（2）逆时针角度为正，顺时针角度为负</td>
<td>6.【直线】命令的第五种绘图方式：动态直线输入法
通过动态数据输入的方式可以绘制任意长度或角度的直线。首先在状态栏开启动态输入，执行直线命令时，屏幕上出现如上图所示的用虚线表示长度或角度的界面。当长度或角度呈蓝底显示时，可以直接输入长度或角度绘制直线或斜线。也可以按 Tab 键在长度值和角度值之间切换</td>
</tr>
</table>

注意：

（1）每种绘图命令基本上有三种输入方式：下拉菜单、工具图标、命令输入。本项目主要以工具图标为例说明绘图命令的使用方法。

（2）【直线】的几种绘图方式可以混合使用，一般根据直线所给的条件灵活使用。

【例 9–1】利用直线命令完成图 9–18 的绘制。

操作示范：

<table>
<tr>
<td>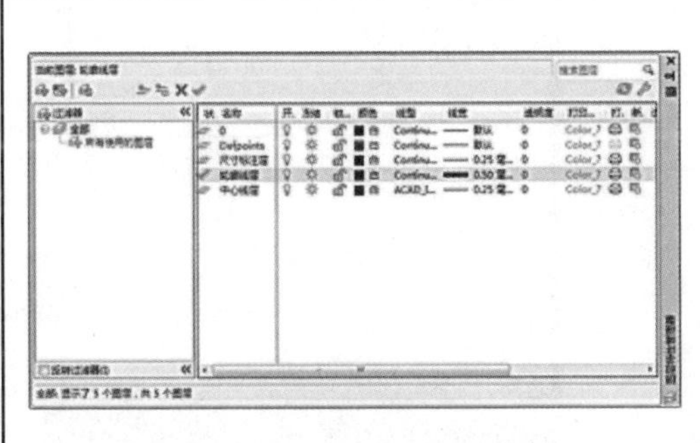</td>
<td>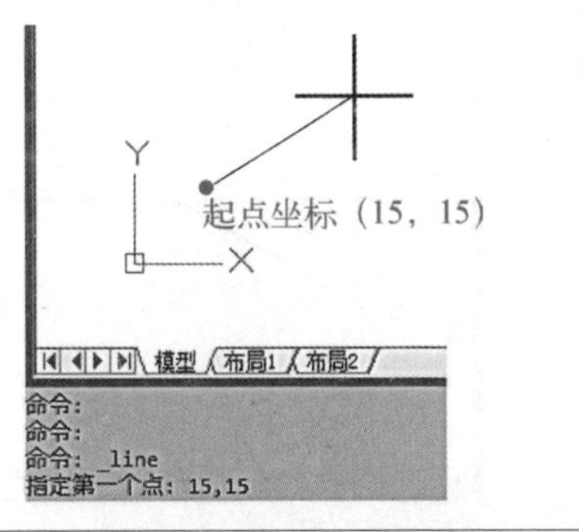
</td>
</tr>
<tr>
<td>1. 打开软件，完成图层的新建。
注意：图层的建立按照《机械工程 CAD 制图规则》的要求进行设置，详见任务一</td>
<td>2. 选择【直线】命令，通过绝对直角坐标输入（15,15）作为起始点（也可以在屏幕上随意点击一点作为绘图的起点）</td>
</tr>
</table>

续表

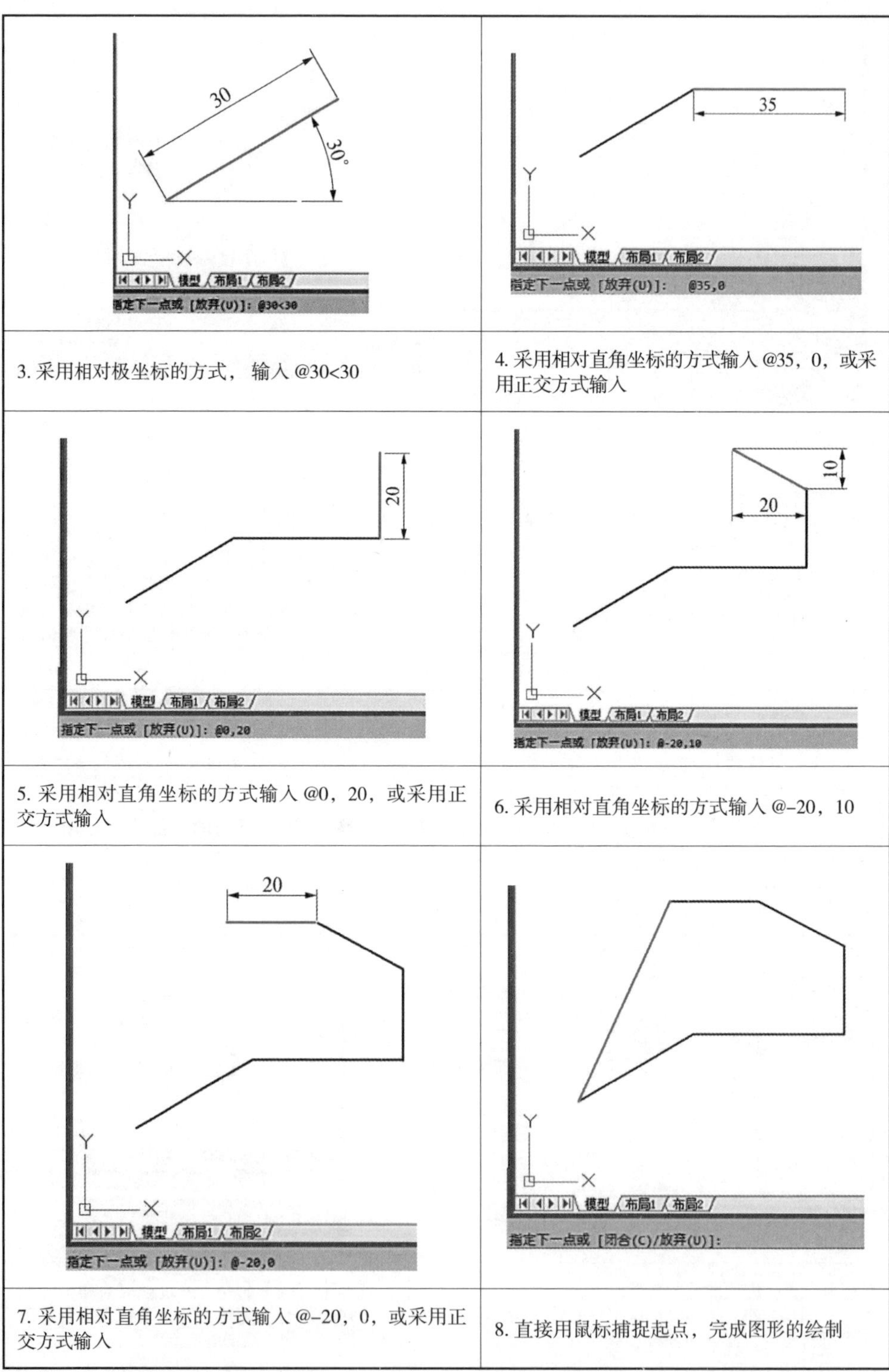

3. 采用相对极坐标的方式，输入 @30<30	4. 采用相对直角坐标的方式输入 @35，0，或采用正交方式输入
5. 采用相对直角坐标的方式输入 @0，20，或采用正交方式输入	6. 采用相对直角坐标的方式输入 @–20，10
7. 采用相对直角坐标的方式输入 @–20，0，或采用正交方式输入	8. 直接用鼠标捕捉起点，完成图形的绘制

二、圆

单击【绘图】工具栏上的 (圆) 按钮，即执行 CIRCLE 命令。

示范：

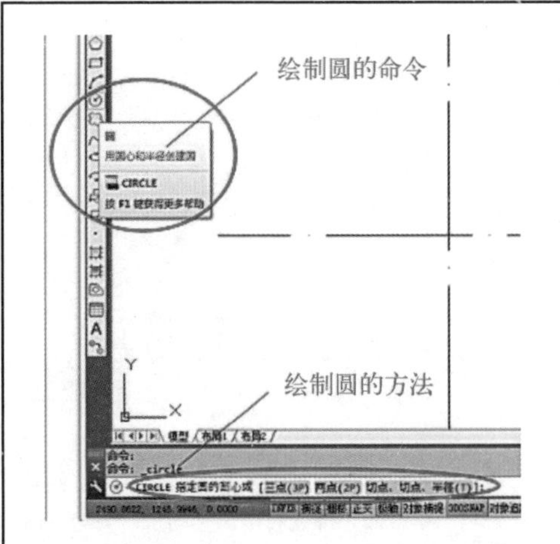	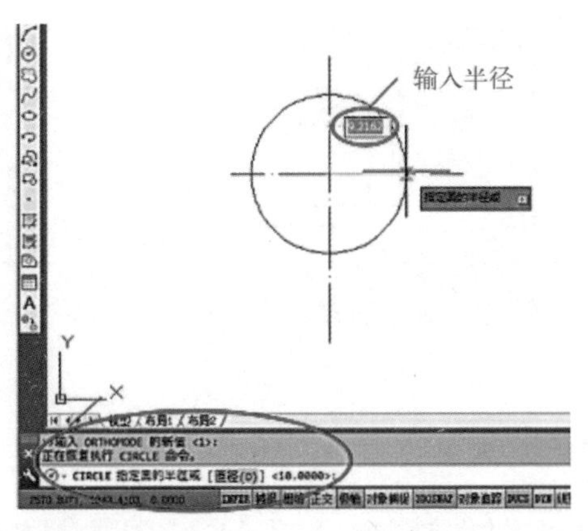
1. 选择【圆】命令：点击【绘图】工具栏上的【圆】命令，绘制圆的方法有三种：指定圆的圆心或【三点（3P）两点（2P）切点、切点、半径（T）】	2.【指定圆的圆心】画圆：指定圆心后，直接输入圆的半径，或者是输入字母 D 后回车，直接输入圆的直径
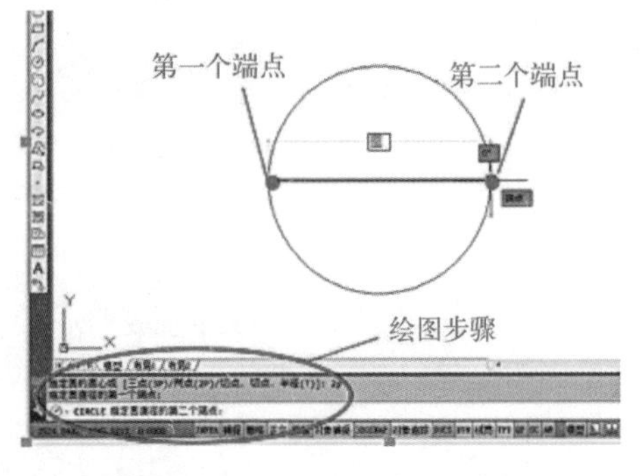	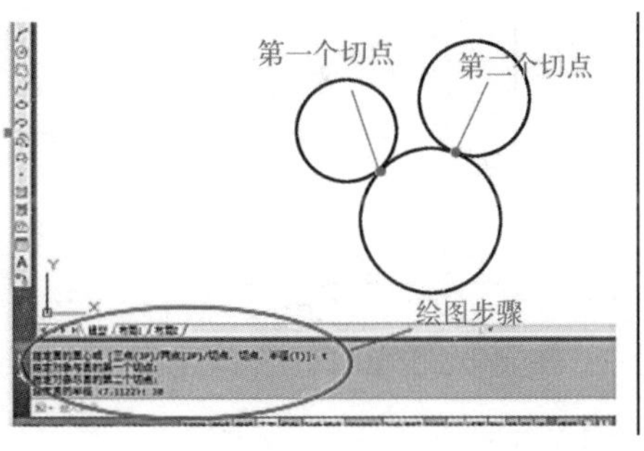
3.【两点（2P）】画圆：输入 2P 后，选取第一个端点，接着选取第二个端点，圆绘制成功（实质是利用圆的直径绘圆）。【三点（3P）】画圆的方法类似于【两点（2P）】画圆，可以自己尝试一下，这边不再详细介绍	4.【切点、切点、半径（T）】画圆：输入 T 后，直接选取两个不同要素上的两个点（系统默认下选择的均为切点），输入半径，圆绘制成功

三、修剪

单击【修改】工具栏上的 (修剪) 按钮，或选择【修改】→【修剪】命令，即执行修剪命令。

示范：

拓展：【修剪】命令还有一种快捷方式，选择【修剪】命令，按下空格键后，光标呈“□”显示，直接选择要修剪的部分即可，可以试试，对比一下，哪种【修剪】方式更方便？

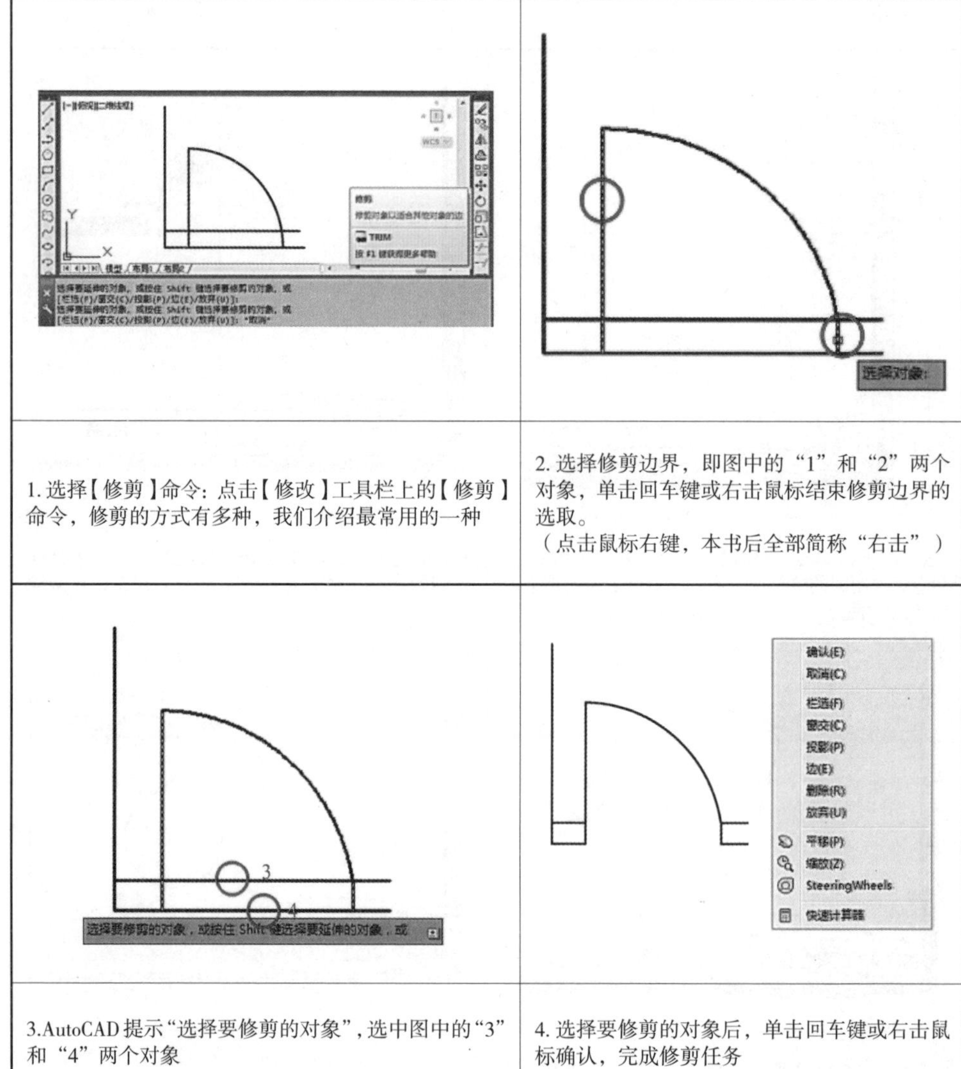

1.选择【修剪】命令：点击【修改】工具栏上的【修剪】命令，修剪的方式有多种，我们介绍最常用的一种	2.选择修剪边界，即图中的“1”和“2”两个对象，单击回车键或右击鼠标结束修剪边界的选取。 （点击鼠标右键，本书后全部简称“右击”）
3.AutoCAD提示“选择要修剪的对象”，选中图中的“3”和“4”两个对象	4.选择要修剪的对象后，单击回车键或右击鼠标确认，完成修剪任务

四、对象捕捉

利用对象捕捉功能，在绘图过程中可以快速、准确地确定一些特殊点，如圆心、端点、中点、切点、交点、垂足等。

常用对象捕捉方式的功能见表9–4所示。

表 9–4 常用对象捕捉方式的功能

按扭	名称	功能
	端点	用来捕捉对象（如直线、圆弧等）的端点
	中点	用来捕捉对象的中间点或等分点
	圆心	用来捕捉圆、圆弧、椭圆的圆心
	节点	用来捕捉点对象
	象限点	用来捕捉圆、圆弧、椭圆上的象限点，即在 0°、90°、180°、270° 位置上的点
	交点	用来捕捉两个对象的交点
	范围	用来捕捉沿着直线或圆弧的自然延伸线上的点
	插入	捕捉到块、形、文字、属性或属性定义等对象的插入点
	垂足	用来捕捉某指定点到另一个对象的垂足
	切点	用来捕捉对象之间的切点
	最近点	用来捕捉距离光标中心最近的几何对象上的点
	外观察点	用来捕捉两个对象延长或投影后的交点，即两个对象没有直接相交时，系统会自动计算其延长后的交点
	平行	用来捕捉与指定直线平行方向上的一点

对象捕捉的设置有两种方式：

1. 自动捕捉

单击【工具菜单栏】下的【绘图设置】命令，或右击【状态栏】中的【对象捕捉】按钮，在弹出的菜单中单击【设置】选项，即可弹出【草图设置】对话框，勾选【对象捕捉】选项卡中的【启用对象捕捉】复选框，然后在【对象捕捉模式】选项区勾选相应的复选框即可，如图 9–22 所示。

2. 一次性捕捉

可以通过【对象捕捉】工具栏或是按下 Shift 键后右击启动【对象捕捉】菜单(图 9–23 所示）从而调用一次性对象捕捉功能。

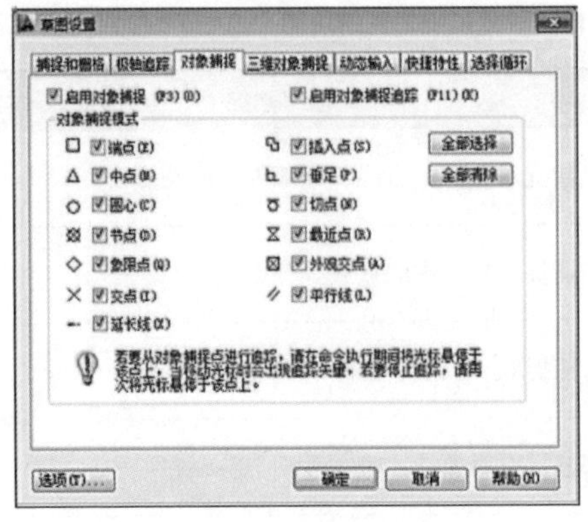

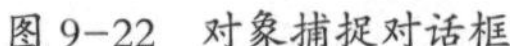
图 9-22　对象捕捉对话框

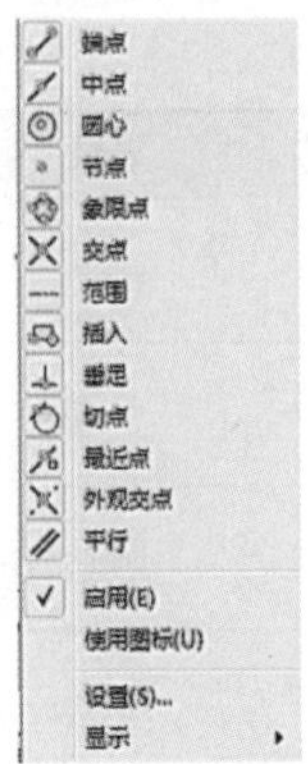

图 9-23　对象捕捉菜单

五、偏移复制

单击【修改】工具栏上的 (偏移)按钮，或选择【修改】→【偏移】命令，即执行 OFFSET 命令。

示范：

	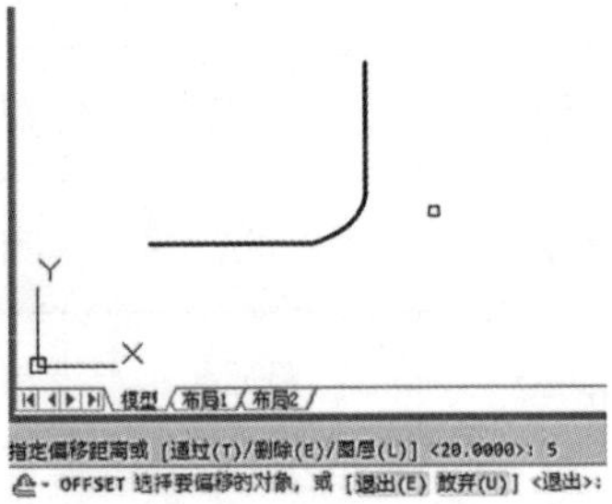
1. 选择【偏移复制】命令：点击【修改】工具栏上的【偏移复制】命令，这里介绍常用的【指定偏移距离】来进行偏移复制	2. 指定偏移的距离，输入 5
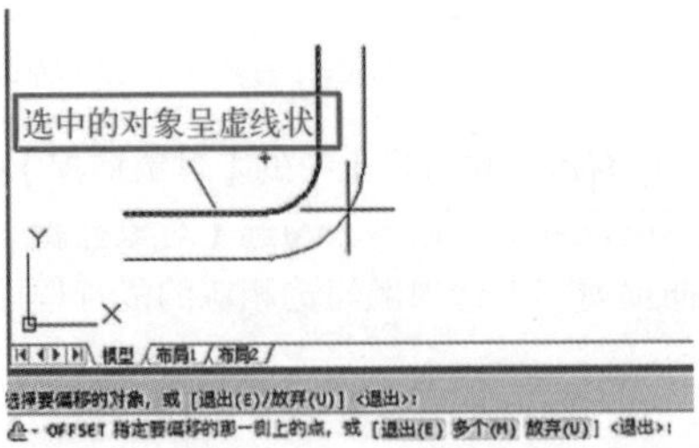 选中的对象呈虚线状	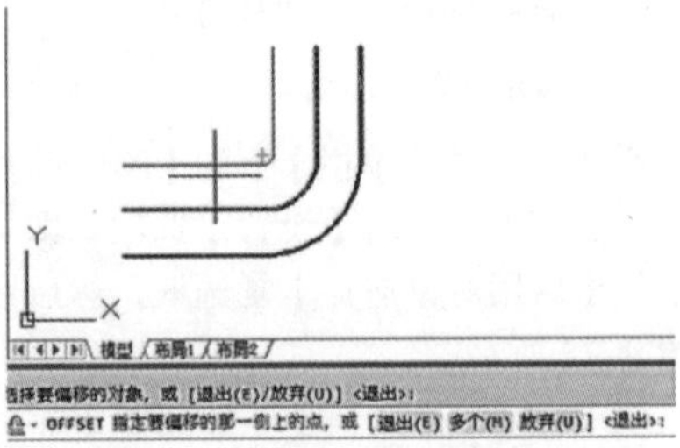
3. 选定对象后，通过鼠标指定偏移的方向	4. 可以多次选择偏移对象进行偏移

六、打断

单击【修改】工具栏上的▭（打断）按钮，或选择【修改】→【打断】命令，即执行 OFFSET 命令。

示范：

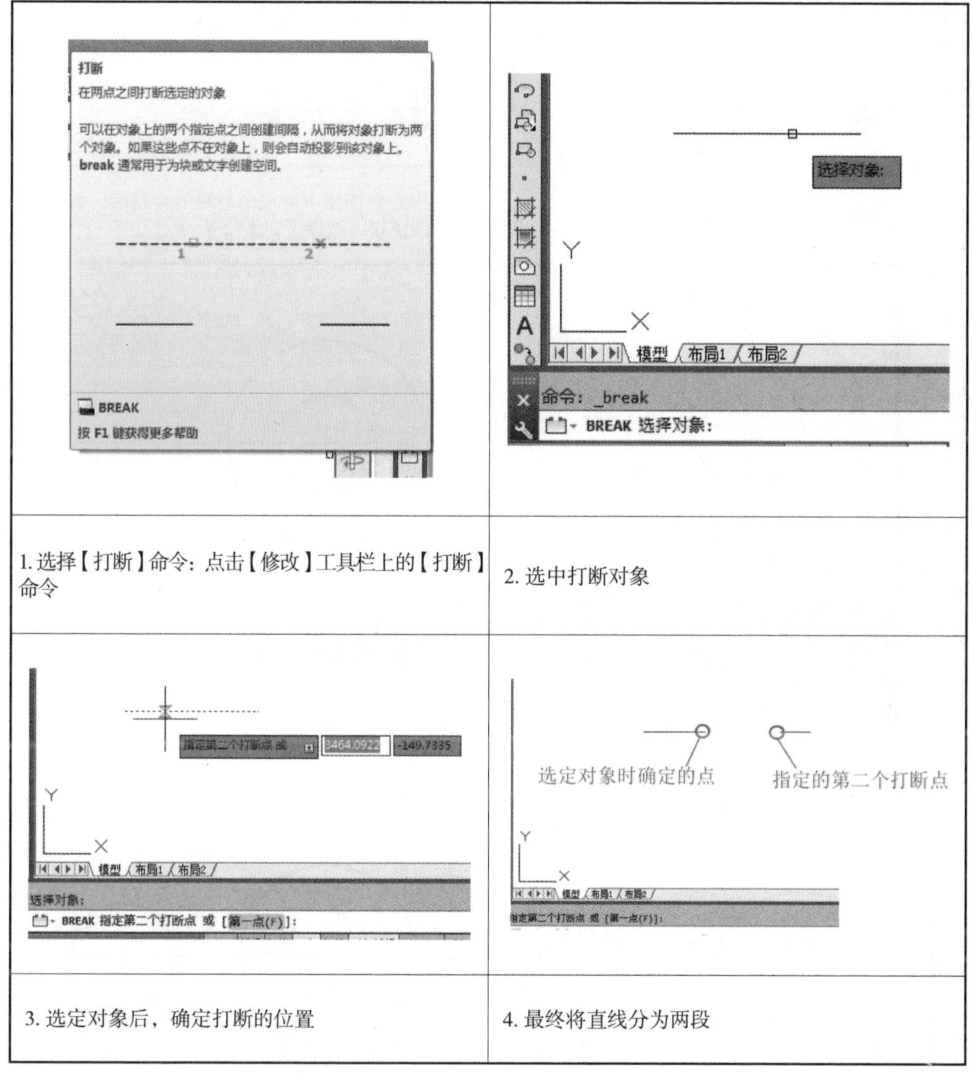

1. 选择【打断】命令：点击【修改】工具栏上的【打断】命令	2. 选中打断对象
3. 选定对象后，确定打断的位置	4. 最终将直线分为两段

【例 9-2】利用圆命令和修剪命令完成图 9-19 的绘制。

操作示范：

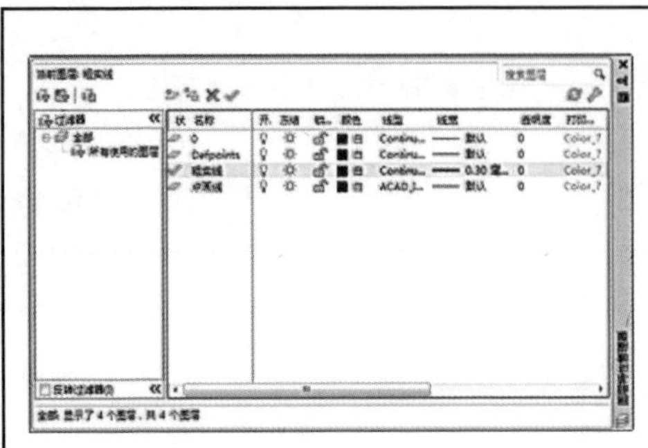	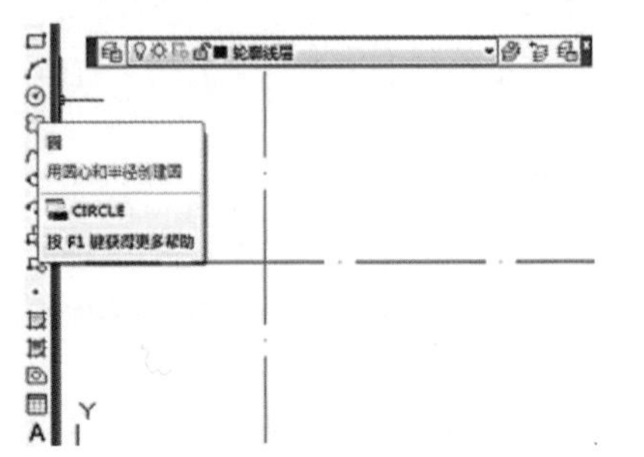
1. 打开软件，完成图层的新建	2. 在中心线图层下完成中心线的绘制后，切换至轮廓线图层，选择［圆］命令
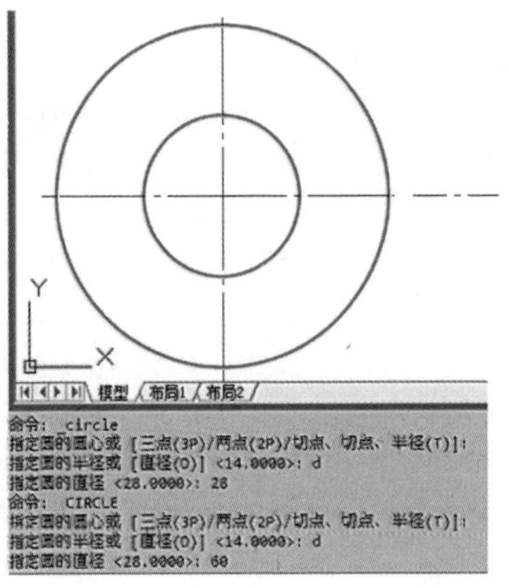	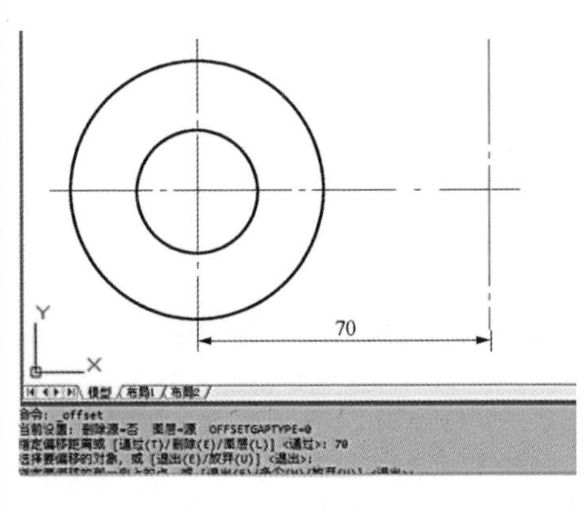
3. 利用【圆】→【指定圆的圆心】画出 ϕ28 和 ϕ60 两个圆	4. 利用【偏移】指令画出右端圆的中心线，两圆心之间的距离为 70
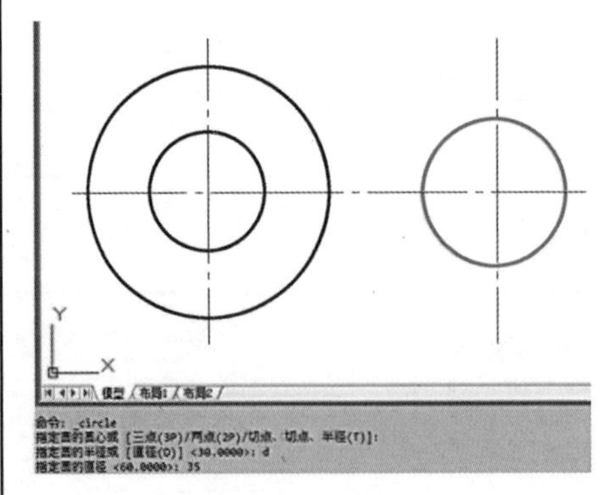	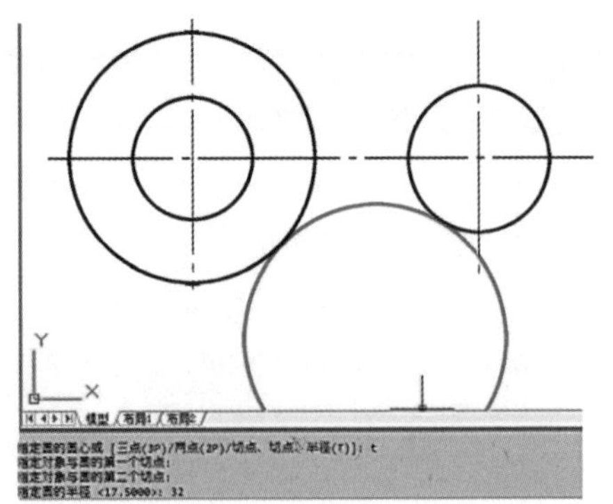
5. 利用【圆】→【指定圆的圆心】画出 ϕ35 的圆	6. 利用【圆】→【相切、相切、半径】画圆，画出 R32 的圆

续表

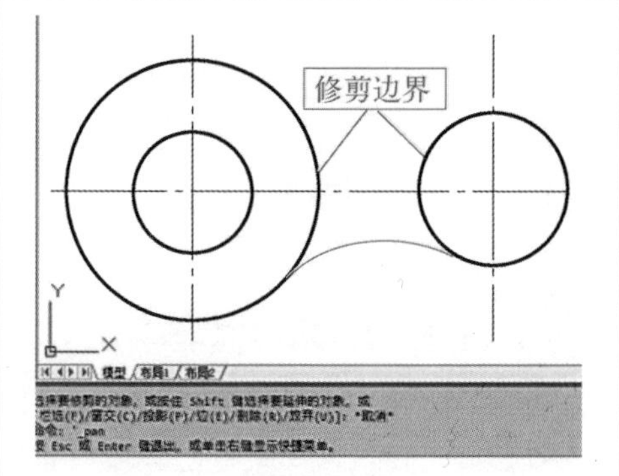 修剪边界	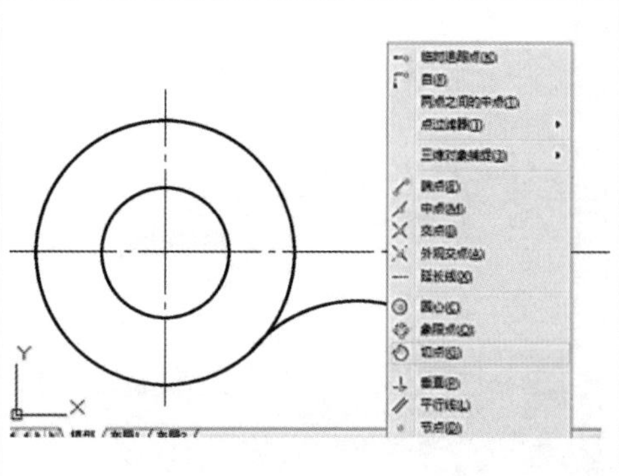
7. 利用【修剪】指令去除多余部分	8. 点击【直线】命令后，按下 Shift 键后右启动对象捕捉功能，选中切点
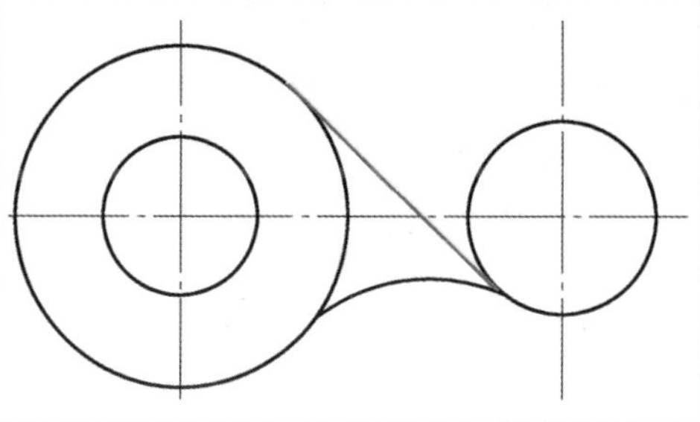	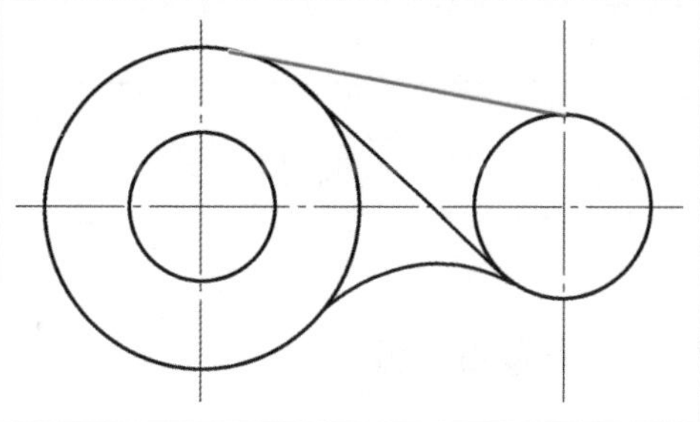
9. 选中 $\phi 60$ 的圆后，再次按下 Shift 键后右启动对象捕捉功能，选中切点，选中 $\phi 35$ 的圆，完成斜切线的绘制	10. 利用同样的方法完成另一条切线的绘制

七、圆弧。

单击【绘图】工具栏上的（圆弧）按钮，即执行圆弧命令。
示范：

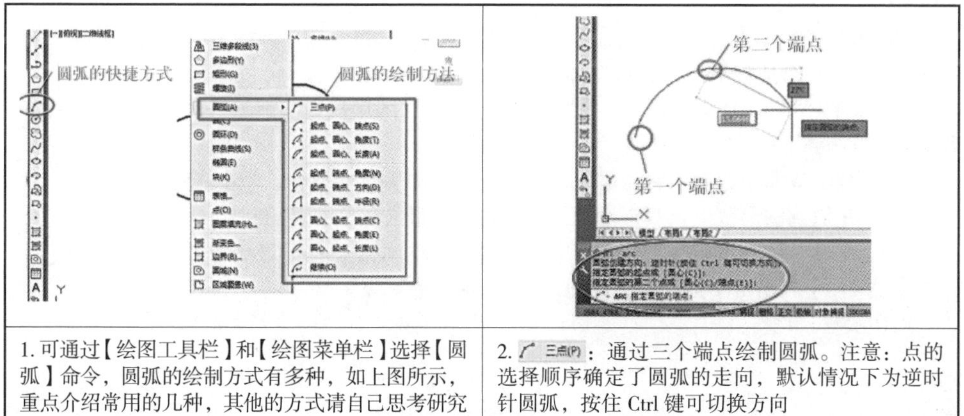

1. 可通过【绘图工具栏】和【绘图菜单栏】选择【圆弧】命令，圆弧的绘制方式有多种，如上图所示，重点介绍常用的几种，其他的方式请自己思考研究	2. 三点(P)：通过三个端点绘制圆弧。注意：点的选择顺序确定了圆弧的走向，默认情况下为逆时针圆弧，按住 Ctrl 键可切换方向

续表

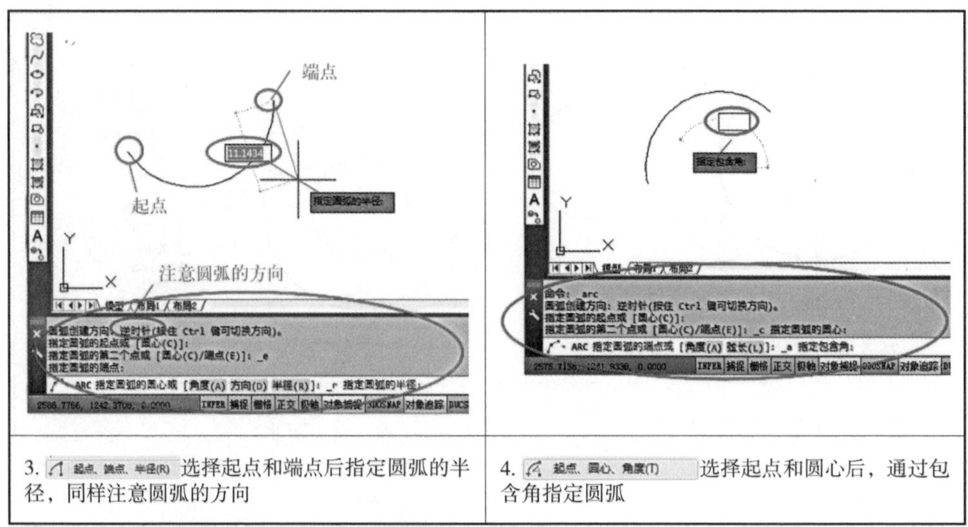

3. 起点、端点、半径(R) 选择起点和端点后指定圆弧的半径，同样注意圆弧的方向	4. 起点、圆心、角度(T) 选择起点和圆心后，通过包含角指定圆弧

注意：AutoCAD 中利用【圆弧】画弧的时候，所对圆心角大于 180° 的圆弧叫做优弧，绘制时半径为负值；所对圆心角小于 180° 的圆弧叫做劣弧，绘制时半径为正值。

思考：如用圆弧命令绘制图 9-19 所示的圆弧？

八、绘图辅助工具

1. 图形实时缩放

单击菜单栏中的【视图】→【缩放】→【实时（R）】命令（ZOOM），或单击标准工具栏实时缩放图标，即可启动【实时缩放】命令。

操作步骤：启动【实时（R）】命令后，光标变为放大镜的形状，按住鼠标左键，将光标向上移动，图形会变大；反之，光标向下移动，图形会缩小。

2. 图形实时平移

单击菜单栏中的【视图】→【平移】→【实时】命令（PAN），或单击标准工具栏实时平移图标，即可启动【实时】平移命令。

操作步骤：启动【实时】平移命令后，光标变为手形，按住鼠标左键，同时移动光标，即可将图形移至合适位置后，释放鼠标左键。

注意：在 AutoCAD 中，鼠标中键（滑轮）可以对图形执行实时缩放和实时平移操作，具体操作方法如下：

（1）放大或缩小：向前转动滑轮，放大视图；向后转动滑轮，缩小视图。

（2）缩放到图形范围：双击滑轮按钮，将图形最大化全部显示在视图中。

（3）平移：按住滑轮时，“十”字光标变为平移图标，移动鼠标时可以平移视图。

【例 9-3】利用所学指令，完成图 9-24 所示图形。

操作示范：

图 9-24 综合例题

<table>
<tr><td>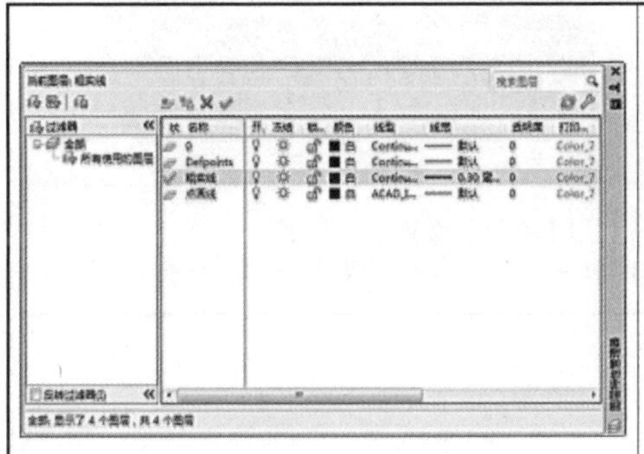</td><td>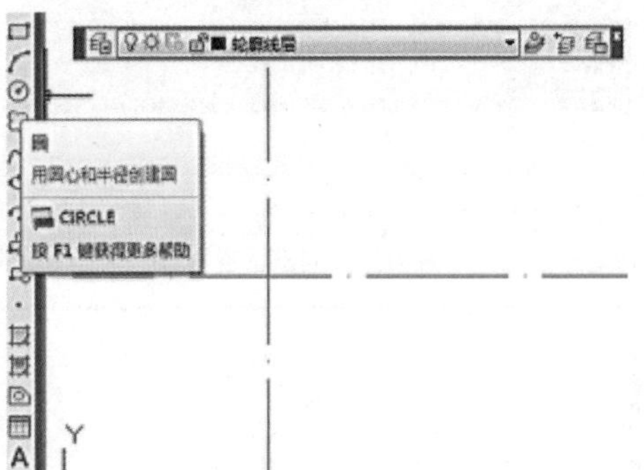</td></tr>
<tr><td>1. 打开软件，完成图层的新建</td><td>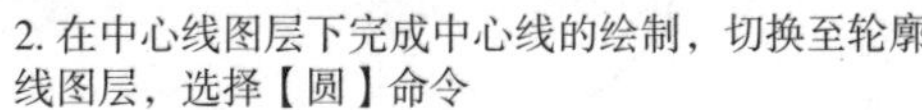2. 在中心线图层下完成中心线的绘制，切换至轮廓线图层，选择【圆】命令</td></tr>
<tr><td></td><td></td></tr>
<tr><td>3. 利用【圆】→【指定圆心】画出 R60 和 R90 的圆</td><td>4. 利用【直线】指令画出长度为 30 的直线和角度为 40° 长度暂定为 100 的斜线</td></tr>
</table>

续表

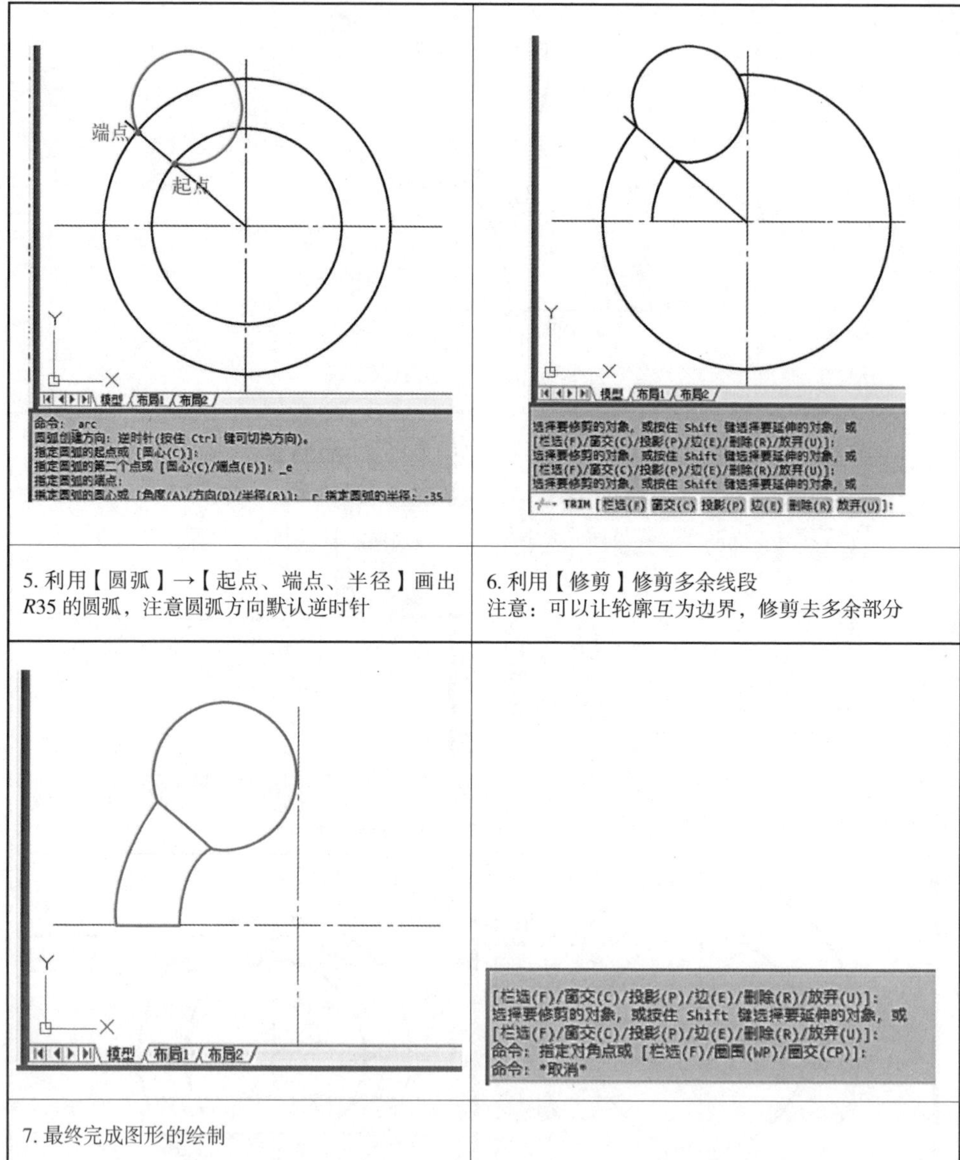

5. 利用【圆弧】→【起点、端点、半径】画出 *R*35 的圆弧，注意圆弧方向默认逆时针	6. 利用【修剪】修剪多余线段 注意：可以让轮廓互为边界，修剪去多余部分
7. 最终完成图形的绘制	

利用常用绘图指令及编辑命令完成平面图形的绘制

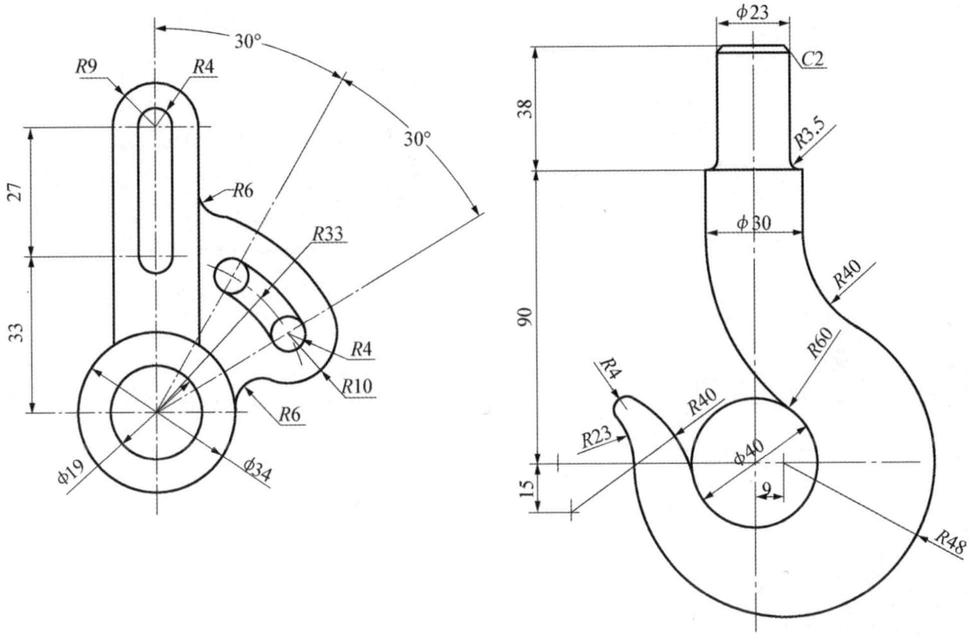

第三节 AutoCAD 平面图形的绘制（二）

如图 9-25 和图 9-26 所示，依靠前面所学的平面图形绘制的相关知识，完成上述两个图形的绘制是非常繁琐的，那我们要如何快捷地完成此图的绘制？

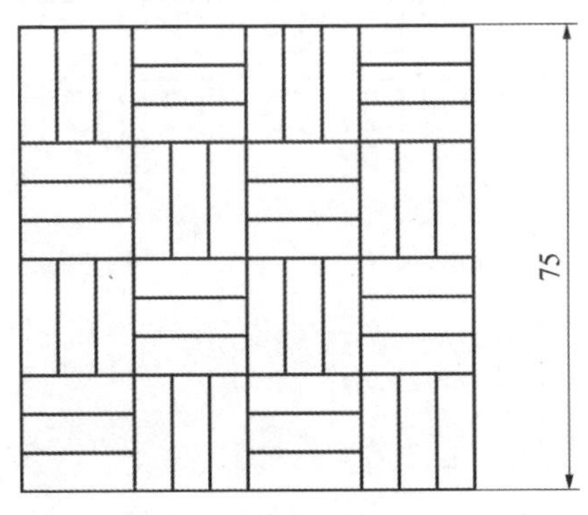

图 9-25　图形编辑命令示例一

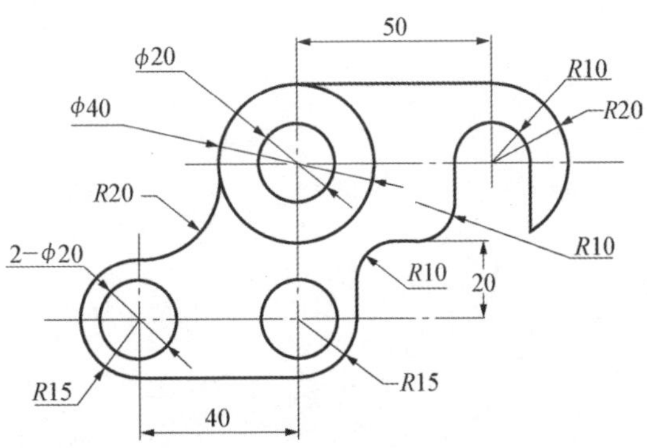

图 9-26　图形编辑命令示例二

一、点

单击【绘图】工具栏上的 · (点)按钮，或选择【绘图】→【点】命令，即执行 POINT 命令。示范：

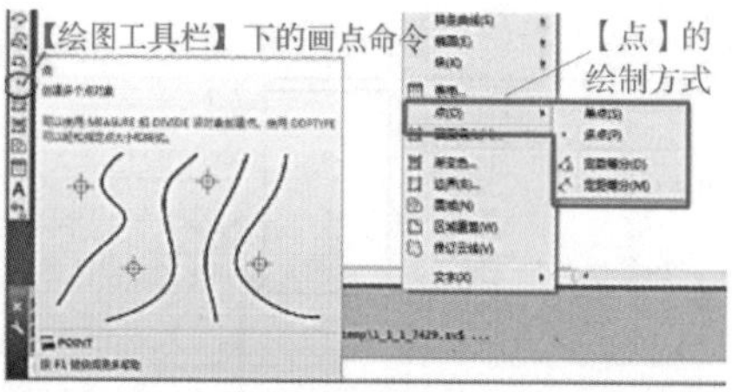

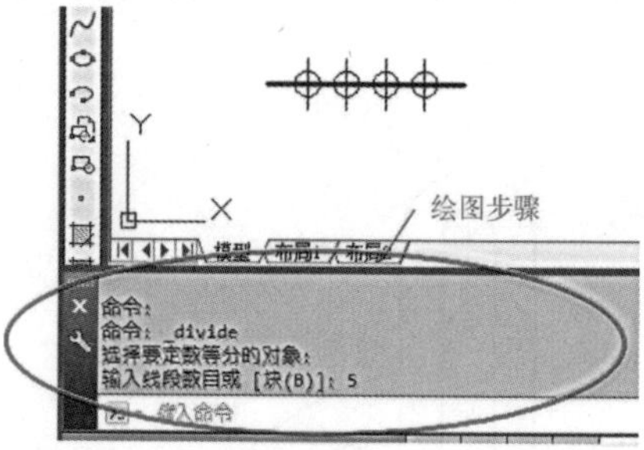

1. 调用【点】命令的两种方式： （1）直接在【绘图工具栏】上点击【点】命令； （2）点击【绘图菜单栏】下的【点】命令。【点】命令的绘制方式有四种，如上图所示	2. 定数等分：选择要定数等分的对象，然后输入等分的数目
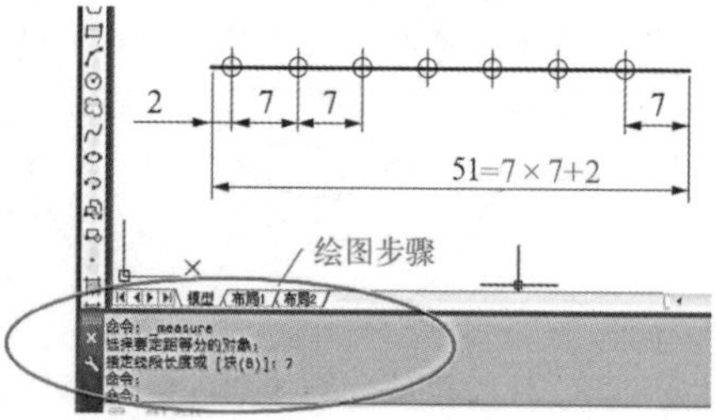	
3. 定距等分：以一根长为 51 的线段为例，选中该线段，输入线段的长度 7，如上图所示	

注意：在利用【点】进行定数等分或定距等分前必须先调整【格式】→【点样式】，如图 9–27 所示。

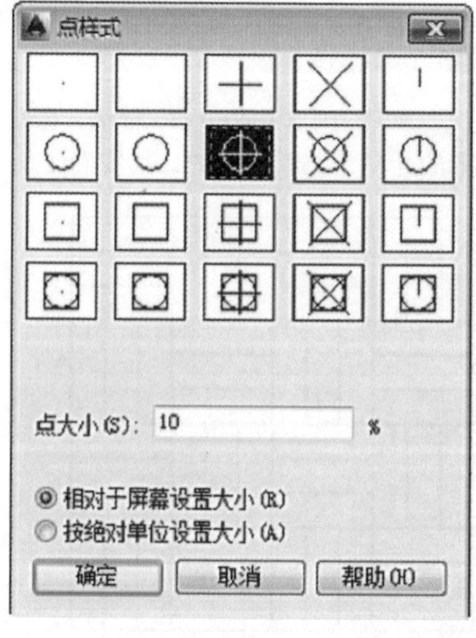

图 9–27　点样式对话框

二、多边形

单击【绘图】工具栏上的⬠（多边形）按钮，或选择【绘图】→【多边形】命令，即执行 POLYGON 命令。

示范：

<table>
<tr>
<td>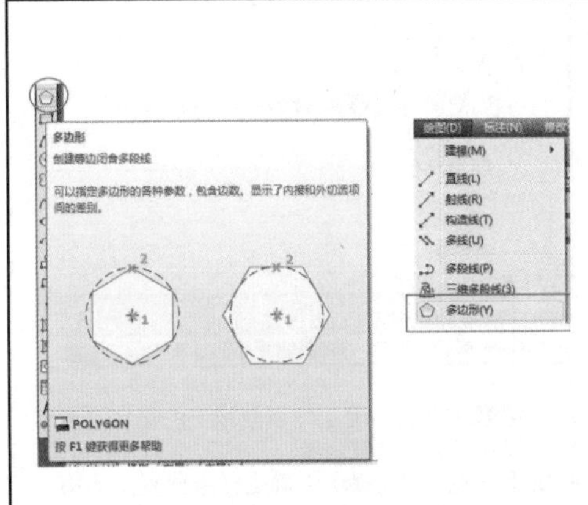
</td>
<td>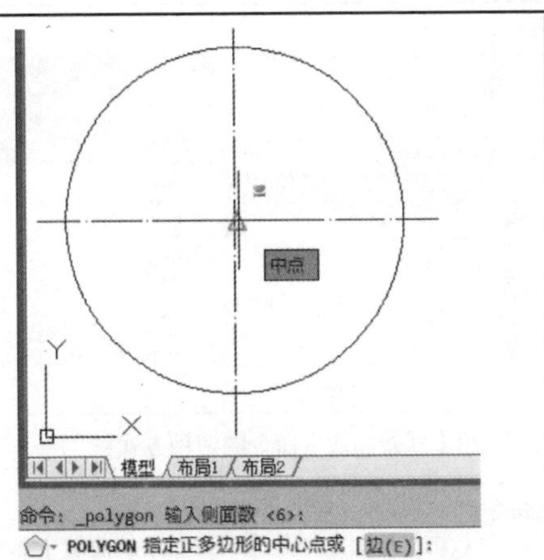
</td>
</tr>
<tr>
<td>1. 调用【多边形】命令的两种方式：
（1）直接在【绘图工具栏】上点击【多边形】命令；
（2）点击【绘图菜单栏】下的【多边形】命令</td>
<td>2. 输入侧面数：根据轮廓确定多边形的边数
指定正多边形的中心点或 [边（E）]: 此默认选项要求用户确定正多边形的中心点，指定后将利用多边形的假想外接圆或内切圆绘制等边多边形；[边（E）] 是根据多边形某一条边的两个端点绘制多边形</td>
</tr>
<tr>
<td>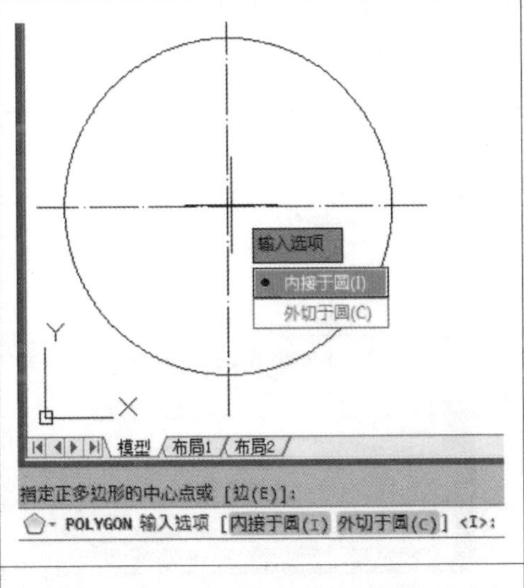
</td>
<td>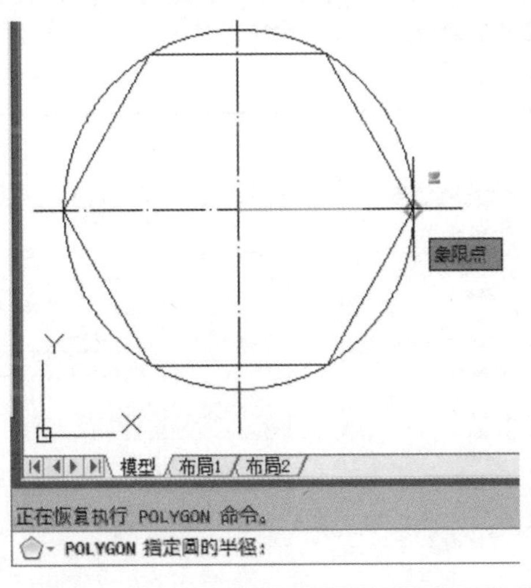
</td>
</tr>
<tr>
<td>3. 输入选项 [内接于圆（I）外切于圆（C）]：内接于圆（I）选项表示所绘制多边形将内接于假想的圆。外切于圆（C）选项表示所绘制多边形将外切于假想的圆。默认情况下是内接于圆</td>
<td>4. 指定圆的半径：指定假想圆的半径确定多边形的大小</td>
</tr>
</table>

三、样条曲线

单击【绘图】工具栏上的～（样条曲线）按钮，或选择【绘图】→【样条曲线】命令，即执行 SPLINE 命令。

示范：

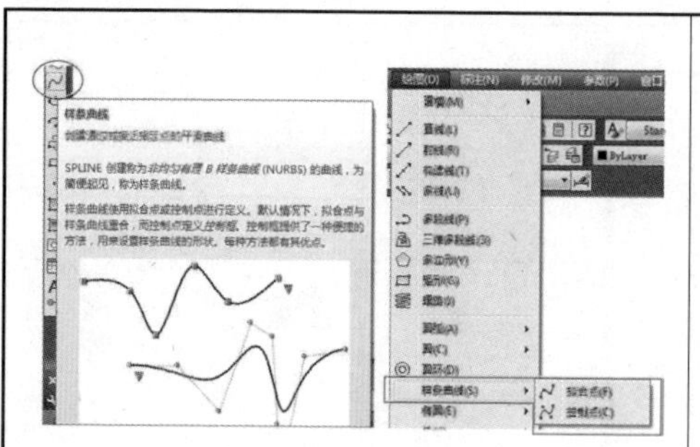	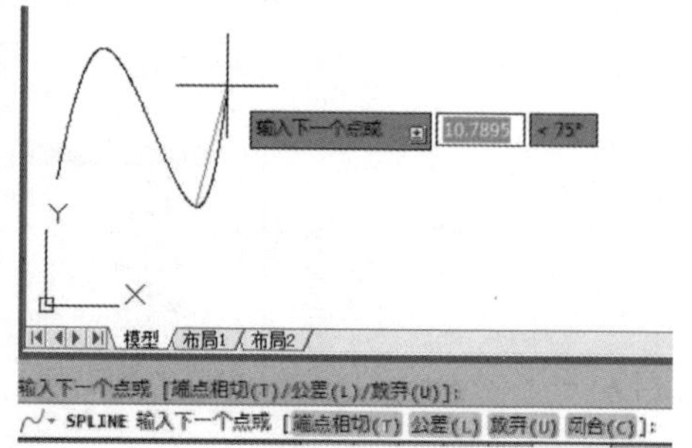
1. 调用【样条曲线】命令的两种方式： （1）直接在【绘图工具栏】上点击【样条曲线】命令； （2）点击【绘图菜单栏】下的【样条曲线】命令。拟合通过指定样条曲线必须经过的拟合点来创建样条曲线。 控制点（CV）通过指定控制点来创建样条曲线	2. 指定第一个点：确定样条曲线上的第一点（即第一拟合点），为默认项。 指定下一点：在此提示下确定样条曲线上的第二拟合点后，提示：指定下一点或［端点相切（T）/ 公差（L）/ 放弃（U）/ 闭合（C）/］： 闭合（C）选项用于封闭多段线。公差（L）选项用于根据给定的拟合公差绘样条曲线

四、复制对象

单击【修改】工具栏上的（复制）按钮，或选择【修改】→【复制】命令，即执行 COPY 命令。

示范：

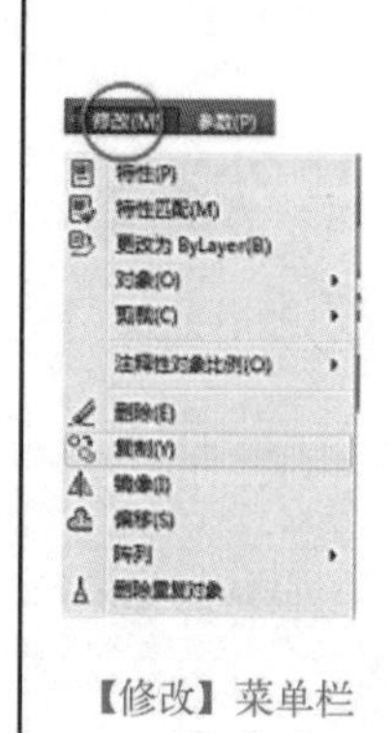 【修改】菜单栏　　【修改】工具栏	绘图步骤
1. 调用【复制】命令的两种方式： （1）点击【修改菜单栏】下的【复制】命令； （2）直接在【修改工具栏】上点击【复制】按钮	2. 绘图步骤（常用）：光标变成小方框后选中需复制的对象，按下回车键，光标变成“+”字，确定基点后出现动态对象，移动光标，被复制的对象随之移动，指定第二个点即完成对象的复制（可连续输入多个点，实现多个复制）

五、镜像

单击【修改】工具栏上的 （镜像）按钮，或选择【修改】→【镜像】命令，即执行 MIRROR 命令。

示范：

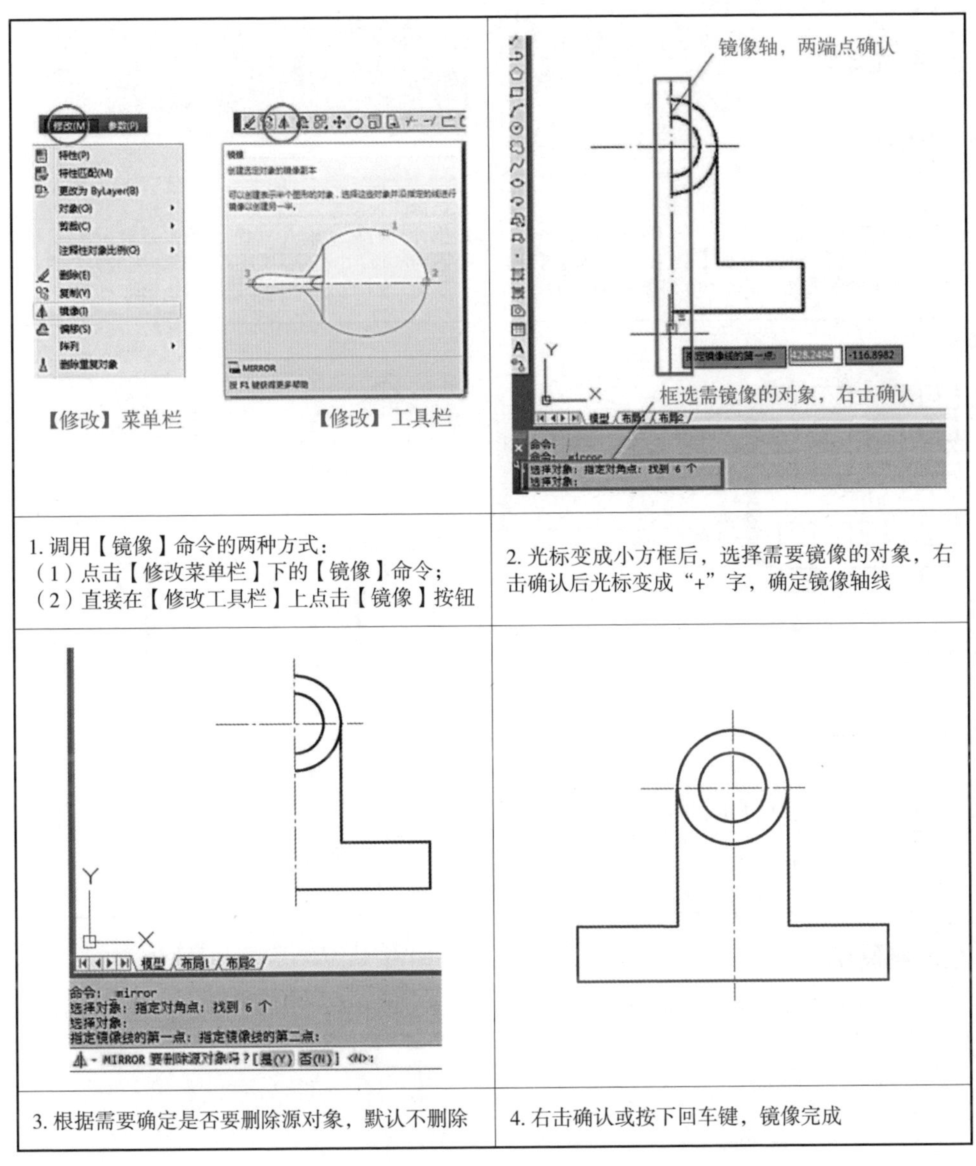

1. 调用【镜像】命令的两种方式：
（1）点击【修改菜单栏】下的【镜像】命令；
（2）直接在【修改工具栏】上点击【镜像】按钮

2. 光标变成小方框后，选择需要镜像的对象，右击确认后光标变成“+”字，确定镜像轴线

3. 根据需要确定是否要删除源对象，默认不删除

4. 右击确认或按下回车键，镜像完成

六、阵列

单击【修改】工具栏上的 （阵列）按钮，或选择【修改】→【阵列】命令，即执行 ARRAY 命令。

示范：

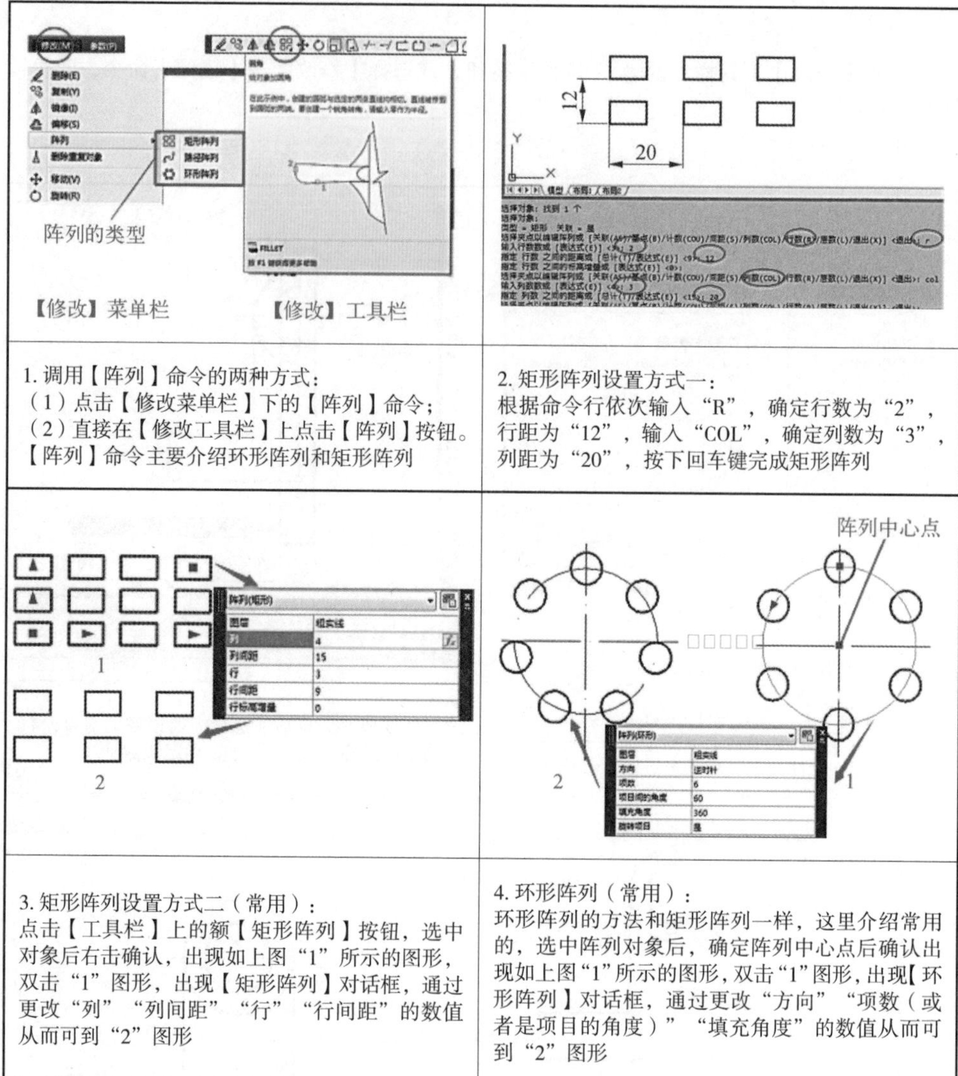

1. 调用【阵列】命令的两种方式： （1）点击【修改菜单栏】下的【阵列】命令； （2）直接在【修改工具栏】上点击【阵列】按钮。 【阵列】命令主要介绍环形阵列和矩形阵列	2. 矩形阵列设置方式一： 根据命令行依次输入“R”，确定行数为“2”，行距为“12”，输入“COL”，确定列数为“3”，列距为“20”，按下回车键完成矩形阵列
3. 矩形阵列设置方式二（常用）： 点击【工具栏】上的额【矩形阵列】按钮，选中对象后右击确认，出现如上图“1”所示的图形，双击“1”图形，出现【矩形阵列】对话框，通过更改“列”“列间距”“行”“行间距”的数值从而可到“2”图形	4. 环形阵列（常用）： 环形阵列的方法和矩形阵列一样，这里介绍常用的，选中阵列对象后，确定阵列中心点后确认出现如上图“1”所示的图形，双击“1”图形，出现【环形阵列】对话框，通过更改“方向”“项数（或者是项目的角度）”“填充角度”的数值从而可到“2”图形

七、倒圆角

单击【修改】工具栏上的（圆角）按钮，或选择【修改】→【圆角】命令，即执行 FILLET 命令。

示范：

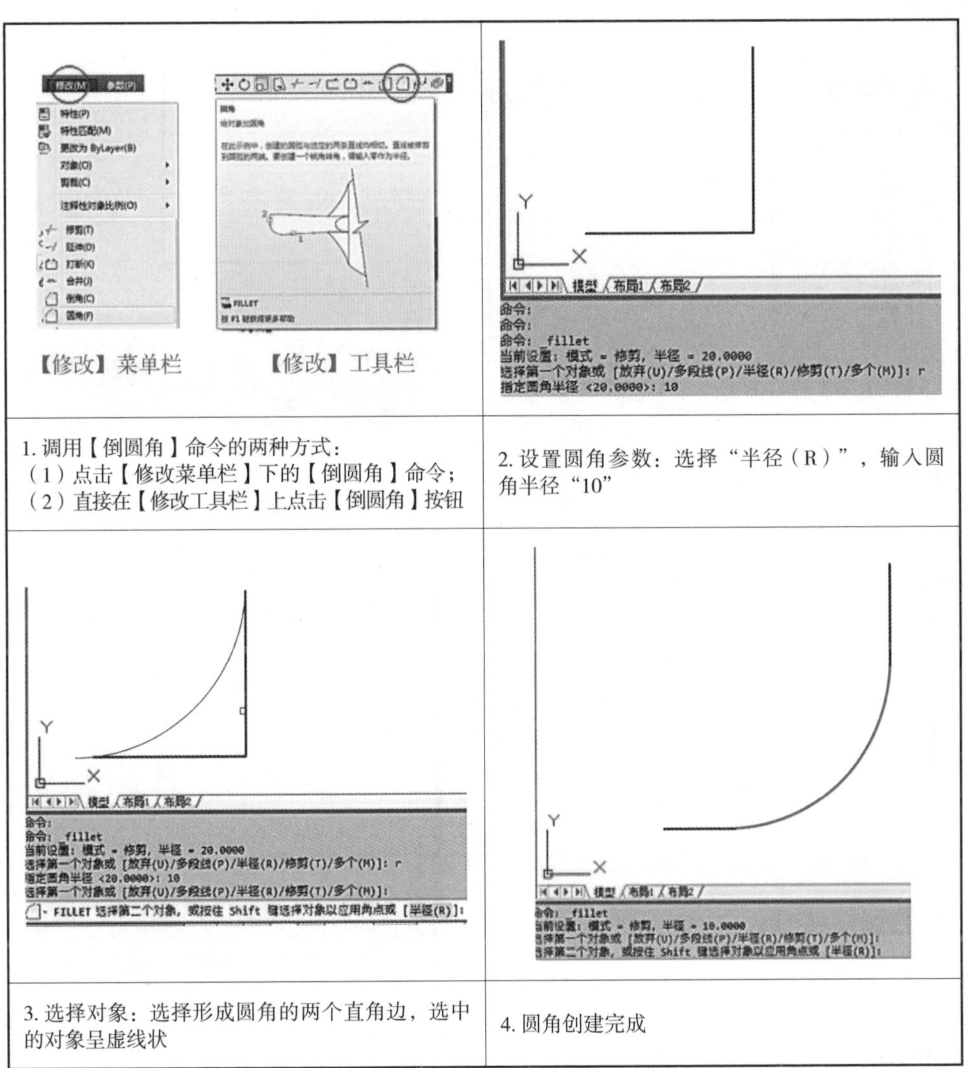

【修改】菜单栏　　【修改】工具栏

1. 调用【倒圆角】命令的两种方式： （1）点击【修改菜单栏】下的【倒圆角】命令； （2）直接在【修改工具栏】上点击【倒圆角】按钮	2. 设置圆角参数：选择“半径（R）”，输入圆角半径“10”
3. 选择对象：选择形成圆角的两个直角边，选中的对象呈虚线状	4. 圆角创建完成

八、倒角

单击【修改】工具栏上的□（倒角）按钮，或选择【修改】→【倒角】命令，即执行 CHAMFER 命令。

示范：

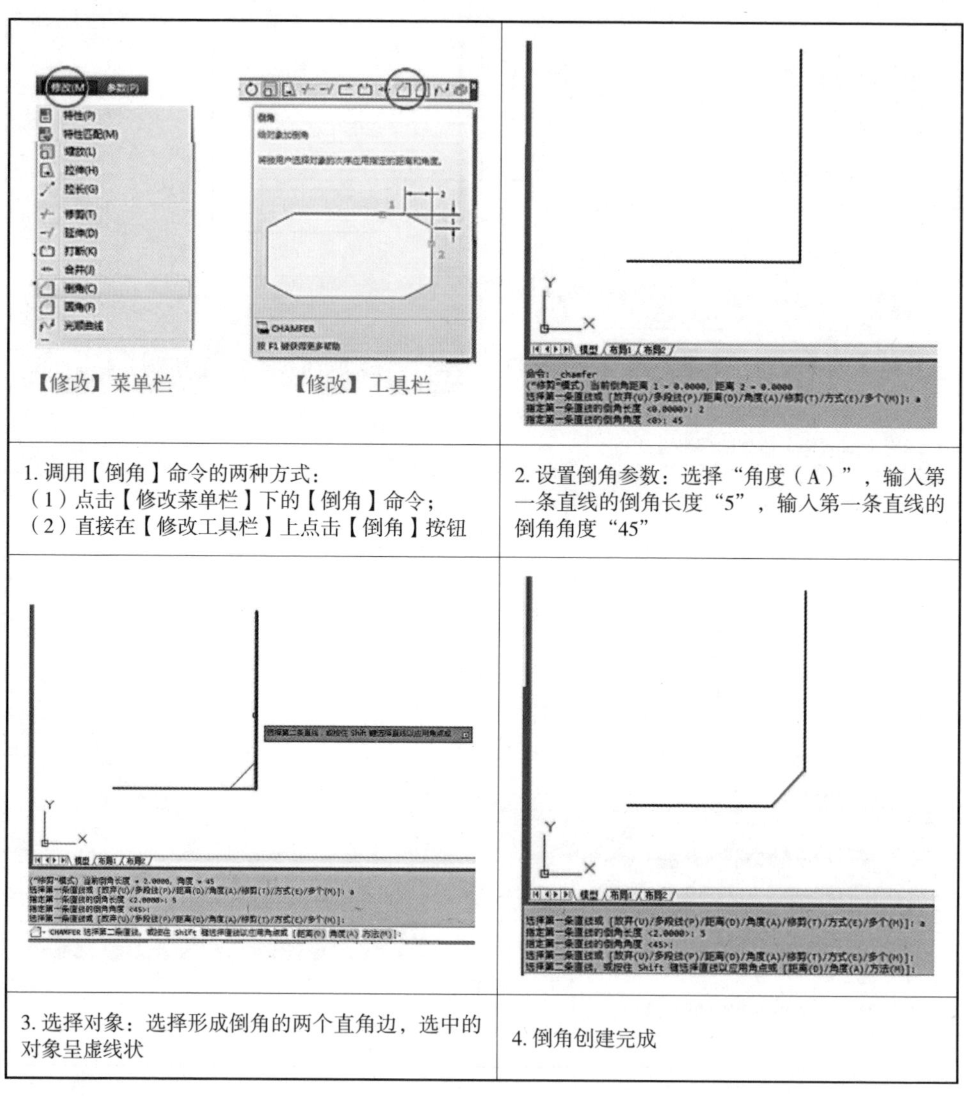

【修改】菜单栏　　【修改】工具栏	
1. 调用【倒角】命令的两种方式： （1）点击【修改菜单栏】下的【倒角】命令； （2）直接在【修改工具栏】上点击【倒角】按钮	2. 设置倒角参数：选择“角度（A）”，输入第一条直线的倒角长度“5”，输入第一条直线的倒角角度“45”
3. 选择对象：选择形成倒角的两个直角边，选中的对象呈虚线状	4. 倒角创建完成

九、延伸

单击【修改】工具栏上的 -/（延伸）按钮，或选择【修改】→【延伸】命令，即执行 EXTEND 命令。

示范：

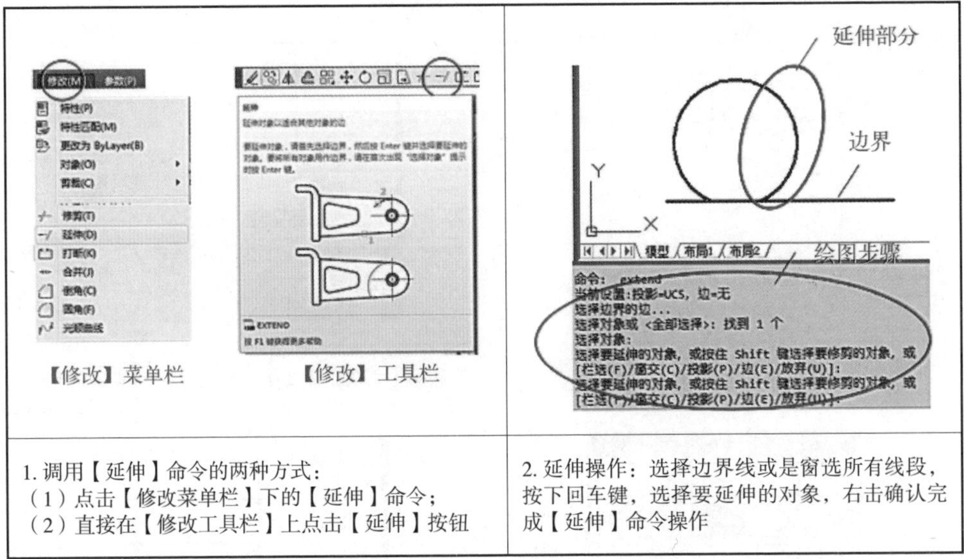

1. 调用【延伸】命令的两种方式： （1）点击【修改菜单栏】下的【延伸】命令； （2）直接在【修改工具栏】上点击【延伸】按钮	2. 延伸操作：选择边界线或是窗选所有线段，按下回车键，选择要延伸的对象，右击确认完成【延伸】命令操作

十、旋转

单击【修改】工具栏上的 （旋转）按钮，或选择【修改】→【旋转】命令，即执行 ROTATE 命令。

示范：

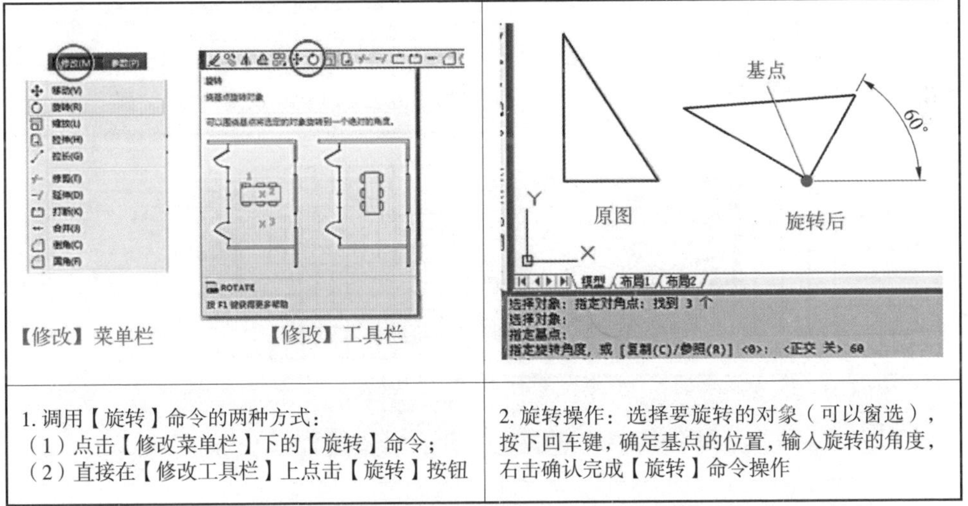

1. 调用【旋转】命令的两种方式： （1）点击【修改菜单栏】下的【旋转】命令； （2）直接在【修改工具栏】上点击【旋转】按钮	2. 旋转操作：选择要旋转的对象（可以窗选），按下回车键，确定基点的位置，输入旋转的角度，右击确认完成【旋转】命令操作

注意：旋转角度为与 X 轴的夹角，逆时针方向为正，顺时针方向为负。

【例 9–4】完成图 9–25 的绘制（提示：利用“阵列”）。

操作示范：

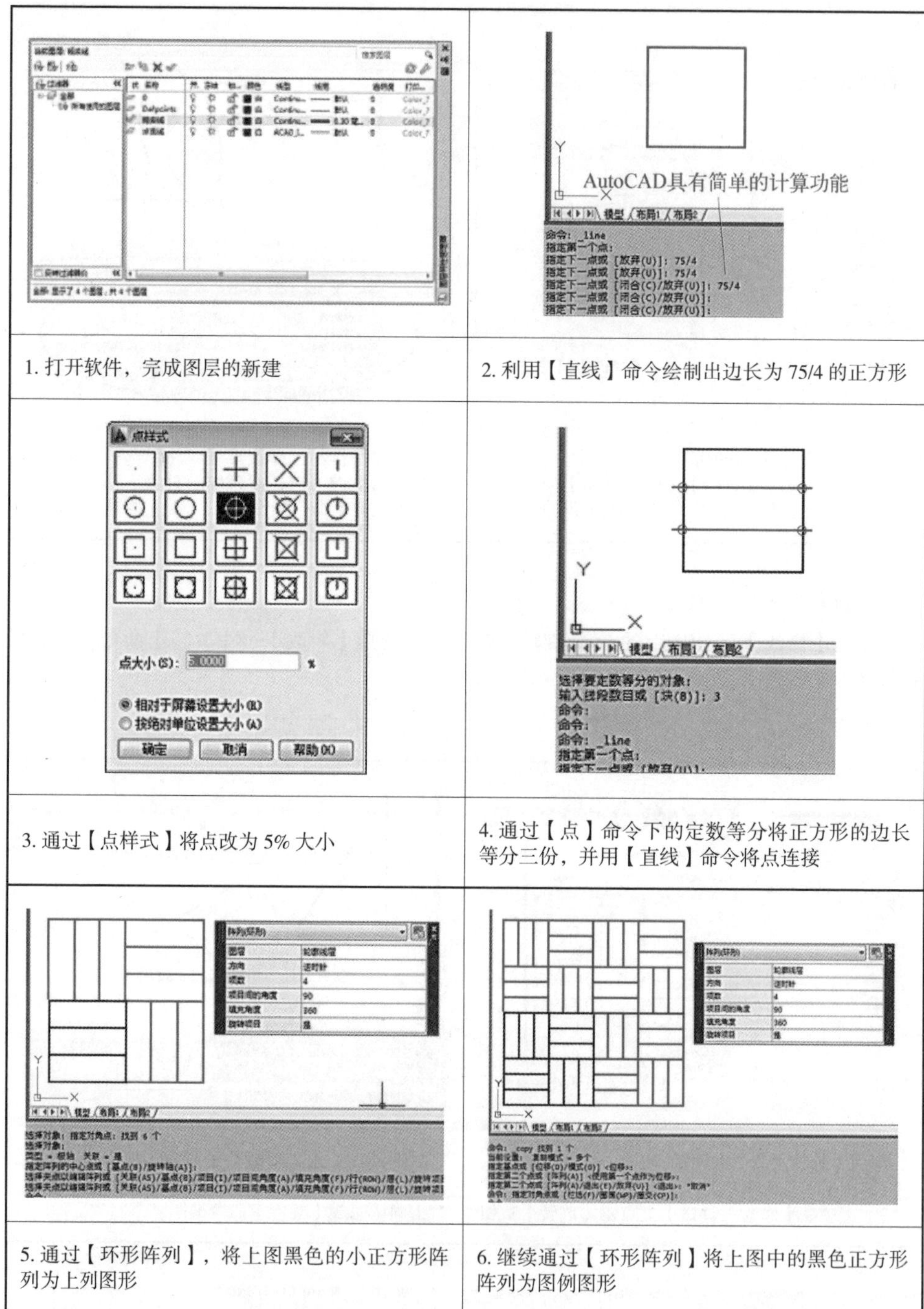

1. 打开软件，完成图层的新建	2. 利用【直线】命令绘制出边长为 75/4 的正方形
3. 通过【点样式】将点改为 5% 大小	4. 通过【点】命令下的定数等分将正方形的边长等分三份，并用【直线】命令将点连接
5. 通过【环形阵列】，将上图黑色的小正方形阵列为上列图形	6. 继续通过【环形阵列】将上图中的黑色正方形阵列为图例图形

【例 9–5】利用编辑命令完成图 9–26 的绘制。

操作示范：

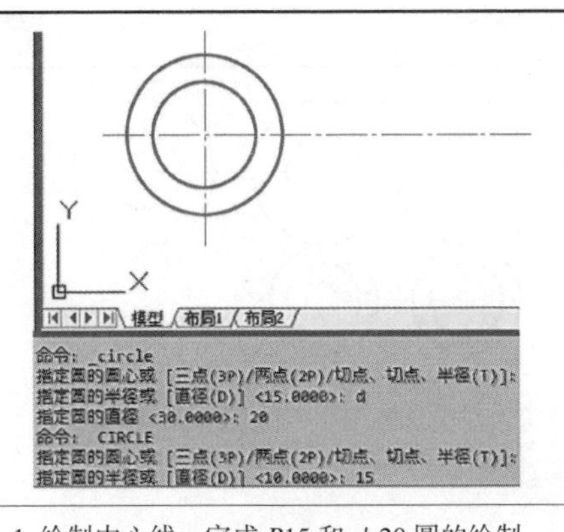

1. 绘制中心线，完成 $R15$ 和 $\phi 20$ 圆的绘制

2. 通过【偏移】命令，偏移 40，确定左侧圆的中心线

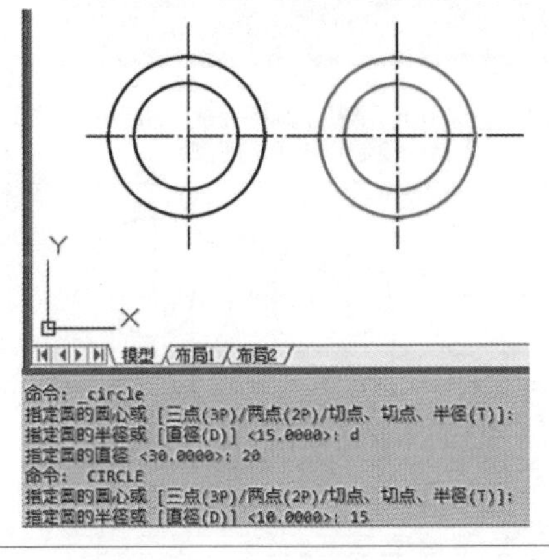

3. 完成右侧 $R15$ 和 $\phi 20$ 圆的绘制

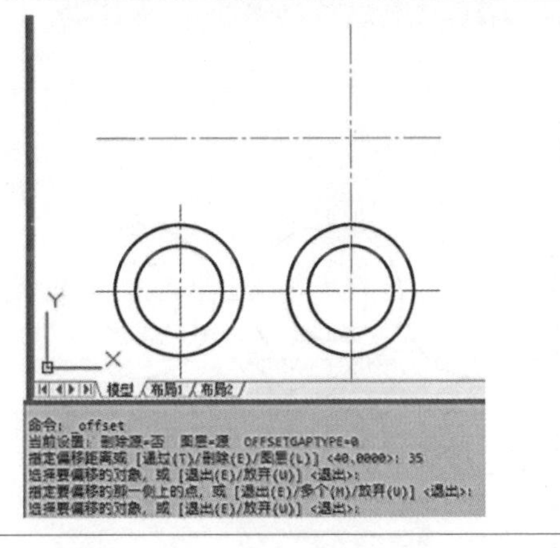

4. 通过【偏移】命令，确定上方圆的中心线。
注意：此中心线的距离根据 $R20$ 和 $R15$ 确定，水平方向两中心线的距离为 35

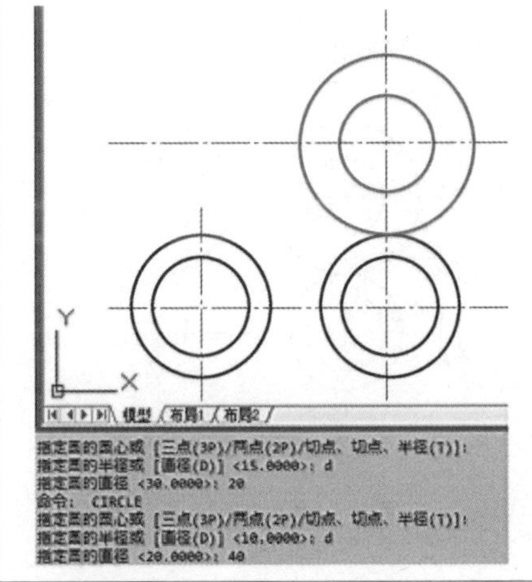

5. 完成上方 $\phi 40$ 和 $\phi 20$ 圆的绘制

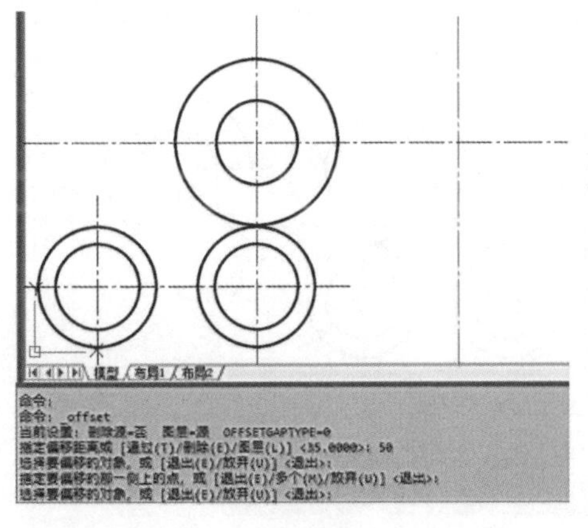

6. 通过【偏移】命令，确定上方右侧圆的中心线，距离为 50

续表

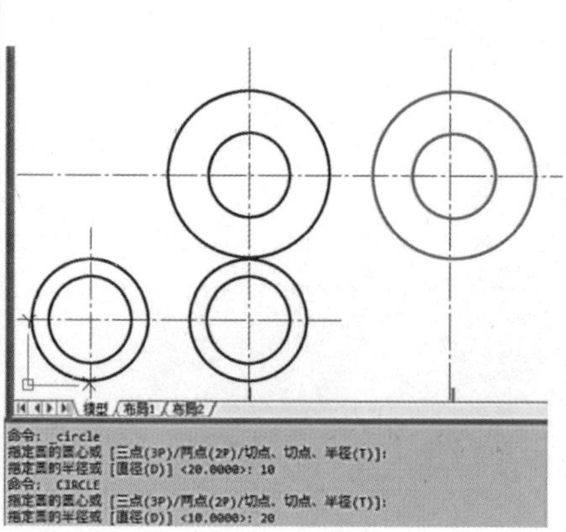

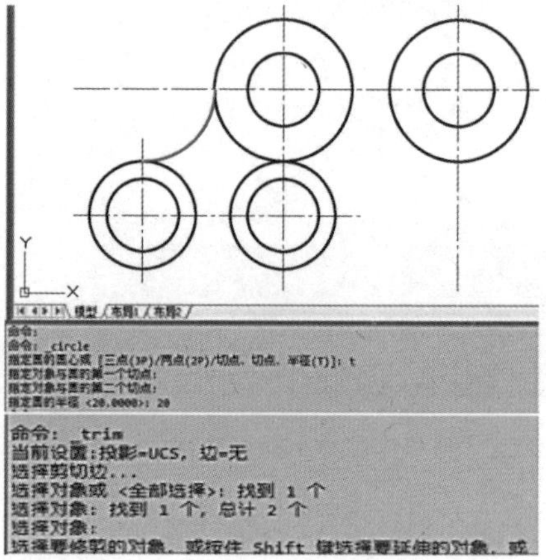

7. 完成上方右侧 *R*10 和 *R*20 圆的绘制	8. 利用【相切、相切、半径】画圆完成 *R*20 圆的绘制，并通过【修剪】命令绘制出 *R*20 的圆弧
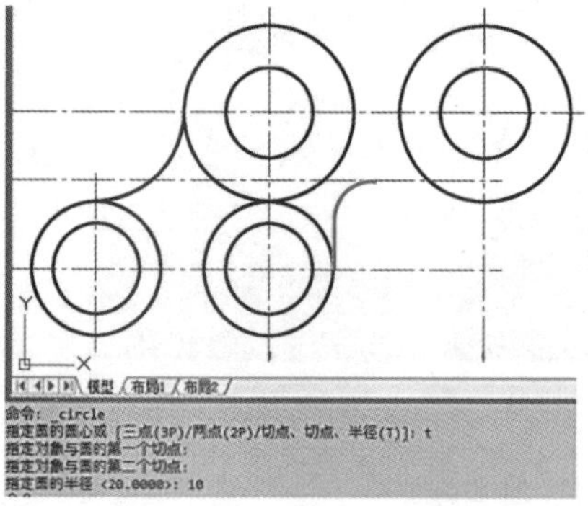	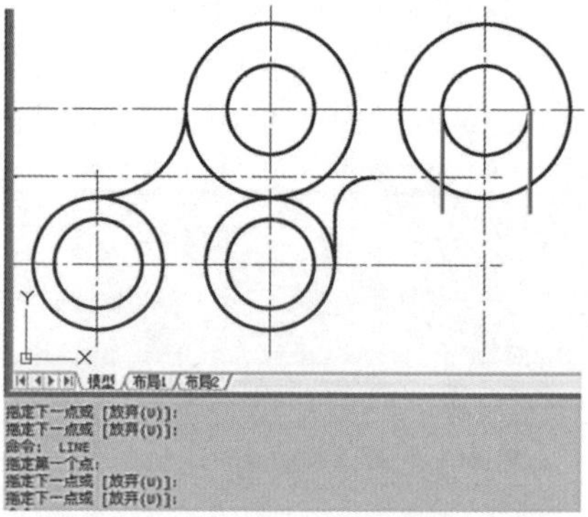
9. 利用【偏移】指令，偏移出 20 的辅助线	10. 利用【相切、相切、半径】画圆完成 *R*10 圆的绘制，并通过“修剪”命令绘制出 *R*10 的圆弧
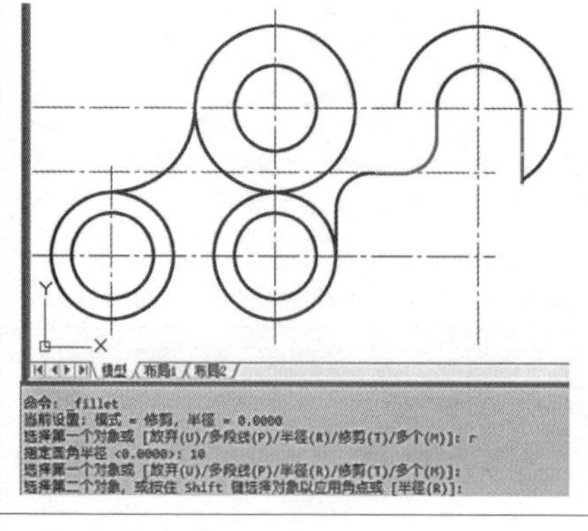	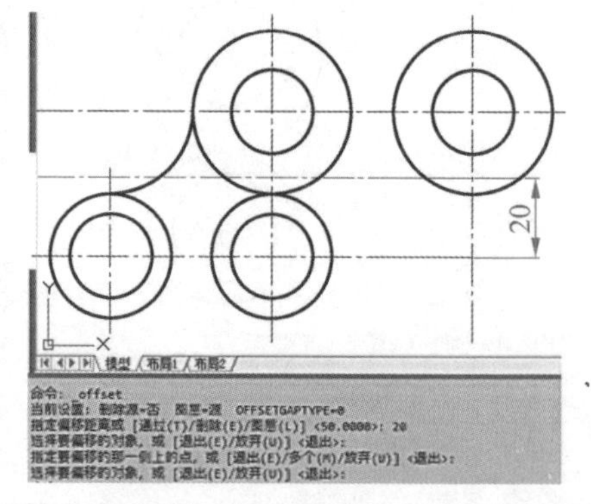
11. 绘制两根连接线段	12. 利用【倒圆角】画圆完成 *R*10 圆的圆弧，并通过【修剪】命令对周边要素进行修剪

续表

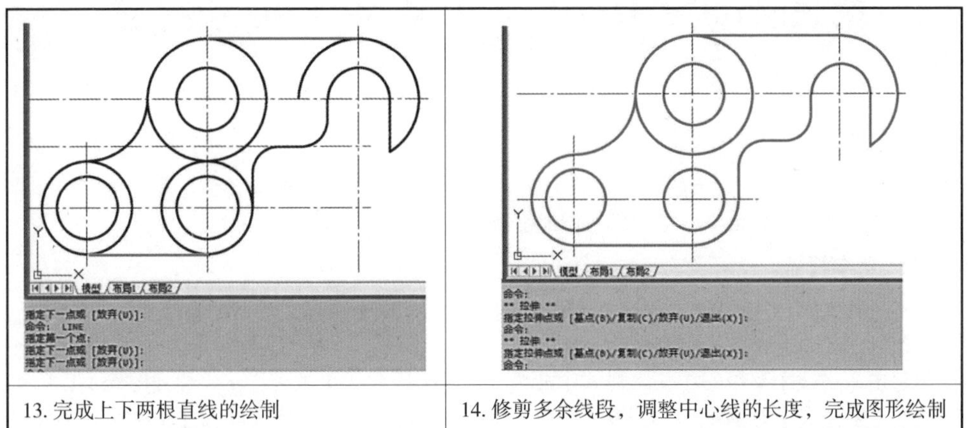

13. 完成上下两根直线的绘制	14. 修剪多余线段，调整中心线的长度，完成图形绘制

实践操作

完成下列图形的绘制。

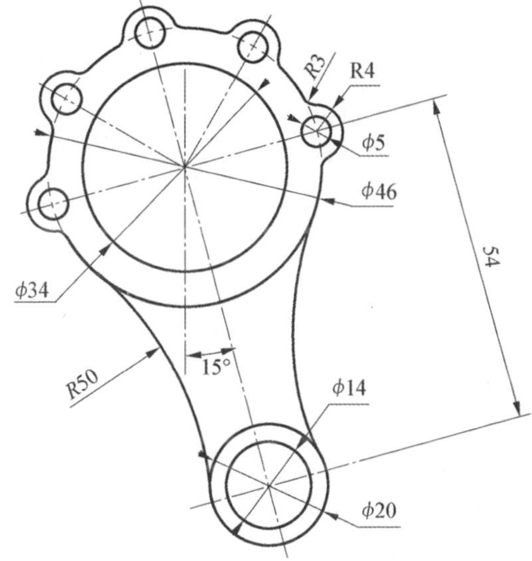

第四节 AutoCAD 文字与尺寸标注

一、文字

在 AutoCAD 中，文字的基本输入方法有两种：多行文字和单行文字。多行文字中所有的字都是一个整体，而单行文字每一行都是独立的。

1. 文字样式

在进行文字标注之前，要对文字的样式进行设置，从而满足文字书写和尺寸标注的需要，下面介绍文字样式的相关含义及设置要求。

单击【格式】菜单→【文字样式】命令，或单击【样式】工具栏文字样式图标，即可打开【文字样式】对话框，如图 9-28 所示。利用该对话框可以修改或创建文字样式，并设置文字的当前样式。操作步骤如下所示：

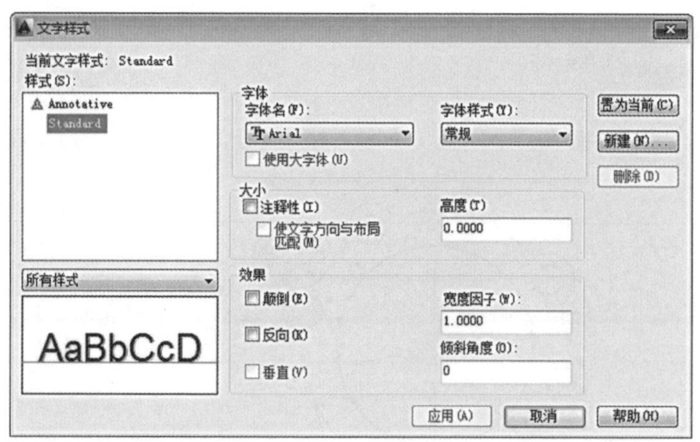

图 9-28 【文字样式】对话框

（1）启动【文字样式】对话框。

（2）选中【使用大字体】复选框。

（3）将【字体名】设置为 “gbeitc.shx” 字体。

（4）将【字体样式】设置为 “gbcbig.shx” 字体。

（5）将【高度】文本框设置为 3.5（此高度值适用于 A3、A4 图纸的文字书写和尺寸标注）。其他选项按照默认设置。

（6）依次单击【应用】、【关闭】按钮，即可完成文字的设置。具体设置内容如图 9-29 所示。

2. 创建单行文字

单击【文字】工具栏上的按钮，或选择【绘图】菜单栏→【文字】→【单行文字】命令，即执行 TEXT 命令。操作步骤如下所示：

（1）建立文字样式。

（2）单击【绘图】菜单栏→【文字】→【单行文字】命令（TEXT），或在【绘图】工

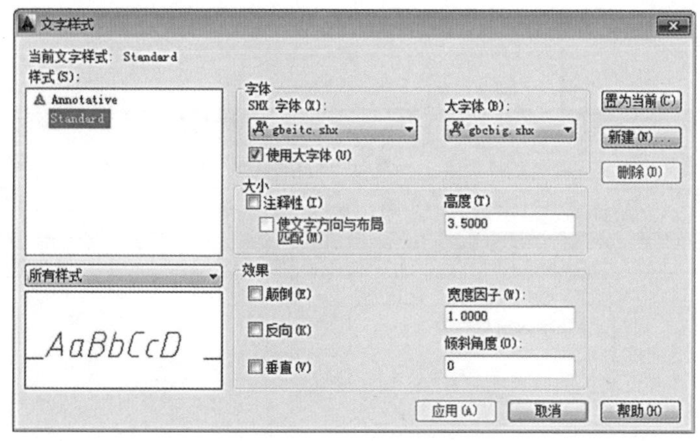

图 9-29　国标文字样式设置内容

具栏中单击【单行文字】按钮A，启动单行文字命令。

（3）光标停留在适当位置，单击，确定文字位置。

（4）键入高度数值，按【回车】键。

（5）键入角度数值，按【回车】键。

（6）在文字起点处出现文本框，光标其中闪烁。

（7）确定文字输入法种类。

（8）键入文字，若按【回车】键，则另输一行独立的文字。

（9）连续按两次【回车】键，结束命令。

在书写单行文字时，可根据需要加入一些特殊符号，符号方式见表 9-5 所示。也可以通过输入法的小键盘进行特殊符号的书写。

表 9-5　常用特殊符号汇总

序号	符号	代码
1	下划线	%%U
2	直径符号	%%C
3	正 / 负符号	%%P
4	角度符号	%%D
5	上划线	%%O

3. 创建多行文字

单击【文字】工具栏上的A按钮，或选择【绘图】菜单栏→【文字】→【多行文字】命令，即执行 MTEXT 命令。然后在指定位置用矩形窗口选取多行文字的区域，接着会打开【文字格式】工具栏和文字输入窗口，如图 9-30 所示，利用它们可以设置多行文字的样式、字体即大小等属性。

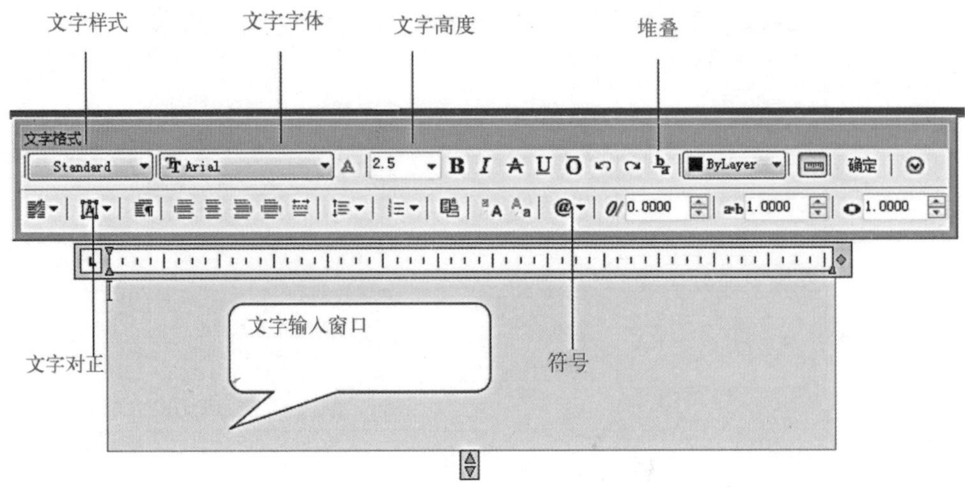

图 9-30 【文字格式】工具栏和文字输入窗口

使用【文字样式】工具栏，可以设置文字样式、文字字体、文字高度、加粗、倾斜或加下划线效果。

单击【堆叠 / 非堆叠】按钮，可以创建堆叠文字 (堆叠文字是一种垂直对齐的文字或分数)。在使用时，需要分别输入分子和分母，其间使用 “/” 或 “^” 分隔，然后选择这一部分文字，单击按钮即可。

注意: 采用 “/” 隔开文字时，堆叠后的两部分文字中间存在一条横线，如图 9-31（a）所示。

采用 “^” 隔开文字，堆叠后的两部分文字中间无横线，如图 9-31（b）所示。

单击【符号】按钮 @，会弹出如图 9-32 所示的下拉菜单，选择不同的子命令，可以在实际设计绘图中插入一些特殊的字符，例如度数、正 / 负和直径等符号。

$$\frac{2018}{2019} \qquad 60^{+0.2}_{-0.1}$$

(a) (b)

图 9-31 堆叠 “/” “^” 两种效果

度数(D)	%%d
正/负(P)	%%p
直径(I)	%%c
几乎相等	\U+2248
角度	\U+2220
边界线	\U+E100
中心线	\U+2104
差值	\U+0394
电相角	\U+0278
流线	\U+E101
恒等于	\U+2261
初始长度	\U+E200
界碑线	\U+E102
不相等	\U+2260
欧姆	\U+2126
欧米加	\U+03A9
地界线	\U+214A
下标 2	\U+2082
平方	\U+00B2
立方	\U+00B3
不间断空格(S)	Ctrl+Shift+Space
其他(O)...	

图 9-32 【符号】下拉菜单

【例 9-6】完成图 9-33 所示的图例。

设计			(材料)		(单位)
校核			比例		(图名)
审核			共 张第 张		(图号)

尺寸：15、35、20、15；3×9=27；60；180

图 9-33 文字示例

操作示范：

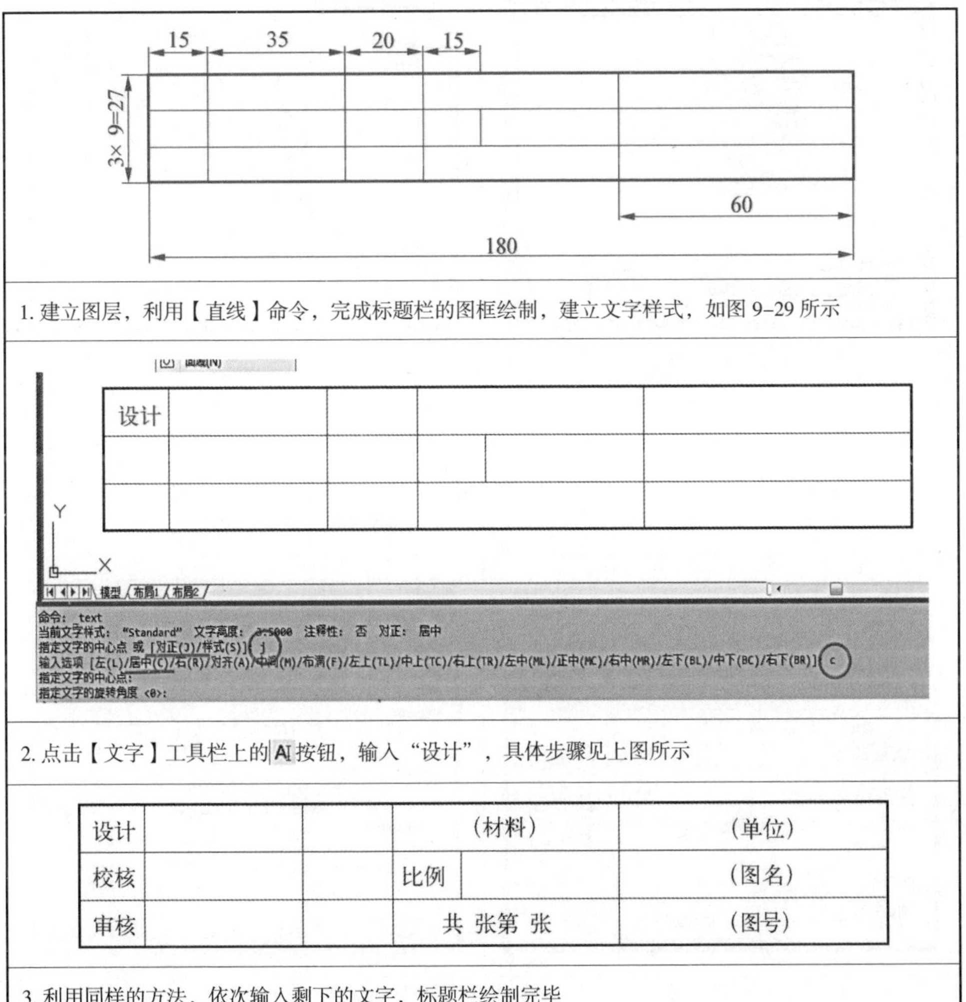

1. 建立图层，利用【直线】命令，完成标题栏的图框绘制，建立文字样式，如图 9–29 所示

2. 点击【文字】工具栏上的 AI 按钮，输入“设计”，具体步骤见上图所示

3. 利用同样的方法，依次输入剩下的文字，标题栏绘制完毕

二、尺寸标注

AutoCAD 中，一个完整的尺寸一般由尺寸线、延伸线（即尺寸界线）、尺寸文字（即尺寸数字）和尺寸箭头 4 部分组成。如图 9–34 所示。

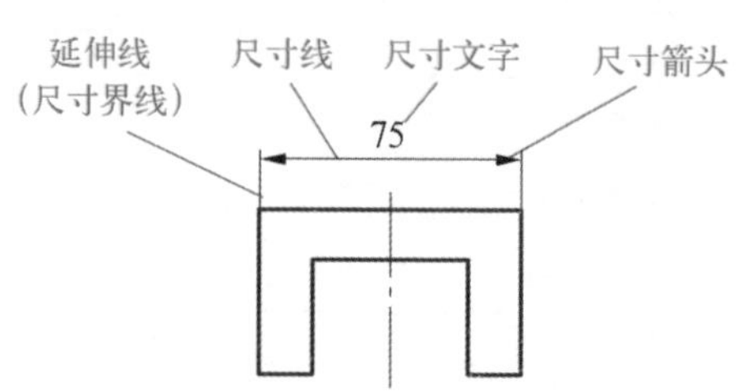

图 9–34　尺寸标注的组成

1. 尺寸标注样式

尺寸标注样式（简称标注样式）用于设置尺寸标注的具体格式，如尺寸文字采用的样式、尺寸线、尺寸界线以及尺寸箭头的标注设置等，以满足不同行业或不同国家的尺寸标注要求。

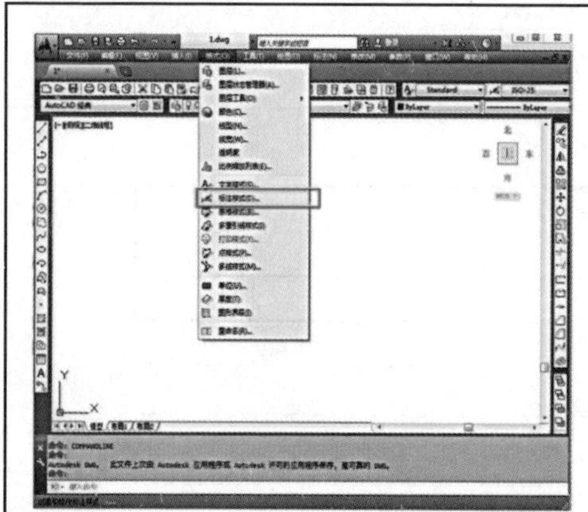	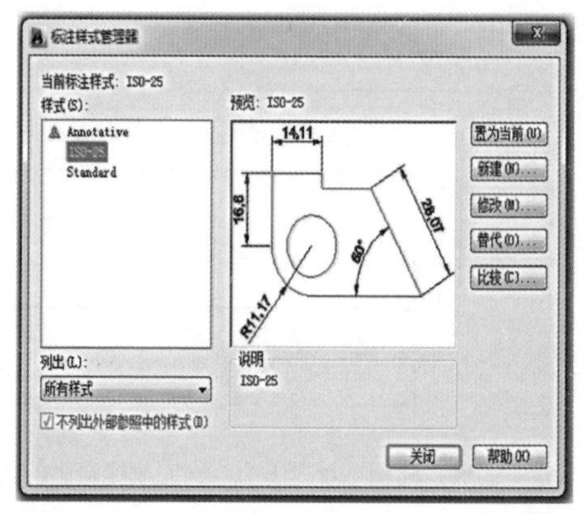
在【格式】下找到【标注样式】或点击工具栏【标注样式】	进入【标注样式管理器】。【当前标注样式】：显示当前的尺寸标注样式名称；【样式】显示已有的尺寸标注样式名称；【列出】：用于控制【样式】中显示所有的样式名或正在使用的样式名;【预览】：显示选中的（当前）标注样式情况；【说明】显示所选尺寸标注样式的说明
	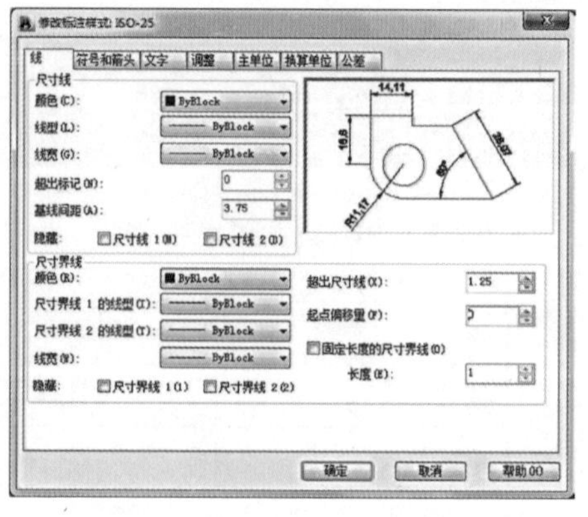

续表

新建标注样式。【新样式名】：输入新样式的名称；【基础样式】：单击下拉列表框右侧的下三角按钮，显示列表内容的类型；【用于（U）】：确定新建样式的使用范围。 点【继续】打开【修改标注样式】对话框	【线】选项卡设置尺寸线和尺寸界线的格式与属性。[尺寸线] 选项组用于设置尺寸线的样式。[尺寸界线] 选项组是对尺寸界线的设置，主要包括颜色、线型、线宽、超出尺寸线等设置
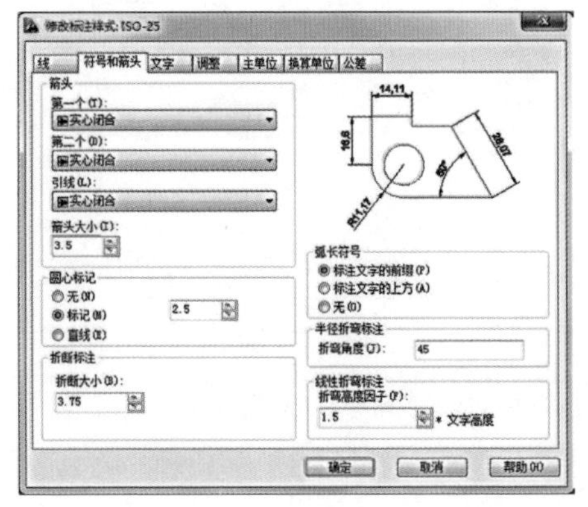	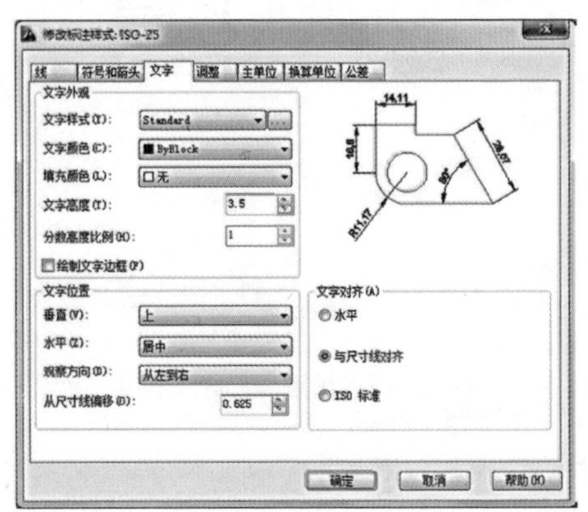
【符号和箭头】选项卡用于设置尺寸箭头、圆心标记、弧长符号以及半径标注折弯方面的格式。一般机械类常选用实心闭合箭头，箭头大小 3.5	【文字】选项卡用于设置尺寸文字的外观、位置以及对齐方式等
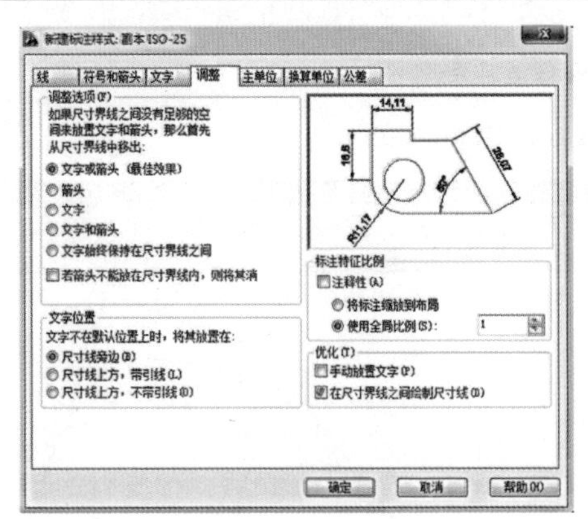	
【调整】选项卡用于控制尺寸文字、尺寸线以及尺寸箭头等的位置和其他一些特征	【主单位】选项卡用于设置主单位的格式、精度以及尺寸文字的前缀和后缀

续表

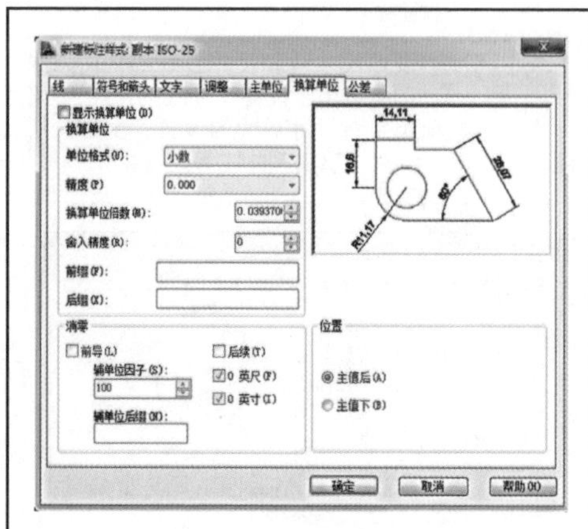	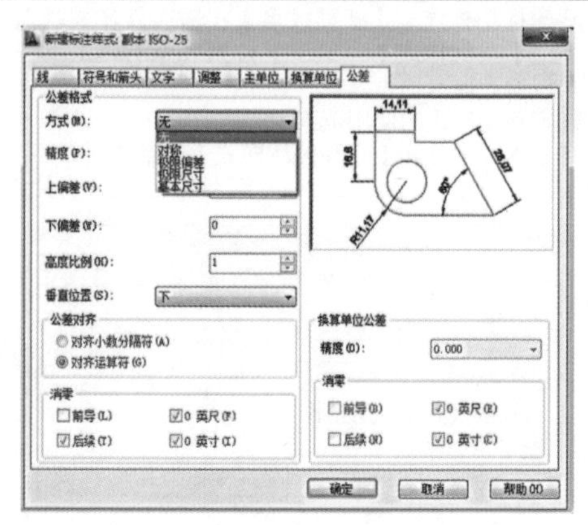
【换算单位】选项卡用于确定是否使用换算单位以及换算单位的格式	【公差】选项卡用于确定是否标注公差，如果标注公差的话，以何种方式进行标注

2. 尺寸标注

一般来说，我们根据尺寸类型，直接从【尺寸标注】工具栏中点击所属图标来标注尺寸，【尺寸标注】工具栏如图 9–35 所示，其主要标注工具的作用及使用场合见表 9–6 所示。

ISO-25

图 9–35 尺寸标注工具条

表 9–6 尺寸标注工具的作用及使用场合

序号	标注工具	示 例	序号	标注工具	示 例
1	线性标注	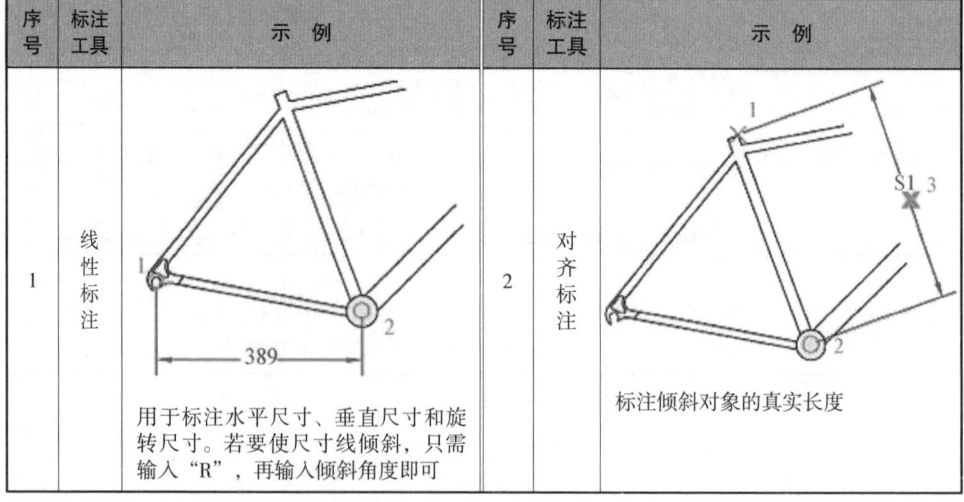 用于标注水平尺寸、垂直尺寸和旋转尺寸。若要使尺寸线倾斜，只需输入“R”，再输入倾斜角度即可	2	对齐标注	标注倾斜对象的真实长度

续表

序号	标注工具	示例	序号	标注工具	示例
3	弧长标注	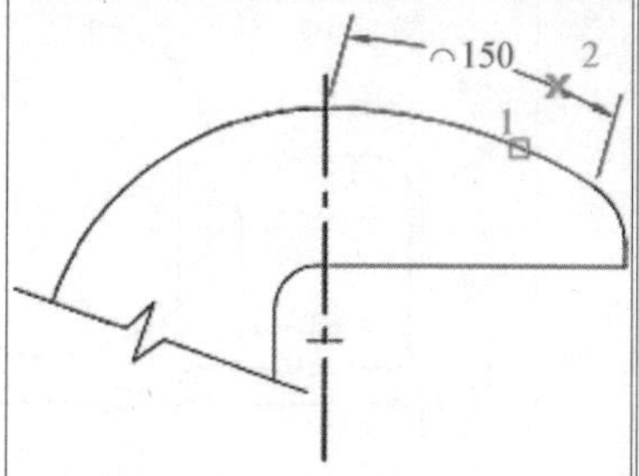 ⌒150 2 1 用于测量圆弧或多段线圆弧上的距离	4	坐标标注	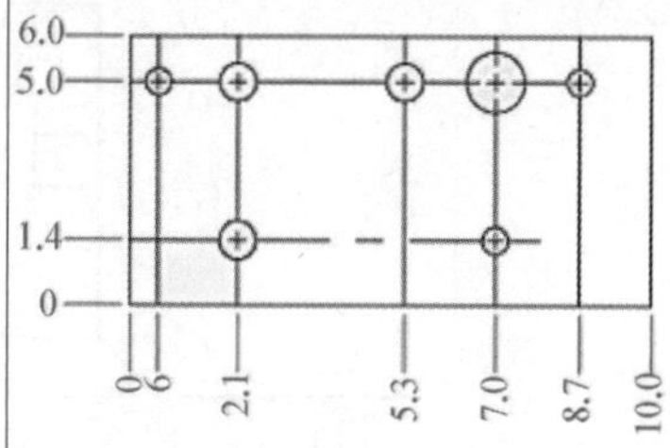 6.0 5.0 1.4 0 0 2.1 5.3 7.0 8.7 10.0 用于指定某点相对于 UCS 原点的 X 坐标或 Y 坐标
5	半径标注	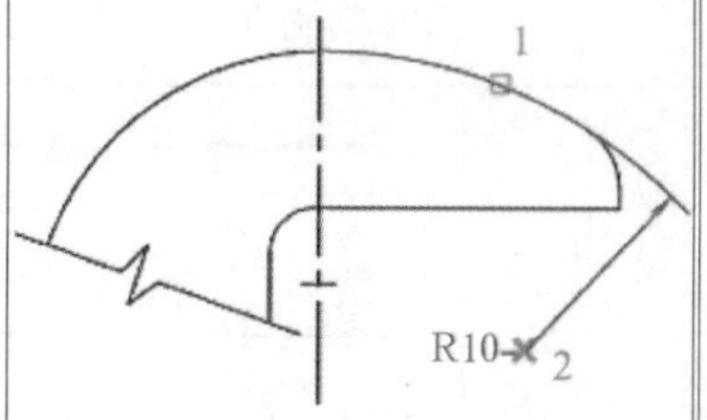 1 R10 2 用于标注圆或圆弧半径。标注时，AutoCAD 会自动在标注文字前加“R”	6	折弯半径标注	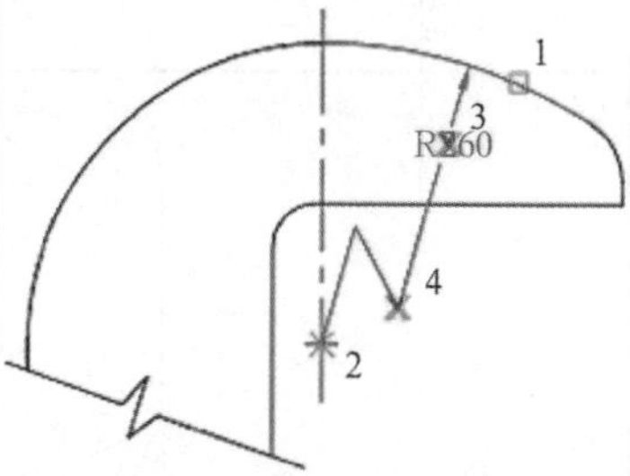 1 3 R160 4 2 当圆弧或圆的中心位于布局之外并且无法在其实际位置显示时，可以利用折弯半径标注，可以在更方便的位置指定标注的原点
7	直径标注	1 2 ϕ10 标注圆弧或圆的直径。标注时，AutoCAD会自动在标注文字前加“ϕ”	8	角度标注	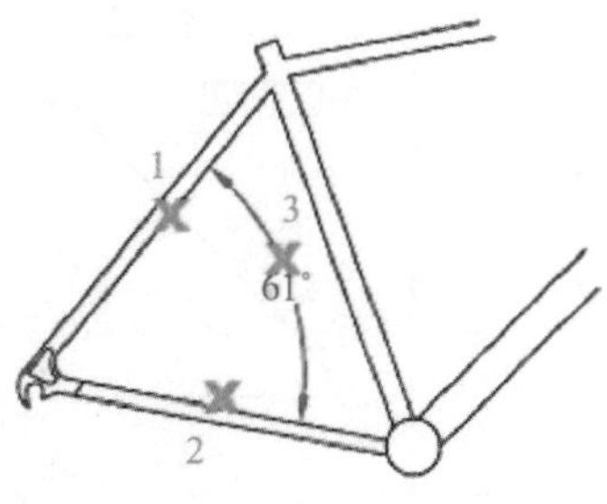 1 3 61° 2 用户通过拾取两条边线、三个点来创建角度尺寸

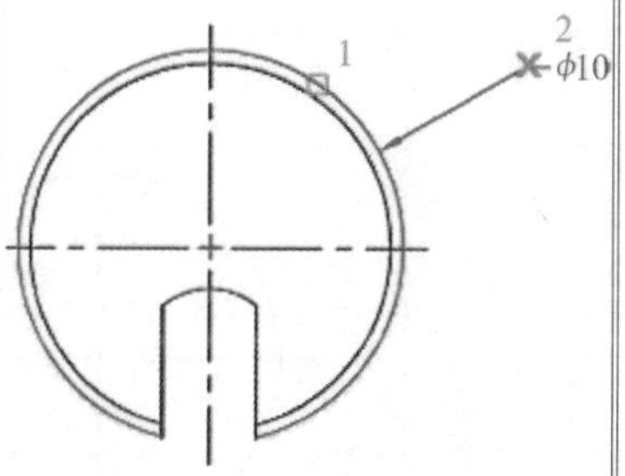

续表

序号	标注工具	示例	序号	标注工具	示例
9	快速标注	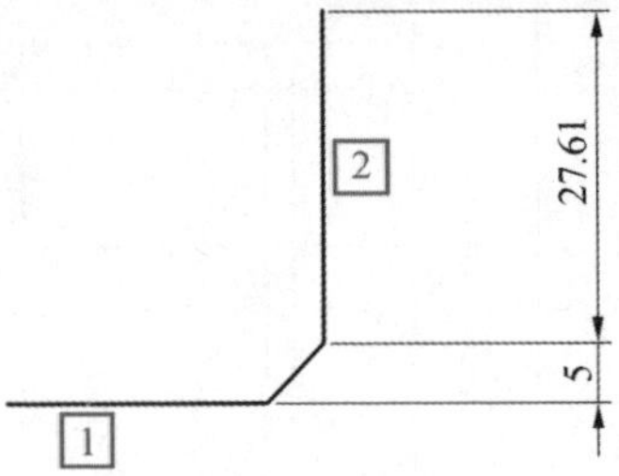 27.61 2 5 1 可以一次选择多个标注对象，AutoCAD会自动完成所有对象的尺寸标注	10	基线标注	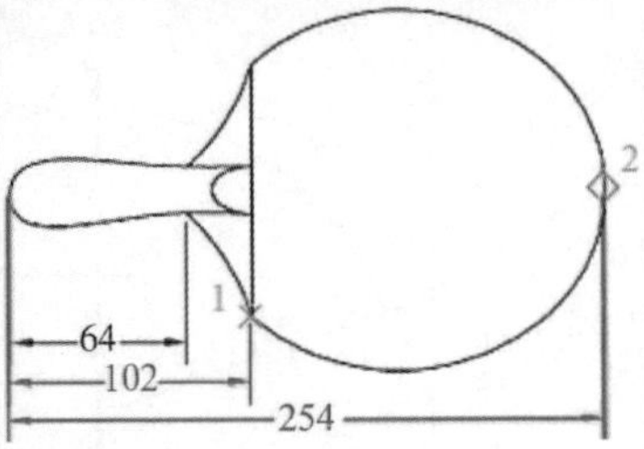 2 1 64 102 254 有一条公共的尺寸界限和一组相互平行尺寸线的线性标注或角度标注所组成的标注簇。进行基线标注前，应首先建立一个尺寸标注，然后给出标注命令
11	连续标注	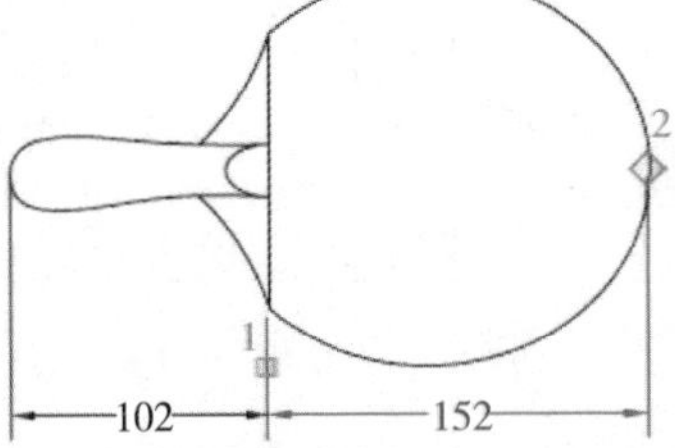 2 1 102 152 由一个线性标注或角度标注所组成的标注簇。与基线标注不同的是，后标注尺寸的第一条界限为上一个标注尺寸的第二条界限	12	等距标注	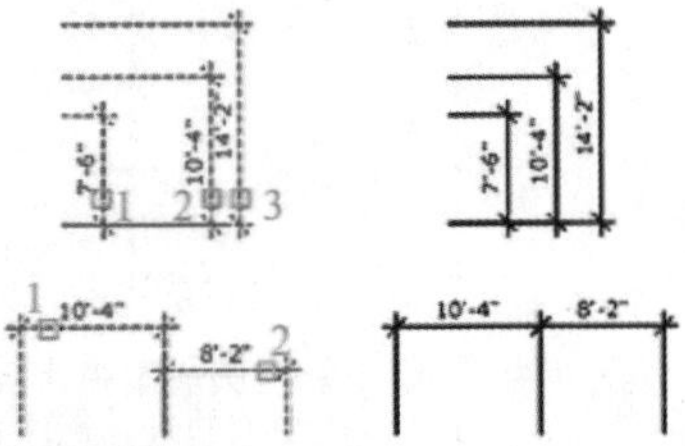 7'-6" 10'-4" 14'-2" 1 2 3 7'-6" 10'-4" 14'-2" 1 10'-4" 8'-2" 2 10'-4" 8'-2" 调整线性标注或角度标注之间的距离
13	形位公差标注	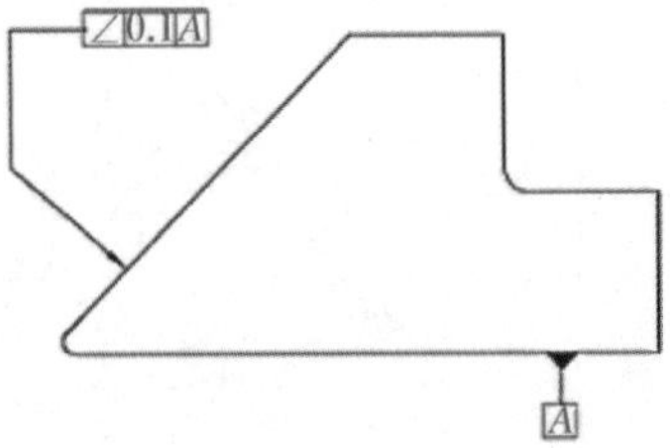 ∠0.1A A 用于标注形位公差（形位公差表示形状、轮廓、方向、位置和跳动的允许偏差）。和“快速引线标注”配套使用	14	圆心标注	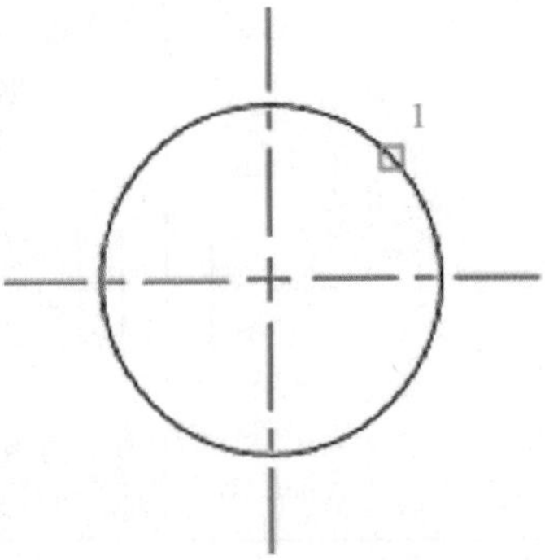 1 对圆弧或圆的圆心或中心线进行标记

续表

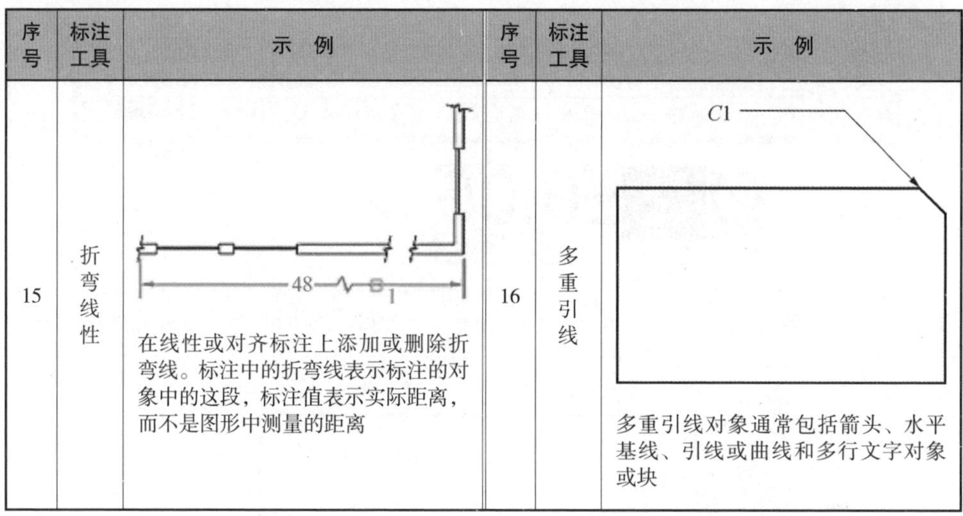

序号	标注工具	示 例	序号	标注工具	示 例
15	折弯线性	48 在线性或对齐标注上添加或删除折弯线。标注中的折弯线表示标注的对象中的这段，标注值表示实际距离，而不是图形中测量的距离	16	多重引线	C1 多重引线对象通常包括箭头、水平基线、引线或曲线和多行文字对象或块

3. 尺寸公差标注

利用前面介绍过的【公差】选项卡，用户可以通过【公差格式】选项组确定公差的标注格式，如确定以何种方式标注公差以及设置尺寸公差的精度、设置上偏差和下偏差等。通过此选项卡进行设置后再标注尺寸，就可以标注出对应的公差，但一种格式只能对应一组公差值。实际上，标注尺寸时，可以方便地通过文字编辑器输入公差，下面进行简单的介绍。

（1）对称偏差（如 $\phi 30 \pm 0.05$）

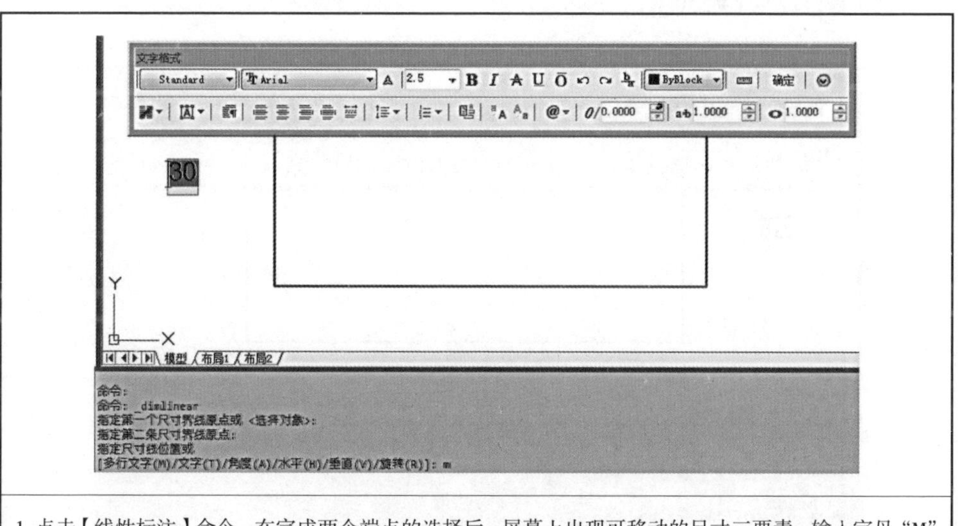

1. 点击【线性标注】命令，在完成两个端点的选择后，屏幕上出现可移动的尺寸三要素，输入字母“M”启动【文字编辑】命令

续表

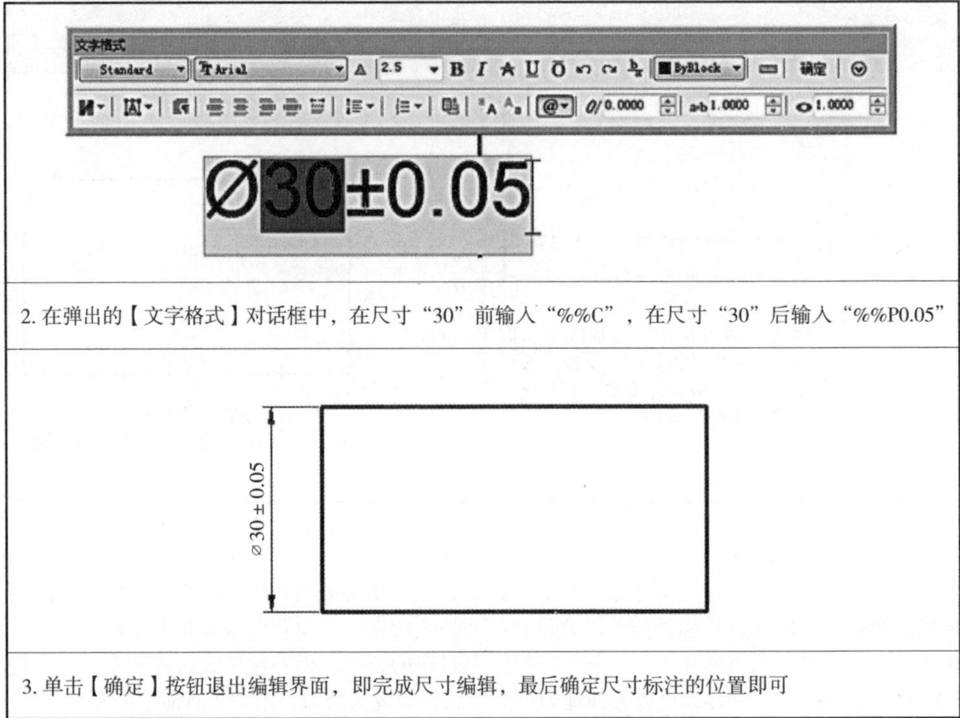

2. 在弹出的【文字格式】对话框中，在尺寸“30”前输入“%%C”，在尺寸“30”后输入“%%P0.05”

3. 单击【确定】按钮退出编辑界面，即完成尺寸编辑，最后确定尺寸标注的位置即可

（2）极限偏差（如 $30^{+0.02}_{-0.03}$）

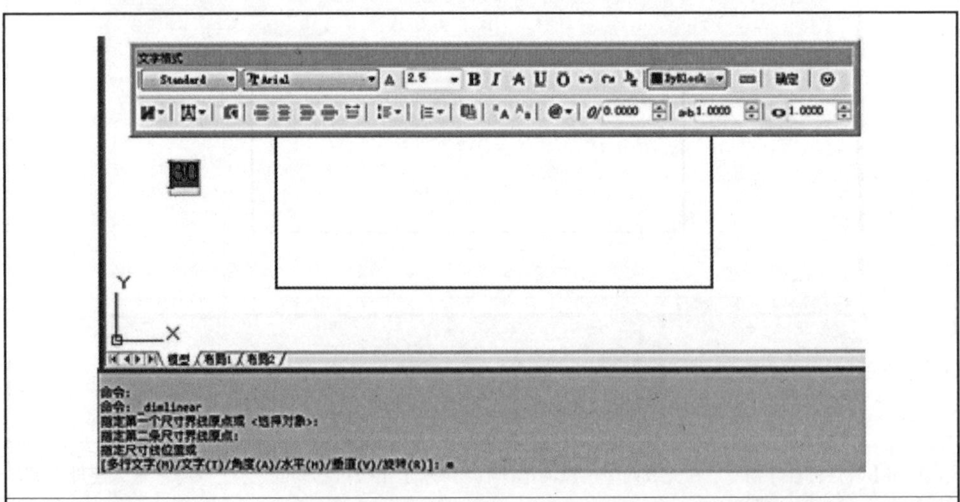

1. 点击【线性标注】命令，在完成两个端点的选择后，屏幕上出现可移动的尺寸三要素，输入字母“M”启动【文字编辑】命令

续表

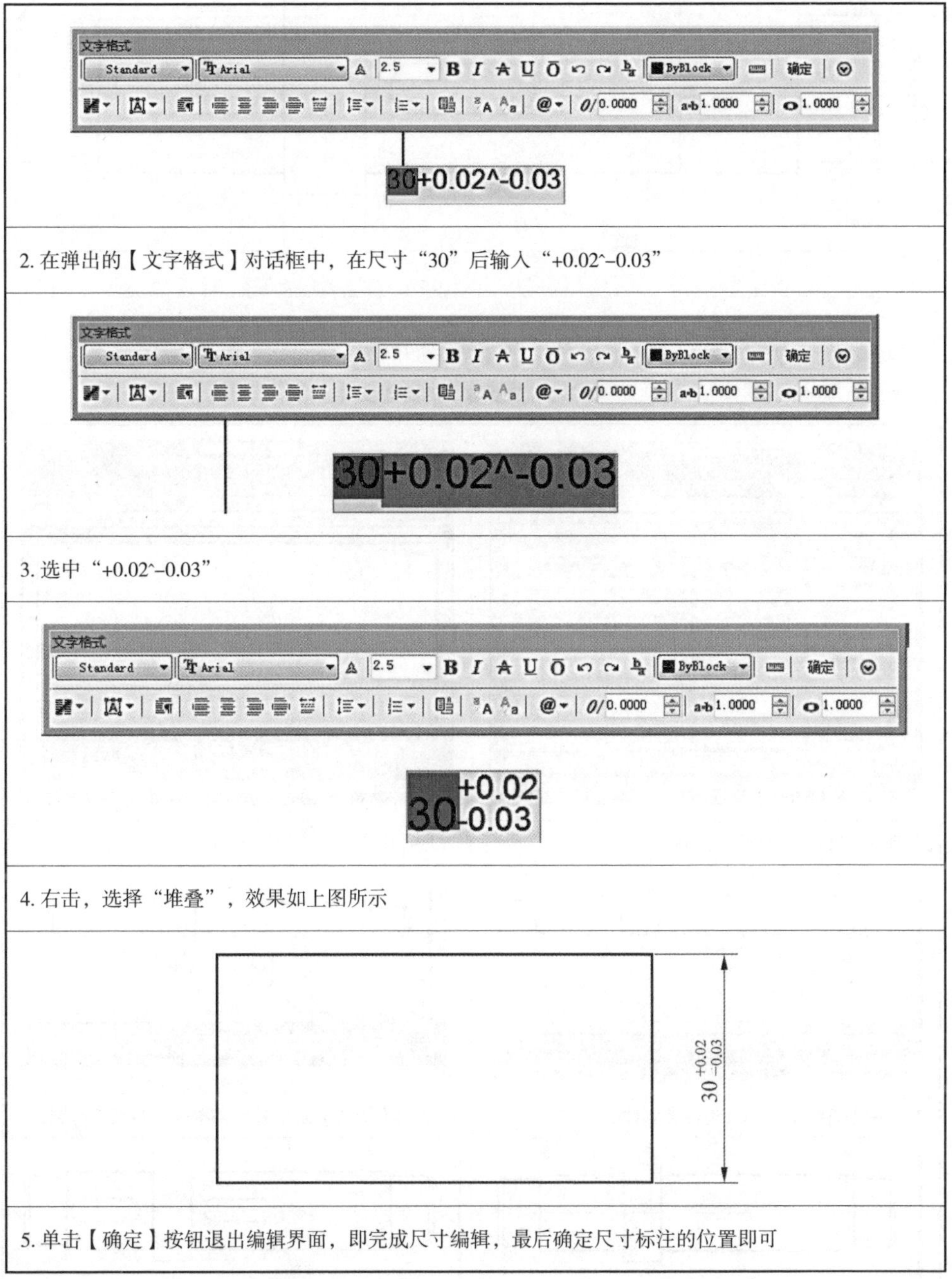

【例 9-7】完成图 9-36 的绘制。

分析：图 9-36 为轴类零件，绘制的方法有很多，表 9-7 给出的绘图步骤是根据轴类零件的对称性先绘制一半，再利用镜像命令绘制完成。

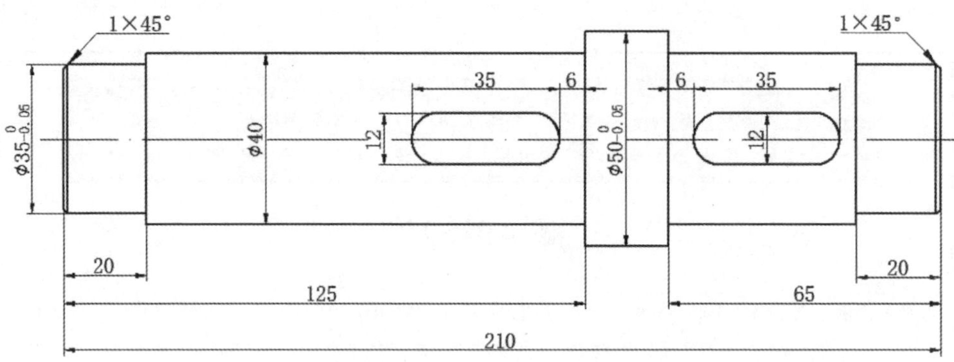

图 9-36　轴类零件图

表 9-7　轴类零件的绘图步骤

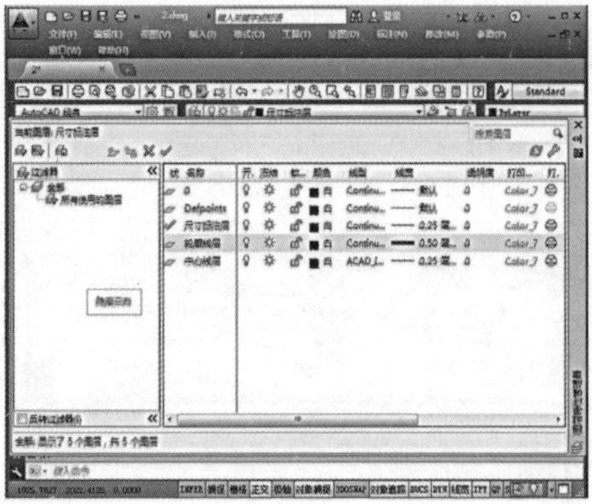 1. 打开软件，完成图层的新建	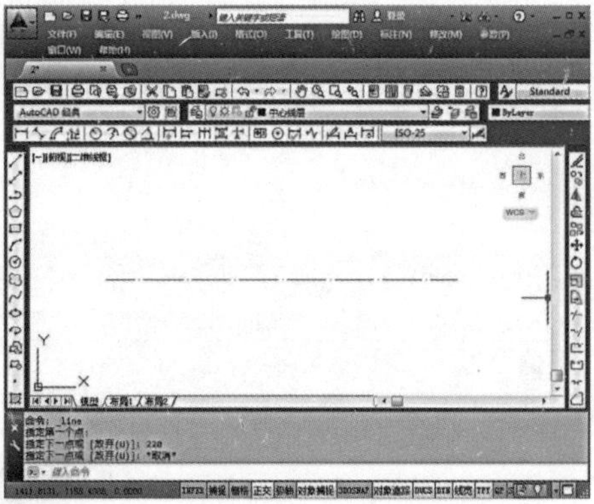 2. 选择中心线层，绘制中心线
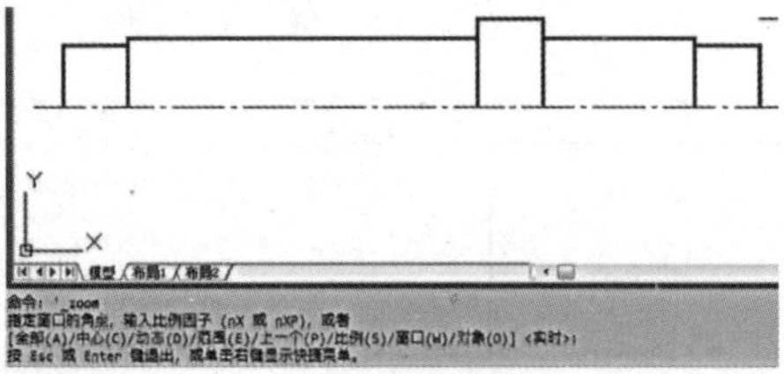 3. 使用【直线】命令绘制轴类零件的一半	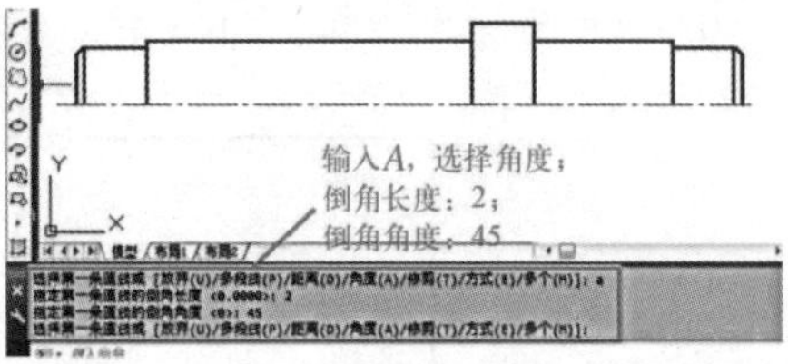 4. 使用【倒角】命令对轴类零件的两端进行倒角
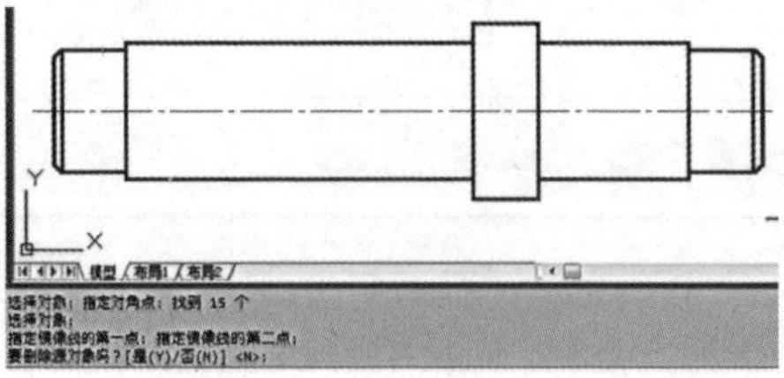 5. 使用【镜像】命令，框选轮廓，完成轴类零件	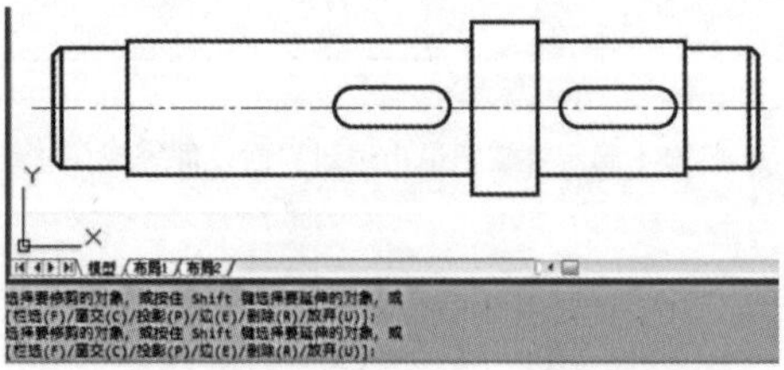 6. 使用【偏移】、【直线】、【圆】、【修剪】命令完成键槽的绘制

续表

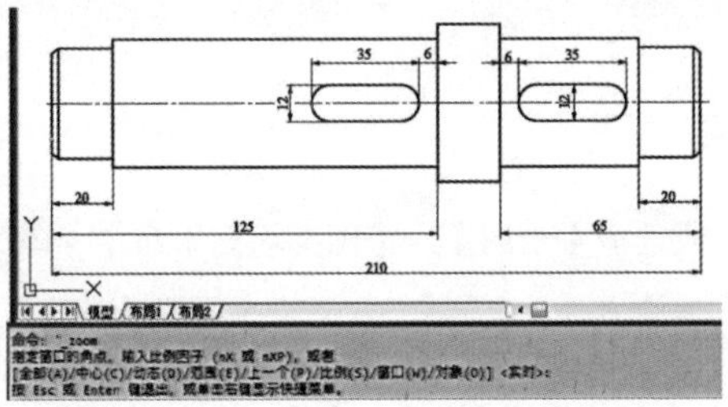	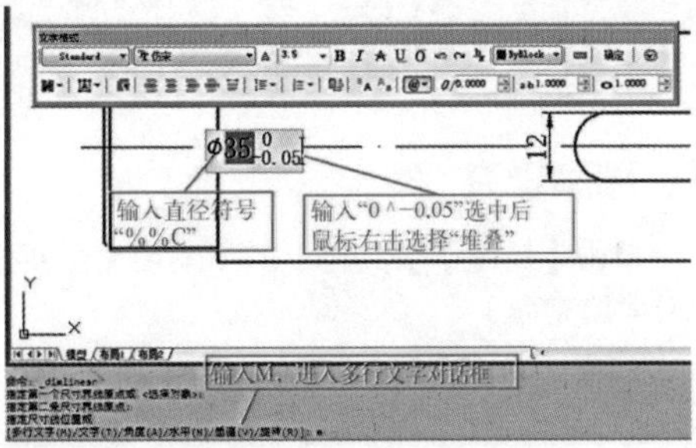
7. 切换至尺寸线层，使用【线性标注】进行尺寸标注	8. 利用【线性标注】进入“多行文字”，完成公差尺寸的标注。 提示：输入“0^-0.05”时可以在0前输入一个空格，这样公差尺寸才会对齐
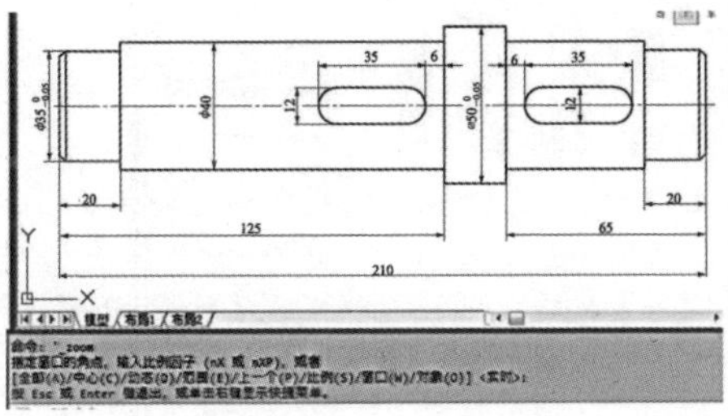	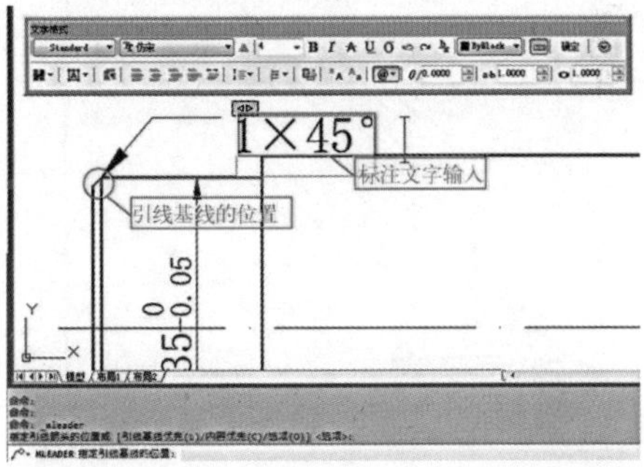
9. 利用同样的方法完成其他直径的标注	10. 使用【多重引线】完成倒角标注，最后整理图形

利用所学知识，完成下图的绘制，并进行标注。

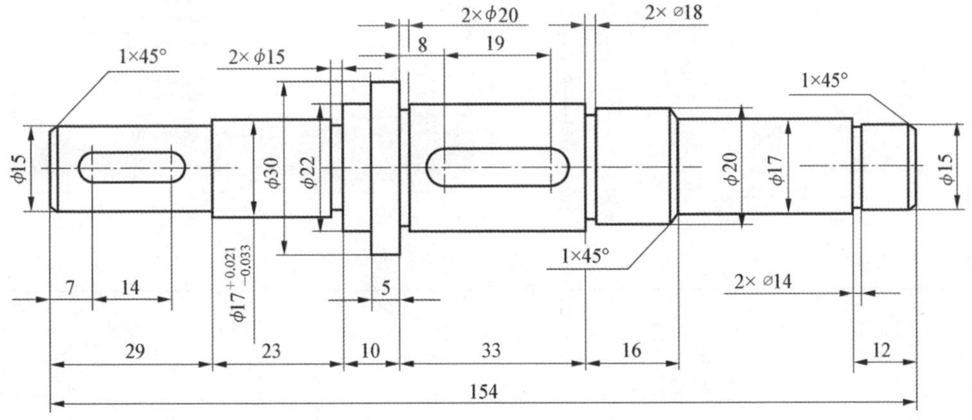

第五节 AutoCAD 绘制视图

一、图案填充

单击【绘图】工具栏上的图案填充按钮▦，或选择【绘图】→【图案填充】命令，即执行图案填充命令。

示范：

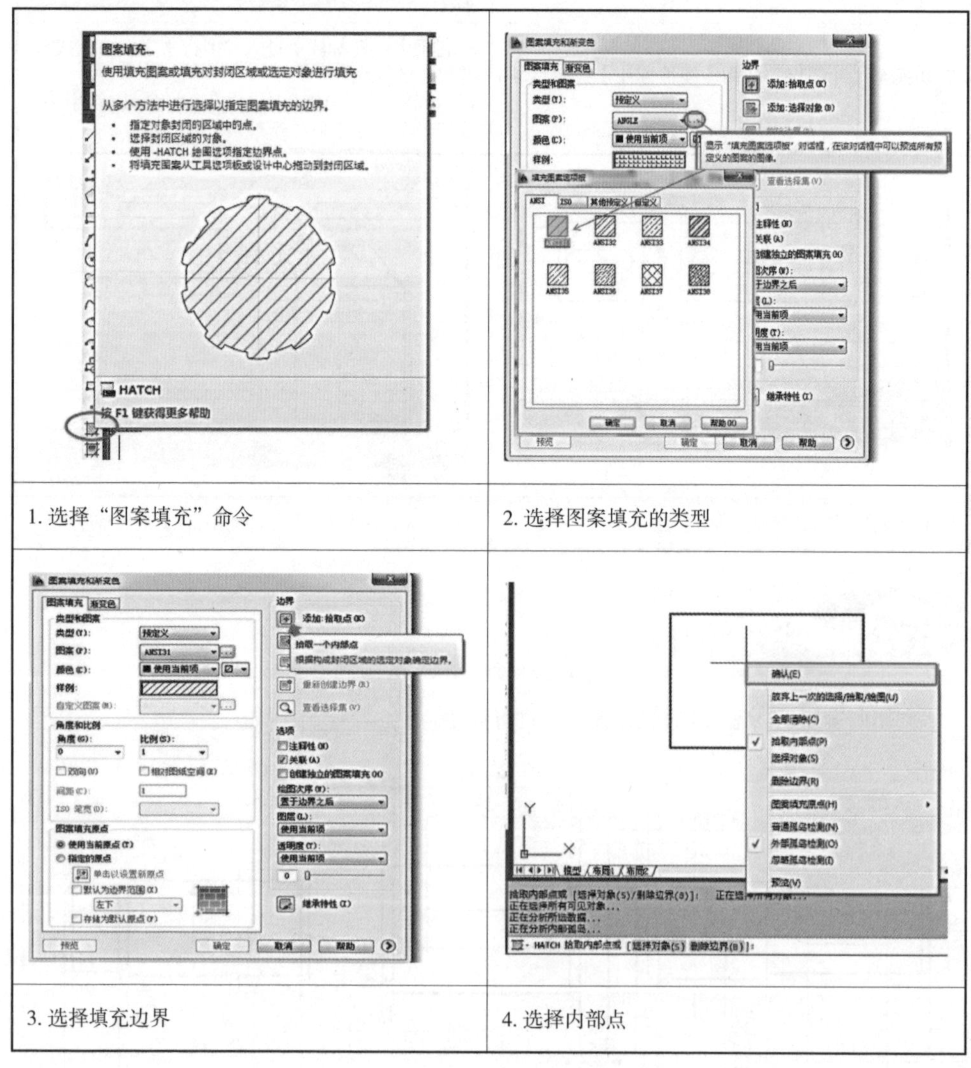

1. 选择“图案填充”命令

2. 选择图案填充的类型

3. 选择填充边界

4. 选择内部点

续表

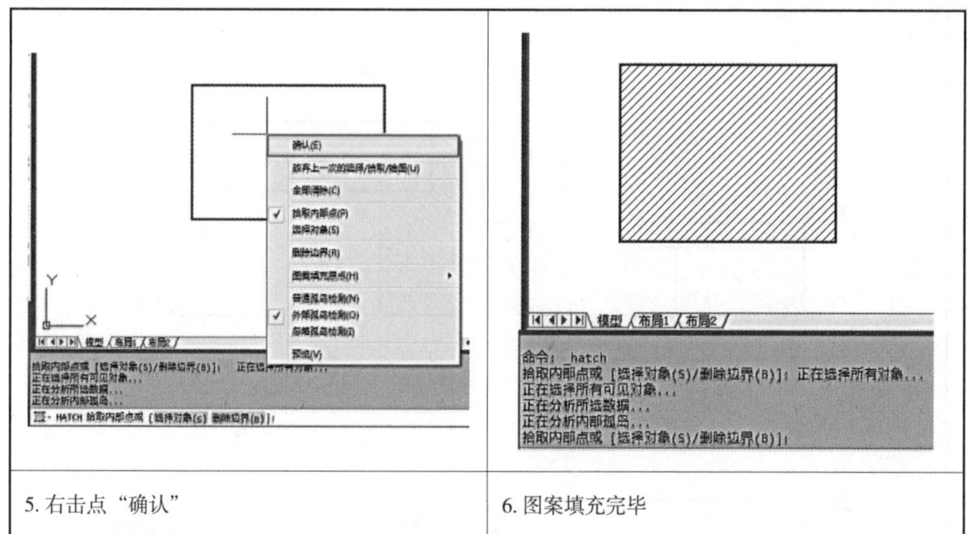

5. 右击点“确认”	6. 图案填充完毕

二、对象追踪

对象追踪是对象捕捉与极轴追踪的综合应用，即用户先根据对象捕捉功能确定对象的某一特征点（只需将光标在该点上停留片刻，当自动捕捉标记出现“×”标记即可。此时不能单击鼠标左键，否则 AutoCAD 将直接捕捉该参考点），然后以该点为基准点按水平或垂直方向或向设定的极轴方向进行追踪，从而获得准确的目标点，如图 9–37 所示。

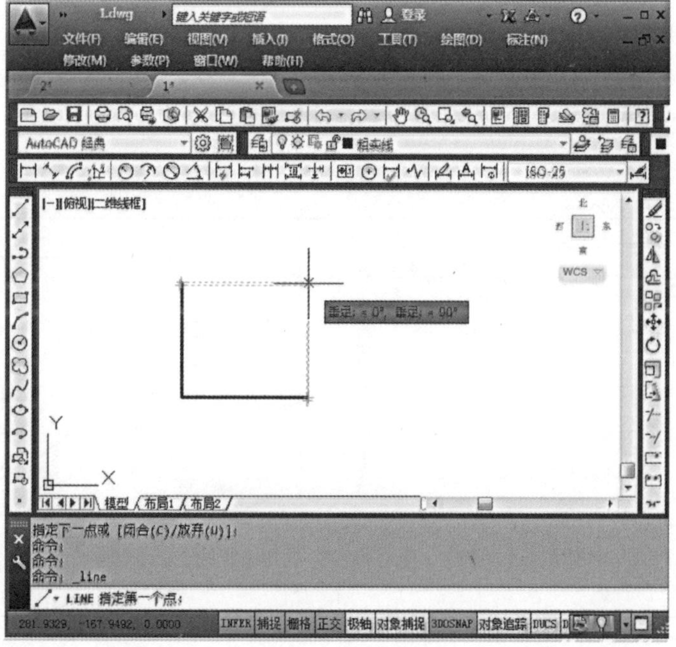

图 9–37 对象追踪

【例 9-8】绘制图 9-38 所示图形。

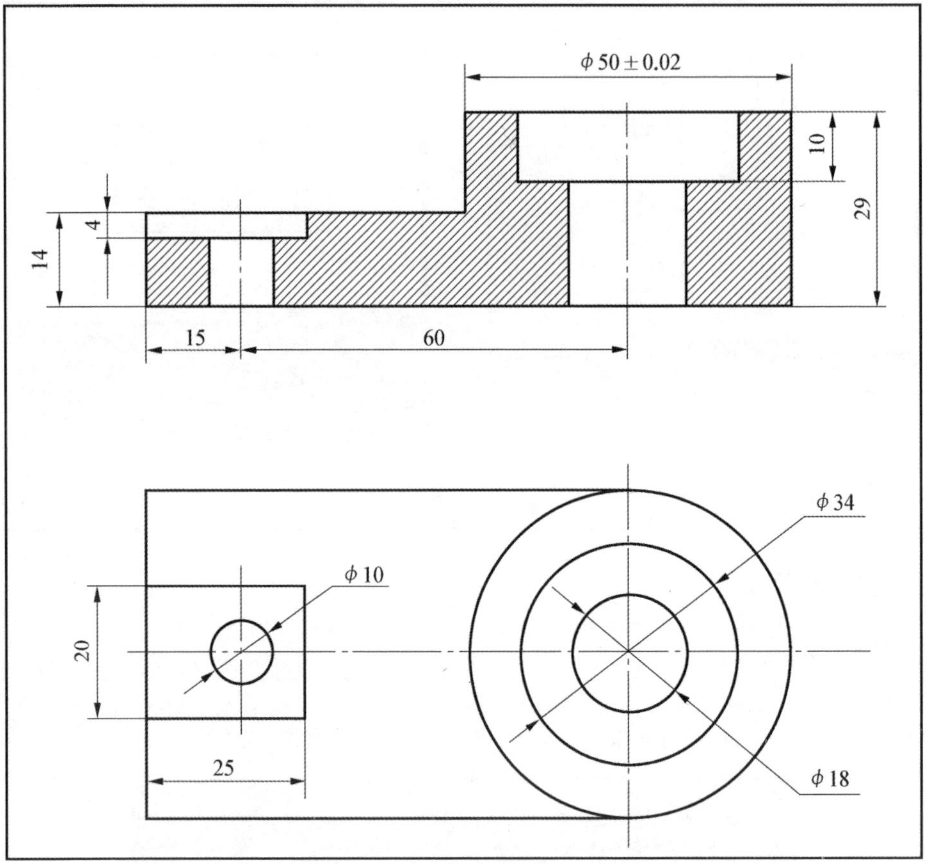

图 9-38 视图示例

示范：

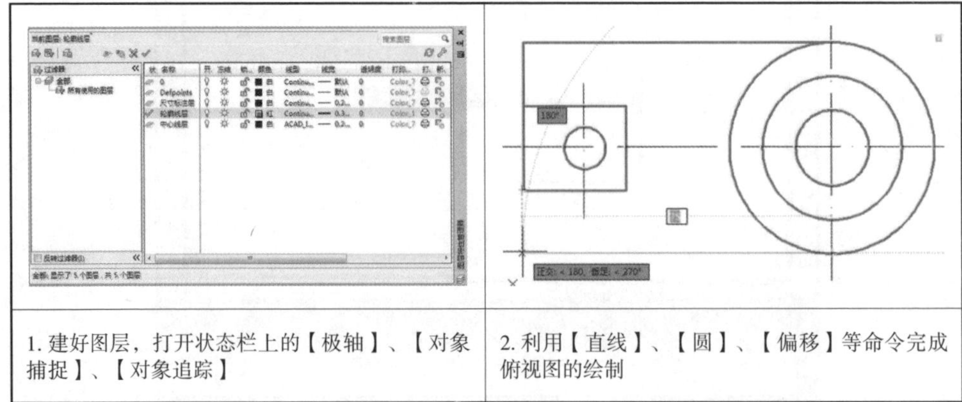

1. 建好图层，打开状态栏上的【极轴】、【对象捕捉】、【对象追踪】	2. 利用【直线】、【圆】、【偏移】等命令完成俯视图的绘制

续表

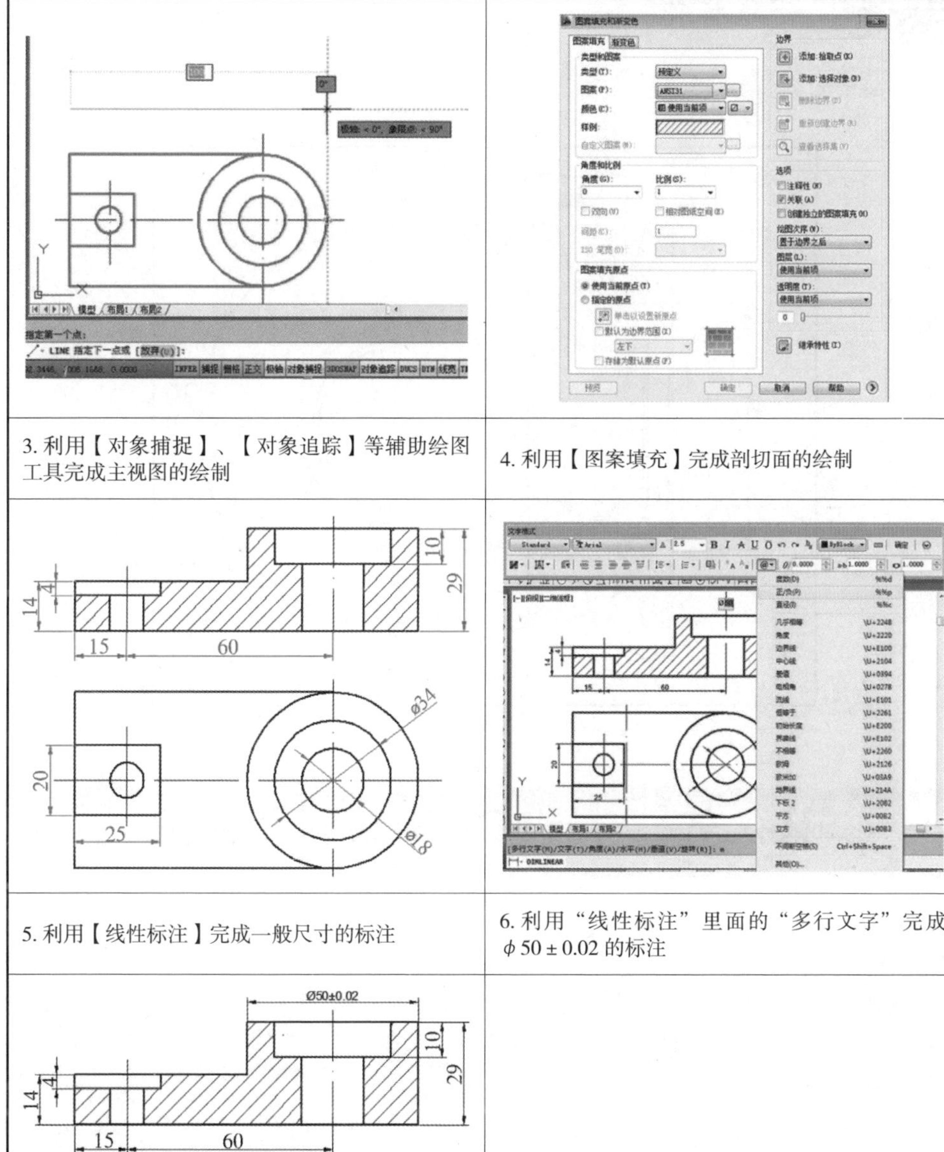

3. 利用【对象捕捉】、【对象追踪】等辅助绘图工具完成主视图的绘制	4. 利用【图案填充】完成剖切面的绘制
5. 利用【线性标注】完成一般尺寸的标注	6. 利用“线性标注”里面的“多行文字”完成 $\phi 50 \pm 0.02$ 的标注
7. 最终完成例图的绘制	

完成下图绘制。

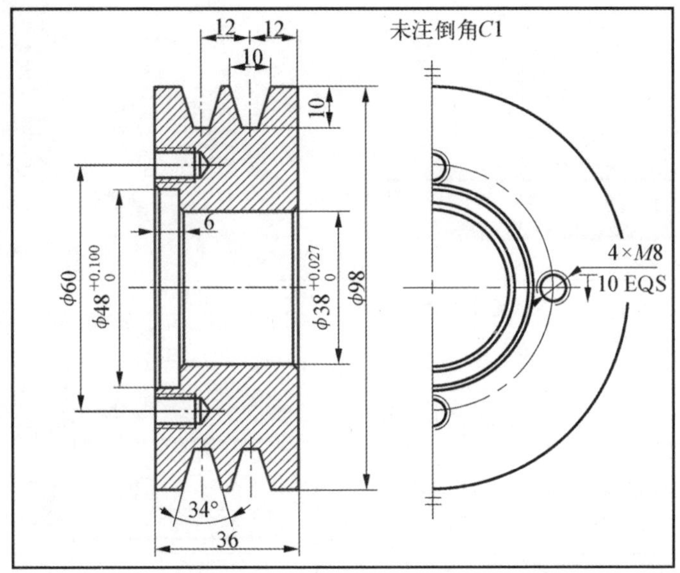

第六节 AutoCAD 绘制零件图

一、块

块是图形对象的集合，通常用于绘制复杂、重复的图形。一旦将一组对象组合成块，就可以根据绘图需要将其插入到图中的任意指定位置，而且还可以按不同的比例和旋转角度插入。

1. 创建块

单击选择【绘图】菜单栏→【块】→【创建】命令，或在【绘图】工具栏中单击【创建块】按钮，弹出【块定义】对话框，如图 9-39 所示。【块定义】对话框各选项含义见表 9-8 所示。

2. 插入块

单击选择【插入】菜单栏→【块】命令，或在【绘图】工具栏中单击【插入块】按钮，弹出【块定义】对话框，如图 9-40 所示。【插入块】对话框各选项含义见表 9-9 所示。

3. 块属性

在【绘图菜单栏】中点击【块】→【定义属性】，或在命令行输入“att”，按回车键，弹出【属性定义】对话框，如图 9-41 所示。【属性定义】对话框各选项含义见表 9-10 所示。

图 9–39 【块定义】对话框

表 9–8 【块定义】对话框各选项含义

序号	名称	含义
1	名称(N):	定义创建块的名称，可以由字母、数字及汉字组成
2	基点 在屏幕上指定 拾取点(K) X: 0 Y: 0 Z: 0	设置块的插入基准点，可以通过光标确定插入基准点，也可以利用 X、Y、Z 坐标值来确定插入基准点
3	对象 在屏幕上指定 选择对象(T) 保留(R) 转换为块(C) 删除(D) 未选定对象	选取要定义块的实体。【选择对象】：用于在图形屏幕中选择组成块的对象；【保留】：创建块后，保留图形中组成块的对象；【转换为块】：创建后，同时将图形中被选择的对象转换为块；【删除】：创建块后，从图形中删除所选取的实体图形
4	方式 注释性(A) 使块方向与布局匹配(M) 按统一比例缩放(S) 允许分解(P)	设置块的比例等。【按统一比例缩放】：创建的块按统一比例缩放；【允许分解】：创建的块可以被分解

续表

5	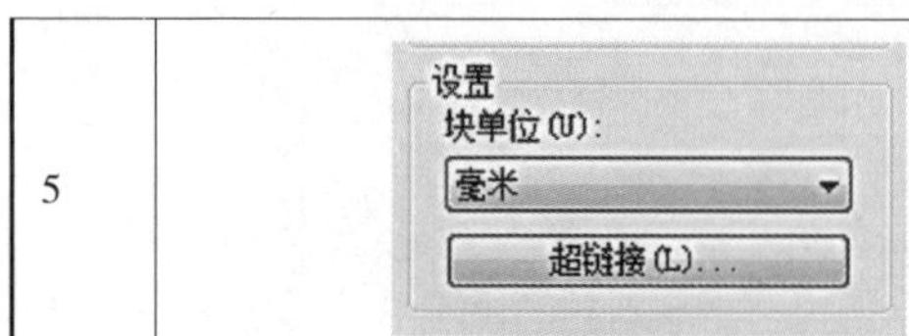	设置块的单位等。【块单位】：插入块的单位；【超链接】：单击此按钮，将打开【插入超链接】对话框，可以插入超链接文档

图 9-40 【插入块】对话框

表 9-9 【插入块】对话框各选项含义

序号	名称	含义
1	名称(N): 浏览(B)...	所插入块的名称。单击下拉列表右边的下三角按钮，从列表中选择名称；或者直接输入插入块的名称
2	插入点 在屏幕上指定(S) X: 0 Y: 0 Z: 0	确定块被插入的位置，该位置点与创建图块时所设置的基点重合
3	比例 在屏幕上指定(E) X: 1 Y: 1 Z: 1 统一比例(U)	确定块被插入时图形缩放的比例
4	旋转 在屏幕上指定(C) 角度(A): 0	确定块别插入时图形旋转的角度

续表

5	分解(D)	设置是否将插入的块分解为独立的对象，默认值不分解。如果设置为分解，则 X、Y、Z 比例因子必须相同，即要选中【统一比例】复选框

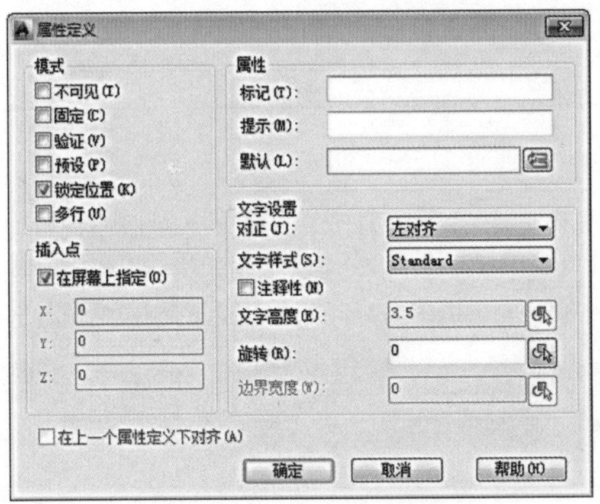

图 9-41 【属性定义】对话框

表 9-10 【属性定义】对话框各选项含义

序号	名称	含义
1	模式：不可见(I)、固定(C)、验证(V)、预设(P)、锁定位置(K)、多行(U)	设置属性值在块中的显示形式。【不可见】：使属性值在块插入后不被显示出来；【固定】：属性定义必须输入属性值，在块插入过程中不能更改；【验证】：在插入块的过程中，可以更改属性值；【预设】：会自动取得定义属性时的默认值；【锁定位置】：用于固定插入块的坐标位置；【多行】：用于使用多段文字来标注块的属性值
2	属性：标记(T)、提示(M)、默认(L)	设置属性的数据。【标记】：设置属性定义的标识，用于描述文字的性质；【提示】：在插入带有属性的块时，在命令行中所看到的显示值为非固定值或没有预置；【默认】：属性的属性值，在插入块时所显示的实际文字的字符串（数字、字母、汉字）
3	插入点：在屏幕上指定(O)、X: 0、Y: 0、Z: 0	设置图形中属性特征（值）起始坐标位置。可以通过光标确定，也可以利用 X、Y、Z 坐标值来确定

续表

4	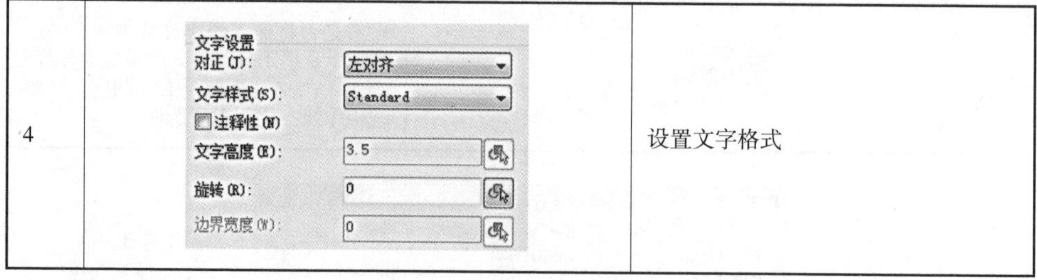	设置文字格式

二、快速引线

单击【标注】工具栏上的（快速引线），或者是在命令行直接输入“QL”即可调用QLEADER命令。调用【快速引线】命令行会提示“指定第一个引线点或设置（S）”，输入“S”回车后出现【引线设置】对话框，如图9-42所示，【引线设置】对话框各选线含义见表9-11所示。

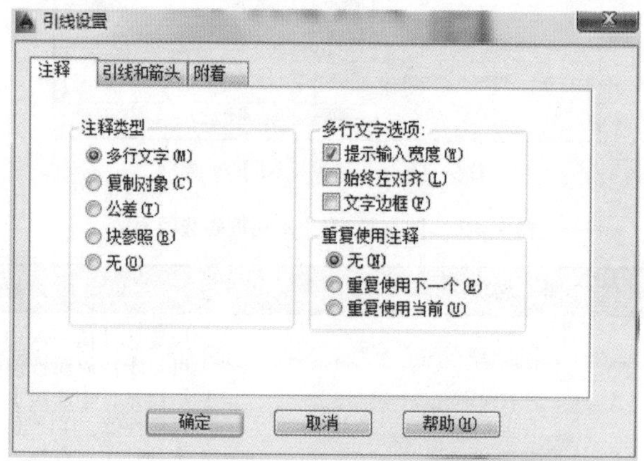

图9-42 【引线设置】对话框

表9-11 【引线设置】对话框各选线含义

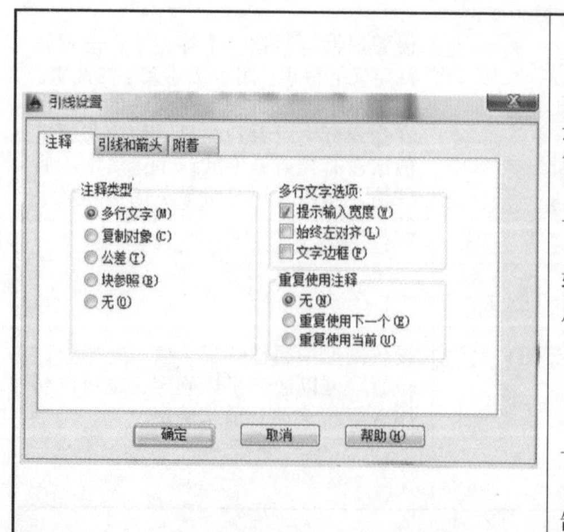	“注释类型”栏中各项选项含义如下： 【多行文字】默认用多行文本作为快速引线的注释。 【复制对象】：将某个对象复制到引线的末端。可选取的文字、多行文字对象、带几何公差的特征控制框或块对象复制。 【公差】：弹出“几何公差”对话框供用户创建一个公差作为注释。 【块参照】：选此选项后，可以把一些每次创建较困难的符号或特殊文字创建成块，方便直接引用，提高效率。 【无】：创建一个没有注释的引线。 “重复使用注释”栏中各项选项含义如下： 【无】：不重复使用注释内容。 【重复使用下一个】：将创建的文字注释复制到下一个引线标注中。 【重复使用当前】：将上一个创建的文字注释复制到当前引线标注中

续表

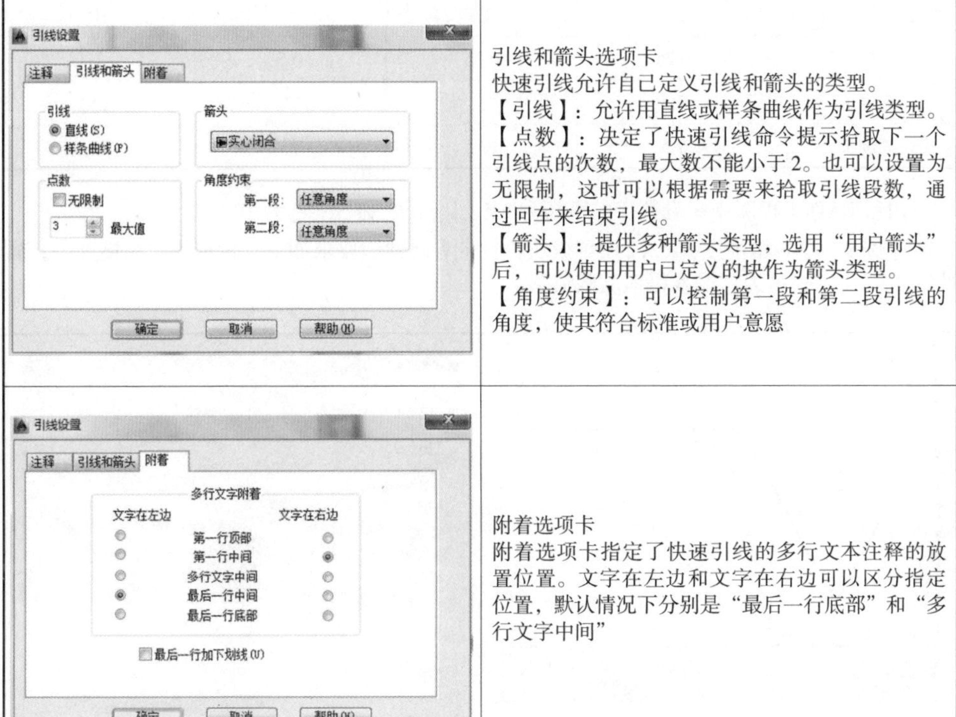

	引线和箭头选项卡 快速引线允许自己定义引线和箭头的类型。 【引线】：允许用直线或样条曲线作为引线类型。 【点数】：决定了快速引线命令提示拾取下一个引线点的次数，最大数不能小于 2。也可以设置为无限制，这时可以根据需要来拾取引线段数，通过回车来结束引线。 【箭头】：提供多种箭头类型，选用“用户箭头”后，可以使用用户已定义的块作为箭头类型。 【角度约束】：可以控制第一段和第二段引线的角度，使其符合标准或用户意愿
	附着选项卡 附着选项卡指定了快速引线的多行文本注释的放置位置。文字在左边和文字在右边可以区分指定位置，默认情况下分别是“最后一行底部”和“多行文字中间”

三、表面粗糙度的绘制

由于 AutoCAD 中无表面粗糙度的命令，但在零件图上有表面粗糙度这一技术要求，因此，必须由用户自己创建表面粗糙度代号。

示范：

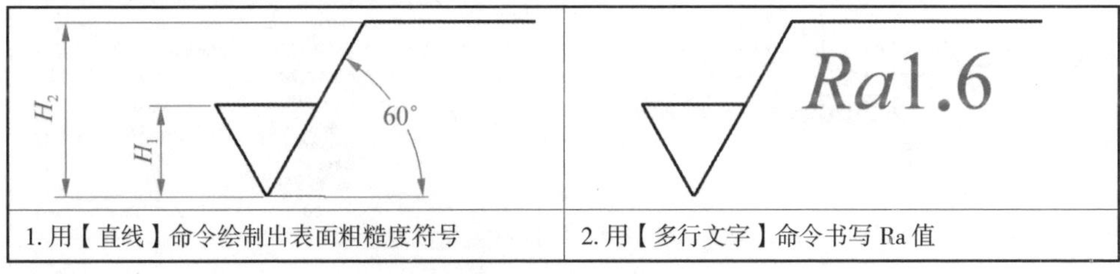

1. 用【直线】命令绘制出表面粗糙度符号	2. 用【多行文字】命令书写 Ra 值

注意：表面粗糙度符号的尺寸完全取决于字体的高度，详见表 9-12 所示。

表 9–12　表面粗糙度尺寸表（摘录）

数字和字母高度 h	2.5	3.5	5	10
线宽	0.25	0.35	0.5	1
高度 H_1	3.5	5	7	14
高度 H_2	7.5	10.5	15	30

由于 CAD 工程图中字母数字的字高为 3.5，因此 H_1 为 5，H_2 为 10.5。

【例 9–9】将粗糙度$\sqrt{Ra3.2}$设置成块，且带有属性，要求如下：标记为“粗糙度”，属性值“3.2”，提示为“输入粗糙度数值”。

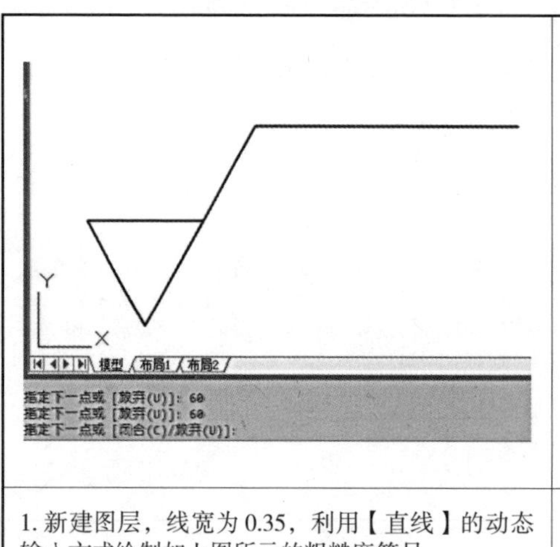

1. 新建图层，线宽为 0.35，利用【直线】的动态输入方式绘制如上图所示的粗糙度符号

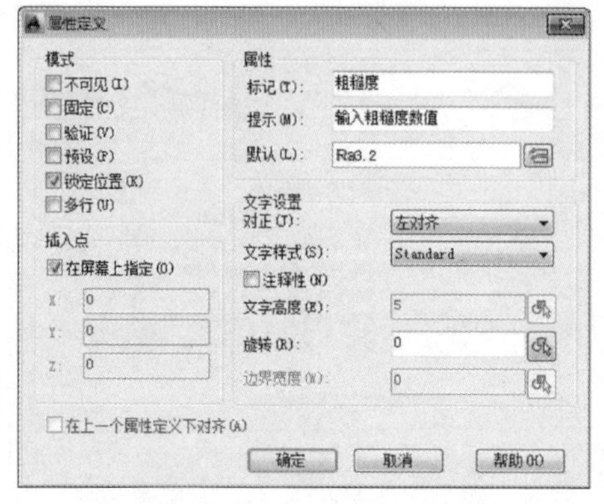

2. 启动【定义属性】命令，弹出对话框，在对话框中按要求进行相应的设置，如上图所示

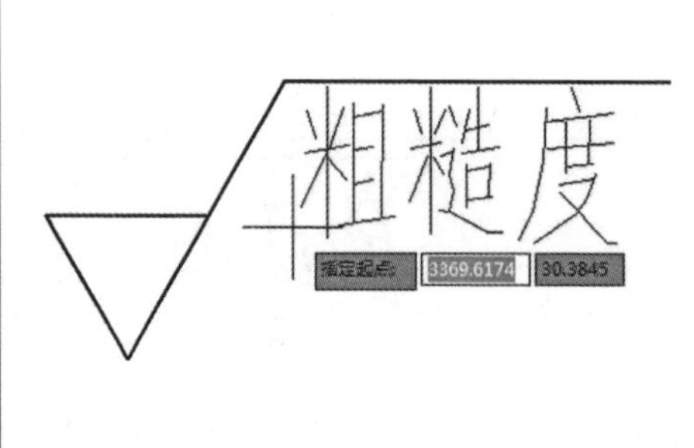

3. 单击【确定】后，“粗糙度”随光标动态显示，在适当位置单击

4. 启动【创建块】命令，弹出【块定义】对话框

续表

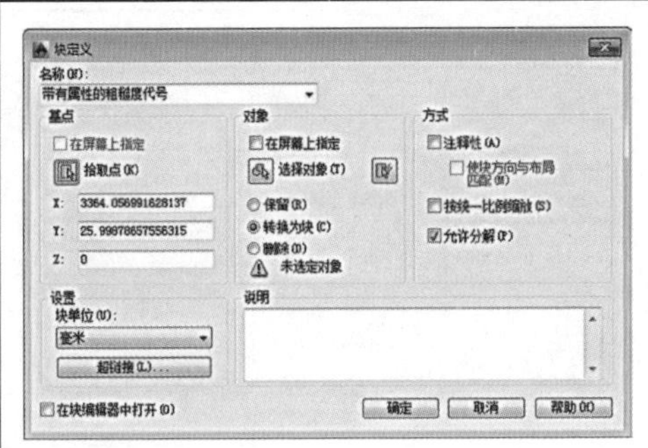	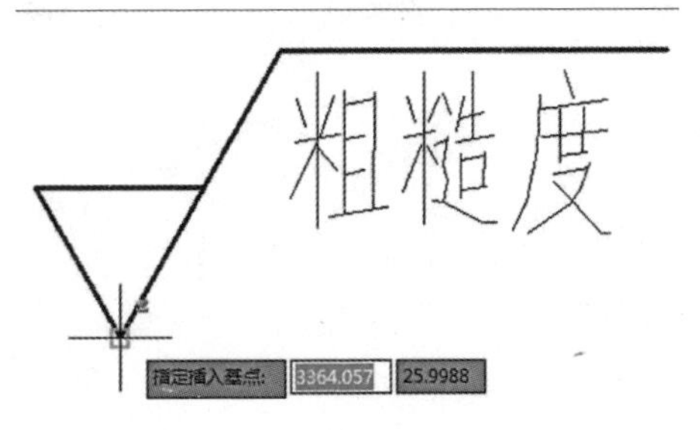
5. 在【名称】一栏中输入“带有属性的粗糙度代号”，单击【拾取点】按钮	6. 打开捕捉，光标移至上图所示的端点处单击，返回【块定义】对话框
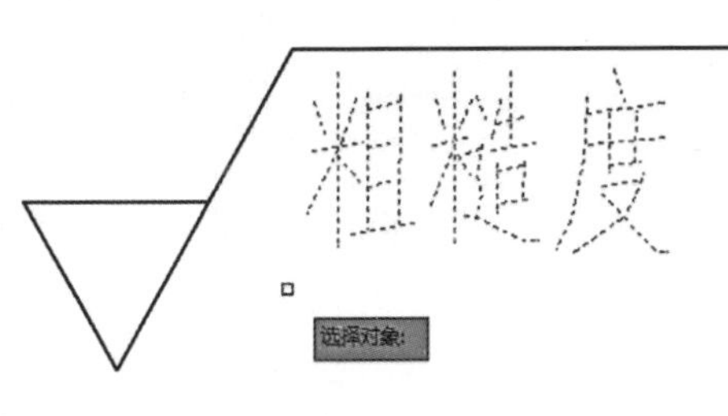	
7. 单击【选择对象】按钮，光标选中粗糙度符号	8. 右击，返回【块定义】对话框，此时在块名的右边出现所设置的块的内容，如上图所示，结束块的定义
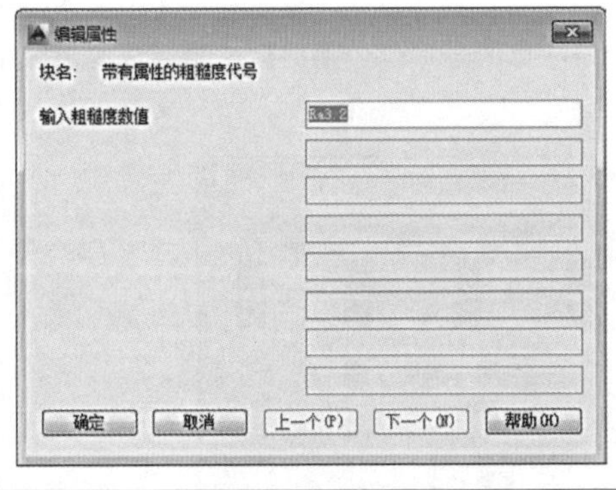	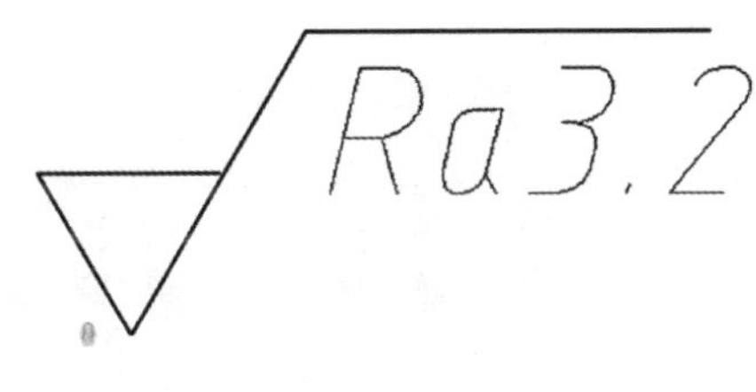
9. 单击【确定】按钮，弹出【编辑属性】对话框	10. 单击【编辑属性】对话框上的【确定】按钮后，会出现如上图所示的粗糙度代号

【例 9-10】将图块名为“粗糙度代号 3.2”的块插入到图形中。

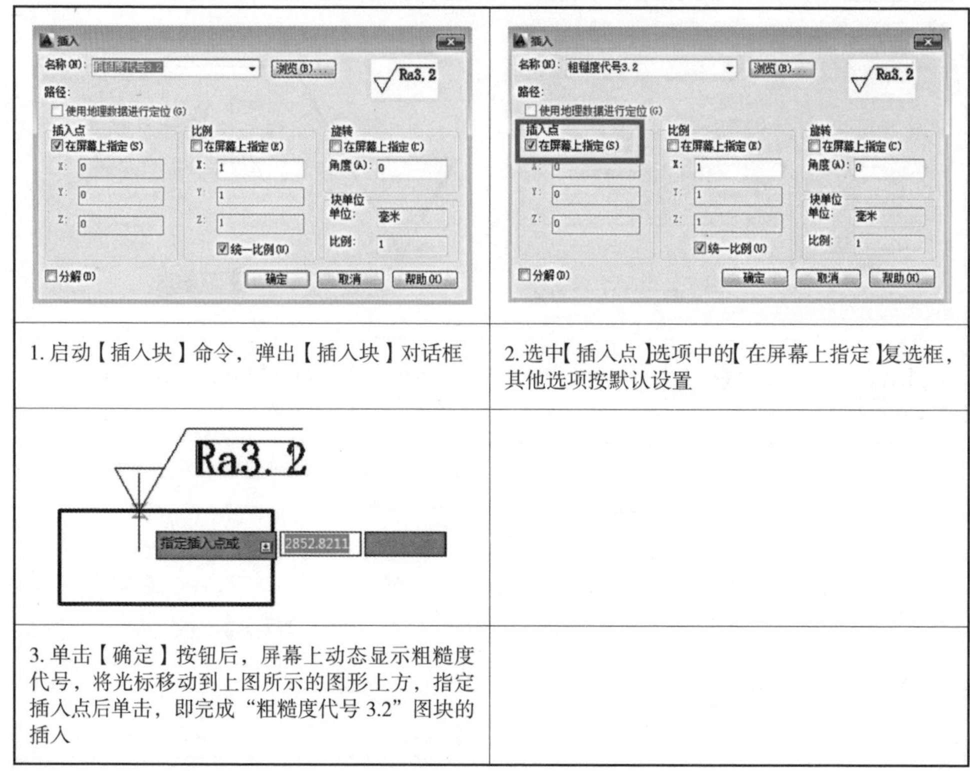

1. 启动【插入块】命令，弹出【插入块】对话框	2. 选中【插入点】选项中的【在屏幕上指定】复选框，其他选项按默认设置
3. 单击【确定】按钮后，屏幕上动态显示粗糙度代号，将光标移动到上图所示的图形上方，指定插入点后单击，即完成“粗糙度代号 3.2”图块的插入	

四、形位公差标注

用 AutoCAD 2014 可以方便地为图形标注形位公差。用于标注形位公差的命令是 TOLERANCE，利用【标注】工具栏上的 （公差）按钮或【标注】菜单栏→【公差】命令可启动该命令，弹出如图 9-43 所示的对话框，需注意的是形位公差的标注是与快速引线结合在一起使用。

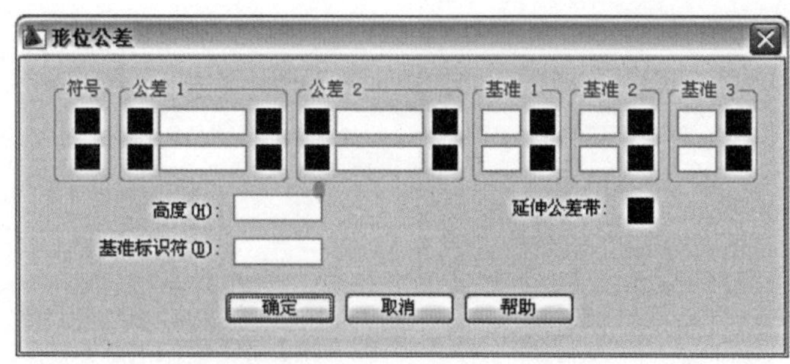

图 9-43 【形位公差】对话框

【形位公差】对话框各项目的含义：

【符号】选项组用于确定形位公差的符号。单击其中的小黑方框，AutoCAD 弹出如图 9-44

所示的【特征符号】对话框。用户可从该对话框确定所需要的符号。

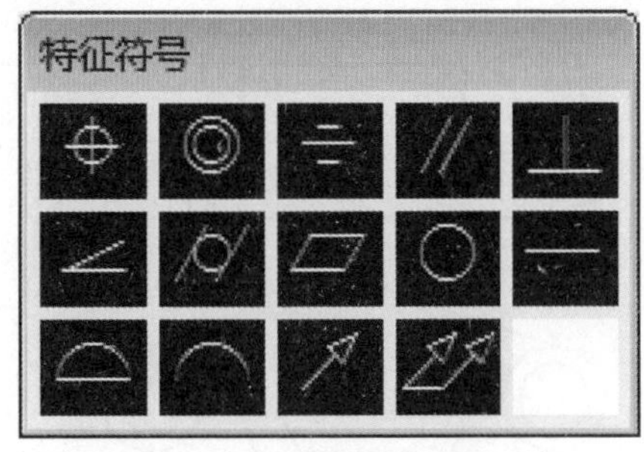

图 9-44 【特征符号】对话框

图 9-45 【附加符号】对话框

【公差 1】设置公差框中的第一个公差值。第一个线框可以设置直径符号；第二个线框输入公差数值；第三个线框显示“附加符号”对话框，如图 9-45 所示。【公差 2】的操作方法同【公差 1】，一般不进行设置。

【基准 1】、【基准 2】、【基准 3】设置位置公差的主要基准符号。

注意：基准符号也可以通过建成属性块的形式灵活调用，其尺寸和 H 有关（H 表示字高），如图 9-46 所示。

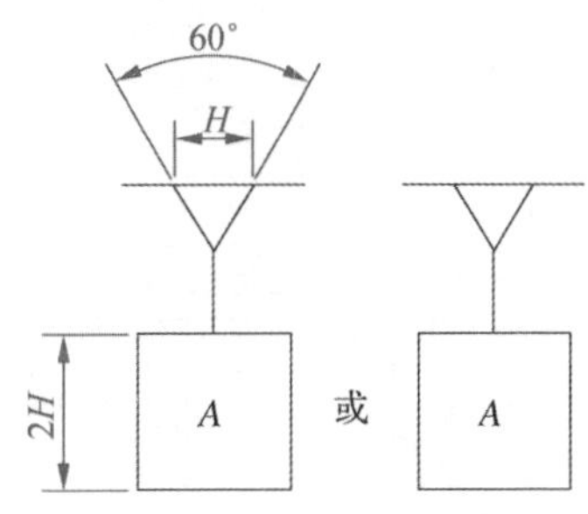

图 9-46 基准代号尺寸

【例 9-11】完成图 9-47 的绘制。

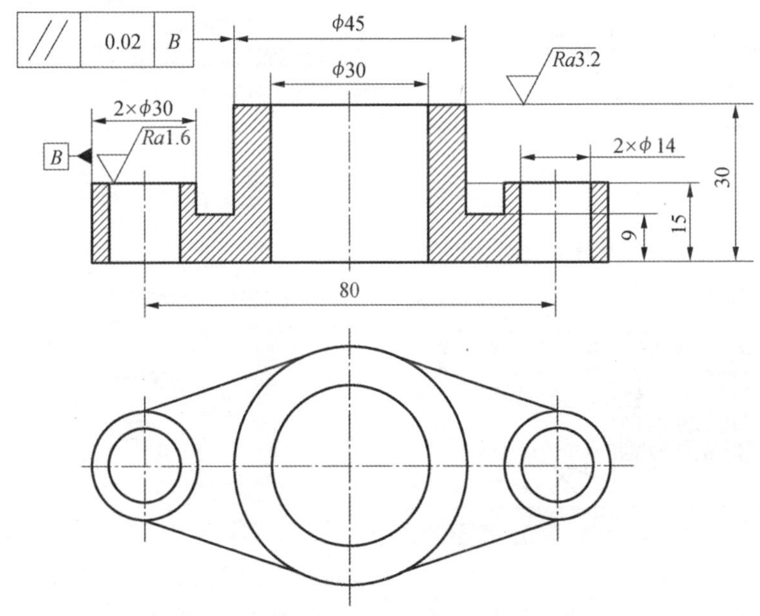

图 9-47 零件图示例

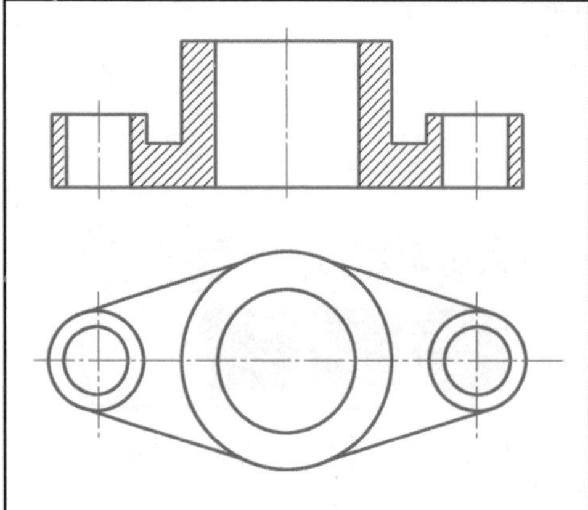	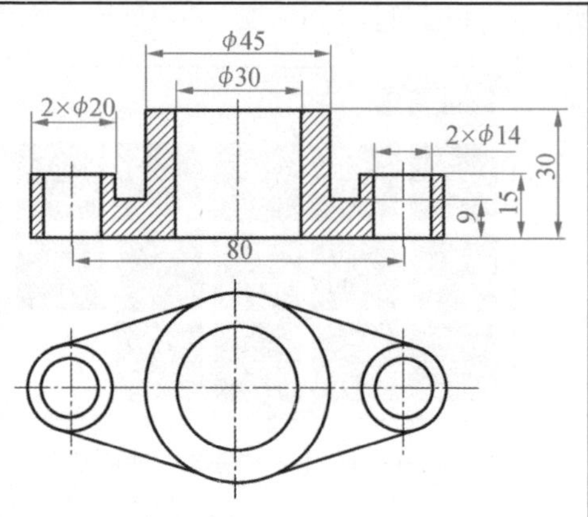
1. 利用【绘图】及【编辑】命令完成图形轮廓的绘制	2. 利用【标注】命令完成线性尺寸的标注
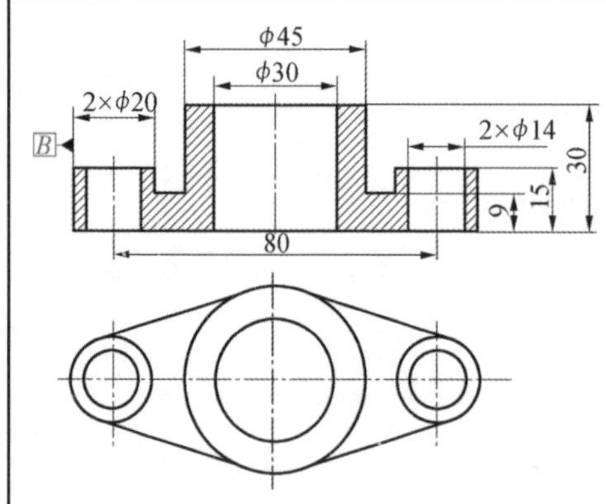	
3. 利用【直线】命令绘制基准符号	4. 在命令行输入“QL”调用【快速引线】，接着输入“S”，弹出【引线设置】对话框，注释类型选择“公差”，如上图所示
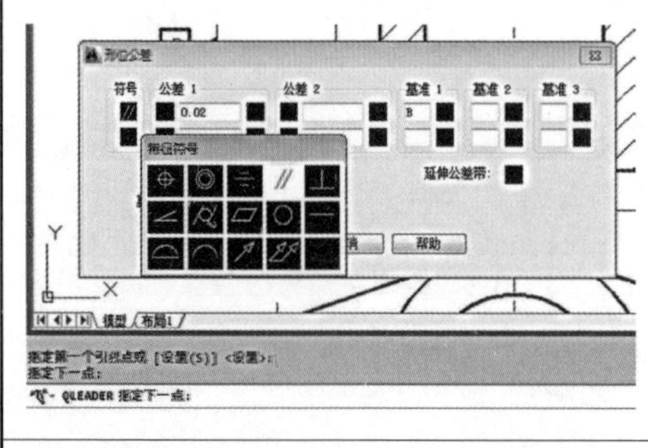	
5. 指定形位公差的位置后，跳出【形位公差】对话框，选择“//”，公差“0.02”，基准为 B，完成形位公差标注	6. 创建粗糙度代号的图块

续表

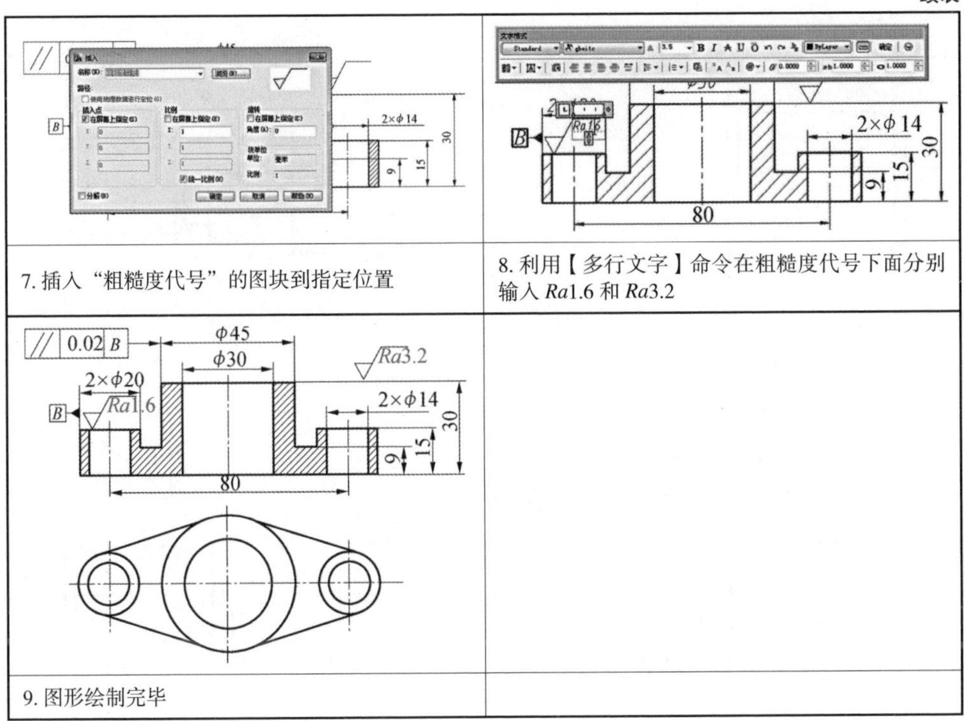

7. 插入“粗糙度代号”的图块到指定位置	8. 利用【多行文字】命令在粗糙度代号下面分别输入 *Ra*1.6 和 *Ra*3.2
9. 图形绘制完毕	

【例 9-12】完成图 9-48 的绘制。

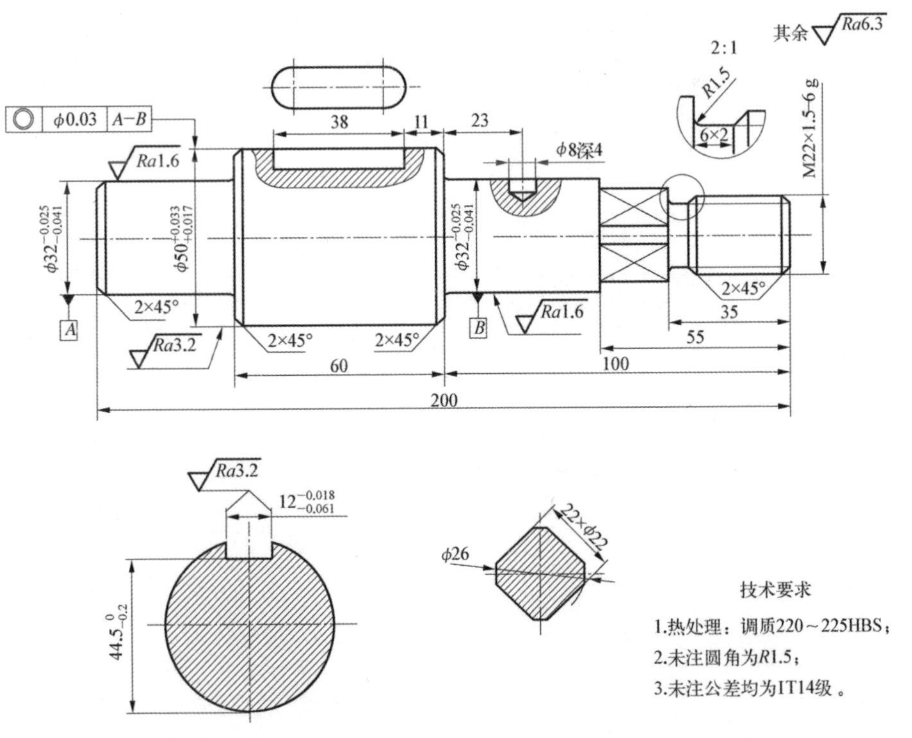

图 9-48　轴类零件

操作示范:

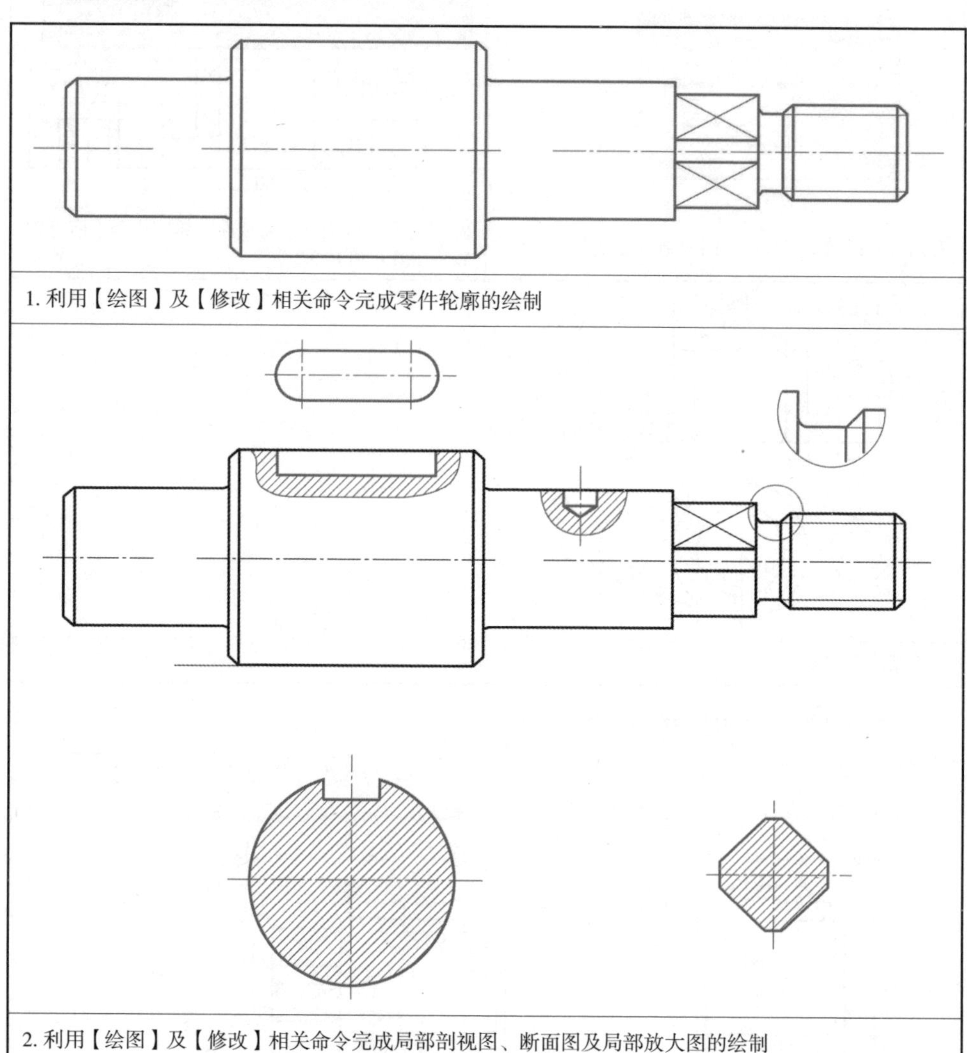

1. 利用【绘图】及【修改】相关命令完成零件轮廓的绘制

2. 利用【绘图】及【修改】相关命令完成局部剖视图、断面图及局部放大图的绘制

续表

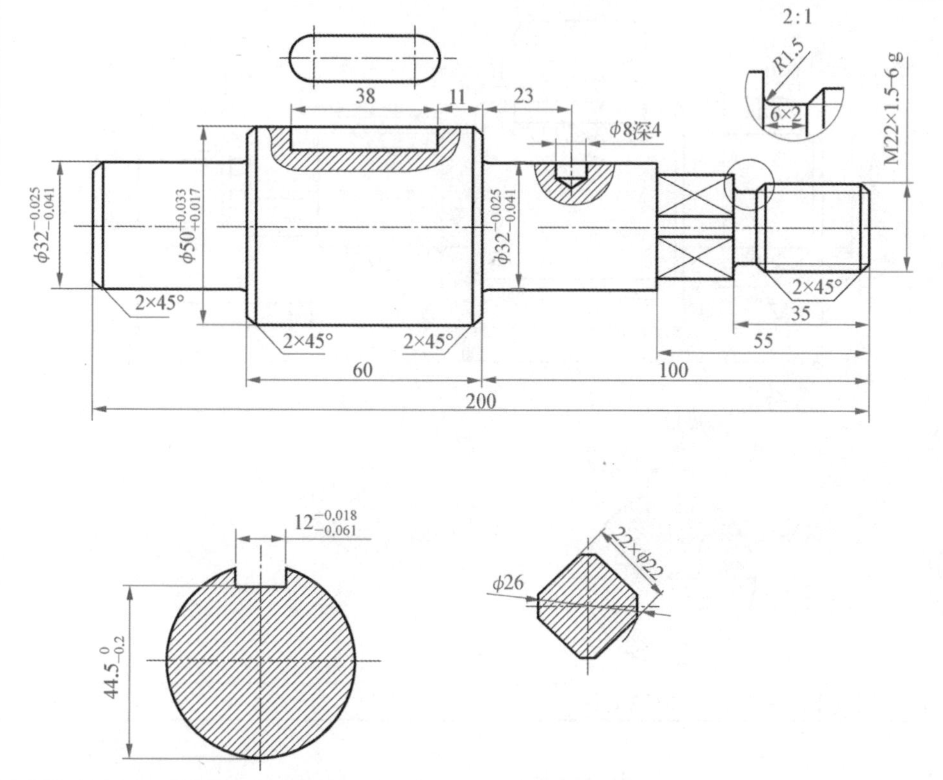

3. 利用【标注】相关命令对零件进行线性尺寸标注

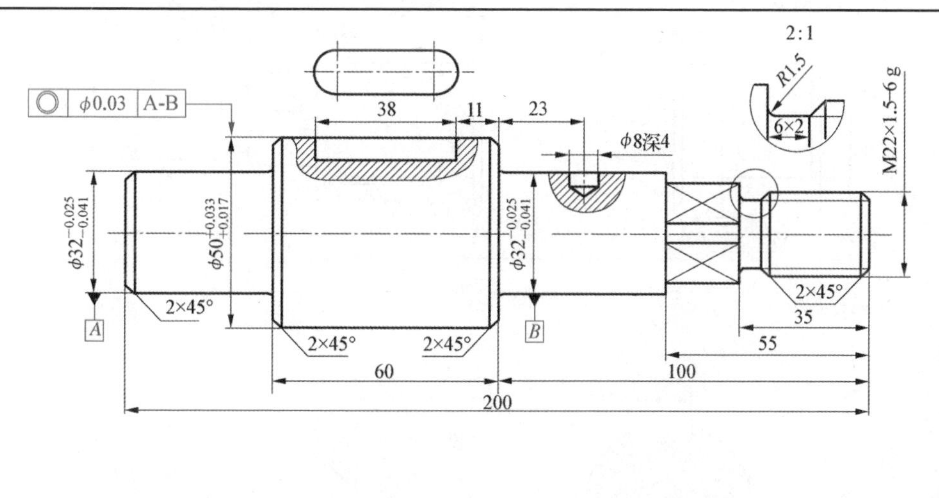

4. 利用【直线】及【多行文字】绘制基准符号，利用【快速引线】绘制形位公差

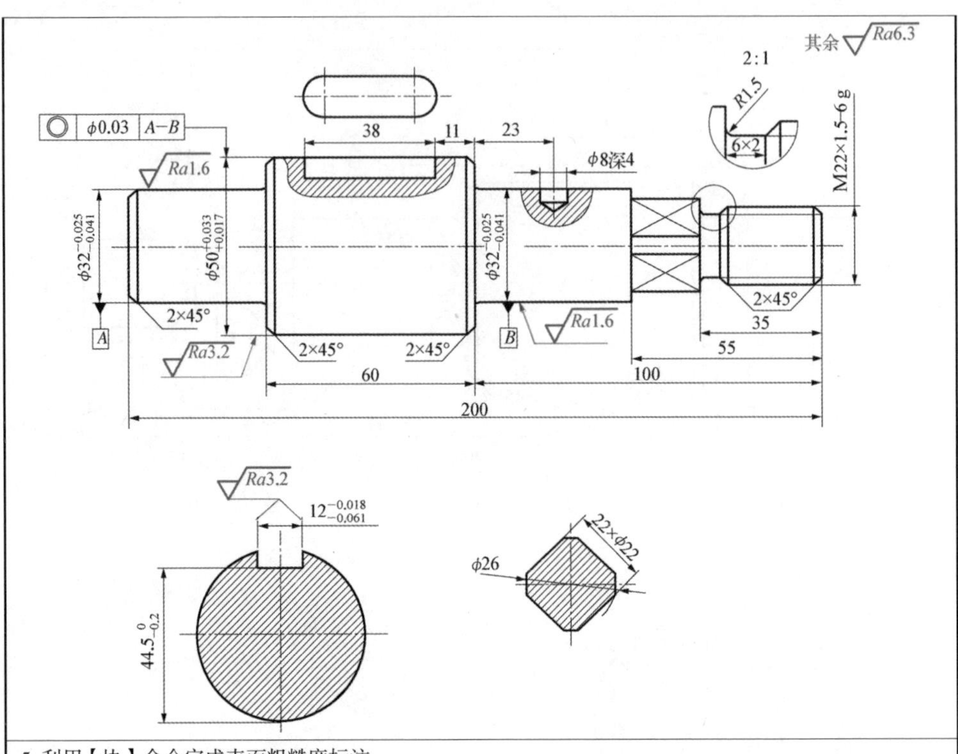

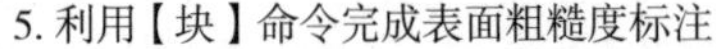

5. 利用【块】命令完成表面粗糙度标注

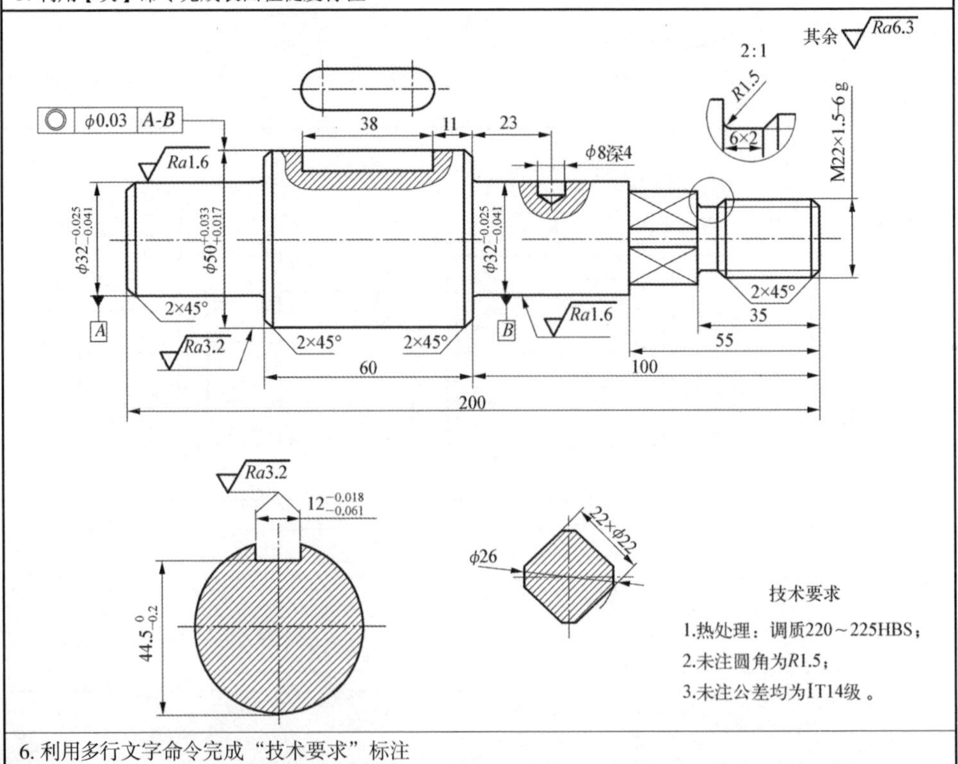

6. 利用多行文字命令完成“技术要求”标注

运用 AutoCAD 绘制下图所示图形，并按照要求进行标注。

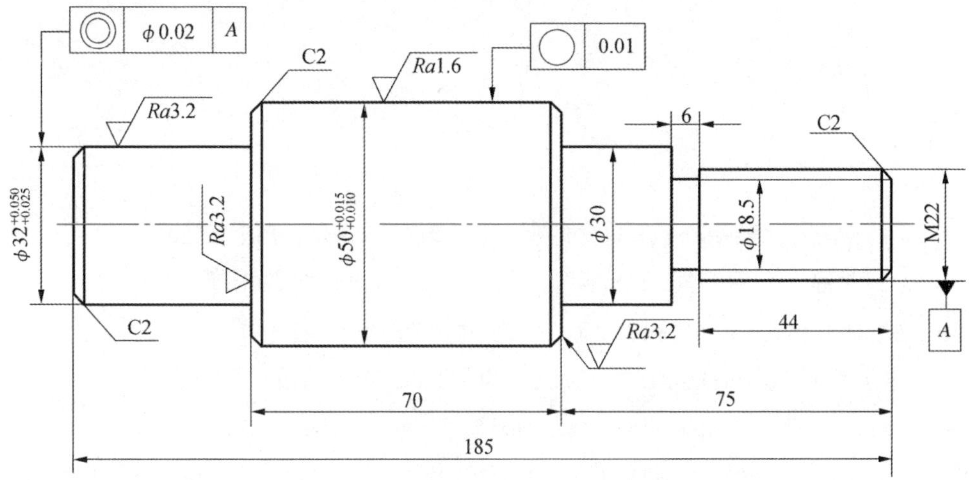

参考文献

[1] 黎宴林，徐咏良．汽车机械制图．2版．北京：人民邮电出版社，2017.

[2] 曹静，李亚平．汽车机械制图．北京：机械工业出版社，2016.

[3] 易广建．汽车机械制图．2版．北京：中国劳动社会保障出版社，2015.

[4] 马英．汽车机械制图．2版．北京：电子工业出版社，2018.

[5] 王丽芬．汽车机械制图．北京：外语教学与研究出版社，2018.

[6] 唐整生，林陈彪．机械制图与计算机绘图．2版．武汉：武汉理工大学出版社，2016.